右江电厂标准化系列丛书

右江水力发电厂检修作业指导书

主编◎王 伟 马建新

河海大学出版社
·南京·

图书在版编目(CIP)数据

右江水力发电厂检修作业指导书 / 王伟，马建新主编. -- 南京：河海大学出版社，2023.12
（右江电厂标准化系列丛书）
ISBN 978-7-5630-8832-4

Ⅰ.①右… Ⅱ.①王… ②马… Ⅲ.①水力发电站—设备检修—广西 Ⅳ.①TV738

中国国家版本馆 CIP 数据核字(2023)第 257004 号

书　　名	右江水力发电厂检修作业指导书
书　　号	ISBN 978-7-5630-8832-4
责任编辑	龚　俊
特约编辑	梁顺弟　许金凤
特约校对	丁寿萍　卞月眉
封面设计	徐娟娟
出版发行	河海大学出版社
地　　址	南京市西康路 1 号(邮编：210098)
电　　话	(025)83737852(总编室)　(025)83722833(营销部) (025)83787600(编辑室)
经　　销	江苏省新华发行集团有限公司
排　　版	南京布克文化发展有限公司
印　　刷	广东虎彩云印刷有限公司
开　　本	718 毫米×1000 毫米　1/16
印　　张	37.25
字　　数	658 千字
版　　次	2023 年 12 月第 1 版
印　　次	2023 年 12 月第 1 次印刷
定　　价	120.00 元

丛书编委会

主 任 委 员：肖卫国　袁文传
副主任委员：马建新　汤进为　王　伟
编 委 委 员：梁　锋　刘　春　黄承泉　李　颖　韩永刚
　　　　　　吕油库　邓志坚　李　冲　黄　鸿　赵松鹏
　　　　　　秦志辉　杨　珺　何志慧　胡万玲　李　喆
　　　　　　陈　奕　吴晓华
丛 书 主 审：郑　源

本 册 主 编：王　伟　马建新
副 主 编：李　冲　张兴华　胡万玲
编 写 人 员：胡万玲　卢寅伟　张兴华　崔海军　刘　凯
　　　　　　李兴文　李　健　吴晓华　张铭一　洪　辉
　　　　　　隋成果　韦仁能　覃举宋　罗祖建　唐　力
　　　　　　李　莹　祝秀平　覃　就　杨安东　蒋业宁
　　　　　　廖贤江　林　琪　颜　卓　赖江静　周靖松
　　　　　　黎景宇　周振波　梁文滔　兰黄家　罗羽健
　　　　　　蒋青云　王一娟　李果佳　张　超　杜兆龙
　　　　　　刘尚霖　王翊轩　郑　文　陆福贵　唐　池
　　　　　　韦　文　韦　勇

前言

水电是低碳发电的支柱,为全球提供近六分之一的发电量。近年来,我国水电行业发展迅速,装机规模和自动化、信息化水平显著提升,稳居全球装机规模首位,在国家能源安全战略中占据重要的地位。提升水电站工程管理水平,构建更加科学、规范、先进、高效的现代化管理体系,达到高质量发展,是当前水电站管理工作的重中之重。

右江水力发电厂(以下简称电厂)是百色水利枢纽电站的管理部门,电厂房内安装4台单机容量为135 MW的水轮发电机组,总装机容量540 MW,设计多年平均发电量16.9亿 kW·h。投产以来,电厂充分利用安全性能高、调节能力强、水库库容大等特点,在广西电网乃至南方电网中承担着重要的调峰、调频和事故备用等任务,在郁江流域发挥了调控性龙头水电站作用。

为贯彻新发展理念,实现高质量发展,电厂持续开展设备系统性升级改造工作,设备的可靠性、自动化和智能化水平不断提升,各类设备运行状况优良,主设备完好率、主设备消缺率、开停机成功率等重要指标长期保持100%,平均等效可用系数达93%以上,达到行业领先水平。结合多年实践,在全面总结基础上,电厂编写了这套标准化管理系列丛书,包括安全管理、生产技术、检修维护和技术培训等方面,旨在实现管理过程中复杂问题简单化,简单问题程序化,程序问题固定化,达到全面提升管理水平。

本册为检修作业指导书,结合右江水力发电厂主要设备编制了发电机系统、水轮机系统、配电系统、微机保护、计算机监控、金属结构和辅机系统的检修作业指导书，每项作业指导书包含检修范围、涉及资料和图纸、安全措施、备品备件清单、修前准备、检修工序及质量标准、检修记录、不符合项通知单、完工报告单、质量签证单等内容，形成了统一明确的检修标准。

其中，第一篇由李冲编撰，第二、三篇由王伟编撰，第四篇由张兴华编撰，第五篇由马建新编撰，第六、七篇由胡万玲编撰，全书由王伟统稿。

由于时间较紧，加上编者经验不足、水平有限，不妥之处在所难免，希望广大读者批评指正。

编　者

2023 年 9 月

目录

第1篇 水轮机系统检修

第1章 水轮机导水机构检修作业指导书 …… 003
- 1.1 范围 …… 003
- 1.2 资料和图纸 …… 003
- 1.3 安全措施 …… 004
- 1.4 备品备件清单 …… 004
- 1.5 修前准备 …… 005
- 1.6 检修工序及质量标准 …… 007
- 1.7 检修记录 …… 014
- 1.8 质量签证单 …… 015

第2章 水导轴承检修作业指导书 …… 016
- 2.1 范围 …… 016
- 2.2 资料和图纸 …… 016
- 2.3 安全措施 …… 017
- 2.4 备品备件清单 …… 017
- 2.5 检修前准备 …… 017
- 2.6 检修工序及质量标准 …… 020
- 2.7 检修记录 …… 023

2.8　质量签证单 …………………………………………………………… 023

第3章　水导冷却器检修作业指导书 ……………………………………… 024
　　3.1　范围 …………………………………………………………………… 024
　　3.2　资料和图纸 …………………………………………………………… 024
　　3.3　安全措施 ……………………………………………………………… 024
　　3.4　备品备件清单 ………………………………………………………… 025
　　3.5　检修前准备 …………………………………………………………… 025
　　3.6　检修工序及质量标准 ………………………………………………… 026
　　3.7　质量签证单 …………………………………………………………… 027

第4章　主轴密封检修作业指导书 ………………………………………… 028
　　4.1　范围 …………………………………………………………………… 028
　　4.2　资料和图纸 …………………………………………………………… 028
　　4.3　安全措施 ……………………………………………………………… 029
　　4.4　备品备件清单 ………………………………………………………… 029
　　4.5　检修前准备 …………………………………………………………… 029
　　4.6　检修工序及质量标准 ………………………………………………… 031
　　4.7　质量签证单 …………………………………………………………… 033

第5章　转轮检修作业指导书 ……………………………………………… 034
　　5.1　范围 …………………………………………………………………… 034
　　5.2　资料和图纸 …………………………………………………………… 034
　　5.3　安全措施 ……………………………………………………………… 035
　　5.4　备品备件清单 ………………………………………………………… 035
　　5.5　检修前准备 …………………………………………………………… 036
　　5.6　检修工序及质量标准 ………………………………………………… 037
　　5.7　质量签证单 …………………………………………………………… 040

第6章　调速器机械部分检修作业指导书 ………………………………… 041
　　6.1　范围 …………………………………………………………………… 041
　　6.2　资料和图纸 …………………………………………………………… 041
　　6.3　安全措施 ……………………………………………………………… 042

6.4　备品备件清单 ··· 043
　　6.5　修前准备 ··· 043
　　6.6　检修工序及质量标准 ································· 045
　　6.7　质量签证单 ··· 050

第7章　水车室水轮机机械定检作业指导书 ················· 051
　　7.1　范围 ··· 051
　　7.2　资料和图纸 ··· 051
　　7.3　安全措施 ··· 052
　　7.4　备品备件清单 ··· 053
　　7.5　修前准备 ··· 053
　　7.6　检修工序及质量标准 ································· 055
　　7.7　质量签证单 ··· 056

第8章　尾水管及蜗壳进人门定检作业指导书 ············· 058
　　8.1　范围 ··· 058
　　8.2　资料和图纸 ··· 058
　　8.3　安全措施 ··· 059
　　8.4　备品备件清单 ··· 059
　　8.5　修前准备 ··· 059
　　8.6　检修工序及质量标准 ································· 060
　　8.7　质量签证单 ··· 061

第9章　导轴承及机架定检作业指导书 ····················· 062
　　9.1　范围 ··· 062
　　9.2　资料和图纸 ··· 062
　　9.3　安全措施 ··· 063
　　9.4　备品备件清单 ··· 063
　　9.5　修前准备 ··· 064
　　9.6　检修工序及质量标准 ································· 065
　　9.7　质量签证单 ··· 067

第 2 篇　发电机系统检修

第 10 章　上导轴承检修作业指导书 ··· 071
10.1　范围 ··· 071
10.2　资料和图纸 ·· 071
10.3　安全措施 ··· 072
10.4　备品备件清单 ·· 072
10.5　修前准备 ··· 073
10.6　检修工序及质量标准 ··· 075
10.7　检修记录 ··· 078
10.8　质量签证单 ·· 078

第 11 章　下导轴承检修作业指导书 ··· 080
11.1　范围 ··· 080
11.2　资料和图纸 ·· 080
11.3　安全措施 ··· 081
11.4　备品备件清单 ·· 081
11.5　修前准备 ··· 082
11.6　检修工序及质量标准 ··· 084
11.7　检修记录 ··· 087
11.8　质量签证单 ·· 087

第 12 章　推力轴承检修作业指导书 ··· 089
12.1　范围 ··· 089
12.2　资料和图纸 ·· 089
12.3　安全措施 ··· 090
12.4　备品备件清单 ·· 090
12.5　修前准备 ··· 091
12.6　检修工序及质量标准 ··· 094
12.7　质量签证单 ·· 098

第 13 章　风闸检修作业指导书 ··· 100
13.1　范围 ··· 100

13.2　资料和图纸 …………………………………………………… 100
　13.3　安全措施 ……………………………………………………… 100
　13.4　备品备件清单 ………………………………………………… 101
　13.5　修前准备 ……………………………………………………… 101
　13.6　检修工序及质量标准 ………………………………………… 103
　13.7　质量签证单 …………………………………………………… 105

第 14 章　励磁系统控制部分检修作业指导书 ……………………… 107
　14.1　范围 …………………………………………………………… 107
　14.2　资料和图纸 …………………………………………………… 107
　14.3　安全措施 ……………………………………………………… 108
　14.4　备品备件清单 ………………………………………………… 108
　14.5　修前准备 ……………………………………………………… 109
　14.6　检修工序及质量标准 ………………………………………… 110
　14.7　检修记录 ……………………………………………………… 120
　14.8　质量签证单 …………………………………………………… 128

第 15 章　定子及转子定检作业指导书 ……………………………… 131
　15.1　范围 …………………………………………………………… 131
　15.2　资料和图纸 …………………………………………………… 131
　15.3　安全措施 ……………………………………………………… 132
　15.4　备品备件清单 ………………………………………………… 132
　15.5　修前准备 ……………………………………………………… 133
　15.6　检修工序及质量标准 ………………………………………… 134
　15.7　质量签证单 …………………………………………………… 136

第 3 篇　配电系统检修

第 16 章　220 kV GIS 一次设备检修作业指导书 …………………… 141
　16.1　范围 …………………………………………………………… 141
　16.2　资料和图纸 …………………………………………………… 141
　16.3　安全措施 ……………………………………………………… 141
　16.4　备品备件清单 ………………………………………………… 142
　16.5　修前准备 ……………………………………………………… 142

  16.6 检修工序及质量标准 ·· 144
  16.7 质量签证单 ·· 150

第17章 220 kV主变压器检修作业指导书 ·························· 152
  17.1 范围 ·· 152
  17.2 资料和图纸 ·· 152
  17.3 安全措施 ·· 152
  17.4 备品备件清单 ·· 154
  17.5 修前准备 ·· 155
  17.6 检修工序及质量标准 ·· 157
  17.7 检修记录 ·· 166
  17.8 质量签证单 ·· 166

第18章 10 kV高压开关柜检修作业指导书 ·························· 168
  18.1 范围 ·· 168
  18.2 资料和图纸 ·· 168
  18.3 安全措施 ·· 168
  18.4 备品备件清单 ·· 169
  18.5 修前准备 ·· 170
  18.6 检修工序及质量标准 ·· 172
  18.7 检修记录 ·· 175
  18.8 质量签证单 ·· 175

第19章 400 V低压盘柜检修作业指导书 ···························· 176
  19.1 范围 ·· 176
  19.2 资料和图纸 ·· 176
  19.3 危险点分析与安全措施 ·· 177
  19.4 备品备件清单 ·· 178
  19.5 修前准备 ·· 178
  19.6 检修工序及质量标准 ·· 180
  19.7 检修记录 ·· 185
  19.8 质量签证单 ·· 185

第20章　调速器电气控制检修作业指导书 ………………………… 187
- 20.1　范围 ………………………… 187
- 20.2　资料和图纸 ………………………… 187
- 20.3　安全措施 ………………………… 187
- 20.4　备品备件清单 ………………………… 188
- 20.5　修前准备 ………………………… 189
- 20.6　检修工序及质量标准 ………………………… 190
- 20.7　质量签证单 ………………………… 209

第21章　220 kV GIS二次设备检修作业指导书 ………………………… 211
- 21.1　范围 ………………………… 211
- 21.2　资料和图纸 ………………………… 211
- 21.3　危险点分析与安全措施 ………………………… 212
- 21.4　备品备件清单 ………………………… 213
- 21.5　修前准备 ………………………… 214
- 21.6　检修工序及质量标准 ………………………… 216
- 21.7　质量签证单 ………………………… 218

第22章　进水塔门机电气部分检修作业指导书 ………………………… 219
- 22.1　范围 ………………………… 219
- 22.2　资料和图纸 ………………………… 219
- 22.3　安全措施 ………………………… 219
- 22.4　备品备件清单 ………………………… 220
- 22.5　工器具消耗材料及现场准备 ………………………… 221
- 22.6　检修工序及质量标准 ………………………… 222
- 22.7　检修记录 ………………………… 228
- 22.8　质量签证单 ………………………… 234

第23章　尾水台车电气部分检修作业指导书 ………………………… 236
- 23.1　范围 ………………………… 236
- 23.2　资料和图纸 ………………………… 236
- 23.3　安全措施 ………………………… 236
- 23.4　备品备件清单 ………………………… 237

23.5 工器具消耗材料及现场准备 …………………………………… 238
23.6 检修工序及质量标准 …………………………………………… 239
23.7 检修记录 ………………………………………………………… 245
23.8 质量签证单 ……………………………………………………… 248

第24章 主厂房桥机电气部分检修作业指导书 ……………………… 249
24.1 范围 ……………………………………………………………… 249
24.2 资料和图纸 ……………………………………………………… 249
24.3 安全措施 ………………………………………………………… 249
24.4 备品备件清单 …………………………………………………… 250
24.5 工器具消耗材料及现场准备 …………………………………… 251
24.6 检修工序及质量标准 …………………………………………… 252
24.7 检修记录 ………………………………………………………… 259
24.8 质量签证单 ……………………………………………………… 265

第25章 直流充电装置检修作业指导书 ……………………………… 266
25.1 范围 ……………………………………………………………… 266
25.2 资料和图纸 ……………………………………………………… 266
25.3 安全措施 ………………………………………………………… 266
25.4 备品备件清单 …………………………………………………… 267
25.5 修前准备 ………………………………………………………… 267
25.6 检修工序及质量标准 …………………………………………… 269
25.7 检修记录 ………………………………………………………… 274
25.8 质量签证单 ……………………………………………………… 275

第26章 蓄电池充放电定检作业指导书 ……………………………… 276
26.1 范围 ……………………………………………………………… 276
26.2 资料和图纸 ……………………………………………………… 276
26.3 危险点分析及安全措施 ………………………………………… 277
26.4 备品备件清单 …………………………………………………… 278
26.5 修前准备 ………………………………………………………… 279
26.6 检修工序及质量标准 …………………………………………… 280
26.7 质量签证单 ……………………………………………………… 283

第4篇 微机保护系统检修

第27章 发电机保护装置检修作业指导书 ··················· 293
- 27.1 范围 ··················· 293
- 27.2 资料和图纸 ··················· 293
- 27.3 安全措施 ··················· 293
- 27.4 备品备件清单 ··················· 294
- 27.5 修前准备 ··················· 294
- 27.6 检修工序及质量标准 ··················· 296
- 27.7 检修记录 ··················· 300
- 27.8 质量签证单 ··················· 321

第28章 变压器保护装置检修作业指导书 ··················· 323
- 28.1 范围 ··················· 323
- 28.2 资料和图纸 ··················· 323
- 28.3 安全措施 ··················· 323
- 28.4 备品备件清单 ··················· 324
- 28.5 修前准备 ··················· 324
- 28.6 检修工序及质量标准 ··················· 326
- 28.7 检修记录 ··················· 329
- 28.8 质量签证单 ··················· 343

第29章 线路保护装置检修作业指导书 ··················· 344
- 29.1 范围 ··················· 344
- 29.2 资料和图纸 ··················· 344
- 29.3 安全措施 ··················· 345
- 29.4 备品备件清单 ··················· 345
- 29.5 修前准备 ··················· 346
- 29.6 检修工序及质量标准 ··················· 347
- 29.7 检修记录 ··················· 349
- 29.8 质量签证单 ··················· 361

第30章　220 kV母线保护装置检修作业指导书 ⋯⋯⋯⋯ 362
30.1　范围 ⋯⋯⋯⋯⋯⋯⋯⋯⋯⋯⋯⋯⋯⋯⋯⋯⋯⋯ 362
30.2　资料和图纸 ⋯⋯⋯⋯⋯⋯⋯⋯⋯⋯⋯⋯⋯⋯ 362
30.3　安全措施 ⋯⋯⋯⋯⋯⋯⋯⋯⋯⋯⋯⋯⋯⋯⋯ 362
30.4　备品备件清单 ⋯⋯⋯⋯⋯⋯⋯⋯⋯⋯⋯⋯⋯ 363
30.5　修前准备 ⋯⋯⋯⋯⋯⋯⋯⋯⋯⋯⋯⋯⋯⋯⋯ 363
30.6　检修工序及质量标准 ⋯⋯⋯⋯⋯⋯⋯⋯⋯⋯ 365
30.7　检修记录 ⋯⋯⋯⋯⋯⋯⋯⋯⋯⋯⋯⋯⋯⋯⋯ 366
30.8　质量签证单 ⋯⋯⋯⋯⋯⋯⋯⋯⋯⋯⋯⋯⋯⋯ 375

第31章　系统安全稳定装置检修作业指导书 ⋯⋯⋯⋯⋯⋯ 376
31.1　范围 ⋯⋯⋯⋯⋯⋯⋯⋯⋯⋯⋯⋯⋯⋯⋯⋯⋯⋯ 376
31.2　资料和图纸 ⋯⋯⋯⋯⋯⋯⋯⋯⋯⋯⋯⋯⋯⋯ 376
31.3　安全措施 ⋯⋯⋯⋯⋯⋯⋯⋯⋯⋯⋯⋯⋯⋯⋯ 376
31.4　备品备件清单 ⋯⋯⋯⋯⋯⋯⋯⋯⋯⋯⋯⋯⋯ 378
31.5　修前准备 ⋯⋯⋯⋯⋯⋯⋯⋯⋯⋯⋯⋯⋯⋯⋯ 378
31.6　检修工序及质量标准 ⋯⋯⋯⋯⋯⋯⋯⋯⋯⋯ 380
31.7　检修记录 ⋯⋯⋯⋯⋯⋯⋯⋯⋯⋯⋯⋯⋯⋯⋯ 385
31.8　质量签证单 ⋯⋯⋯⋯⋯⋯⋯⋯⋯⋯⋯⋯⋯⋯ 391

第5篇　计算机监控及视频系统检修

第32章　计算机监控系统上位机检修作业指导书 ⋯⋯⋯⋯ 395
32.1　范围 ⋯⋯⋯⋯⋯⋯⋯⋯⋯⋯⋯⋯⋯⋯⋯⋯⋯⋯ 395
32.2　资料和图纸 ⋯⋯⋯⋯⋯⋯⋯⋯⋯⋯⋯⋯⋯⋯ 395
32.3　安全措施 ⋯⋯⋯⋯⋯⋯⋯⋯⋯⋯⋯⋯⋯⋯⋯ 396
32.4　备品备件清单 ⋯⋯⋯⋯⋯⋯⋯⋯⋯⋯⋯⋯⋯ 396
32.5　修前准备 ⋯⋯⋯⋯⋯⋯⋯⋯⋯⋯⋯⋯⋯⋯⋯ 397
32.6　检修工序及质量标准 ⋯⋯⋯⋯⋯⋯⋯⋯⋯⋯ 398
32.7　检修记录 ⋯⋯⋯⋯⋯⋯⋯⋯⋯⋯⋯⋯⋯⋯⋯ 401
32.8　质量签证单 ⋯⋯⋯⋯⋯⋯⋯⋯⋯⋯⋯⋯⋯⋯ 403

第33章　计算机监控系统机组LCU检修作业指导书 ⋯⋯⋯ 405
33.1　范围 ⋯⋯⋯⋯⋯⋯⋯⋯⋯⋯⋯⋯⋯⋯⋯⋯⋯⋯ 405

33.2　资料和图纸 ·· 405
   33.3　危险点分析与控制措施 ··· 406
   33.4　备品备件清单 ··· 408
   33.5　修前准备 ·· 409
   33.6　检修工序及质量标准 ·· 410
   33.7　质量签证单 ·· 418

第34章　计算机监控系统升压站LCU检修作业指导书 ··············· 437
   34.1　范围 ·· 437
   34.2　资料和图纸 ·· 437
   34.3　危险点分析与控制措施 ··· 438
   34.4　备品备件清单 ··· 439
   34.5　修前准备 ·· 440
   34.6　检修工序及质量标准 ·· 442
   34.7　质量签证单 ·· 448

第35章　计算机监控系统公用LCU检修作业指导书 ··················· 464
   35.1　范围 ·· 464
   35.2　资料和图纸 ·· 464
   35.3　危险点分析与控制措施 ··· 465
   35.4　备品备件清单 ··· 466
   35.5　修前准备 ·· 467
   35.6　检修工序及质量标准 ·· 469
   35.7　质量签证单 ·· 473

第36章　光传输设备定检作业指导书 ·· 480
   36.1　范围 ·· 480
   36.2　资料和图纸 ·· 480
   36.3　安全措施 ·· 481
   36.4　备品备件清单 ··· 481
   36.5　修前准备 ·· 482
   36.6　检修工序及质量标准 ·· 483
   36.7　质量签证单 ·· 487

第37章　调度数据网定检作业指导书 ····· 489
- 37.1　范围 ····· 489
- 37.2　资料和图纸 ····· 489
- 37.3　安全措施 ····· 489
- 37.4　备品备件清单 ····· 490
- 37.5　修前准备 ····· 490
- 37.6　检修工序及质量标准 ····· 491
- 37.7　质量签证单 ····· 492

第38章　工业电视系统检修作业指导书 ····· 493
- 38.1　范围 ····· 493
- 38.2　资料和图纸 ····· 493
- 38.3　安全措施 ····· 493
- 38.4　备品备件清单 ····· 494
- 38.5　修前准备 ····· 494
- 38.6　检修工序及质量标准 ····· 496
- 38.7　检修记录 ····· 497
- 38.8　质量签证单 ····· 500

第6篇　金属结构检修

第39章　主厂房桥机机械部分定检作业指导书 ····· 503
- 39.1　范围 ····· 503
- 39.2　资料和图纸 ····· 503
- 39.3　安全措施 ····· 504
- 39.4　备品备件清单 ····· 504
- 39.5　修前准备 ····· 504
- 39.6　检修工序及质量标准 ····· 506
- 39.7　质量签证单 ····· 507

第40章　进水塔双向门机机械部分定检作业指导书 ····· 509
- 40.1　范围 ····· 509
- 40.2　资料和图纸 ····· 509

- 40.3 安全措施 ·· 510
- 40.4 备品备件清单 ······································ 510
- 40.5 修前准备 ·· 510
- 40.6 检修工序及质量标准 ························· 512
- 40.7 质量签证单 ··· 514

第41章 尾水台车机械部分定检作业指导书 ·············· 515

- 41.1 范围 ··· 515
- 41.2 资料和图纸 ··· 515
- 41.3 安全措施 ·· 516
- 41.4 备品备件清单 ······································ 516
- 41.5 修前准备 ·· 516
- 41.6 检修工序及质量标准 ························· 518
- 41.7 质量签证单 ··· 519

第42章 营地仓库、GIS室桥机机械部分定检作业指导书 ·············· 520

- 42.1 范围 ··· 520
- 42.2 资料和图纸 ··· 520
- 42.3 安全措施 ·· 521
- 42.4 备品备件清单 ······································ 521
- 42.5 修前准备 ·· 521
- 42.6 检修工序及质量标准 ························· 523
- 42.7 质量签证单 ··· 524

第43章 进水口快速闸门定检作业指导书 ·············· 525

- 43.1 范围 ··· 525
- 43.2 资料和图纸 ··· 525
- 43.3 安全措施 ·· 526
- 43.4 备品备件清单 ······································ 526
- 43.5 修前准备 ·· 526
- 43.6 检修工序及质量标准 ························· 527
- 43.7 质量签证单 ··· 528

第44章 进水口检修闸门定检作业指导书 ········ 529
44.1 范围 ········ 529
44.2 资料和图纸 ········ 529
44.3 安全措施 ········ 530
44.4 备品备件清单 ········ 530
44.5 修前准备 ········ 530
44.6 检修工序及质量标准 ········ 531
44.7 质量签证单 ········ 533

第45章 尾水检修闸门定检作业指导书 ········ 534
45.1 范围 ········ 534
45.2 资料和图纸 ········ 534
45.3 安全措施 ········ 535
45.4 备品备件清单 ········ 535
45.5 修前准备 ········ 535
45.6 检修工序及质量标准 ········ 537
45.7 质量签证单 ········ 538

第46章 尾水防洪闸门定检作业指导书 ········ 539
46.1 范围 ········ 539
46.2 资料和图纸 ········ 539
46.3 安全措施 ········ 540
46.4 备品备件清单 ········ 540
46.5 修前准备 ········ 540
46.6 检修工序及质量标准 ········ 541
46.7 质量签证单 ········ 542

第7篇 辅机系统检修

第47章 高压气系统定检作业指导书 ········ 545
47.1 范围 ········ 545
47.2 资料和图纸 ········ 545
47.3 安全措施 ········ 546
47.4 备品备件清单 ········ 546

47.5　修前准备 …………………………………………………… 546
　　47.6　检修工序及质量标准 …………………………………… 547
　　47.7　质量签证单 ……………………………………………… 548

第 48 章　低压气系统定检作业指导书 ……………………………… 549
　　48.1　范围 ……………………………………………………… 549
　　48.2　资料和图纸 ……………………………………………… 549
　　48.3　安全措施 ………………………………………………… 549
　　48.4　备品备件清单 …………………………………………… 550
　　48.5　修前准备 ………………………………………………… 550
　　48.6　检修工序及质量标准 …………………………………… 551
　　48.7　质量签证单 ……………………………………………… 553

第 49 章　技术供水机械部分检修作业指导书 …………………… 554
　　49.1　范围 ……………………………………………………… 554
　　49.2　资料和图纸 ……………………………………………… 554
　　49.3　安全措施 ………………………………………………… 554
　　49.4　备品备件清单 …………………………………………… 555
　　49.5　修前准备 ………………………………………………… 557
　　49.6　检修工序及质量标准 …………………………………… 558
　　49.7　质量签证单 ……………………………………………… 560

第 50 章　检修排水泵、渗漏排水泵机械部分检修作业指导书 ………… 561
　　50.1　范围 ……………………………………………………… 561
　　50.2　资料和图纸 ……………………………………………… 561
　　50.3　安全措施 ………………………………………………… 561
　　50.4　备品备件清单 …………………………………………… 562
　　50.5　修前准备 ………………………………………………… 563
　　50.6　检修工序及质量标准 …………………………………… 565
　　50.7　质量签证单 ……………………………………………… 567

附录 ………………………………………………………………… 568

第1篇 水轮机系统检修

第1章
水轮机导水机构检修作业指导书

1.1 范围

本作业指导书适用于广西右江水利开发有限责任公司右江水力发电厂♯1～♯4机组水轮机导水机构检修工作。

1.2 资料和图纸

下列文件中的条款通过本规范的引用而成为本规范的条款。凡是注日期的引用文件,其随后所有的修改单或修订版均不适用于本规范,然而,鼓励根据本规范达成协议的各方研究是否可使用这些文件的最新版本。凡是不注日期的引用文件,其最新版本适用于本规范。

(1) GB/T 8564—2003 《水轮发电机组安装技术规范》

(2) GB 26164.1—2010 《电业安全工作规程 第1部分:热力和机械》

(3) 上海福伊特水电设备有限公司(原上海希科水电设备有限公司)导水机构装配图及零部件图

(4) 2422—004293 导水机构剖面图

(5) 2422—004293 导水机构平面图

(6) 2422—004419 顶盖装配

(7) 2422—004430 底环装配图

(8) 2422—004457 导叶拐臂装配

(9) 2422—004456　导叶轴承及密封装配

(10) 2422—004458　导叶连接杆装配

(11) 2422—004241　控制环机加工装配

(12) 2422—004476　控制环轴承装配图

1.3　安全措施

(1) 严格执行《电业安全工作规程》。

(2) 所有工器具认真清点数量,不得遗留到检修设备内。

(3) 起吊设备工具检查符合载荷要求。

(4) 参加检修作业人员必须熟悉本指导书内容,并熟记检修项目和质量工艺要求。

(5) 参加检修作业人员必须持证上岗,熟记本检修项目安全技术措施。

(6) 开工前召开班前会,分析危险点,对作业人员进行合理分工,进行安全和技术交底。

1.4　备品备件清单

表1.1

序号	名称	型号规格(图号)	单位	数量	备注
1	导叶上轴承	希科图号 2422-004400	件	24	
2	导叶中轴承	希科图号 2422-004401	件	24	
3	导叶下轴承	希科图号 2422-004402	件	24	
4	顶盖导叶端面密封环	希科图号 2422-004437	件	24	
5	底环导叶端面密封环	希科图号 2422-004445	件	24	
6	导叶上连杆	希科图号 2422-004373	件	6	
7	导叶下连杆	希科图号 2422-004374	件	6	
8	连杆销轴套	希科图号 2422-004369	件	48	
9	连杆销	希科图号 2422-004370	件	5	
10	偏心销	希科图号 2422-004372	件	5	
11	双头螺栓 M48	希科图号 2422-004341	件	68	

续表

序号	名称	型号规格(图号)	单位	数量	备注
12	带孔双头螺栓 M48	希科图号 2422-004342	件	4	
13	圆螺母 M48	希科图号 2422-004343	件	72	
14	导叶中轴颈密封	$\phi 260.4 \times 279.4 \times 12.7$ mm,材料:PU+NBR,美国 PARKER	件	24	
15	导叶下轴颈密封	$\phi 220 \times 240 \times 15$ mm,材料:PU+NBR,美国 PARKER	件	24	
16	顶盖端面密封背垫	希科图号 2422-004438	件	24	半成品
17	底环端面密封背垫	希科图号 2422-004436	件	24	半成品
18	自润滑关节轴承	GE110-UK-2RS	件	4	
19	接力器活塞密封	OMK-MR,孔用格莱圈 $380 \times 355.5 \times 8.1$ mm,MERKEL	件	2	
20	接力器活塞杆密封	OMS-MR,轴用斯特封 $125 \times 140.1 \times 6.3$ mm,MERKEL	件	4	
21	O 形橡胶密封圈	$\phi 290 \times 5.3$,GB/T 3452.1—2005	个	24	
22	O 形橡胶密封圈	$\phi 56 \times 3.55$,GB/T 3452.1—2005	个	5	
23	O 形橡胶密封圈	外径 $\phi 380 \times 8.6$	个	4	
24	O 形橡胶密封条	$\phi 24$ mm,HG/T 2579—2008	米	40	
25	铜皮	0.10 mm	kg	2	
26	铜皮	0.15 mm	kg	2	
27	铜皮	0.20 mm	kg	2	
28	铜皮	0.30 mm	kg	1	

1.5 修前准备

1.5.1 现场准备

工器具及消耗材料准备清单。

表 1.2

一、材料类					
序号	名称	型号	单位	数量	备注
1	白布		米	10	
2	面粉		kg	20	
3	次毛巾		kg	100	

续表

一、材料类

序号	名称	型号	单位	数量	备注
4	无水乙醇	2 500 mL	瓶	3	
5	水砂纸	1 200#	张	20	
6	砂纸	600#	张	20	
7	乐泰平面密封胶	LOCTITE 510 50 mL	瓶	5	
8	乐泰螺纹锁固剂	LOCTITE 243 50 mL	瓶	5	
9	乐泰螺纹锁固剂	LOCTITE 271 50 mL	瓶	5	
10	煤油	25 kg/桶	桶	2	
11	502胶水	10 mL	瓶	2	
12	二硫化钼润滑脂	20 kg/桶	桶	1	

二、工具类

序号	名称	型号	单位	数量	备注
1	导叶转臂销拆卸工具	图号 2422-004760	套	1	
2	导叶转臂拆卸工具	图号 2422-004759	套	4	
3	拆销螺栓	图号 2422-004761	根	4	
4	拆销圆板	图号 2422-004762	套	4	
5	拆销圆筒	图号 2422-004763	套	4	
6	导叶轴承导向套	图号 2422-004764	套	3	
7	导叶轴承芯轴	图号 2422-004765	套	3	
8	液压拉伸器		套	4	
9	电动扳手	大型	台	1	
10	电动扳手	中型	台	1	
11	梅花套筒	24、36、46	个	各1	
12	双头梅花扳手	12×14、13×15、17×19	把	各1	
13	双头梅花扳手	18×21、24×27、30×32	把	各1	
14	开口扳手	18、24、30	把	各1	
15	内六角扳手	5~19 mm	套	1	
16	梅花敲击扳手	46、55	把	1	
17	力矩扳手	0~150 N·m	把	1	
18	螺旋千斤顶	20 t	个	2	
19	螺旋千斤顶	16 t	个	4	
20	铜棒	$D=45$ mm, $L=250\sim280$ mm	根	1	
21	链式手拉葫芦	2 t、3 t、10 t	个	各2	

续表

二、工具类

序号	名称	型号	单位	数量	备注
22	吊环	M12、M20、M30、M36、M48	个	各4	
23	锉刀		套	1	
24	什锦锉		套	1	
25	对讲机		台	3	
26	大锤		把	1	
27	十字螺丝刀	250 mm	把	2	

三、量具类

序号	名称	型号	单位	数量	备注
1	塞尺	0～200 mm	把	2	
2	百分表	0～10 mm	套	2	配磁性表座
3	塞尺	0～300 mm	把	2	
4	游标卡尺	0～300 mm	把	1	
5	外径千分尺	0～25 mm	把	1	

1.5.2 工作准备

（1）工器具已准备完毕，材料、备品已落实。

（2）检修地面已经铺设防护塑料膜及层板，场地已经隔离完善。

（3）作业文件已组织学习，工作组成员熟悉本作业指导书内容。

（4）工作票及开工手续办理完毕。

（5）所有安全措施已落实。

（6）工作负责人会同工作许可人检查工作现场所做的安全措施已完备。

（7）工作负责人向全体作业人员交代作业内容、安全措施、危险点分析及防控措施。

（8）作业要求，作业人员理解后在工作票上签名。

（9）每次开工前，班组值班负责人应开展"三讲一落实"工作。

1.6 检修工序及质量标准

1.6.1 导水机构拆解

（1）水车室内的检修平台及栏杆按顺序编号，拆除栏杆及检修平台并移出水车室整齐摆放。

(2) 拆除导水机构前,应先将活动导叶打开至全开位置,并卸除调速器系统的油压。

(3) 拆除接力器销轴及其所有管路,拆出左、右接力器并将其吊运至安装间停放待检修解体。

(4) 拆除活动导叶的连杆机构,并将连杆机构搬至水车室外,成套整齐摆放在指定位置。

(5) 拆除控制环压板及分段关闭连接杆,在控制环的4个起吊孔上装入4个M48的吊环,吊环必须拧紧到位,利用桥机吊起控制环,并将其吊运至安装间指定位置存放,以待检修。

(6) 拆掉顶盖上所有水管、气管。拆除导叶端盖,用专用拔销工具拔除所有导叶的导叶销及销套;逐步松开拐臂压板螺栓,安装导叶拐臂拆卸工具,拔除24个导叶拐臂,在导叶拐臂上安装两个M24吊环,利用桥机按编号将导叶拐臂吊至发电机层指定位置,并按顺序将拐臂成套整齐摆放。

(7) 拆除顶盖和底环上的密封铜环压板、密封铜环、橡胶背垫、$\phi 24$ mm 密封条压板、密封条及垫板。

(8) 拔除导叶上套筒的定位销,松开并取出导叶上套筒的紧固螺栓,利用2个M20的顶丝,将导叶上套筒顶出;取下顶丝,装上2个M20的吊环,将导叶上套筒吊出按编号顺序整齐摆放在发电机层指定位置。

(9) 在对称方向上分别安装两个顶盖螺栓专用液压拉伸器,连接高压软管及油泵,利用液压拉伸器(油压约115~120 MPa)依次松掉72个螺母,依此方法,拆除顶盖72个螺栓及螺母,并将螺栓螺母成套整齐堆放于水车室外指定位置。

(10) 在顶盖的4个起吊点装上4个适合的卸扣,在桥机大钩的2个钩子上挂好钢丝绳(绳径及绳长要符合起吊顶盖要求,顶盖自重约25 t),并且每个钩子上挂上1个10 t手拉葫芦(用于微调),在水轮机轴上法兰边缘垫上一些软质物,防止钢丝绳划伤法兰边缘。调整各绳使其长度及张力均匀,以保证顶盖水平。

(11) 顶盖起吊工作准备就绪以后,起吊顶盖,要缓慢的起升,防止顶盖与转轮及其他物体碰剐,顶盖离开座环的瞬间,要注意调整顶盖水平,确定与周围无碰剐后再缓慢起升顶盖,直至离开水轮机轴法兰面。将顶盖吊运至安装间并停放在预先设置好的8个钢支墩上(至少要均布6个钢支墩,支墩高度约1米,支墩上要放置宽厚的木板做防护)。

(12) 顶盖起吊离开水轮机机坑后,要指派专人(最好是专业技术人员)将顶盖调整垫统一收集存放。若调整垫上没有钢字码编号的,需要将调整垫与螺孔一一对应编号,并打上钢字码,以便回装时便于识别。

(13) 在桥机的电动葫芦吊钩上,挂装一个 3 t 的手拉葫芦;在活动导叶端部装上 M36 吊环,调整手拉葫芦下钩子中心,使其与活动导叶端部吊环中心基本吻合。将葫芦钩子与吊环连接,拉动手拉葫芦使活动导叶提升,直至活动导叶下轴领全部离开底环,改用电动葫芦起升活动导叶,吊至发电机层指定位置按编号顺序整齐摆放,等待检修。

(14) 导水机构拆除工作全部完成,以上有些步骤可以同时进行,不必按部就班。

1.6.2 活动导叶检修回装

(1) 导水机构各部件均检查、清理干净,存在缺陷的设备已进行消缺、修复处理合格。需要涂漆防腐的按要求进行刷漆防腐,需要检测数据的要检测数据并记录存档,损坏或不能修复的设备要更换。

(2) 检查、测量活动导叶上、中、下三部位轴承,磨损超标的需要更换轴承。

(3) 按正确方向安装底环唇形密封,不能装反,且在底环轴承及密封上均匀涂抹二硫化钼润滑剂。

(4) 利用桥机电动葫芦、3 t 的手拉葫芦,按照厂家标记吊装活动导叶。待活动导叶下落至底环上方约 200 mm 处时暂停下落,在活动导叶下轴领表面均匀涂刷一层二硫化钼润滑剂。待导叶落至距离底环孔口 20~30 mm 左右时,通过手拉葫芦缓慢落下导叶至距离底环孔口约 10 mm,调整使活动导叶下轴领中心与底环轴承孔中心重合,缓慢松开手拉葫芦使导叶缓慢插入并通过唇型密封,进入轴承。

(5) 活动导叶插装时要求大头朝外,小头朝内,按编号顺序依次进行吊装,在活动导叶肩部距离底环面 10 mm 左右时,转动导叶使其大致处在全开位置,最后将活动导叶完全落在底环上。在插装活动导叶过程中,如发现唇形密封翻边损坏,应立即提起活动导叶进行检查确认,若唇形密封损坏应立即更换再进行导叶插装。

1.6.3 顶盖检修回装

(1) 按钢字码编号与螺孔编号一一对应装入 72 个顶盖调整垫,不能装错。安装调整垫过程中,应保持垫圈与螺孔同心,另外需要指派专人跟着逐一检查核对调整垫位置是否正确。

（2）在座环的＋X、＋Y、－X、－Y四个方向的螺孔上,分别装入4个带孔的顶盖螺栓(螺栓下部螺纹要涂刷二硫化钼润滑剂),并将其拧紧到位。

（3）起吊顶盖并在安装间将其调整水平,转动顶盖使其＋X、＋Y方向标识与机组的＋X、＋Y方向保持一致,然后将顶盖吊入水轮机机坑。待顶盖下落接近活动导叶上轴领端面时,调整顶盖中心使其与机组中心基本一致,顶盖上的＋X方向应与座环上的＋X方向保持一致,然后缓慢落下顶盖,不能与转轮上迷宫环、活动导叶产生碰刷。当顶盖落至接近预先装好的4根顶盖螺栓时,检查使顶盖上对应的孔与螺栓一一对应并对正,缓慢落下顶盖并套入螺栓。在4个螺栓的导向下,使顶盖缓慢下落至距离调整垫5 mm左右时暂停下落,装入顶盖定位销后缓慢下落,边下落边派人同时敲击每个定位销,直至顶盖完全落在调整垫上,松钩取下吊具,然后打紧所有的定位销(注意顶盖下落过程中调整垫是否有移位现象,若有应及时进行调整)。

（4）按上述方法装入余下的68根顶盖螺栓,用扳手将其拧紧到位,将72个配套螺母旋紧在螺栓上。

（5）在＋X、－X、＋Y、－Y四个方向上,分别选出与带测量孔螺栓相邻的4根顶盖螺栓,用液压拉伸器按"十"字形对称对其进行拉伸,拉伸油压要求一次性达到40 MPa,拧紧这4个拉伸螺栓的螺母。按照同样的方式,呈"米"字形将其他的4个螺栓拉伸,螺母预紧,拉伸油压也要求一次性达到40 MPa,这样就呈"米"字形预紧了8个螺母。

（6）在X、Y方向上对称装入4个导叶上套筒(或者8个,此时导叶套筒不用装密封),用塞尺和内径千分尺,测量出活动导叶的端面间隙(设计总间隙1.0 mm,所有螺栓未达到设计拉伸值前,测得的端面总间隙应略大于1.0 mm)、顶盖和底环之间的间距值,对这些数据进行分析,符合要求后再进行下一步的工序,不符合要求的要查明原因,再决定如何进行处理。

（7）在＋X、－X、＋Y、－Y方向上的4个带测量孔螺栓中装入测量杆并拧紧,安装拉伸器、百分表,对这4个螺栓进行拉伸试验,在螺栓拉伸值达到0.26 mm时,分别记录每个螺栓对应的油压值(该值大约115～120 MPa)。螺栓拉伸试验结束后,将试验螺栓的螺母全部松掉。

（8）分三轮将全部顶盖螺栓螺母预紧。第一轮预紧油压40 MPa,先按"十"字形将＋X、－X、＋Y、－Y四个方向上的4个螺母进行同时预紧,再按"米"字形将其他的4个螺母同时预紧;然后按对称的、顺时针(或者逆时针)方式,逐一将余下的螺母全部预紧。在预紧螺母过程中,对已预紧过的每个螺母,即时打上标记,以防遗漏。第二轮预紧油压 80 MPa,参照第一轮预紧的方式,将 72 个螺母全部预紧。第三轮预紧油压值,取拉伸试验油压值的平均值,参照上述预紧方式,将全部 72 个螺母全部预紧,绝对不能遗漏。最终保证所有顶盖螺栓拉伸值在 0.26 mm±0.02 mm 范围内。

(9) 在装入套筒的活动导叶上测出端面总间隙,测出顶盖和底环之间的间距值,符合要求后拆出预装的导叶上套筒,顶盖安装完成。

1.6.4　上导叶套筒、拐臂安装

(1) 在桥机电动葫芦的吊钩上,挂装一个 2 t 手拉葫芦。在上导叶套筒上装入 O 形密封圈和唇形密封圈(密封圈绝对不要遗漏),在轴承及密封上均匀涂刷一层二硫化钼润滑剂,将上导叶套筒吊入机坑,排水孔向外,按对应编号套装在活动导叶上,对好定位销孔后,轻轻地套入活动导叶,利用带螺母的丝杆,将套筒平顺压入顶盖,最后装入定位销及紧固螺钉,并将导叶套筒紧固牢靠。

(2) 导叶拐臂安装前,所有的抱紧螺栓均应松开,利用桥机电动葫芦与 2 t 手拉葫芦配合,吊装拐臂。待拐臂落至导叶端部附近时,在导叶上轴领和拐臂内孔上均匀涂刷上一层二硫化钼润滑剂,改用手拉葫芦缓慢下落拐臂。对正定位销孔,将拐臂套在活动导叶上轴领上,如遇到拐臂套入较紧,可以用铜棒轻敲使拐臂轻轻套入(此时拐臂套入轴领的深度不应超过 100 mm),装入导叶臂压环及紧固螺钉,并紧固螺钉。

(3) 检查剪断销孔,装入剪断销及锁板;检查导叶转臂摩擦环,摩擦环不能凸出导叶拐臂上平面;检查导叶销孔,在孔内涂抹少许二硫化钼润滑剂,依次装入导叶销拔起螺母(方向不能反)、导叶销套、导叶销。安装导叶连接板抱紧螺栓及螺母,并按要求对每个螺栓进行预紧,螺栓伸长值 0.68 mm,最后装入导叶端面垫圈、导叶端盖及相应的螺栓,并打紧螺栓。

1.6.5　控制环、导叶连杆机构及接力器安装

(1) 安装好检修密封供气管路及顶盖上所有的测压管路。在水导轴承座和控制环吊入机坑安装前,不影响机组盘车的情况下,主轴密封系统部件能装多少就装多少,一时不能安装的,也要将设备部件吊入顶盖内指定位置存放。

(2) 在控制环的起吊孔上,装入 4 个 M48 吊环,起吊控制环并将其调整水平,在顶盖抗磨板、控制环轴承上均匀涂刷上一层二硫化钼润滑脂,吊入机

坑套在水导轴承座外,旋转调整控制环,对准标记,使其处在导叶"全关"时的位置,缓慢将控制环落在顶盖上,用 2 个 3 t 手拉葫芦,将控制环锁定以防止其转动。

(3) 安装顶盖、底环上的橡胶背垫、密封铜环及压板,要求橡胶背垫、密封铜环及压板的位置要符合要求,两端圆弧要相应对齐;压板不能凸出顶盖和底环面,压板螺栓要紧固可靠,预紧力要符合要求。安装顶盖和底环上的垫板、φ24 mm 橡胶密封条及压板,同样,压板不能凸出顶盖和底环面,压板螺栓要紧固可靠,预紧力要符合要求。

(4) 调整活动导叶端面间隙,使活动导叶端面间隙符合要求,在活动导叶端盖螺栓全部打紧的情况下再测量数据。要求导叶上部 0.60 mm±0.10 mm,导叶下部 0.40 mm±0.10 mm。

(5) 将活动导叶转至全关位置对其进行捆绑,调整活动导叶立面间隙。利用 2 个 6 t 手摇葫芦、2 根钢丝绳头、一根导叶捆绑的专用钢丝绳,在对称的 2 个固定导叶中部,挂装钢丝绳头及手摇葫芦,用专用钢丝绳捆住全部活动导叶的中部并绕圈,两头挂在葫芦钩子上,摇紧葫芦将活动导叶捆绑牢固,测量活动导叶各立面的间隙。里面间隙要求:①用 0.05 mm 塞尺检查,不能塞入;②立面允许的最大间隙 0.13 mm,但长度不能超过活动导叶总长度的 1/4(即 303 mm)。在导叶连杆机构与控制环未连接好之前,不能解除活动导叶的捆绑。

(6) 检查连杆销孔、偏心销孔的中心距是否符合图纸要求,安装导叶连杆机构时,检查连杆是否水平。安装时偏心销最小值方向统一朝向拐臂的剪断销孔中心方向,便于调节。通过偏心销扳手调节偏心销,力度要适中,保证 24 个偏心销的调节力度均应基本一致,然后锁紧偏心销,安装连杆销、偏心销锁板及螺栓,用扭矩扳手将导叶连杆机构的所有螺栓紧固牢靠。解除控制环锁定。

(7) 接力器经耐压及渗漏试验合格后,吊入水车室进行安装。将接力器与接力器基础、控制环连接,并粗调接力器压紧行程为 4.0 mm(最大不能超过 4.5 mm)。解除导叶捆绑,安装接力器管路系统,待调速器系统建压达到 3.0 MPa 时,精确测量左、右接力器的压紧行程,并精调压紧行程 3.5~4.0 mm,压力升至 6.0 MPa 时,锁紧超级螺母。

1.6.6 活动导叶端面间隙测量

(1) 打开活动导叶开度至全开,关闭××机组压力油罐补气总阀××-

QG01V,将××机组压力油罐××YY01JA泄压至零。

（2）活动导叶端面间隙标准：上端面间隙值为0.60 mm±0.10 mm，下端面间隙值为0.40 mm±0.10 mm。

（3）将活动导叶上、下端面内杂物清理干净，用塞尺测量活动导叶上、下端面大、小头的端面间隙值，并记录数据。

（上述项目中的"××"代表机组编号，下同。）

1.6.7　活动导叶端面间隙调整

（1）活动导叶端面间隙值在标准范围内的不作调整，并用扳手对其活动导叶上端轴端盖所有螺栓进行检查紧固。

（2）对不符合标准的活动导叶端面间隙进行调整。用敲击扳手将活动导叶上端轴端盖固定活动导叶螺栓松除，并松开活动导叶上端轴端盖固定螺栓，根据所测量的活动导叶端面间隙值与活动导叶端面标准间隙值之差，增加或减少铜皮的厚度为之差值的一半进行加减垫调整。加减的垫片厚度用外径千分尺测量。

（3）下端间隙大的活动导叶，在导叶上端轴垫上方木，用铜棒或者大锤将活动导叶往下打到规定值，加减好铜垫后回装活动导叶上端轴端盖，上紧端盖固定螺栓，用0.02 mm塞尺检查端盖与拐臂间隙为零。然后上紧活动导叶上端轴端盖固定活动导叶螺栓。

（4）复测活动导叶端面间隙，并记录数据。重新检查活动导叶端面间隙在标准范围内，不合格则重新调整。

（5）根据上述方法依次将不合格的活动导叶端面间隙调整合格，并做好数据记录。

1.6.8　活动导叶立面间隙测量

（1）检查活动导叶密封面有无毛刺，有无硬点（凸点），若有应用锉刀将其修平整，活动导叶及周围杂物应清理干净。

（2）通知蜗壳内及水车室内所有人员撤出，并在蜗壳进人门及水车室门外派专人看守。

（3）活动导叶立面间隙标准：活动导叶间隙为零，允许局部间隙不超过0.13 mm，长度不超过活动导叶总长度的25%（303 mm）。

（4）通知蜗壳内人员用塞尺测量活动导叶立面间隙，并记录数据。

1.6.9 活动导叶立面间隙调整

(1) 对不合格的立面间隙进行调整。

(2) 调整方法:当活动导叶单个立面间隙超标,且轻微超标时,可以把其前后 2~3 个导叶的偏心销调整一下,将间隙均分在前后 2~3 个导叶上,使导叶立面间隙达到合格;当活动导叶多个立面间隙出现超标,绘制全部导叶所在的圆面展开图简图,在图上标出每个导叶的编号,将各个立面的间隙值标注在图上,找出间隙值最大的立面,开关相间的顺序,确定要调整的导叶编号,再确定是按顺时针调整还是逆时针调整,打开这些导叶的偏心销进行调整,直至所有导叶立面间隙合格后,用偏心销扳手锁死偏心销。

(3) 立面间隙调整至少要 3 人配合进行,通过对讲机通讯联系,1 人在水车室调整,2 人在蜗壳内测量记录,调整合格后,测量记录最终数据。

(4) 调整完毕后,蜗壳内及水车室内人员全部撤出,恢复隔离的措施。

(5) 活动导叶立面间隙验收。

1.6.10 止漏环间隙测量

(1) 在上、下止漏环圆周上各均布 8 个测点,上、下每一对测点应处于同一竖直面上。

(2) 用塞尺在同一测点处,分别测量上、下止漏环的间隙值,并记录数据。按同样方法,将上、下止漏环的余下 7 对测点的间隙值全部测完,并记录数据。

(3) 上止漏环设计间隙为 1.73 mm;下止漏环设计间隙为 1.93 mm。

1.6.11 检修现场清理,工作结束

(1) 整理作业现场工器具,将设备上的油污、灰尘清理和擦拭干净。

(2) 将工作现场垃圾及杂物清理干净,人员全部撤离。

(3) 工作负责人填写检修交代并办理工作票终结手续。

1.7 检修记录

检修前、后活动导叶端面间隙数据记录表见附录表 A.1,检修前、后活动导叶立面间隙数据记录表见附表录表 A.2,检修后止漏环间隙数据记录表见附录表 A.3。

1.8 质量签证单

表 1.3

序号	工作内容	工作负责人自检			一级验证			二级验证			三级验证		
		验证点	签字	日期	验证点	签字	日期	验证点	签字	日期	验证点	签字	日期
1	工具材料、工作票和现场防护准备	W0			W0			W0			W0		
2	导水机构拆解	W1			W1			W1			W1		
3	活动导叶检修回装	H1			H1			H1			H1		
4	顶盖检修回装	H2			H2			H2			H2		
5	上导叶套筒、拐臂安装	H3			H3			H3			H3		
6	控制环、导叶连杆机构及接力器安装	H4			H4			H4			H4		
7	活动导叶端面间隙测量	H5			H5			H5			H5		
8	活动导叶端面间隙调整	H6			H6			H6			H6		
9	活动导叶立面间隙测量	H7			H7			H7			H7		
10	活动导叶立面间隙调整	H8			H8			H8			H8		
11	止漏环间隙测量	W2			W2			W2			W2		
12	检修现场清理,工作结束	W3			W3			W3			W3		

第 2 章
水导轴承检修作业指导书

2.1 范围

本作业指导书适用于广西右江水利开发有限责任公司右江水力发电厂♯1～♯4机水导轴承的检修工作。

2.2 资料和图纸

下列文件中的条款通过本规范的引用而成为本规范的条款。凡是注日期的引用文件,其随后所有的修改单或修订版均不适用于本规范,然而,鼓励根据本规范达成协议的各方研究是否可使用这些文件的最新版本。凡是不注日期的引用文件,其最新版本适用于本规范。

(1) GB/T 8564—2003 《水轮发电机组安装技术规范》
(2) GB 26164.1—2010 《电业安全工作规程 第1部分:热力和机械》
(3) 上海福伊特水电设备有限公司(原上海希科水电设备有限公司)水导轴承装配图纸
  (4) 2422—004305 水导轴承剖面图
  (5) 2422—004305 水导轴承平面图
  (6) 2422—004772 水导轴承瓦块
  (7) 2422—004780 轴承调节装置
  (8) 2422—004777 轴承油槽

(9) 2422—005054　油冷却器

2.3　安全措施

(1) 严格执行《电业安全工作规程》。
(2) 所有工器具认真清点数量，不得遗留到检修设备内。
(3) 起吊设备工具检查符合载荷要求。
(4) 参加检修作业人员必须熟悉本指导书内容，并熟记检修项目和质量工艺要求。
(5) 参加检修作业人员必须持证上岗，熟记本检修项目安全技术措施。
(6) 开工前召开专题会，开展"三讲一落实"，分析危险点，对作业人员进行合理分工，进行安全和技术交底。

2.4　备品备件清单

表 2.1

序号	名称	规格型号(图号)	单位	数量	备注
1	耐油橡胶板	$\delta=4$ mm	平方米	0.5	
2	耐油橡胶密封条	ϕ5.7 mm，氟橡胶	米	25	
3	O形橡胶密封圈	ϕ152×4,GB/T 3452.1—2005	个	1	
4	O形橡胶密封圈	ϕ89×6.5,GB/T 3452.1—2005,氟橡胶	个	4	
5	O形橡胶密封圈	ϕ85×3.55,GB/T 3452.1—2005	个	1	
6	水导轴承瓦块	希科图号 2422-004772	套	1	10块/套
7	轴承调节装置	希科图号 2422-004780	套	1	

2.5　检修前准备

2.5.1　工具器准备清单

表 2.2

一、材料类

序号	名称	规格型号(图号)	单位	数量	备注
1	白布		m^2	5	

续表

一、材料类

序号	名称	规格型号(图号)	单位	数量	备注
2	面粉		kg	5	
3	次毛巾		kg	5	
4	无水乙醇	2 500 mL	瓶	1	
5	水砂纸	1 200#	张	5	
6	砂纸	600#	张	5	
7	乐泰平面密封胶	LOCTITE 510 50 mL	瓶	5	
8	乐泰螺纹锁固剂	LOCTITE 243 50 mL	瓶	5	
9	乐泰螺纹锁固剂	LOCTITE 271 50 mL	瓶	5	
10	煤油	25 kg/桶	桶	1	
11	502胶水	10 ml	瓶	1	

二、工具类

1	手锤		把	1	
2	天然油石		块	2	
3	平刮刀		把	2	
4	手拉葫芦	1 t	个	4	
5	吊环	M24	个	4	
6	吊环	M30	个	4	
7	卸扣	2 t	个	4	
8	大锤		把	1	
9	锉刀		套	1	
10	什锦锉		套	1	
11	撬棍	0.5 m	根	2	
12	电动扳手	中型	台	1	
13	电动扳手	小型	台	1	
14	梅花套筒	24 mm、36 mm、46 mm	个	各1	
15	双头梅花扳手	12×14、13×15、17×19	把	各1	
16	双头梅花扳手	18×21、24×27、30×32	把	各1	
17	开口扳手	18 mm、24 mm、30 mm	把	各1	
18	内六角扳手	5～14 mm	套	1	
19	梅花敲击扳手	46	把	1	
20	力矩扳手	0～150 N·m	把	1	

续表

二、工具类

序号	名称	型号	单位	数量	备注
21	螺旋千斤顶	5 t	个	4	
22	螺旋千斤顶	16 t	个	4	
23	铜棒	$D=45$ mm,$L=250\sim280$ mm	根	1	
24	导向丝杆	M16×350,全牙	根	4	
25	柔性吊带	3米,1 t	条	4	
26	电源盘	50米	个	1	
27	方木		根	4	
28	手电筒		个	1	
29	剪刀		把	1	
30	美工刀		把	1	

三、量具类

序号	名称	型号	单位	数量	备注
1	塞尺	0~300 mm	把	2	
2	百分表	0~10 mm	套	2	配磁性表座
3	直角尺	0~300 mm	把	1	
4	游标卡尺	0~300 mm	把	1	
5	深度尺	0~300 mm	把	1	

2.5.2 现场工作准备

（1）工器具已准备完毕，材料、备品已落实。

（2）检修地面已经铺设防护塑料膜及层板，场地已经隔离完善。

（3）作业文件已组织学习，工作组成员熟悉本作业指导书内容。

（4）工作票及开工手续办理完毕。

（5）所有安全措施已落实。

（6）工作负责人会同工作许可人检查工作现场所做的安全措施已完备。

（7）每次开工前，班组值班负责人应开展班前会，工作负责人向全体作业人员交代作业内容、安全措施、危险点分析及防控措施、作业要求，作业人员理解后在工作票上签名。

2.6 检修工序及质量标准

2.6.1 水导轴承排油及分解

（1）接好排油管，用滤油机将水导油槽内润滑油抽至储油罐，打开油槽底部排油阀，将余油排尽。

（2）拆卸水导油槽顶部测振和测摆装置及线缆、机械过速保护装置线缆。

（3）在水发联轴螺栓上呈"十"字形对称装好4个M24吊环，将4个1 t的手拉葫芦挂在吊环上。

（4）取出机械过速保护罩盖板及保护罩的螺栓。将机械过速保护罩解体成两瓣，再将盖板及保护罩移出水车室，摆放至指定位置。

（5）取出水导油槽上盖板定位销钉及螺栓，并将油槽上盖板解体成两瓣，利用手拉葫芦及人工辅助将油槽上盖板移出水车室，摆放至指定位置。

（6）拆除溢油板，用吸油海绵及次毛巾将油槽余油清扫干净。

（7）在油槽内$\pm X$、$\pm Y$分别架设好四个百分表，用顶轴法测量出X、Y方向水导瓦的总间隙，并记录好总间隙数据，然后将水轮机轴恢复自由状态。

（8）将$\pm X$、$\pm Y$方向的四个百分表均调"0"，在对称方向、间隔均匀地用四个5 t千斤顶顶住大轴，将大轴临时固定。顶轴的过程中，四个百分表均要指在"0"位，用深度尺测出每块水导瓦的调整楔板的初始高度h(h1～h10)；松开并取出全部调整楔板的锁紧螺母，用铜棒轻轻敲击调整楔板的螺栓顶部，敲击力度要适中，让楔板下落，使水导瓦面紧贴在轴领上，用深度尺再次测量出每块水导瓦的调整楔板的最终高度H(H1～H10)，调整楔板的斜率为1∶50，计算出每块水导瓦与轴领的间隙，并记录下该间隙数据。

（9）拆除水导瓦调节装置、水导瓦及测温元件，擦拭干净其表面油液，将水导瓦及其调节装置移到水车室外指定位置存放，水导瓦按顺序摆放，瓦面用白布遮盖，瓦块调节装置成对、并按顺序摆放。

（10）在$\pm X$、$\pm Y$方向测量水导油槽梳齿密封与大轴的间隙，并做好数据记录。

（11）拆除水导轴承挡油圈，下放用方木垫好在水轮机轴下端法兰上（主轴密封须先拆除）。

（12）拆除水导轴承油槽下盖板，并解体成两瓣放置于顶盖上（主轴密封须先拆除）。

(13) 利用顶丝和千斤顶配合,拆除水导瓦瓦块托架,下放并垫好在水轮机轴下端法兰上,待轴承座拆除吊出后,再将水导瓦瓦块托架解体并吊出水车室(主轴密封须先拆除)。

(14) 拆除水导轴承座紧固螺栓,在轴承座起吊孔上安装 4 个 M30 吊环,将轴承座吊出水车室并移至安装间相应位置停放(进行此步前,控制环应先拆除)。

(15) 将水导瓦托架解体并吊运至安装间指定位置存放。

(16) 将水导轴承油槽下盖板吊至安装间指定位置存放,水导挡油圈随转轮一起整体起吊。

2.6.2　水导瓦检查及轴领检查处理

(1) 水导瓦检查及处理:检查瓦面无硬点,无脱落和龟裂现象,无局部磨平现象,无裂纹等缺陷。对不合格的瓦面进行修刮和研磨处理,对有裂纹、脱落等重大缺陷的导瓦进行更换。

(2) 轴领检查:检查轴领工作面应无锈斑、无刮痕、无烧蚀和毛刺等缺陷。有锈斑的要用细油石对其进行研磨处理,对刮痕和毛刺等应用细油石对毛刺或刮痕进行修边研磨处理,使刮痕圆滑过渡。

2.6.3　水导密封环间隙测量

(1) 在上油槽用塞尺测量密封环与大轴的总间隙符合设计间隙,并记录数据。

(2) 对于密封环有异常的间隙应拆出进行检查处理,必要时进行更换。

2.6.4　水导轴承回装及水导瓦间隙调整

(1) 机组的轴线和中心调整均合格以后,在转轮与底环的迷宫环处,均布放置 8 支小斜楔临时将转轮固定牢靠,防止转轮摆动;同时抱紧下导瓦,在抱瓦的过程中,保证机组轴线不能发生偏移。

(2) 在水导瓦托架的分瓣面,均匀涂刷上一层乐泰平面密封胶 510,将瓦块托架组圆成一个整体。利用 4 根 M16 丝杆和 4 个 16 t 千斤顶,将水导瓦托架提起,贴靠在水导轴承座下。调整水导瓦托架的梳齿铜环与轴领的间隙符合要求后,然后将瓦块托架紧固在轴承座下。

(3) 安装瓦块托架与冷却器之间的连接管、"O"形密封圈及压板。

(4) 用面团对水导油槽进行清理,然后用无水乙醇清洗轴领和水导瓦面。

按标记装入水导瓦块及其调节装置,用手将楔板全部塞紧(不要敲打楔板)。在水导轴领的 $+X$、$-X$、$+Y$、$-Y$ 四个方向上,架设四套百分表监视轴领的偏移情况,先轻轻敲紧 $+X$、$-X$ 对称方向上的两块楔板,使 $+X$、$-X$ 方向上的两块水导瓦瓦面紧贴轴领面,但又不产生过度挤压(以瓦面贴紧轴领,各监视百分表的指针又不发生明显偏转为准);然后按同样的方法对称敲紧 $+Y$、$-Y$ 方向上的另外两个楔板,最后将余下的 6 块楔板全部敲紧。

(5) 临时装入铁板衬套,利用深度尺测量出衬套顶部至楔板顶部的垂直距离 H1～H10,要求测量的每个值与相应的瓦块一一对应。楔板斜率 1:50,根据盘车数据计算出水导各瓦块的调整间隙、测量值 H,计算出各瓦块的间隙调整套管长度,加工出对应的 10 个套管。

(6) 在瓦面及轴领上均匀涂抹一层透平油,正式安装测温元件、水导瓦及瓦块调节装置。在安装瓦块调节装置时,要注意检查楔板和承压板的斜面,必须要按正确的位置装入,测温元件要紧固牢靠。

(7) 检查上位机和 LCU A1 柜的温度监控窗口,确认水导轴承各测温元件温度显示正常。安装溢油环盖板,注意检查盖板是否压到电缆。

(8) 装入 φ5.7 氟橡胶密封条,安装油槽上盖板、测速齿盘及其保护罩、盖板。

(9) 最后回装油槽下盖板、挡油圈、排油阀及油冷却器。

2.6.5　水导油槽油箱煤油试验

(1) 将油槽下盖板、挡油圈密封组合面处清理干净,并在组合面涂上一层粉笔灰。

(2) 向油槽内注入适量煤油,保持煤油淹没过下盖板及挡油圈密封面,保持 8 小时无渗漏。

(3) 若有渗漏应对油槽下盖板或挡油圈进行处理,直至无渗漏为止。

2.6.6　水导油槽充油

(1) 检查油位计和管路设备等附属件回装完成,检查油槽底部排油阀应关闭。

(2) 联系好油库人员,保持通讯畅通,并检查相应管路、阀门和滤油机等,在充油过程中时刻检查油槽底部是否有渗油现象。

(3) 水导油槽充油至标准油位刻线。

2.6.7 现场清理、工作结束

（1）收整现场工器具并搬离，将设备上的油污擦拭干净。
（2）将周围的杂物、垃圾等清理干净，人员全部撤离。
（3）终结工作票。

2.7 检修记录

检修记录表见附录表 B.1。

2.8 质量签证单

表 2.3

序号	工作内容	工作负责人自检			一级验证			二级验证			三级验证		
		验证点	签字	日期	验证点	签字	日期	验证点	签字	日期	验证点	签字	日期
1	工作准备	W0			W0			W0			W0		
2	水导油槽排油、分解	W1			W1			W1			W1		
3	水导瓦抽瓦检查、处理	H1			H1			H1			H1		
4	水导密封环间隙测量	H2			H2			H2			H2		
5	水导瓦回装，间隙调整	H3			H3			H3			H3		
6	水导下油箱煤油试验	H4			H4			H4			H4		
7	水导油槽充油	H5			H5			H5			H5		
8	现场清理、工作结束	W2			W2			W2			W2		

第3章
水导冷却器检修作业指导书

3.1 范围

本作业指导书适用于广西右江水利开发有限责任公司右江水力发电厂＃1～＃4机水导冷却器检修工作。

3.2 资料和图纸

下列文件中的条款通过本规范的引用而成为本规范的条款。凡是注日期的引用文件，其随后所有的修改单或修订版均不适用于本规范，然而，鼓励根据本规范达成协议的各方研究是否可使用这些文件的最新版本。凡是不注日期的引用文件，其最新版本适用于本规范。

(1) GB/T 8564—2003 《水轮发电机组安装技术规范》
(2) GB 26164.1—2010 《电业安全工作规程 第1部分：热力和机械》
(3) GB 26860—2011 《电力安全工作规程 发电厂和变电站电气部分》
(4) 2422—005054 油冷却器
(5) 2422—005055 油冷却器支撑座
(6) 2422—004647 油冷却器水管法兰

3.3 安全措施

(1) 严格执行《电业安全工作规程》。

（2）所有工器具认真清点数量，不得遗留到检修设备内。
（3）起吊设备工具检查符合载荷要求。
（4）参加检修作业人员必须熟悉本指导书内容，并熟记检修项目和质量工艺要求。
（5）参加检修作业人员必须持证上岗，熟记本检修项目安全技术措施。
（6）开工前召开班前会，讲解分析危险点，对作业人员进行合理分工，进行安全和技术交底。

3.4 备品备件清单

表 3.1

序号	名称	型号规格（图号）	单位	数量	备注
1	O 形橡胶密封圈	$\phi 152 \times 4$,GB/T 3452.1—2005	个	1	
2	O 形橡胶密封圈	$\phi 89 \times 6.5$,GB/T 3452.1—2005,氟橡胶	个	2	
3	O 形橡胶密封圈	$\phi 85 \times 3.55$,GB/T 3452.1—2005	个	1	

3.5 检修前准备

3.5.1 工具器准备清单

表 3.2

一、材料类					
序号	名称	型号	单位	数量	备注
1	破布		kg	1	
2	无水乙醇	2 500 mL	瓶	3	
3	乐泰胶	406	瓶	1	
4	铁丝	8 号	kg	2	
二、工具类					
1	手锤		把	1	
2	梅花扳手	17×19	把	2	
3	梅花扳手	24×27	把	2	
4	开口扳手	S24	把	1	
5	活动扳手	24″	把	1	

续表

二、工具类

序号	名称	型号	单位	数量	备注
6	棘轮扳手		把	1	

三、耐压工具类

| 1 | 打压泵 | | 台 | 1 | |
| 2 | 耐压专用工具 | | 套 | 1 | 配压力表 |

3.5.2　现场工作准备

1. 工器具已准备完毕,材料、备品已落实。
2. 检修地面已经铺设防护胶垫,场地已经完善隔离。
3. 作业文件已组织学习,工作组成员熟悉本作业指导书内容。
4. 工作票及开工手续办理完毕。
5. 所有安全措施已落实。
6. 工作负责人会同工作许可人检查工作现场所做的安全措施已完备。
7. 每次开工前工作负责人向全体作业人员交代作业内容、安全措施、危险点分析控制措施及作业要求,作业人员理解后在工作票上签名。

3.6　检修工序及质量标准

3.6.1　水导冷却器拆除

(1) 机组水导冷却器排水、排油完毕。
(2) 拆除冷却器进水、出水管。
(3) 拆除冷却器进油、出油管。
(4) 从支撑座上拆下冷却器,将冷却器移至水车室外指定地点。检查冷却器本体情况,拆除冷却器上、下端盖,检查更换冷却器密封。
(5) 清除冷却器上的杂物,疏通冷却器铜管内部,令其通畅。

3.6.2　冷却器水压试验

(1) 将冷却器清扫干净后,更换上、下端盖密封圈,按原位置回装上、下端盖,并拧紧螺栓。

(2) 在进水管路和出水管路法兰上安装打压工具,对冷却器充满水,检查、排尽冷却器管路内空气,用试压泵加压至 1.6 MPa,保压 30 分钟无渗漏即合格。

(3) 水压试验合格后应拆除试验工具,并将冷却器内积水排干。

3.6.3　水导冷却器回装

(1) 将冷却器装回支撑座上,调整冷却器位置,使其便于安装进、出油管,并将冷却器固定牢靠。

(2) 更换油管的"O"形密封圈,连接冷却器进油、出油管路。

(3) 连接好水导冷却器进水、出水管路

3.6.4　检修现场清理,工作结束

(1) 整理作业现场工器具并搬离,将设备上的油污、灰尘清扫干净。

(2) 将工作现场垃圾及杂物清理干净,人员全部撤离。

(3) 工作负责人填写检修交代并办理工作票终结手续。

3.7　质量签证单

表 3.3

序号	工作内容	工作负责人自检			一级验证			二级验证			三级验证		
		验证点	签字	日期	验证点	签字	日期	验证点	签字	日期	验证点	签字	日期
1	工具材料、工作票和现场防护准备	W0			W0			W0			W0		
2	水导外循环冷却器拆除、检查	H1			H1			H1			H1		
3	水导外循环冷却器耐压试验	H2			H2			H2			H2		
4	水导外循环冷却器回装	W3			W3			W3			W3		
5	现场清理、工作结束	W2			W2			W2			W2		

第4章
主轴密封检修作业指导书

4.1 范围

本作业指导书适用于广西右江水利开发有限责任公司右江水力发电厂♯1～♯4机主轴密封检修工作。

4.2 资料和图纸

下列文件中的条款通过本规范的引用而成为本规范的条款。凡是注日期的引用文件，其随后所有的修改单或修订版均不适用于本规范，然而，鼓励根据本规范达成协议的各方研究是否可使用这些文件的最新版本。凡是不注日期的引用文件，其最新版本适用于本规范。

(1) GB/T 8564—2003 《水轮发电机组安装技术规范》

(2) GB 26164.1—2010 《电业安全工作规程 第1部分:热力和机械》

(3) 上海福伊特水电设备有限公司(原上海希科水电设备有限公司)导水机构装配图及零部件图

  (4) 2422—004304 主轴密封剖面图

  (5) 2422—004304 主轴密封平面图

  (6) 2422—004666 主轴密封密封环

  (7) 2422—004670 主轴密封集水环

  (8) 2422—004671 主轴密封防护环

(9) 2422—004672　主轴密封支撑环

(10) 2422—004673　检修密封压环

(11) 2422—004675　检修密封中间环

4.3　安全措施

(1) 严格执行《电业安全工作规程》。

(2) 所有工器具认真清点数量,不得遗留到检修设备内。

(3) 起吊设备工具检查符合载荷要求。

(4) 参加检修作业人员必须熟悉本指导书内容,并熟记检修项目和质量工艺要求。

(5) 参加检修作业人员必须持证上岗,熟记本检修项目安全技术措施。

(6) 开工前召开班前会,分析危险点,对作业人员进行合理分工,进行安全和技术交底。

4.4　备品备件清单

表 4.1

序号	名称	型号规格(图号)	单位	数量	备注
1	主轴密封条	希科图号 2422-004665	套	1	分4瓣
2	O形橡胶密封条	ϕ5.3 mm,HG/T2579—2008,氟橡胶	米	20	
3	O形橡胶密封条	ϕ7 mm,HG/T2579—2008,氟橡胶	米	5	

4.5　检修前准备

4.5.1　工具器、材料准备清单

表 4.2

一、材料类

序号	名称	型号	单位	数量	备注
1	乐泰平面密封胶	LOCTITE 510 50 mL	瓶	2	
2	乐泰螺纹锁固剂	LOCTITE 243 50 mL	瓶	2	

续表

二、工具类

序号	名称	型号	单位	数量	备注
1	手锤		把	1	
2	平刮刀		把	2	
3	千斤顶	5 t	个	4	
4	手电筒		把	1	磁座
5	细平锉		把	2	
6	活动扳手		把		
7	吊带	1 t 1 m	条	4	
8	电源盘	50 m	个	1	
9	卡环	2 t	个	4	
10	美工刀		把	1	
11	什锦锉		套	1	
12	电动扳手		套	1	
13	梅花扳手		把	2	
14	开口扳手		把	2	
15	钢板尺		把	1	
16	枕木		根	8	

三、量具类

1	塞尺		把	2	
2	游标卡尺		把	1	

4.5.2 现场工作准备

(1) 工器具已准备完毕,材料、备品已落实。

(2) 检修地面已经铺设防护塑料膜及层板,场地已经隔离完善。

(3) 作业文件已组织学习,工作组成员熟悉本作业指导书内容。

(4) 工作票及开工手续办理完毕。

(5) 所有安全措施已落实。

(6) 工作负责人会同工作许可人检查工作现场所做的安全措施已完备。

(7) 工作负责人向全体作业人员交代作业内容、安全措施、危险点分析及防控措施、作业要求,作业人员理解后在工作票上签名。

4.6 检修工序及质量标准

4.6.1 主轴密封分解

(1) 拆除前要做好相应的编号和记号,拆除主轴密封水箱排水管,并放到指定位置。

(2) 拆除主轴密封水箱盖,分瓣放好;拆除主轴密封润滑水管;拆除主轴密封水箱连接螺栓,分瓣放到指定位置。

(3) 分别用钢板尺测量 32 个弹簧螺堵的高度,并记录数据。

(4) 松除主轴密封环弹簧螺堵,取出弹簧。

(5) 拆除测温元件及测压管路等。

(6) 拆除主轴密封防护环并做好标记,分解成 4 瓣放至指定位置。

(7) 拆除主轴密封支撑环并做好标记,分解成 4 瓣放至指定位置。

(8) 拆除检修密封压环并做好标记,分解成 2 瓣放至指定位置。

(9) 拆除检修密封中间环并做好标记,分解成 2 瓣放至指定位置。

(10) 主轴密封密封环随转轮吊出,在安装间分解成 4 瓣,并做好标记。

(11) 主轴密封拆解完毕。

4.6.2 主轴密封检查

(1) 检查主轴密封密封条的磨损情况,检查有无老化、龟裂,严重磨损,工作面应平整光滑。检查磨损量不超过 8 mm,磨损量超过 8 mm 需要更换新的密封条。

(2) 检查抗磨环完好,无沟槽等严重磨痕,对有磨痕的应用抛光机抛光,圆滑过渡。

(3) 检查主轴密封的压紧弹簧,如变形或损坏,需要全部更换。

4.6.3 主轴密封密封条更换

(1) 取出密封环的紧固螺栓,拆出密封条(共 4 瓣)。

(2) 按密封条每瓣的原位置更换新的密封条,螺栓涂上乐泰锁固剂,用力矩扳手将螺栓紧固。

(3) 将浮动环缓慢放下,使密封环压在抗磨环上。

4.6.4 主轴密封回装、恢复

(1) 在抗磨环的分缝面涂上乐泰510平面密封胶,装入"O"形橡胶密封条,将抗磨环组圆装在转轮上,螺栓涂上乐泰243螺纹锁固剂,用力矩扳手将抗磨环紧固在转轮上,抗磨环上表面应平整无错位。

(2) 测量密封条的初始尺寸并记录,使用新螺栓,并在螺栓上涂上乐泰243螺纹锁固剂,将主轴密封密封环的4瓣在抗磨环上组圆(分缝处要涂上一层乐泰510平面密封胶),组圆的过程中,要保持密封条工作面平整无错位,在密封环上安装4个导向销并将其紧固牢靠,导向销螺纹要涂上乐泰243螺纹锁固剂。用塞尺检查密封条与抗磨环的间隙,间隙应均匀,允许的偏差不超过实际平均值的±20%,并做好记录。

(3) 装入"O"形橡胶密封条,将检修密封中间环组圆,找出+X、+Y标记,对准销孔,装入所有的螺尾锥销(不能打太紧)、内六角螺钉(涂乐泰243螺纹锁固剂),将检修密封中间环紧固在顶盖上,拔出所有螺尾锥销。

(4) 装入"O"形橡胶密封条,将检修密封压环组圆,找出+X、+Y标记,对准销孔,装入所有螺尾锥销(不能打太紧)、内六角螺钉(涂乐泰243螺纹锁固剂),将检修密封压环紧固在中间环上,拔出所有螺尾锥销。

(5) 装入"O"形橡胶密封条,将主轴密封支撑环组圆,找出+X、+Y标记,对准销孔,装入所有螺尾锥销并打紧、装入螺栓(涂乐泰243螺纹锁固剂),将主轴密封支撑环紧固在检修密封压环上,用铜棒检查打紧所有螺尾锥销。

(6) 在密封环、支撑环上装入"O"形橡胶密封条,预装主轴密封防护环(只组圆不装入螺栓把紧),确定防护环上+X、+Y标记位置,旋转密封环,使密封环上的+X、+Y位置对准防护环上的+X、+Y位置,装入螺栓,将主轴密封防护环紧固在主轴密封支撑环上。

(7) 安装主轴密封密封环的弹簧及螺堵,调整弹簧的压力符合图纸要求。

(8) 安装密封环导向销的压板,回装主轴密封内部供水管路。

(9) 更换水箱密封,安装水箱及其盖板。

4.6.5 主轴密封通水试验

向主轴密封通入正常工作水压后,检查主轴密封四周出水均匀,漏水量符合标准。

4.6.6 检修现场清理，工作结束

（1）整理作业现场工器具并搬离。
（2）将工作现场垃圾及杂物清理干净，人员全部撤离。
（3）工作负责人填写检修交代并办理工作票终结手续。

4.7 质量签证单

表 4.3

序号	工作内容	工作负责人自检			一级验证			二级验证			三级验证		
		验证点	签字	日期	验证点	签字	日期	验证点	签字	日期	验证点	签字	日期
1	工具材料、工作票和现场防护准备	W0			W0			W0			W0		
2	主轴密封分解	W1			W1			W1			W1		
3	主轴密封检查	H1			H1			H1			H1		
4	主轴密封条更换	H2			H2			H2			H2		
5	主轴密封回装、恢复	H3			H3			H3			H3		
6	主轴密封通水试验	H4			H4			H4			H4		
7	现场清理、工作结束	H5			H5			H5			H5		

第5章
转轮检修作业指导书

5.1 范围

本作业指导书适用于广西右江水利开发有限责任公司右江水力发电厂#1~#4机组转轮检修工作。

5.2 资料和图纸

下列文件中的条款通过本规范的引用而成为本规范的条款。凡是注日期的引用文件,其随后所有的修改单或修订版均不适用于本规范,然而,鼓励根据本规范达成协议的各方研究是否可使用这些文件的最新版本。凡是不注日期的引用文件,其最新版本适用于本规范。

(1) GB/T 8564—2003 《水轮发电机组安装技术规范》
(2) GB 26164.1—2010 《电业安全工作规程 第1部分:热力和机械》
(3) GB 26860—2011 《电力安全工作规程 发电厂和变电站电气部分》
(4) 上海福伊特水电设备有限公司(原上海希科水电设备有限公司)导水机构装配图及零部件图
(5) 2422—004125 转轮机加工图
(6) 2422—004803 转轮尺寸检查表
(7) 2422—004128 转轮和大轴的连接
(8) 2422—004740 转轮连轴螺杆M72

(9) 2422—004738　转轮连轴螺母 M72

(10) 2422—004739　转轮连轴垫片 M72

(11) 2422—004741　转轮连轴销套

5.3　安全措施

(1) 严格执行《电业安全工作规程》。

(2) 所有工器具认真清点数量,不得遗留到检修设备内。

(3) 起吊设备工具检查符合载荷要求。

(4) 参加检修作业人员必须熟悉本指导书内容,并熟记检修项目和质量工艺要求。

(5) 参加检修作业人员必须持证上岗,熟记本检修项目安全技术措施。

(6) 开工前召开专题会,开展"三讲一落实",分析危险点,对作业人员进行合理分工,进行安全和技术交底。

5.4　备品备件清单

表5.1

序号	名称	型号规格(图号)	单位	数量	备注
1	橡胶密封条	φ mm,HG/T2579—2008,氟橡胶	米	11	
2	转轮连轴螺杆 M72	希科图号 2422-004740	件	20	
3	转轮连轴螺母 M72	希科图号 2422-004738	件	20	
4	转轮连轴垫片 M72	希科图号 2422-004739	件	20	
5	转轮连轴销套	希科图号 2422-004741	件	20	
6	焊条	ZG0Cr13Ni4Mo	kg	20	
7	焊丝	ZG0Cr13Ni4Mo	kg	20	
8	砂轮片	120	片	10	

5.5 检修前准备

5.5.1 工具器准备清单

表 5.2

一、材料类					
序号	名称	型号	单位	数量	备注
1	砂轮片	ϕ100 mm	片	20	
2	抛光片	ϕ100 mm	片	20	
3	不锈钢磨头		套	5	
4	铁线	#8	kg	20	
5	口罩		只	20	
6	次毛巾		kg	5	
二、工具类					
1	转轮连轴专用吊具		套	1	
2	转轮连轴专用液压力矩扳手		件	2	
3	恩派克液压泵		台	1	配套油管
4	专用梅花套筒	110 mm	个	2	
5	电动扳手	中型	台	1	
6	电动扳手	小型	台	1	
7	梅花套筒	24、36、46	个	各1	
8	双头梅花扳手	17×19、18×21、24×27、30×32	把	各1	
9	开口扳手	18、24、30	把	各1	
10	内六角扳手	5～19 mm	套	1	
11	手锤		把	1	
12	锉刀		套	1	
13	美工刀		把	1	
14	电源盘	50 m	个	1	
15	电磨机		台	1	
16	角磨机	ϕ100 mm	台	1	
17	逆变焊机		台	1	配焊线
18	打磨防护帽		个	1	
19	护目眼镜		个	2	

续表

三、量具类					
序号	名称	型号	单位	数量	备注
1	外径千分尺	0～150 mm	把	1	
2	游标卡尺	0～300 mm	把		
3	深度尺	0～300 mm	把		

5.5.2 现场工作准备

(1) 工器具已准备完毕,材料、备品已落实。
(2) 检修地面已经铺设防护塑料膜及层板,场地已经隔离完善。
(3) 作业文件已组织学习,工作组成员熟悉本作业指导书内容。
(4) 工作票及开工手续办理完毕。
(5) 所有安全措施已落实。
(6) 工作负责人会同工作许可人检查工作现场所做的安全措施已完备。
(7) 工作负责人向全体作业人员交代作业内容、安全措施、危险点分析及防控措施、作业要求,作业人员理解后在工作票上签名。
(8) 每次开工前,班组值班负责人应开展班前会。

5.6 检修工序及质量标准

5.6.1 转轮外观检查与探伤

(1) 用记号笔对转轮叶片进行编号。
(2) 对转轮叶片进水边、出水边进行外观目测检查,对有缺陷的部位进行拍照和登记记录。
(3) 对叶片与上冠、下环连接焊缝进行外观目测检查,对有缺陷的部位进行拍照和登记记录。
(4) 对叶片出水边 R 角进行外观目视检查,对有缺陷的部位进行拍照和登记记录。
(5) 对转轮补气管焊缝进行着色探伤,对有缺陷的部位进行拍照和登记记录。
(6) 对转轮外观目视检查存在缺陷的部位,应做好清洗工作,进一步做 PT 探伤和超声波探伤检查,做好记录。

5.6.2 转轮拆除

(1) 在尾水管基础环上均布垫上 20 对厚度适中调整楔子板。

(2) 松开水发联轴螺柱及螺母,使转轮落在基础环的垫板上。

(3) 利用桥机先挂好竹梯。竹梯一端支撑在转轮的凹槽内,另一端靠在水轮机主轴上法兰边缘,并用软绳将梯子牢固绑在大轴法兰边缘上,梯子两端都要固定牢靠,不能发生移动,梯子的质量应合格,能保证一人踏着梯子安全上下。

(4) 调整桥机及吊具中心,使吊具中心在自由状态下与主轴法兰中心基本吻合,偏差不能超过 10 mm。将吊具与水轮机主轴法兰连接,装入连接螺栓及螺母,并将螺母拧紧。

(5) 缓慢起吊转轮,保证转轮不与底环碰刚,直至转轮完全离开底环。将转轮吊出机坑并移至安装间指定位置,均布稳固的 8 个钢支墩,钢支墩上平面平整,且处于同一水平面,将转轮缓慢落下、平稳放置在钢支墩上。

(6) 拆除转轮螺栓的封板,清理干净连轴螺母及孔中的水和杂物。

(7) 安装转轮连轴专用液压力矩扳手,连接专用油泵及管路,启动油泵(设置油泵输出压力最大为 70 MPa)松掉并取出全部连轴螺母、连轴螺柱、转轮连轴销套。

(8) 将转轮与水轮机轴分离。

5.6.3 转轮处理

(1) 对着色探伤检查出的线性缺陷、裂纹、较严重的气蚀部位进行处理。

(2) 对于气蚀深度小于 1 mm、面积较小的区域可做简单打磨处理即可。

(3) 对于深度较大、面积较大的气蚀区或线性裂纹,委托原制造厂或者专业人员处理。

(4) 焊接工艺要求:按原制造厂家焊接工艺要求进行焊接。

5.6.4 转轮验收

(1) 转轮缺陷处理完成后,将转轮处理的部位清洗干净,对所处理的部位进行 PT 探伤、UT 探伤,复查确认各部位无线性缺陷、裂纹等。

(2) 转轮处理部位无高点,打磨平整,叶片翼型线性良好。

5.6.5 转轮回装

(1) 转轮连接螺柱、连接螺母、连接销套经 UT 探伤应全部合格。

(2) 在水轮机主轴测速齿盘安装位置的螺孔上，对称装上 2 个 M16 吊环，用 2 个 1 t 手拉葫芦将挡油圈悬挂在吊环上，挡油圈距离大轴下法兰面约 700 mm。

(3) 清理干净水轮机主轴下法兰面、转轮上法兰面、销孔，装入两道"O"形密封条。

(4) 起吊水轮机主轴与转轮对接，按拆时的标记使销孔一一对应，找正销孔，销孔不能错位，使水轮机主轴落在转轮上。

(5) 在销孔内、连接销套表面均匀涂刷一层二硫化钼润滑脂，依次将全部销套装入销孔，安装转轮连轴螺柱、垫片及连接螺母。

(6) 用配套的转轮联轴专用液压扭矩扳手按对称方式分三轮预紧全部连轴螺母，第一轮预紧压力 20 MPa，第二轮预紧压力 40 MPa，第三轮预紧压力 66 MPa，预紧力矩最终达到 10.7 kN·m。

(7) 安装 ϕ5.3 mm 的氟橡胶密封条及主轴密封滑环，滑环合缝面上要涂乐泰平面密封胶 510，滑环合缝面把合应平整，工作面不能有错位现象；滑环所有的紧固螺栓均要涂乐泰锁固剂 243，并用内六角扳手分三轮均匀紧固。

(8) 安装连轴螺栓封板，并紧固牢靠。测量并记录主轴密封条的初始尺寸，安装主轴密封条及主轴密封密封环，主轴密封条工作面接口不能有错位。

(9) 在尾水管的基础环圆周方向上，均布放置 20 对厚度适中的调整楔子板。保证转轮落在垫块上以后，其位置比实际运行时的位置略低 4～5 mm。

(10) 清理干净转轮及底环上的杂物，安装转轮连轴专用吊具，将转轮调入机坑。待转轮靠近底环时，暂停下落，调整好转轮中心（保证转轮能顺利进入底环而不发生碰刮）。缓慢落下转轮，直至完全落在垫块上，松钩拆除吊具。

(11) 调整转轮中心及水平。调整转轮下止漏环四周间隙基本均匀（设计单边间隙 1.93 mm，实际可能略偏小），通过微调楔子板高度，保证水轮机主轴法兰水平。

5.6.6 检修现场清理，工作结束

(1) 整理作业现场工器具并搬离。

(2) 将工作现场垃圾及杂物清理干净，人员全部撤离。

(3) 工作负责人填写检修交待并办理工作票终结手续。

5.7 质量签证单

表 5.3

序号	工作内容	工作负责人自检			一级验证			二级验证			三级验证		
		验证点	签字	日期	验证点	签字	日期	验证点	签字	日期	验证点	签字	日期
1	工具材料、工作票和现场防护准备	W0			W0			W0			W0		
2	转轮外观检查、探伤	W1			W1			W1			W1		
3	转轮拆除	W2			W2			W2			W2		
4	转轮处理	H1			H1			H1			H1		
5	转轮验收	H2			H2			H2			H2		
6	转轮回装	H3			H3			H3			H3		
7	现场清理、工作结束	W3			W3			W3			W3		

第 6 章
调速器机械部分检修作业指导书

6.1 范围

本指导书适用于右江水力发电厂机组调速器机械部分及油压装置检修工作。

6.2 资料和图纸

下列文件中的条款通过本规范的引用而成为本规范的条款。凡是注日期的引用文件，其随后所有的修改单或修订版均不适用于本规范，然而，鼓励根据本规范达成协议的各方研究是否可使用这些文件的最新版本。凡是不注日期的引用文件，其最新版本适用于本规范。

(1)《水轮机电液调节系统及装置技术规程》 DL/T 563—2016
(2)《水轮机电液调节系统及装置调整试验导则》 DL/T 496—2016
(3)《水轮机调节系统及装置运行与检修规程》 DL/T 792—2013
(4)《油压装置及电气控制原理图》 VOITH SIEME
(5)《右江电厂生产技术管理制度汇编》
(6)《右江电厂安全管理制度汇编》
(7)《右江电厂设备点检管理制度》
(8)《右江电厂危险点分析与控制措施手册》

6.3 安全措施

(1) 工作负责人填写工作票,经工作票签发人签发发出后,应会同工作许可人到工作现场检查工作票上所列安全措施是否正确执行,经现场核查无误后,与工作许可人办理工作票许可手续。

(2) 开工前召开班前会,分析危险点,对各检修参加人员进行组内分工,并且进行安全、技术交底。

(3) 检修工作过程中,工作负责人要始终履行工作监护制度,及时发现并纠正工作班人员在作业过程中的问题及不安全现象。

(4) 工作现场做好警示标识。

(5) 危险点分析。

表6.1

序号	危险点分析	控制措施	风险防控要求
1	场地油污多,地面滑,人员容易摔倒	正确穿戴防滑鞋	基本要求
2	回油箱中工作,容易碰头	戴安全帽,小心工作,注意防范	基本要求
3	回油箱中工作,无照明	配足够电源,确认工作场所明亮	基本要求
4	回油箱中空气流通不畅	及时进行箱内工作人员互换和休息	基本要求

(6) 具体安全措施:

a) 机组在停机状态。

b) 机组进水口快速闸门应在全关位置。

c) 机组尾水检修闸门应在全关位置。

d) 机组上下流道水应排空。

e) 机组调速器压力油罐透平油应排尽。

f) 机组调速器压力油罐压力应泄至零。

g) 断开机组调速器压力油泵电源。

6.4 备品备件清单

表 6.2

序号	名称	规格型号(图号)	单位	数量	备注
1	O 型密封圈	$\phi 11 \times 1.9$	个	10	
2	O 型密封圈	$\phi 12 \times 2.0$	个	10	
3	组合垫圈	$\phi 18$,JB 982—77,全包胶	个	10	
4	组合垫圈	$\phi 42$,JB 982—77,全包胶	个	10	
5	不锈钢外六角螺栓	M8×20	个	10	
6	抗震压力表	YN100-Ⅰ,量程 0～10 MPa,接头螺纹 M20×1.5,径向直装不带边	个	1	
7	抗震压力表	YN100-Ⅰ,量程 0～10 MPa,接头螺纹 M20×1.5,径向带后边凸装式	个	1	
8	抗震压力表	YN100-Ⅰ,量程 0～10 MPa,接头螺纹 G1/2,径向直装不带边	个	1	
9	球阀	JZQ-H10G DN10	个	2	
10	球阀	BKH DN-13 G1/2 PN500 1125	个	1	
11	不锈钢卡套式直通接头	$\phi 16$ 转 $\phi 16$,耐压 20 MPa,直通	个	4	
12	滤芯	LH0060R020BN/HC	个	2	
13	滤芯	LH0110D010BN/HC	个	1	
14	梅花形弹性联轴器	MT2	个	1	
15	梅花形弹性联轴器	MT8	个	2	

6.5 修前准备

6.5.1 工器具及消耗材料准备清单

表 6.3

序号	名称	型号	单位	数量	备注
一、材料类					
1	次毛巾		张	20	
2	干净白布		张	5	

续表

一、材料类					
序号	名称	型号	单位	数量	备注
3	线手套		双	4	
4	泡沫喷瓶以及泡沫液		瓶	1	
二、工具类					
1	内六角扳手	6 mm、10 mm、12 mm	把	3	
2	加力套筒		把	1	
3	梅花扳手	24 mm、27 mm	把	2	
4	活动扳手	200 mm	把	2	

6.5.2 现场工作准备

(1) 所需工器具、备品已准备完毕,并验收合格。

(2) 查阅运行记录有无缺陷,研读图纸、检修规程、上次定检或检修资料,准备好检修所需材料。

(3) 工作负责人已明确。

(4) 参加工作人员已经落实,且安全、技术培训与考试合格。

(5) 作业指导书、特殊项目的安全、技术措施均以得到批准,并为工作人员所熟知。

(6) 工作票及开工手续已办理完毕。

(7) 检查工作票合格。

(8) 工作负责人召开班前会,现场向全体作业人员交代作业内容、安全措施、危险点分析控制措施及作业要求,作业人员理解后在工作票危险点分析控制措施单上签名。

(9) 工作用的工器具、材料搬运至工作现场。

6.5.3 办理相关工作票

(1) 已办理工作票及开工手续,机组停运。

(2) 所有安全措施已落实。

(3) 工作负责人会同工作许可人检查工作现场所做的安全措施是否完备。

(4) 检查验证工作票。

(5) 工作负责人开展班前会,向全体作业人员交代作业内容、安全措施、危险点分析控制措施及作业要求,作业人员理解后在工作票危险点分析控制措施单上签名。

6.6 检修工序及质量标准

6.6.1 调速系统卸压排油

(1) 首先打开压力油罐排油阀,当油位降至零时,关闭压力油罐排油阀。然后打开压力油罐排气阀,当压力降到 0.5 MPa 时,关闭排气阀。再打开压力油罐排油阀,当在排油管出口处听到集油箱有气泡声时,立即关闭排油阀,打开排气阀排气,直至压力油罐压力降为零为止。在排油过程中应监视回油箱的油位,防止油漫过回油箱。

(2) 集油箱排油:集油箱排油须在压力油罐排油、排压完成之后进行(若油有可能漫过回油箱,则可以先排回油箱的油)。安装好滤油机与集油箱、排油管的连接,在油库安装好油泵及管路,同时启动滤油机及油泵,滤油机排油、油泵吸油。将油管路和接力器的油通过排油管排到漏油箱,再由漏油箱抽回集油箱。当系统及集油箱的油排后,应将所有的阀门关闭。

6.6.2 组合阀分解检查处理

(1) 拆下的阀块需放置于胶板等较软、平整、清洁的物体上,其表面不得有硬物,以避免配合表面被压划伤,影响密封。

(2) 检查"O"形密封圈是否损坏,若损坏需更换相同规格、型号的密封圈,并对每处"O"形密封圈的型号做好记录。

(3) 伺服比例阀、电磁阀、换向阀及压力继电器均是精密液压控制元件。尤其是伺服比例阀,零件加工精度高、配合间隙小、表面粗糙度高,一般情况下不需要分解拆卸,如确需分解拆卸,则应在铺垫有橡胶板或相应的具有防碰措施的清洁的木质工作台上进行。拆下的零件应妥善保管、不得碰撞。重装前应对所有零件进行清洗,清洗时不得使用容易脱落的纤维织物擦拭。

(4) 回装时认真核对每一密封点密封圈规格型号是否正确,同时确保密封圈完全放入其沟槽。如果密封圈沟槽在阀块或液压元件的下部,为保证装配时密封圈不脱落,可在沟槽内涂少量黄油将密封圈粘住。阀块及液压元件装配时其内部及密封面必须清洁干净,把合时每颗螺钉的预紧力应均匀,将密封面压紧。

6.6.3 电磁阀检修

(1) 手自动切换电磁阀：断开电源插头，拆除两端螺钉，将单电磁线圈分解，抽出控制阀芯，拆下复位弹簧，检查磨损情况，进行相应处理，阀芯检查无毛刺，用汽油或酒精清扫。装配时，控制阀芯应轻松平滑地推入，能转动任意角度，且动作灵活，无卡阻。将复位弹簧装上，连接单电磁线圈并对称紧固螺钉，将另一端盖板紧固，通电后，控制阀芯动作灵活，失电后，控制阀芯能靠复位弹簧可靠复位。

(2) 伺服比例阀切换电磁阀的检修工艺参照上述。

(3) 紧急停机电磁阀分解、检查：断开电源插头，松开紧固螺钉，将电磁阀从阀座上取下。拆下两端线圈，并做标记。取出控制阀芯，拆下复位弹簧，检查阀芯的磨损情况，阀芯阀盘边缘，必须保持完好的几何形状和应有的棱角，不得有划伤或钝伤。根据磨损情况做相应处理。用汽油将各部件清扫干净，并用洁净的白布擦干，再涂以清洁的透平油，进行回装。活塞应动作灵活、无卡阻现象。回装时应更换相同规格型号的"O"型密封圈。充油后，做投入和恢复试验，动作应正常、准确。

(4) 手动操作电磁阀：拆下电磁阀，用干净的白布将机座油孔盖好。将电磁阀两端电磁铁部分拆下，保管好。将阀芯从阀体内拉出，用汽油清洗，如有划伤可用天然油石研磨。处理后用汽油清洗干净，抹上干净的透平油进行回装，注意密封圈要对好位置。

6.6.4 主配压阀分解检查与处理

(1) 通知电气拆除主配压阀传感器。

(2) 拆除上端盖和主配压阀行程限制螺栓，并做好相对位置记号。

(3) 配备专用拆吊工具，在吊主配压阀活塞时，注意调整好中心不得碰撞活塞体，特别要注意不能损伤控制阀盘和控制窗口的棱角。将主配压阀活塞垂直拔出，如有卡阻应将活塞放下，转动一个方向再向上抽出并放在准备好的毛毡上，然后及时用布包好、垫好，防止滚动损伤棱角。

(4) 处理工作应在木桌上进行，桌面应垫上胶皮或羊毛毡。

(5) 检修人员应穿干净的工作服，口袋里的杂物应取出放在安全的地方，以免在工作时掉落碰伤活塞或缸体内。

(6) 检查活塞衬套磨损情况，如有锈蚀或磨损，应用天然油石进行研磨处理，处理时应在毛毡上进行，毛毡应清洁，不得有铁屑等硬物，活塞的阀盘边缘应无伤痕,棱角处保持完整,无毛刺。处理后用煤油或酒精清扫,然后开始装配。如不能及时装复,必须放置在可靠的位置并包装好。装配时,应重新清扫检查一遍。拆除的端盖,用汽油清扫干净后,用压缩空气吹干,各油路畅通无堵塞,并用清洁的白布包扎油口。

(7) 组装时,工作现场必须清洁。装复活塞时,在阀体上涂上一层合格的透平油,然后对准中心,靠自重缓缓落入衬套内,在没有外力的作用下应能灵活运动。装上主配压阀行程限制螺栓,然后将密封圈套在端盖上,用专用吊具将端盖吊平,缓缓落下,用螺钉将端盖和壳体连接并对称拧紧。装上位移传感器。

(8) 各部件处理完后用汽油清洗干净后,再抹上干净的透平油。按先拆后装的顺序进行回装。特别注意的是主配压阀活塞回装时要小心轻放,垂直放到底后抽动几次确认无卡阻。所有连接螺杆应按要求的预紧力对称均匀拧紧。

(9) 流量反馈阀的检修要求与主配压阀基本相同,特别要注意保持其控制阀盘及窗口的控制边尖棱不得损伤。

6.6.5 滤油器检修

滤油器内无杂物、油污,滤芯完好,切换阀灵活,密封性好,无渗漏。
(1) 打开排压阀卸压丝堵,直到有油排出为止,确认内部无压力。
(2) 拆下切换手柄和滤芯堵头。
(3) 将滤芯拿出,更换新的滤芯。

6.6.6 事故配压阀、分段关闭阀检修

(1) 活塞与缸体应完好无磨损;棱角完好,处理后用 0.05 mm 塞尺检查,应无法塞入活塞与缸体间隙。
(2) 外部管路清洗干净,不得有铁屑焊渣等杂质。
(3) 安装时活塞的所有尖角不得碰伤。
(4) 回装后各运动部件应灵活,无卡阻现象,固定部件无松动,各法兰面无渗漏。

6.6.7 压油泵分解检查处理

(1) 拆除油泵进出口管路,用千斤顶在油泵下做好支撑,拆除油泵连接螺栓。

(2) 缓慢降下千斤顶,油泵随之逐渐卸下,拆下油泵联轴器,更换新联轴器。

(3) 检查油泵缺陷情况,然后按标准进行处理。

(4) 处理完后用煤油清洗干净,抹上干净透平油进行回装。回装顺序与拆卸的顺序相反。

(5) 油泵安装后应手动转动灵活、均匀、无死点。然后开始试运行,电动机应转动良好,无异音,振动值应符合要求,输油应正常,各部无渗漏。

6.6.8 油泵出口组合阀组检修

(1) 卸载阀卸载时间确定的原则是:保证油泵在空载的条件下启动,待油泵达到额定转速后停止卸载。卸载时间一般为 3~5 s,也可根据现场使用情况整定。

(2) 拆下安全阀、用布包扎好管口。

(3) 分解阀门,抽出阀芯,清洗检查各部位应无毛刺、拉伤或锈斑等缺陷,记录缺陷情况并用天然油石研磨。

(4) 处理完后用汽油清洗,然后抹上干净透平油组装。

(5) 安全阀回装好后进行调整使其动作值达到整定值要求,检查各处无渗漏油现象。

(6) 安全阀整定标准:额定值:6.3 MPa;开启压力:6.4~6.5 MPa;全开压力:≥7.3 MPa;关闭压力:≤6.1 MPa。

6.6.9 油压装置分解检查

(1) 自动补气装置由电磁阀、单向阀、安全阀、排气阀等组成。

(2) 各部件动作灵活,无卡阻,密封良好。

(3) 压力油罐清扫检查工艺要求:

a) 先将油罐的进人孔门打开,并用通风机向槽内送风。

b) 油罐内油污先用破布清扫,再用清洁剂和干净的白布清扫,最后用面团粘干净。

c) 对脱落油漆部分进行补漆。

d) 清扫人孔门密封面。

e) 更换人孔门密封垫,并按要求力矩对称把紧螺栓。

(4) 压力油罐清扫检查工艺要求:

a) 将油槽内油排净,打开油槽盖板,并用通风机向油槽内送风,将滤网抽出用塑料薄膜垫好。

b) 先用破布将油槽及滤网的油污进行清扫,再用汽油和干净的白布清扫,最后用面团粘干净。

c) 对油槽脱漆部分进行补漆。

d) 回装好滤网,装好盖板。

(5) 调速系统压力表拆装工艺要求:

拆下压力表,校验合格后安装。安装前检查接头螺纹应完好,加垫装好后试验不渗漏。

(6) 调速系统管路与阀门检修工艺要求:

a) 管路拆卸时要做好各种安全措施及预防跑油措施,并在法兰处做好标记。

b) 管路的清洗应先将管路内的油排净。将油管垫高固定,在油管的两端各放一个油盆,然后用清洁剂清扫管路内壁,清洗用的材料应使用绸布。

c) 将各法兰密封面清理干净后按做好的标记进行安装,装完后将管夹上紧。

d) 检查阀门阀芯是否漏油。

e) 检查完毕后回装,所有密封面的密封圈全部更换,上紧螺栓,并保证阀门操作灵活。

(7) 透平油检查化验:透平油须进行处理,并经检验合格后方可使用。

6.6.10　清理检修现场,检查工作结束

(1) 整理作业现场工器具。

(2) 将工作现场垃圾及杂物清理干净,严禁有物品遗留在上导油槽及风洞中。

(3) 施工人员撤离施工现场。

(4) 工作负责人填写检修交代并办理工作票终结手续。

6.7 质量签证单

表6.4

序号	工作内容	工作负责人自检			一级验证			二级验证			三级验证		
		验证点	签字	日期	验证点	签字	日期	验证点	签字	日期	验证点	签字	日期
1	调速器系统卸压排油	W0			W0			W0			W0		
2	组合阀分解检查处理	W1			W1			W1			W1		
3	电磁阀检修	W2			W2			W2			W2		
4	主配压阀检修	H1			H1			H1			H1		
5	滤油器检修查	H2			H2			H2			H2		
6	事故配压阀、分段关闭阀检修	H3			H3			H3			H3		
7	压油泵分解检修	H4			H4			H4			H4		
8	油泵出口组合阀检修	H5			H5			H5			H5		
9	油压装置分解检查	H6			H6			H6			H6		
10	检修现场清理	H7			H7			H7			H7		

第7章
水车室水轮机机械定检作业指导书

7.1 范围

本作业指导书适用于广西右江水利开发有限责任公司右江水力发电厂♯1~♯4机水车室水轮机的定期检修工作，主要包括水导轴承定检、导水机构定检、接力器定检和主轴密封定检工作。

7.2 资料和图纸

下列文件中的条款通过本规范的引用而成为本规范的条款。凡是注日期的引用文件，其随后所有的修改单或修订版均不适用于本规范，然而，鼓励根据本规范达成协议的各方研究是否可使用这些文件的最新版本。凡是不注日期的引用文件，其最新版本适用于本规范。

(1) GB/T 8564—2003 《水轮发电机组安装技术规范》

(2) GB 26164.1—2010 《电业安全工作规程 第1部分：热力和机械》

(3) 上海福伊特水电设备有限公司（原上海希科水电设备有限公司）水导轴承装配图纸

(4) 常州液压成套设备厂有限公司接力器装配图及零部件图

(5) 上海福伊特水电设备有限公司（原上海希科水电设备有限公司）主轴密封装配图及零部件图

(6) 2422—004305 水导轴承剖面图

(7) 2422—004305　　水导轴承平面图

(8) 2422—004772　　水导轴承瓦块

(9) 2422—004780　　轴承调节装置

(10) 2422—004777　　轴承油槽

(11) 2422—005054　　油冷却器

(12) 2422—004293　　导水机构剖面图

(13) 2422—004293　　导水机构平面图

(14) 2422—004419　　顶盖装配

(15) 2422—004457　　导叶拐臂装配

(16) 2422—004456　　导叶轴承及密封装配

(17) 2422—004458　　导叶连接杆装配

(18) 2422—004241　　控制环机加工装配

(19) 2422—004476　　控制环轴承装配图

(20) 2003—194—02—00　左导叶接力器

(21) 2003—194—01—00　右导叶接力器

(22) 2422—004304　　主轴密封剖面图

(23) 2422—004304　　主轴密封平面图

(24) 2422—004666　　主轴密封密封环

(25) 2422—004670　　主轴密封集水环

(26) 2422—004671　　主轴密封防护环

(27) 2422—004672　　主轴密封支撑环

(28) 2422—004673　　检修密封压环

(29) 2422—004675　　检修密封中间环

7.3　安全措施

(1) 严格执行《电业安全工作规程》。

(1) 清点所有工器具数量合适,检查合格,试验可靠。

(2) 定检作业面已做好防护及隔离措施。

(3) ××机组应处于"停机"状态。

(4) ××机组应置于"调试"状态。

(5) 应投入××机组调速器事故配压阀××YY02DV。

(6) 应退出××机组 LCU A3 柜"水机保护"压板。

(7) 应退出××机组 LCU A3 柜"紧急关闭阀"压板。
(8) 应退出××机组 LCU A3 柜"快速关闭快门"压板。
(9) 参加定检作业人员必须熟悉本指导书内容,并熟记定检项目和质量工艺要求。
(10) 参加定检作业人员必须熟记本定检项目安全技术措施。
(11) 开工前召开班前会,分析危险点,落实安全防范措施。对作业人员进行合理分工,进行安全和技术交底。

7.4 备品备件清单

表 7.1

序号	名称	规格型号(图号)	单位	数量	备注
1	涡轮机油	L-TSA-46#,GB 11120—2011	升	30~50	
2	O 形橡胶密封圈	ϕ152×4,GB/T 3452.1—2005	个	1	
3	耐油橡胶板	厚度 δ=4 mm	平方米	0.25	
4	六角头螺栓	M12×30,12.9G,GB/T 5783—2016	个	5	
5	弹簧垫圈	ϕ12	个	5	
6	乐泰螺纹锁固剂	LOCTITE 243 50 ml	瓶	1	

7.5 修前准备

7.5.1 工具器准备清单

表 7.2

一、材料类

序号	名称	规格型号(图号)	单位	数量	备注
1	耳塞		付	1	
2	次毛巾		张	4	
3	耐油水鞋		双	1	

二、工具类

序号	名称	规格型号(图号)	单位	数量	备注
1	双头梅花扳手	12×14,17×19,24×27	把	1	
2	力矩扳手	0~100 N·m	把	2	
3	梅花套筒	18,19	个	各 2	

续表

二、工具类

序号	名称	规格型号(图号)	单位	数量	备注
4	双头梅花扳手	17×19,18×21,24×27	把	各1	
5	开口扳手	24,30	把	各1	
6	内六角扳手	5～10 mm	套	1	
7	液压千斤顶	2 t	个	1	
8	铜棒	$D=45$ mm,$L=250\sim 280$ mm	根	1	
9	手锤		把	1	
10	吸顶灯		个	2	
11	内六角扳手	10 mm,14 mm	套	1	
12	力矩扳手	0～200 N•m	把	1	
13	万向转换头	14 mm	个	1	配力矩扳手
14	手电筒		把	1	
15	双头梅花扳手	13×16,14×17,17×19	把	1	各1把
16	活动扳手	12″	把	1	
17	专用U型旋套		个	1	
18	吸顶灯		个	2	
19	耐油水鞋		双	1	

三、量具类

1	钢板尺	150 mm	把	1	
2	塞尺	200 mm	把	1	

7.5.2 现场工作准备

(1) 工器具已准备完毕,材料、备品已落实。

(2) 作业文件已组织学习,工作组成员熟悉本作业指导书内容。

(3) 工作票及开工手续办理完毕。

(4) 所有安全措施已落实。

(5) 工作负责人会同工作许可人检查工作现场所做的安全措施已完备。

(6) 每次开工前,班组值班负责人应开展班前会,工作负责人向全体作业人员交代作业内容、安全措施、危险点分析控制措施及作业要求,作业人员理解后在工作上签名。

7.6 检修工序及质量标准

7.6.1 水导轴承定检

（1）检查水导轴承油位计工作是否正常，油位显示是否准确，从玻璃观察孔观察实际油位与油位计显示是否一致，检查油质是否正常。若油位低则需要加油。

（2）观察、记录水导轴承运行时的瓦温是否正常。

（3）检查、记录水导轴承处的振动、摆度值，分析轴承运行趋势。

（4）检查水导油槽是否渗漏油、油槽是否进水。

（5）检查水导轴承冷却器是否漏油、漏水，检查其水压、流量是否满足运行要求。

（6）检查水导轴承运行是否有异响。

7.6.2 导水机构定检

（1）检查顶盖、活动导叶是否异常漏水，顶盖是否异常振动。

（2）检查顶盖固定螺栓 M48 的螺母是否松动。

（3）检查导叶连杆机构的所有螺栓是否有松动、脱落及断裂情况，用力矩扳手拧紧导叶连杆机构的 120 个 M12 螺栓，拧紧力矩 80～82 N·m。

（4）检查连杆销、偏心销及下连杆是否下坠，若下坠，采用 2 t 油压千斤顶力矩扳手配合将其复位。

（5）检查偏心销扳手的点焊焊缝、拐臂限位块焊缝等重要焊缝是否有开裂。

（6）检查每个导叶的剪断销是否完好。

（7）检查拐臂与螺钉、连杆与控制环是否存在刮擦情况。

（8）检查顶盖上各种管路是否有漏水情况。

（9）检查控制环运行是否正常。

7.6.3 接力器定检

（1）检查接力器整体外观是否完好。

（2）检查接力器本体是否有渗漏油情况，包括活塞杆密封、排油阀、进出油口、端盖密封等处的渗漏油情况。

（3）检查接力器外部管路是否有漏油情况。

（4）检查接力器及其附属部件的紧固件是否有松动现象。

（5）检查接力器超级锁紧螺母是否松动。

（6）检查接力器活塞杆与叉头是否发生周向移位。

（7）检查接力器是否有下坠情况。

（8）工作中要注意保护设备及自动化传感器元件。

7.6.4 主轴密封定检

（1）拆除主轴密封集水箱盖板。

（2）检查主轴密封各连接件螺栓、螺母是否牢固。

（3）测量主轴密封密封条的磨损量并记录。

（4）检查密封环的导向销是否松动。

（5）检查主轴密封集水箱内的供水管路是否漏水。

（6）做密封环的顶起、回落试验。关闭主轴密封供水的阀门，观察密封环能否正常回落；打开供水的阀门，观察密封环能否正常被顶起。

（7）检查水温传感器是否工作正常。

（8）回装集水箱盖板。

7.6.5 检修现场清理，工作结束

（1）整理工作场地，检查无工器具或其它物品遗落工作现场。

（2）将设备上的油污、灰尘清理和擦拭干净。

（3）将工作现场垃圾及杂物清理干净，人员全部撤离。

（4）工作负责人填写检修交代并办理工作票终结手续。

7.7 质量签证单

表 7.3

序号	工作内容	工作负责人自检			一级验证			二级验证			三级验证		
		验证点	签字	日期	验证点	签字	日期	验证点	签字	日期	验证点	签字	日期
1	工具材料、工作票和现场防护准备	W0			W0			W0			W0		
2	水导轴承定检	W1			W1			W1			W1		

续表

序号	工作内容	工作负责人自检			一级验证			二级验证			三级验证		
		验证点	签字	日期	验证点	签字	日期	验证点	签字	日期	验证点	签字	日期
3	导水机构定检	W2			W2			W2			W2		
4	接力器定检	W3			W3			W3			W3		
5	主轴密封定检	W4			W4			W4			W4		
6	现场清理、工作结束	W5			W5			W5			W5		

第 8 章
尾水管及蜗壳进人门定检作业指导书

8.1 范围

本作业指导书适用于广西右江水利开发有限责任公司右江水力发电厂♯1～♯4机尾水管及蜗壳进人门定检工作。

8.2 资料和图纸

下列文件中的条款通过本规范的引用而成为本规范的条款。凡是注日期的引用文件,其随后所有的修改单或修订版均不适用于本规范,然而,鼓励根据本规范达成协议的各方研究是否可使用这些文件的最新版本。凡是不注日期的引用文件,其最新版本适用于本规范。

(1) GB/T 8564—2003 《水轮发电机组安装技术规范》

(2) GB 26164.1—2010 《电业安全工作规程 第1部分:热力和机械》

(3) 上海福伊特水电设备有限公司(原上海希科水电设备有限公司)尾水管进人门装配图

(4) 2422—004181 尾水管进人门装配

(5) 2422—004180 检修平台门装配

(6) 上海福伊特水电设备有限公司(原上海希科水电设备有限公司)蜗壳进人门装配图

(7) 2422—004301 装配蜗壳进人门

(8) 2422—004423　　蜗壳进人门盖板

(9) 2422—004422　　蜗壳进人门门框

8.3　安全措施

(1) 严格执行《电业安全工作规程》。

(2) 清点所有工器具数量合适,检查合格,试验可靠。

(3) 定检作业面已做好防护及隔离措施。

(4) ××机组应处于"停机"状态。

(5) 参加定检作业人员必须熟悉本指导书内容,并熟记定检项目和质量工艺要求。

(6) 参加定检作业人员必须本定检项目安全技术措施。

(7) 开工前召开班前会,分析危险点,落实安全防范措施。对作业人员进行合理分工,进行安全和技术交底。

8.4　备品备件清单

表 8.1

序号	名称	规格型号(图号)	单位	数量	备注
1	无				

8.5　修前准备

8.5.1　工具器准备清单

表 8.2

序号	名称	规格型号(图号)	单位	数量	备注
一、材料类					
1	次毛巾		张	4	
2	线手套		双	2	
二、工具类					
1	双头梅花扳手	24×27	把	2	

续表

二、工具类

序号	名称	规格型号(图号)	单位	数量	备注
2	梅花敲击扳手	46 mm	把	1	
3	开口扳手	46 mm	把	1	
4	手锤		把	1	
5	梅花敲击扳手	30 mm	把	1	
6	防坠器		个	1	

三、量具类

1	无				

四、专用工具类

1.	无				

8.5.2 现场工作准备

(1) 工器具已准备完毕,材料、备品已落实。
(2) 作业文件已组织学习,工作组成员熟悉本作业指导书内容。
(3) 设备已经隔离完善,所有安全措施已落实。
(4) 工作票及开工手续办理完毕。
(5) 工作负责人会同工作许可人检查工作现场所做的安全措施已完备。
(6) 每次开工前,开展班前会,工作负责人向全体作业人员交代作业内容、安全措施、危险点分析及防控措施、作业要求,作业人员理解后在工作票上签名。

8.6 检修工序及质量标准

8.6.1 尾水管进人门定检

(1) 检查尾水管进人门有无漏水。
(2) 检查尾水管进人门紧固件有无松动。
(3) 检查尾水管检修平台孔有无漏水。
(4) 检查尾水管检修平台孔有无松动。

8.6.2 蜗壳进人门定检

(1) 检查蜗壳门密封面有无渗水。

（2）采用 M30 梅花扳手配合小锤锤击，检查蜗壳门螺栓有无松动现象。锤击力度要适中，防止造成螺栓疲劳断裂。

8.6.3　检修现场清理，工作结束

（1）整理工作场地，检查无工器具或其它物品遗落工作现场。
（2）将设备上的油污、杂物擦拭干净。
（3）将工作现场垃圾及杂物清理干净，人员全部撤离。
（4）工作负责人填写检修交代并办理工作票终结手续。

8.7　质量签证单

表 8.3

序号	工作内容	工作负责人自检			一级验证			二级验证			三级验证		
		验证点	签字	日期	验证点	签字	日期	验证点	签字	日期	验证点	签字	日期
1	工作准备	W0			W0			W0			W0		
2	尾水管进人门定检	W1			W1			W1			W1		
3	蜗壳进人门定检	W2			W2			W2			W2		
4	现场清理、工作结束	W3			W3			W3			W3		

第 9 章
导轴承及机架定检作业指导书

9.1 范围

本作业指导书适用于广西右江水利开发有限责任公司右江水力发电厂♯1～♯4机组导轴承及上、下机架定检工作。

9.2 资料和图纸

下列文件中的条款通过本规范的引用而成为本规范的条款。凡是注日期的引用文件，其随后所有的修改单或修订版均不适用于本规范，然而，鼓励根据本规范达成协议的各方研究是否可使用这些文件的最新版本。凡是不注日期的引用文件，其最新版本适用于本规范。

(1) GB/T 8564—2003 《水轮发电机组安装技术规范》

(2) GB 26164.1—2010 《电业安全工作规程 第1部分：热力和机械》

(3) GB 26860—2011 《电力安全工作规程 发电厂和变电站电气部分》

(4) 03A0474 哈尔滨电机厂有限责任公司油冷却器装配图纸

(5) 03A0496 哈尔滨电机厂有限责任公司油冷却器装配图纸

(6) 03A0544 哈尔滨电机厂有限责任公司油冷却器装配图纸

(7) 01J6523 哈尔滨电机厂有限责任公司上机架焊接加工图纸

(8) 01J6823 哈尔滨电机厂有限责任公司下机架装配图纸

(9) 01J6825 哈尔滨电机厂有限责任公司下盖板装配图纸

(10) 01J6830　哈尔滨电机厂有限责任公司油水管路图纸
(11) 01J6839　哈尔滨电机厂有限责任公司下机架焊接加工图纸
(12) 01J6840　哈尔滨电机厂有限责任公司上机架装配图纸
(13) 01J7603　哈尔滨电机厂有限责任公司推力轴承装配图纸

9.3　安全措施

(1) 严格执行《电业安全工作规程》。
(2) ××号机组停机，置于"调试"位，做好机组防转动及电气隔离措施。
(3) 投入机组调速器事故配压阀。
(4) 清点所有专用工具齐全，检查合适，试验可靠。
(5) 工具、零部件放置有序，拆下的零部件必须妥善保管好并作好记号以便回装。
(6) 当天定检任务结束后一定要将定检所用照明电源切断。
(7) 参加定检的人员必须熟悉本作业指导书，并能熟知本书的检修项目、工艺质量标准等。
(8) 参加本定检项目的人员必需持证上岗，并熟知本作业指导书的安全技术措施。
(9) 开工前召开专题会，对各定检参加人员进行组内分工，并且进行安全、技术交底。
(10) 办理工作终结手续前，工作负责人应对全部工作现场进行检查，确保无遗留问题，确定人员已经全部撤离。

9.4　备品备件清单

表 9.1

序号	名称	型号规格(图号)	单位	数量	备注
1	压力表	0～0.6 MPa	个	1	
2	生料带		卷	1	

9.5 修前准备

9.5.1 工器具准备清单

表 9.2

一、材料类

序号	名称	型号	单位	数量	备注
1	乐泰胶	401	瓶	1	
2	塑料布	宽 1 m	米	10	
3	酒精	500 mL	瓶	1	
4	白布		米	2	
5	破布		kg	1	

二、工具类

序号	名称	型号	单位	数量	备注
1	手锤	2.5 磅	把	1	
2	活动扳手	12″	把	2	
3	梅花扳手	17×19	把	4	
4	梅花扳手	24×27	把	4	
5	电动扳手	19 mm、24 mm 套筒头各一个	台	1	
6	电源盘		个	1	
7	记录本		本	1	
8	中性笔		支	1	
9	记号笔	红色	支	1	
10	电筒	海洋王	把	2	
11	风闸专用扳手		把	1	
12	风闸支墩专用敲击扳手		把	1	
13	安全带		付	2	

三、量具类

序号	名称	型号	单位	数量	备注
1	钢板尺	100 mm	把	1	
2	塞尺	300 mm	把	3	

9.5.2 现场工作准备

（1）工器具已准备完毕，材料、备品已落实。

(2) 检修地面已经铺设防护橡胶垫,场地已经完善隔离。
(3) 作业文件已组织学习,工作组成员熟悉本作业指导书内容。
(4) 工作现场临时照明及检修用电安装完成。

9.5.3 办理相关工作票

(1) 已办理工作票及开工手续,机组停机。
(2) 所有安全措施已落实。
(3) 工作负责人会同工作许可人检查工作现场所做的安全措施是否完备。
(4) 检查验证工作票。
(5) 工作负责人向全体作业人员交代作业内容、安全措施、危险点分析控制措施及作业要求,作业人员理解后在工作票危险点分析控制措施单上签名。
(6) 每次开工前,班组值班负责人开展"三讲一落实"工作。

9.6 检修工序及质量标准

9.6.1 上导轴承定检

(1) 查询上导轴承瓦温、油温历史记录及运行曲线图无异常。
(2) 检查上导轴承油位计油位正常,油色正常无浑浊现象。
(3) 检查轴承盖随动密封块与轴领接触良好,无缝隙。
(4) 检查上导轴承滑转子无松动。
(5) 检查上导轴承内挡油圈密封无渗油现象,螺栓无松动现象。
(6) 查询上导轴承摆动值、历史运行曲线图无异常。

9.6.2 上机架定检

(1) 查询上机架垂直振动值、历史运行曲线图无异常。
(2) 检查上机架支撑螺栓无松动。
(3) 检查上机架支臂相关附件无松动。
(4) 检查上机架中心体、支臂焊缝无裂纹。
(5) 检查上机架盖板支撑梁无松动、盖板无松动。

9.6.3 推力轴承定检

(1) 查询推力轴承瓦温、油温历史记录及运行曲线图无异常。

(2) 检查推力轴承油位计油位正常,油色正常无浑浊现象。

(3) 检查轴承盖随动密封块与轴领接触良好,无缝隙。

(4) 检查推力轴承冷却器密封无渗油、管路无漏水现象。

(5) 检查推力轴承内挡油圈密封无渗油现象。

(6) 检查推力轴承油雾处理器管路接头、法兰密封无松动现象。

9.6.4 制动系统定检

(1) 检查制动闸板无开裂、无过度磨损现象。

(2) 检查风闸闸板两侧夹板紧固螺栓无松动,闸板顶丝无松动。

(3) 检查风闸行程附件紧固螺栓无松动。

(4) 检查风闸支墩紧固螺栓无松动现象。

(5) 检查风闸密封无漏气现象。

9.6.5 下导轴承定检

(1) 查询下导轴承瓦温、油温历史记录及运行曲线图无异常。

(2) 检查下导轴承油位计油位正常,油色正常无浑浊现象。

(3) 检查轴承盖随动密封块与轴领接触良好,无缝隙。

(4) 检查下导轴承内挡油圈密封无渗油现象,螺栓无松动现象。

(5) 查询下导轴承摆动值、历史运行曲线图无异常。

9.6.6 下机架定检

(1) 查询下机架垂直、水平振动值、历史运行曲线图无异常。

(2) 检查下机架地脚螺栓无松动。

(3) 检查上机架中心、支臂焊缝无裂纹。

(4) 检查下机架盖板支撑梁无松动、盖板无松动。

9.6.7 清理检修现场,检查工作结束

(1) 整理作业现场工器具。

(2) 将工作现场垃圾及杂物清理干净,严禁有物品遗留在上导油槽及风洞中。

(3) 施工人员撤离施工现场。

(4) 工作负责人填写检修交代并办理工作票终结手续。

9.7 质量签证单

序号	工作内容	工作负责人自检			一级验证			二级验证			三级验证		
		验证点	签字	日期	验证点	签字	日期	验证点	签字	日期	验证点	签字	日期
1	工具材料、工作票和现场防护准备	W0			W0			W0			W0		
2	工作准备/办理相关工作票	W1			W1			W1			W1		
3	上导轴承定检	W2			W2			W2			W2		
4	上机架定检	W3			W3			W3			W3		
5	推力轴承定检	W4			W4			W4			W4		
6	制动系统定检	W5			W5			W5			W5		
7	下导轴承定检	W6			W6			W6			W6		
8	下机架定检	W7			W7			W7			W7		
9	清理检修现场，检查工作结束	H1			H1			H1			H1		

第 2 篇
发电机系统检修

第 10 章
上导轴承检修作业指导书

10.1 范围

本作业指导书适用于广西右江水利开发有限责任公司右江水力发电厂♯1～♯4发电机上导轴承检修工作。

10.2 资料和图纸

下列文件中的条款通过本规范的引用而成为本规范的条款。凡是注日期的引用文件,其随后所有的修改单或修订版均不适用于本规范,然而,鼓励根据本规范达成协议的各方研究是否可使用这些文件的最新版本。凡是不注日期的引用文件,其最新版本适用于本规范。

(1) GB/T 8564—2003 《水轮发电机组安装技术规范》
(2) GB 26164.1—2010 《电业安全工作规程 第1部分:热力和机械》
(3) GB 26860—2011 《电力安全工作规程 发电厂和变电站电气部分》
(4) 03A0496 哈尔滨电机厂有限责任公司油冷却器装配图纸
(5) 03A0544 哈尔滨电机厂有限责任公司油冷却器装配图纸
(6) 01J6523 哈尔滨电机厂有限责任公司上机架焊接加工图纸
(7) 01J6830 哈尔滨电机厂有限责任公司油水管路图纸
(8) 01J6840 哈尔滨电机厂有限责任公司上机架装配图纸
(9) 04B6580 哈尔滨电机厂有限责任公司上导轴承瓦图纸

(10) 04B6589 哈尔滨电机厂有限责任公司上导轴承滑转子图纸

10.3 安全措施

(1) 严格执行《电业安全工作规程》。
(2) 开启蜗壳排水盘型阀、尾水管排水盘型阀,挂"禁止操作、有人工作"标示牌,排空上下游流道水。
(3) 清点所有专用工具齐全,检查合适,试验可靠。
(4) 工具、零部件放置有序,拆下的零部件必须妥善保管好并作好记号以便回装。
(5) 当天检修任务结束后一定要将检修所用照明电源切断。
(6) 参加检修的人员必须熟悉本作业指导书,并能熟知本书的检修项目、工艺质量标准等。
(7) 参加本检修项目的人员必需持证上岗,并熟知本作业指导书的安全技术措施。
(8) 开工前召开专题会,对各检修参加人员进行组内分工,并且进行安全、技术交底。
(9) 办理工作终结手续前,工作负责人应对全部工作现场进行检查,确保无遗留问题,确定人员已经全部撤离。

10.4 备品备件清单

表 10.1

序号	名称	型号规格(图号)	单位	数量	备注
1	接触式油挡块螺栓	M6×10 4.8 G	套	10	
2	上导瓦托块螺栓	M8×25 12.9 G	套	12	
3	冷却器耐油 O 型密封圈	内径 ϕ38×5 氟材料绿色	个	12	
4	上导冷却器固定螺栓	M10×40 8.8 G	套	10	
5	轴承盖板外圈螺栓	M12×40 4.8 G	套	10	
6	内挡油筒固定螺栓	M20×50 8.8 G	套	10	
7	耐压密封橡胶条	ϕ8.6 mm 氟材料	米	30	
8	接触式密封	上导专用	套	1	
9	耐油橡胶垫	厚 3 mm	m²	3	

10.5 修前准备

10.5.1 工器具及消耗材料准备清单

表 10.2

一、材料类

序号	名称	型号	单位	数量	备注
1	乐泰胶	243	瓶	2	
2	乐泰胶	401	瓶	1	
3	塑料布	宽 1 m	米	15	
4	酒精	500 mL	瓶	2	
5	煤油		L	10	
6	白布		米	10	
7	破布		kg	5	
8	面粉		kg	5	
9	毛毡	厚 10 mm	m²	3	

二、工具类

序号	名称	型号	单位	数量	备注
1	吊带	1 t×2 m	根	4	
2	吊耳	M16	个	2	
3	铜棒		个	1	
4	手动打压泵	0~5 MPa	台	1	
5	活动扳手	12″	把	2	
6	梅花扳手	17×19	把	4	
7	梅花扳手	24×27	把	4	
8	电动扳手	19 mm、24 mm 套筒头各一个	台	1	
9	电源盘		个	1	
10	漏电保护器		个	1	
11	Cr_2O_3 研磨膏	颗粒度 W5~W10	kg	0.5	
12	天然油石		块	4	

续表

二、工具类					
序号	名称	型号	单位	数量	备注
13	剪刀		把	1	
14	水泥桶		个	4	收整螺栓
15	水桶		个	1	
16	记录本		本	1	
17	中性笔		支	1	
18	记号笔	红色	支	1	
19	吸顶灯	海洋王	把	4	
20	裁纸刀		把	1	
三、量具类					
1	深度游标卡尺	0～300 mm	把	1	
2	钢板尺	150 mm	把	1	
3	塞尺		把	3	
4	百分表	带磁力表座	套	4	

10.5.2　现场工作准备

(1) 工器具已准备完毕,材料、备品已落实。

(2) 检修地面已经铺设防护橡胶垫,场地已经完善隔离。

(3) 作业文件已组织学习,工作组成员熟悉本作业指导书内容。

(4) 工作现场临时照明及检修用电安装完成。

10.5.3　办理相关工作票

(1) 已办理工作票及开工手续,机组停运。

(2) 所有安全措施已落实。

(3) 工作负责人会同工作许可人检查工作现场所做的安全措施是否完备。

(4) 检查验证工作票。

(5) 工作负责人开展班前会,向全体作业人员交代作业内容、安全措施、危险点分析控制措施及作业要求,作业人员理解后在工作票危险点分析控制措施单上签名。

10.6 检修工序及质量标准

10.6.1 上导油槽排油、排水

（1）排净上导轴承油槽内的46♯透平油，排至透平油库备用油罐，排油过程中设专人监护，防止跑油和有火源产生。打开上导油槽取油样阀门确认油槽无油后将其关闭。

（2）排尽上导冷却器内的水，排空水后关闭其进水、出水阀门。

10.6.2 拆除上导油槽盖板及轴承盖板

（1）清理上导机罩内油渍及碳刷粉尘，拆卸上导轴承油位计。

（2）拆除上导轴承盖板固定螺栓，将轴承盖板分块搬运至指定地点进行维护，拆除过程中防止损坏接触式油挡密封。

（3）拆卸油槽盖板螺栓，将油槽盖板搬运至指定地点进行维护。

（4）拆卸导瓦测温探头及油温探头。

（5）拆卸设备分类放置整齐。

（6）拆下的螺栓和销钉用袋子装好便于保管，贴上标示牌，并分类堆放。

10.6.3 检修前上导瓦间隙测量

（1）在上端轴的$+X$、$+Y$、$-X$、$-Y$四个方向架设四个百分表，以监视轴的移动情况。架设百分表前检查确认百分表完好可用。

（2）测量调瓦楔子板与导瓦的垂直距离做好记录 H1。松开楔子板固定螺母，用铜棒敲击楔子板，同时设专人监视百分表，在对侧百分表读数有轻微变化时，停止敲击，此时上导瓦已经抱死轴领，测量出楔子板与导瓦的垂直距离 H2，按照楔子板斜率，计算出导瓦间隙 $\zeta=(H1-H2)/50$ mm，测量完后，恢复该楔子板与导瓦垂直距离 H1，并锁定紧固螺母。依次测量其他导瓦间隙。

（3）拆下的螺栓和销钉用袋子装好便于保管，贴上标示牌，并分类堆放。

10.6.4 上导瓦检查维护

（1）测量好所有导瓦调整楔子板与导瓦的垂直距离 H 做好记录，拆卸导瓦间隙调整楔子板。两人合作，用 M16 的吊环吊出上导瓦放置在指定位置，

吊出上导瓦过程中要注意保护导瓦瓦面,防止碰撞损伤巴氏合金,瓦面用毛毡包好后妥善保存,防止碰撞。

(2) 吊出的上导瓦进行检查维护,瓦面应平整、无龟裂、无划痕、毛刺,巴氏合金无脱壳。若有需要进行处理的,应满足设计要求:修刮的瓦面在每平方厘米内应有1～3个接触点,局部不接触面积,每处不得大于轴瓦面积的2%,不接触面积的总和不得超过全面积的8%,进、出油边修刮满足设计要求。

(3) 更换导瓦背部托块固定螺栓。

(4) 上导瓦检查维护完成后,瓦面应抹一层透平油存放,以备回装。

10.6.5　滑转子检查维护

(1) 检查滑转子与上导瓦接触工作面无划痕和刻痕及锈蚀现象出现。若滑转子存在缺陷,须用高级尼子、煤油浸泡颗粒为W5～W10的Cr_2O_3研磨膏研磨抛光,保持粗糙度Ra在$0.4\mu m$以上。

(2) 滑转子检查维护完成后需涂抹一层透平油防止生锈。

10.6.6　上导油槽冷却器检查

(1) 检查确认上导冷却器外观无缺陷,管夹完好。

(2) 用手动试压泵对冷却器进行耐压试验,试验压力0.7 MPa,试验时间30 min,确认冷却器无渗漏。

(3) 用海绵吸干油槽残油,用白布和酒精对下挡油筒和冷却器清扫,用面团对油槽内部进行清理。确认无颗粒硬物,无水分,无油污。

10.6.7　内挡油筒检修

(1) 松开内挡油筒底部轴电流互感器,振摆测量探头。振摆测量探头、电流互感器电线接头顺序及方向应做好标记。

(2) 拆卸上导油槽进油、排油管,拆卸过程中注意防护管路中残油泄漏。

(3) 松开内挡油筒对称四颗紧固螺栓,用4根M20全牙导向螺杆对称将内挡油筒与油槽底部连接,用螺母锁紧。用对称四个方向的千斤顶顶住内挡油筒,松开内挡油筒与油槽底部连接的全部螺栓,松开4根M20全牙导向螺杆上的M20螺母100 mm距离,缓慢松开四个方向千斤顶,使内挡油筒缓慢下沉落在导向螺杆M20螺母上;四个人用活动扳手松开导向杆上的M20螺母,使内挡油筒缓慢下降到一定的位置。内挡油筒缓慢下降的开始及过程中,注意内挡油筒底部无法排出的残余油漏出散落在转子上,应用塑料薄膜围挡并收集。

(4) 内挡油筒下降到位后,清理内挡油筒,无油渍、油泥、无颗粒物及其他杂物。

(5) 松开内挡油筒直筒与底板之间螺栓,拆卸两者之间的密封盘根 $\phi 8.6$ mm,清理两者结合面干净,更换 $\phi 8.6$ mm 氟材料密封盘根。回装时螺栓需涂抹乐泰 243 锁固胶,用电动扳手全部打紧后,要用扭矩扳手检查紧固是否均匀可靠。

(6) 更换内挡油筒与油槽连接之间 $\phi 8.6$ mm 氟材料密封盘根。

(7) 对称顶起四个方向的千斤顶,使内挡油筒缓慢上升,同时旋转导向杆的 M20 螺母缓慢上升进行保护及更换千斤顶垫块。内挡油筒上升到位后,对称紧固四个方向的螺栓,再逐一紧固全部螺栓,回装时螺栓需涂抹乐泰 243 锁固胶。

(8) 对内挡油筒进行煤油渗漏试验,试验时间 4 小时,确保下油挡无渗漏,若有渗漏需重新检查密封橡胶条,直至煤油渗漏试验成功。

(9) 做完煤油渗漏试验后需将油槽内的煤油清扫干净。

(10) 拆下的螺栓和销钉用袋子装好便于保管,贴上标示牌,并分类堆放。

10.6.8 上导瓦回装

(1) 用白布、酒精和面团对上导瓦支撑环板、滑转子及上导瓦进行清扫,应无颗粒硬物、无水分、无油污。

(2) 用 M16 吊环、吊带将检查维护合格的上导瓦根据编号放入相对应的位置,并回装相对应的调瓦楔子板,恢复对应的调瓦楔子板与导瓦的垂直距离 H,回装之前要轴瓦及滑转子上抹上透平油。

(3) 上导瓦回装完成后,回装上导瓦测温元件回装并固定牢固。

10.6.9 轴承盖及油槽盖检修

(1) 清理上导油槽盖板,检查油槽盖板密封胶是否无破损是否与螺栓孔对位,如有缺陷需修整或更换。

(2) 拆卸上导油挡接触式密封块,检查、清理油挡接触式密封块及其卡槽,油挡接触式密封块如有损坏或回复弹簧松弛,应更换,油挡接触式密块回装后检查其在回复弹簧作用下是否正常回弹。

(3) 回装上导油槽盖板。

(4) 更换上导轴承密封盖与油槽之间 ϕ8.6 mm 氟材料密封盘根。

(5) 回装上导轴承密封盖,密封盖分块之间应用免胶密封胶卡夫特进行涂抹。回装后检查油挡接触式密封块与上导滑转子接触良好,应无间隙。

(6) 回装过程中仔细认真,防止任何异物落入油槽。

10.6.10 回装油槽附件

(1) 回装上导油槽油位计及附属管路。

(2) 所有螺栓需涂抹乐泰 243 锁固胶。

(3) 回装过程中仔细认真,防止任何异物落入油槽或管路内。

10.6.11 清理检修现场,检查工作结束

(1) 整理作业现场工器具。

(2) 将工作现场垃圾及杂物清理干净,严禁有物品遗留在上导油槽及风洞中。

(3) 施工人员撤离施工现场。

(4) 工作负责人填写检修交代并办理工作票终结手续。

10.7 检修记录

检修前导瓦调整楔子板与导瓦垂直距离 H 数据记录表见附录表 C.1,检修前上导瓦间隙数据记录表见附录表 C.2,检修后上导瓦间隙数据记录表见附录表 C.3。

10.8 质量签证单

表 10.3

序号	工作内容	工作负责人自检			一级验证			二级验证			三级验证		
		验证点	签字	日期	验证点	签字	日期	验证点	签字	日期	验证点	签字	日期
1	工作准备/办理相关工作票	W0			W0			W0			W0		
2	上导油槽排油、排水	W1			W1			W1			W1		

续表

序号	工作内容	工作负责人自检			一级验证			二级验证			三级验证		
		验证点	签字	日期	验证点	签字	日期	验证点	签字	日期	验证点	签字	日期
3	拆除上导油槽盖板及轴承盖板	W2			W2			W2			W2		
4	检修前上导瓦间隙测量（必要时进行）	H1			H1			H1			H1		
5	滑转子检查维护（必要时进行）	H2			H2			H2			H2		
6	上导瓦检查维护（必要时进行）	H3			H3			H3			H3		
7	上导油槽冷却器检查	H4			H4			H4			H4		
8	内挡油筒检修（必要时进行）	H5			H5			H5			H5		
9	上导瓦回装	H6			H6			H6			H6		
10	轴承盖及油槽盖检修	H7			H7			H7			H7		
11	回装油槽附件	H8			H8			H8			H8		
12	充油、充水检查	H9			H9			H9			H9		
13	清理检修现场，检查工作结束	H10			H10			H10			H10		

第 11 章
下导轴承检修作业指导书

11.1 范围

本作业指导书适用于广西右江水利开发有限责任公司右江水力发电厂♯1～♯4发电机下导轴承检修工作。

11.2 资料和图纸

下列文件中的条款通过本规范的引用而成为本规范的条款。凡是注日期的引用文件,其随后所有的修改单或修订版均不适用于本规范,然而,鼓励根据本规范达成协议的各方研究是否可使用这些文件的最新版本。凡是不注日期的引用文件,其最新版本适用于本规范。

(1) GB/T 8564—2003 《水轮发电机组安装技术规范》
(2) GB 26164.1—2010 《电业安全工作规程 第1部分:热力和机械》
(3) GB 26860—2011 《电力安全工作规程 发电厂和变电站电气部分》
(4) 03A0496 哈尔滨电机厂有限责任公司油冷却器装配图纸
(5) 03A0544 哈尔滨电机厂有限责任公司油冷却器装配图纸
(6) 01J6839 哈尔滨电机厂有限责任公司下机架焊接加工图纸
(7) 01J6830 哈尔滨电机厂有限责任公司油水管路图纸
(8) 01J6823 哈尔滨电机厂有限责任公司下机架装配图纸
(9) 04B6486 哈尔滨电机厂有限责任公司下导轴承瓦图纸

(10) 03A0497　哈尔滨电机厂有限责任公司下导轴承下油盘装配图纸

11.3　安全措施

(1) 严格执行《电业安全工作规程》。

(2) 开启蜗壳排水盘型阀、尾水管排水盘型阀，挂"禁止操作、有人工作"标示牌，排空上下游流道水。

(3) 清点所有专用工具齐全，检查合适，试验可靠。

(4) 工具、零部件放置有序，拆下的零部件必须妥善保管好并作好记号以便回装。

(5) 当天检修任务结束后一定要将检修所用照明电源切断。

(6) 参加检修的人员必须熟悉本作业指导书，并能熟知本书的检修项目、工艺质量标准等。

(7) 参加本检修项目的人员必需持证上岗，并熟知本作业指导书的安全技术措施。

(8) 开工前召开班前会，对各检修参加人员进行组内分工，并且进行安全、技术交底。

(9) 办理工作终结手续前，工作负责人应对全部工作现场进行检查，确保无遗留问题，确定人员已经全部撤离。

11.4　备品备件清单

表 11.1

序号	名称	型号规格(图号)	单位	数量	备注
1	接触式油挡块螺栓	M6×10　4.8 G	套	10	
2	上导瓦托块螺栓	M8×25　12.9 G	套	12	
3	冷却器耐油O型密封圈	内径 ϕ38×5　氟材料绿色	个	12	
4	上导冷却器固定螺栓	M10×40　8.8 G	套	10	
5	轴承盖板外圈螺栓	M12×40　4.8 G	套	10	
6	内挡油筒固定螺栓	M20×50　8.8 G	套	10	
7	耐压密封橡胶条	ϕ8.6 mm 氟材料	米	30	
9	接触式密封	上导专用	套	1	
10	耐油橡胶垫	厚 3 mm	m^2	3	

11.5 修前准备

11.5.1 工器具及消耗材料准备清单

表 11.2

一、材料类				
序号	名称	型号	单位	数量	备注
1	乐泰胶	243	瓶	2	
2	乐泰胶	401	瓶	1	
3	塑料布	宽 1 m	米	15	
4	酒精	500 mL	瓶	2	
5	煤油		L	10	
6	白布		米	10	
7	破布		kg	5	
8	面粉		kg	5	
9	毛毡	厚 10 mm	m²	3	
二、工具类					
1	吊带	1 t×2 m	根	4	
2	吊耳	M16	个	2	
3	铜棒		个	1	
4	手动打压泵	0～5 MPa	台	1	
5	活动扳手	12″	把	2	
6	梅花扳手	17×19	把	4	
7	梅花扳手	24×27	把	4	
8	电动扳手	19 mm、24 mm 套筒头各一个	台	1	
9	电源盘		个	1	
10	漏电保护器		个	1	
11	Cr_2O_3 研磨膏	颗粒度 W5～W10	kg	0.5	
12	天然油石		块	4	

续表

二、工具类

序号	名称	型号	单位	数量	备注
13	剪刀		把	1	
14	水泥桶		个	4	收整螺栓
15	水桶		个	1	
16	记录本		本	1	
17	中性笔		支	1	
18	记号笔	红色	支	1	
19	吸顶灯	海洋王	盏	4	
20	裁纸刀		把	1	

三、量具类

1	深度游标卡尺	0~300 mm	把	1	
2	钢板尺	150 mm	把	1	
3	塞尺		把	3	
4	百分表	带磁力表座	套	4	

11.5.2 工作准备

（1）工器具已准备完毕，材料、备品已落实。

（2）检修地面已经铺设防护橡胶垫，场地已经完善隔离。

（3）作业文件已组织学习，工作组成员熟悉本作业指导书内容。

（4）工作现场临时照明及检修用电安装完成。

11.5.3 办理相关工作票

（1）已办理工作票及开工手续，机组停运。

（2）所有安全措施已落实。

（3）工作负责人会同工作许可人检查工作现场所做的安全措施是否完备。

（4）检查验证工作票。

（5）工作负责人开展班前会，，向全体作业人员交代作业内容、安全措施、危险点分析控制措施及作业要求，作业人员理解后在工作票危险点分析控制措施单上签名。

11.6 检修工序及质量标准

11.6.1 下导油槽排油、排水

（1）排净下导轴承油槽内的46#透平油，排至透平油库备用油罐，排油过程中设专人监护，防止跑油和有火源产生。打开上导油槽取油样阀门确认油槽无油后将其关闭。

（2）排尽下导冷却器内的水，排空水后关闭其进水、出水阀门。

11.6.2 拆除下导油槽盖板及轴承盖板

（1）清理下导轴承面上周围油渍，拆卸振摆装置探头架。

（2）拆除下导轴承盖板固定螺栓，将轴承盖板分块搬运至指定地点进行维护，拆除过程中防止损坏接触式油挡密封。

（3）拆卸油槽盖板螺栓，将油槽盖板搬运至指定地点进行维护。

（4）拆卸导瓦测温探头及油温探头。

（5）拆卸设备分类放置整齐。

（6）拆下的螺栓和销钉用袋子装好便于保管，贴上标示牌，并分类堆放。

11.6.3 检修前上导瓦间隙测量

（1）在下导轴承内的+X、+Y、-X、-Y四个方向架设四个百分表，以监视轴的移动情况。架设百分表前检查确认百分表完好可用。

（2）测量调瓦楔子板与导瓦的垂直距离做好记录H1。松开楔子板固定螺母，用铜棒敲击楔子板，导瓦对侧架对应的百分表同时设专人监视，在对侧百分表读数有轻微变化时，停止敲击，此时上导瓦已经抱死轴领，测量出楔子板与导瓦的垂直距离H2，按照楔子板斜率，计算出导瓦间隙 $\zeta = (H1-H2)/50$ mm，测量完后，恢复该楔子板与导瓦垂直距离H1，并锁定紧固螺母。依次测量其他导瓦间隙。

（3）拆下的螺栓和销钉用袋子装好便于保管，贴上标示牌，并分类堆放。

11.6.4 下导瓦检查维护

（1）测量好所有导瓦调整楔子板与导瓦的垂直距离H做好记录，拆卸导瓦间隙调整楔子板。两人合作，用M16的吊环吊出上导瓦放置指定位置，吊

出上导瓦过程中要注意保护导瓦瓦面,防止碰撞损伤巴氏合金,瓦面用毛毡包好后妥善保存,防止碰撞。

(2) 吊出的上导瓦进行检查维护,瓦面应平整、无龟裂,无划痕、毛刺,巴氏合金无脱壳。若有需要进行处理的,应满足设计要求:修刮的瓦面在每平方厘米内应有 1～3 个接触点,局部不接触面积,每处不得大于轴瓦面积的 2%,不接触面积的总和不得超过全面积的 8%,进、出油边修刮满足设计要求。

(3) 更换导瓦背部托块固定螺栓。

(4) 下导瓦检查维护完成后,瓦面应抹一层透平油存放,以备回装。

11.6.5 轴领检查维护

(1) 检查下导轴承轴领与导瓦接触工作面无划痕和刻痕及锈蚀现象出现。若轴领存在缺陷,须用高级尼子、煤油浸泡颗粒度为 W5～W10 的 Cr_2O_3 研磨膏研磨抛光,保持粗糙度 Ra 在 $0.4\mu m$ 以上。

(2) 轴领检查维护完成后需涂抹一层透平油防止生锈。

11.6.6 下导油槽及冷却器检查

(1) 检查确认下导冷却器外观无缺陷,管夹完好。

(2) 用手动试压泵对冷却器进行耐压试验,试验压力 0.7 MPa,试验时间 30 min,确认冷却器无渗漏。

(3) 用海绵吸干槽内残油,用白布和酒精对底油盘和冷却器清扫,用面团对油槽内部进行清理。确认无颗粒硬物,无水分,无油污。

11.6.7 下导底油盘检修

(1) 在水车室内搭设好脚手架并验收合格。

(2) 松开底油盘底部转子一点接地检测装置,电线接头顺序及方向应做好标记。

(3) 拆卸下导油槽进油、排油管,拆卸过程中注意防护管路中残油泄漏。

(4) 松开底油盘对称四颗紧固螺栓,用 4 根 M16 全牙导向螺杆对称将底油盘与油槽底部连接,用螺母锁紧。用对称四个方向的千斤顶顶住底油盘,松开底油盘与油槽底部连接的全部螺栓,松开 4 根 M16 全牙导向螺杆上的 M16 螺母 100 mm 距离,缓慢松开四个方向千斤顶,使底油盘缓慢下沉落在导向螺杆 M16 螺母上;四个人用活动扳手松开导向杆上的 M16 螺母,使底油盘缓慢下降到一定的位置。底油盘缓慢下降的开始及过程中,注意内挡油筒底部无法排出的残余油漏出散落在水车室内,应用塑料薄膜围挡并收集。

（5）底油盘下降到位后,清理底油盘内部,无油渍、油泥、无颗粒物及其他杂物。

（6）松开底油盘与油盘内挡油筒之间螺栓,拆卸两者之间的密封盘根φ8.6 mm,清理两者结合面干净,更换φ8.6 mm氟材料密封盘根。回装时螺栓需涂抹乐泰243锁固胶,用电动扳手全部打紧后,要用扭矩扳手检查紧固是否均匀可靠。

（7）更换底油盘与油槽连接之间φ8.6 mm氟材料密封盘根。

（8）对称顶起四个方向的千斤顶,使底油盘缓慢上升,同时旋转导向杆的M16螺母缓慢上升进行保护及更换千斤顶垫块使用。底油盘上升到位后,对称紧固四个方向的螺栓,再逐一紧固全部螺栓,回装时螺栓需涂抹乐泰243锁固胶。

（9）回装底油盘进油、排油管路。

（10）对底油盘进行煤油渗漏试验,试验时间4小时,确保下油挡无渗漏,若有渗漏需重新检查密封橡胶条,直至煤油渗漏试验成功。

（11）做完煤油渗漏试验后需将油槽内的煤油清扫干净。

（12）拆下的螺栓和销钉用袋子装好便于保管,贴上标示牌,并分类堆放。

11.6.8　下导瓦回装

（1）用白布、酒精和面团对下导瓦支撑环板、轴领及导瓦进行清扫,应无颗粒硬物、无水分、无油污。

（2）用M16吊环、吊带将检查维护合格的下导瓦根据编号放入相对应的位置,并回装相对应的调瓦楔子板,恢复对应的调瓦楔子板与导瓦的垂直距离H,回装之前要轴瓦及轴领上抹上透平油。

（3）下导瓦回装完成后,回装下导瓦测温元件回装并固定牢固。

11.6.9　轴承盖及油槽盖检修

（1）清理下导油槽盖板,检查油槽盖板密封胶是否无破损是否与螺栓孔对位,如有缺陷需修整或更换。

（2）拆卸下导油挡接触式密封块,检查、清理油挡接触式密封块及其卡槽,油挡接触式密封块如有损坏或回复弹簧松弛,应更换,油挡接触式密块回装后检查其在回复弹簧作用下是否正常回弹。

(3) 回装下导油槽盖板。

(4) 更换轴承密封盖与油槽之间 $\phi 8.6$ mm 氟材料密封盘根。

(5) 回装下导轴承密封盖,密封盖分块组合缝之间应用免胶密封胶卡夫特进行涂抹。回装后检查油挡接触式密封块与轴领接触良好,应无间隙。

(6) 回装过程中仔细认真,防止任何异物落入油槽。

11.6.10 充油、充水检查

(1) 向导油槽注油至正常油位,检查管路接头、油槽各部无渗漏。

(2) 打开导油槽冷却器供排水阀门,上导油槽冷却器充水,检查供排水管路各法兰无渗漏。

11.6.11 清理检修现场,检查工作结束

(1) 整理作业现场工器具。

(2) 将工作现场垃圾及杂物清理干净,严禁有物品遗留在上导油槽及风洞中。

(3) 施工人员撤离施工现场。

(4) 工作负责人填写检修交代并办理工作票终结手续。

11.7 检修记录

检修前导瓦调整楔子板与导瓦垂直距离 H 数据记录表见附录表 C.1,检修前、后下导瓦间隙数据记录表见附录表 C.2。

11.8 质量签证单

表 11.3

序号	工作内容	工作负责人自检			一级验证			二级验证			三级验证		
		验证点	签字	日期	验证点	签字	日期	验证点	签字	日期	验证点	签字	日期
1	工作准备/办理相关工作票	W0			W0			W0			W0		
2	下导油槽排油、排水	W1			W1			W1			W1		

续表

序号	工作内容	工作负责人自检			一级验证			二级验证			三级验证		
		验证点	签字	日期	验证点	签字	日期	验证点	签字	日期	验证点	签字	日期
3	拆除下导油槽盖板及轴承盖板	W2			W2			W2			W2		
4	检修前下导瓦间隙测量（必要时进行）	H1			H1			H1			H1		
5	下导轴领检查维护（必要时进行）	H2			H2			H2			H2		
6	下导瓦检查维护（必要时进行）	H3			H3			H3			H3		
7	下导油槽及冷却器检查	H4			H4			H4			H4		
8	下导底油盘检修（必要时进行）	H5			H5			H5			H5		
9	下导瓦回装	H6			H6			H6			H6		
10	轴承盖及油槽盖检修	H7			H7			H7			H7		
11	充油、充水检查	H8			H8			H8			H8		
12	清理检修现场，检查工作结束	H9			H9			H9			H9		

第 12 章
推力轴承检修作业指导书

12.1 范围

本作业指导书适用于广西右江水利开发有限责任公司右江水力发电厂♯1～♯4发电机推力轴承检修工作。

12.2 资料和图纸

下列文件中的条款通过本规范的引用而成为本规范的条款。凡是注日期的引用文件,其随后所有的修改单或修订版均不适用于本规范,然而,鼓励根据本规范达成协议的各方研究是否可使用这些文件的最新版本。凡是不注日期的引用文件,其最新版本适用于本规范。

(1) GB/T 8564—2003 《水轮发电机组安装技术规范》
(2) GB 26164.1—2010 《电业安全工作规程 第1部分:热力和机械》
(3) GB 26860—2011 《电力安全工作规程 发电厂和变电站电气部分》
(4) 03A0474 哈尔滨电机厂有限责任公司油冷却器装配图纸
(5) 03A0468 哈尔滨电机厂有限责任公司弹性油箱底盘图纸
(6) 03A0473 哈尔滨电机厂有限责任公司推力轴承瓦图纸
(7) 03A0603 哈尔滨电机厂有限责任公司推力轴承装配图纸
(8) 03A0466 哈尔滨电机厂有限责任公司镜板图纸
(9) 04B6448 哈尔滨电机厂有限责任公司推力挡油筒图纸

(10) 01J6830　哈尔滨电机厂有限责任公司油水管路图纸

12.3　安全措施

(1) 严格执行《电业安全工作规程》。

(2) 开启蜗壳排水盘型阀、尾水管排水盘型阀,挂"禁止操作、有人工作"标示牌,排空上、下游流道水。

(3) 清点所有专用工具齐全,检查合适,试验可靠。

(4) 工具、零部件放置有序,拆下的零部件必须妥善保管好并作好记号以便回装。

(5) 当天检修任务结束后一定要将检修所用照明电源切断。

(6) 参加检修的人员必须熟悉本作业指导书,并能熟知本书的检修项目,工艺质量标准等。

(7) 参加本检修项目的人员必需持证上岗,并熟知本作业指导书的安全技术措施。

(8) 开工前召开专题会,对各检修参加人员进行组内分工,并且进行安全、技术交底。

(9) 办理工作终结手续前,工作负责人应对全部工作现场进行检查,确保无遗留问题,确定人员已经全部撤离。

12.4　备品备件清单

表 12.1

序号	名称	型号规格(图号)	单位	数量	备注
1	接触式油挡螺栓	M6×10	套	20	
2	轴承盖组合缝螺栓	M12×70	套	30	
3	轴承盖圆周组合缝螺栓	M16×45	套	48	
4	推力轴承冷却器紧固螺栓	M16×50	套	100	
5	接触式密封		块	10	
6	推力轴承冷却器管路螺栓	M16×65	套	50	
7	推力轴承冷却器		个	12	
8	螺栓	M16×50	套	264	
9	密封盘根	ϕ8.6 mm 氟材料	米	35	

续表

序号	名称	型号规格(图号)	单位	数量	备注
10	螺栓	M16×65	套	70	
11	风闸管路"O"型圈	外径φ30×4 氟材料	个	12	

12.5 修前准备

12.5.1 工器具及消耗材料准备清单

表 12.2

一、材料类

序号	名称	型号	单位	数量	备注
1	卡夫特免垫密封胶	598	瓶	5	
2	乐泰胶	243	瓶	5	
3	乐泰胶	406	瓶	2	
4	乐泰胶	495	瓶	2	
5	百洁布		m²	2	
6	金相砂纸	W14	张	10	
7	蜡纸		m²	10	
8	研磨膏	W5~W10	kg	5	
10	酒精	500 mL	瓶	22	
11	煤油		L	10	
12	塑料布	宽1m	米	25	
13	白布		米	20	
14	破布		kg	10	
15	面粉		kg	25	
16	毛毡	厚5 mm	m²	30	
17	砂纸	600目	张	12	

二、工具类

序号	名称	型号	单位	数量	备注
1	撬棍	长1.5米	根	2	
2	活动扳手	250 mm	把	4	
3	梅花开口扳手	24~24			

续表

二、工具类

序号	名称	型号	单位	数量	备注
4	吊带	1 t	根	4	
5	手拉葫芦	1 t	个	2	
6	力矩扳手		套	1	
7	套筒扳手		套	1	
8	铜棒		个	1	
9	梅花开口扳手	M24~M24	把	6	
10	开口扳手	M18~M21	把	3	
11	电动扳手	18 mm、24 mm套筒头各一个	台	1	
12	电源盘		个	1	
13	方木	30 mm×30 mm×100 mm	块	24	
14	吸顶灯	海洋王	盏	4	
15	裁纸刀		把	1	
16	剪刀		把	1	
17	水泥桶		个	8	收整螺栓
18	不锈钢水盆		个	4	接水排水
19	记录本		本	1	
20	中性笔		支	1	
21	记号笔	红色	支	1	
22	不锈钢水桶		个	4	接水排水
23	吊耳	M16	个	1	
24	吊带	2 t、6 m	根	4	
25	葫芦	2 t	个	2	
26	卸扣	2 t	个	4	
27	梅花扳手	17~19	把	4	
28	双头梅花扳手	18~18	把	2	
29	电源盘		个	1	
30	叉车	2 t	台	1	
31	一字螺丝刀	4×200	把	1	
32	敲击梅花扳手	46	把	2	
33	手锤	10磅	把	1	
34	圆钢	φ8 长400 mm	根	4	

续表

二、工具类					
序号	名称	型号	单位	数量	备注
35	螺旋千斤顶	10 t	个	4	
36	丝锥	M16	对	3	
三、量具类					
1	钢板尺	100 mm	把	1	
2	钢板尺	1 000 mm	把	1	
3	塞尺		把	2	
4	外径千分尺		套	1	
四、专用工具					
1	长型滑槽	冷却器拆卸安装使用	对	2	
2	圆管	冷却器拆卸安装使用 长 1.2 m	套	1	
3	抽瓦架	推力瓦检查专用	套	1	
4	方木		个		

12.5.2 工作准备

(1) 工器具已准备完毕,材料、备品已落实。
(2) 检修地面已经铺设防护橡胶垫,场地已经完善隔离。
(3) 作业文件已组织学习,工作组成员熟悉本作业指导书内容。
(4) 工作现场临时照明及检修用电安装完成。

12.5.3 办理相关工作票

(1) 已办理工作票及开工手续,机组停运。
(2) 所有安全措施已落实。
(3) 工作负责人会同工作许可人检查工作现场所做的安全措施是否完备。
(4) 检查验证工作票。
(5) 工作负责人向全体作业人员交代作业内容、安全措施、危险点分析控制措施及作业要求,作业人员理解后在工作票危险点分析控制措施单上签名。
(6) 每次开工前,班组值班负责人开展"三讲一落实"工作。

12.6 检修工序及质量标准

12.6.1 拆除风闸支墩

(1) 确认风闸闸板在退出状态,关闭风闸制动柜进气总阀。
(2) 拆卸风闸进气、排气管、环管。
(3) 拆卸风闸行程开关等自动化元件。
(4) 拆卸风闸闸板一侧夹板,取出风闸闸板。
(5) 拆卸风闸支墩基础螺栓。
(6) 千斤顶顶起风闸支墩,插入两根圆钢作为滑动滚轮。安装手拉葫芦,捆绑好风闸支墩,拉动葫芦滑动风闸支墩至指定位置,拉动过程中注意手脚安全,注意支墩保护重心不可倾斜,注意保护风闸进气、排气管。大修时可直接用桥机吊起移动至指定位置。

12.6.2 拆除推力轴承冷却器

(1) 拆卸推力轴承冷却器出口管路。拆卸过程中应注意管路中水泄漏至水车室,用塑料布进行围挡引流到风洞地漏内,拆卸确认无水后,为防止再次来水及其他物品掉入管内,所有管路接头或管口用毛巾严密封堵,所拆卸管路应坐好标记。
(2) 每个推力轴承冷却器留对称四个角螺栓,拆卸其他冷却器紧固螺栓。
(3) 拆卸推力轴承冷却器。冷却器下方放置长型槽钢作为滑块使用,使两者之间无间隙,如有间隙则插入合适垫片。在冷却器进水、排水管口插入合适的专用圆管作为杠杆支撑使用,拆卸冷却器剩下对称四个螺栓,拆卸过程中,冷却器进水、排水管口插入的专用圆管应有人压住起到杠杆作用,保持冷却器平衡,防止冷却器倾倒失控。
(4) 拉出冷却器。两人相互配合压住冷却器进水、排水管口专用圆管保持冷却器平衡,另外两人抓住冷却器法兰相互配合拉出冷却器,使冷却器在长型槽钢作用下平衡滑出油槽。拉出冷却器过程中,应注意保护手脚,防止手脚被夹伤压伤。
(5) 冷却器拉出油槽转运或吊出放置指定位置,用木块垫住冷却器四个角,抽出长型槽钢,过程中应排出冷却器铜管中的水,应注意保护冷却器铜管不受伤害。

(6) 拆下的螺栓和销钉用水泥桶保管,贴上标示牌,分类存放。

12.6.3 清理推力轴承油槽

(1) 用海绵吸干油槽中余油。
(2) 用面团对油槽内部进行清理。确认无颗粒硬物,无油泥、无水分,无油污。

12.6.4 高压顶起转子检查推力瓦

(1) 风闸制动系统确认无缺陷,正常工作;安装好百分表,专人监视转子顶起上升高度。
(2) 切换风闸制动系统高压三路活门至进油端口,并与转子高压顶起油泵连接,确认管路连接螺丝紧固无松动。
(3) 高压顶起泵开始工作方式放置在低压状态,待油泵压力表起来后再切换至高压状态。
(4) 高压油泵压力表不断上升过程中,检查风闸系统无渗油现象,如有渗油现象,应停止高压泵工作,查明原因后再起泵工作。
(5) 高压泵压力表达到 8.0 MPa 后,观察百分表,待百分表转动 3.5 mm 左右,迅速锁定风闸锁紧螺母,确认风闸 12 个锁紧螺母锁定后,缓慢开启高压油泵排油阀,使高压油泵压力表缓慢下降至零。过程中通过反复停启高压泵控制转子顶起高度约为 3.5 mm。
(6) 拆卸已拆卸冷却器处的推力瓦固定架,用专用抽瓦架拉出推力瓦进行检查测量。观察推力瓦瓦面无明显刮痕,无裂纹无脱壳等现象,测量推力瓦厚度并做记录。
(7) 检查推力轴承镜板表面光滑,无明显刮痕、无发黑现象、无凹坑或凸点、无磨痕、无锈斑等异常现象。
(8) 检查弹性油箱无渗油异常现象。
(9) 检查推力轴承稳油板无错位,无松动现象。

12.6.5 推力轴承盖拆卸检修

(1) 拆卸推力轴承盖组合缝紧固螺栓。
(2) 拆卸推力轴承盖圆周紧固螺栓。
(3) 用顶丝对称顶起推力轴承盖,将轴承盖拆卸成几个组合块分别搬运至指定位置。

(4) 拆卸推力轴承盖油挡接触式密封块,检查、清理油挡接触式密封块及其卡槽,油挡接触式密封块如有损坏或回复弹簧松弛,应更换,油挡接触式密封块回装后手工按压检查其在回复弹簧作用下是否正常回弹。

(5) 更换导轴承密封盖与油槽之间 $\phi 8.6$ mm 氟材料密封盘根。

(6) 回装轴承密封盖,密封盖分块组合缝之间应用免垫密封胶卡夫特进行涂抹。回装后检查油挡接触式密封块与转子轴领接触良好,应无间隙。

(7) 回装过程中仔细认真,防止异物落入油槽。

12.6.6 风闸支墩回装

(1) 千斤顶顶起风闸支墩,插入两根圆钢作为滑动滚轮。安装手拉葫芦,捆绑好风闸支墩,拉动葫芦滑动风闸支墩至原位置进行安装,拉动过程中注意手脚安全,注意支墩保护重心不可倾斜,注意保护风闸进气、排气管。大修时可直接用桥机吊装。

(2) 调整风闸支墩螺栓孔位置,拧入连接螺栓并打紧。

(3) 安装风闸进气、排气管路。安装风闸闸板及闸板夹板。

12.6.7 推力轴承冷却器检查及回装

(1) 冷却器在安装间进行水耐压试验,压力保持 0.75 MPa 半小时,检查冷却器无渗水现象。

(2) 用桥机吊起冷却器人工翻转冷却器进行排水,排水过程中注意保护冷却器,保护自身安全。

(3) 回装推力瓦,检查所有的推力瓦瓦架紧固螺栓无松动。

(4) 检查推力轴承油槽内无任何杂物、工具等其他物品落在油槽内,回装冷却器过程中,注意检查无物品、工具等其他东西落在油槽内。

(5) 吊冷却器进入机坑,因设备阻隔需要换绳等,过程注意冷却器不能磕碰。

(6) 冷却器吊入风洞门口定子机座外圈,重新安装卸扣,调整冷却器重心,卸扣安装位置在冷却器密封面螺栓孔的中上部,冷却器吊起时,使冷却器铜管水平倾斜翘起便于跨过定子线棒下端水泥阶梯。冷却器吊起下降至进入风洞盖板内,可人工拉动冷却器进入风洞内,过程中注意保护冷却器铜管不能磕碰受损,注意自身手脚不受伤害。

(7) 用叉车搬运冷却器至指定位置,卸车。搬运及卸车过程保护冷却器铜管,注意手脚腰部等不受伤害。

(8) 清理冷却器铜管、要求冷却器铜管表面无粉尘、油污、表面光亮。冷却器盘根槽干净清洁无杂物。

(9) 检查推力轴承油槽内无任何杂物、工具等其他物品落在油槽内，回装冷却器过程中，注意检查无物品、工具等其他东西落在油槽内。

(10) 把推力轴承冷却器拉至安装孔位置处，铜管尾部朝里靠在孔边上，端头水箱盖放置在长型滑槽上，清理冷却器盘根槽，更换新盘根 $\phi 8.6$ mm，结合面涂抹免垫胶卡夫特。

(11) 两人相互配合压住冷却器进水、排水管口的专用圆管保持冷却器平衡，另外两人密切配合将冷却器推入油槽内，待冷却器到位后，用撬棍将冷却器撬起抬高，使冷却器螺栓孔对位，扭入所有的螺栓。安装冷却器过程中，应注意保护手脚，防止手脚被夹伤压伤。

(12) 电动扳手对称拧紧冷却器四个角的螺栓，然后逐一打紧剩余的螺栓。

(13) 回装过程中注意检查密封盘根是否脱落。

(14) 回装推力轴承冷却器管路，回装过程注意检查冷却器水管法兰密封是否安装正确，应对称拧紧法兰紧固螺栓。

12.6.8　推力轴承油槽充油检查

(1) 检查推力轴承进油、排油管路阀门均在关闭位置。

(2) 因推力轴承排油孔位置高，不能做煤油渗透试验，充入油位高约 50 mm 透平油进行试验，观察 2 天，检查轴承各密封组合缝无渗油现象。

(3) 检查轴承各密封组合缝无渗油现象后，向推力油槽注油至正常油位，检查管路接头、油槽各部无渗漏。

12.6.9　高压顶起转子，转子回落至工作位置

(1) 风闸制动系统确认无缺陷，正常工作；安装好百分表，专人监视转子顶起上升高度。

(2) 安装好转子高压顶起油泵，确认管路连接螺丝紧固无松动。

(3) 高压顶起泵开始工作方式放置在低压状态，待油泵压力表起来后再切换至高压状态。

(4) 高压油泵压力表不断上升过程中，检查风闸系统无渗油现象，如有渗油现象，应停止高压泵工作，查明原因后再起泵工作。

(5) 高压泵压力表达到 8.0 MPa 后，手工松动风闸锁定大螺母，如可松

动,迅速松动回复螺母到位,确认12个风闸锁定螺母松动到位后,高压泵停止工作。

(6) 缓慢开启高压油泵排油阀,使高压油泵压力表缓慢下降至零。

(7) 开启风闸系统排气(油)管,排出管路中余油后关闭该阀门。

(8) 拆卸高压泵进油管与风闸制动系统进气(油)管连接管路,切换风闸制动系统高压三路活门至进气端。

(9) 手动投入风闸,缓慢开启风闸系统排气(油)管,使管路中油在低压气的作用下吹出管路,观察吹出的气中无油后关闭阀门。

12.6.10 清理检修现场,检查工作结束

(1) 整理作业现场工器具。

(2) 将工作现场垃圾及杂物清理干净,严禁有物品遗留在上机架及转子上方。

(3) 施工人员撤离施工现场。

(4) 工作负责人填写检修交代并办理工作票终结手续。

12.7 质量签证单

表 12.3

序号	工作内容	工作负责人自检			一级验证			二级验证			三级验证		
		验证点	签字	日期	验证点	签字	日期	验证点	签字	日期	验证点	签字	日期
1	工作准备/办理相关工作票	W0			W0			W0			W0		
2	拆除风闸支墩	W1			W1			W1			W1		
3	拆除推力冷却器	W2			W2			W2			W2		
4	清理推力油槽	H1			H1			H1			H1		
5	高压顶起转子检查推力瓦	H2			H2			H2			H2		
6	推力轴承盖拆卸检修	H3			H3			H3			H3		
7	风闸支墩回装	W3			W3			W3			W3		
8	推力冷却器检查回装	H4			H4			H4			H4		
9	推力油槽充油检查	W4			W4			W4			W4		

续表

序号	工作内容	工作负责人自检			一级验证			二级验证			三级验证		
		验证点	签字	日期	验证点	签字	日期	验证点	签字	日期	验证点	签字	日期
10	高压顶起转子，转子回落	W5			W5			W5			W5		
11	清理检修现场，检查工作结束	W6			W6			W6			W6		

第 13 章
风闸检修作业指导书

13.1 范围

本作业指导书适用于右江水力发电厂♯1～♯4水轮发电机组风闸密封圈更换检修工作。

13.2 资料和图纸

下列文件中的条款通过本规范的引用而成为本规范的条款。凡是注日期的引用文件,其随后所有的修改单或修订版均不适用于本规范,然而,鼓励根据本规范达成协议的各方研究是否可使用这些文件的最新版本。凡是不注日期的引用文件,其最新版本适用于本规范。

(1) GB/T 8564—2003 《水轮发电机组安装技术规范》
(2) GB 26164.1—2010 《电业安全工作规程 第1部分:热力和机械》
(3) GB 26860—2011 《电力安全工作规程 发电厂和变电站电气部分》

13.3 安全措施

(1) 严格执行《电业安全工作规程》。
(2) 开启蜗壳排水盘型阀、尾水管排水盘型阀,挂"禁止操作、有人工作"标示牌,排空上下游流道水。

（3）清点所有专用工具齐全，检查合适，试验可靠。

（4）工具、零部件放置有序，拆下的零部件必须妥善保管好并作好记号以便回装。

（5）当天检修任务结束后一定要将检修所用照明电源切断。

（6）参加检修的人员必须熟悉本作业指导书，并能熟知本书的检修项目，工艺质量标准等。

（7）参加本检修项目的人员必需持证上岗，并熟知本作业指导书的安全技术措施。

（8）开工前召开专题会，对各检修参加人员进行组内分工，并且进行安全、技术交底。

（9）办理工作终结手续前，工作负责人应对全部工作现场进行检查，确保无遗留问题，确定人员已经全部撤离。

13.4 备品备件清单

表 13.1

序号	名称	型号规格(图号)	单位	数量	备注
1	风闸密封圈	Y 型	个	12	
2	导向带		套	12	
3	"O"型密封圈		个	12	
4	风闸闸板		块	12	
5	闸板底座与活塞紧固螺栓	专用螺栓	套	24	
6	风闸往复弹簧底座螺栓	M12×20	套	24	

13.5 修前准备

13.5.1 工器具准备清单

表 13.2

一、材料类

序号	名称	型号	单位	数量	
1	塑料布	宽 1 m	米	15	
2	酒精	500 mL	瓶	2	

续表

一、材料类					
序号	名称	型号	单位	数量	
3	黄油		公斤	0.5	
4	白布		米	10	
5	破布		kg	5	
6	面粉		kg	5	
7	砂纸	600目	张	12	
二、工具类					
1	吊耳	M16	个	1	
2	吊耳	M20	个	2	
3	铜棒		个	1	
4	葫芦	1 t	个	1	
5	活动扳手	12″	把	2	
6	双头梅花扳手	18～18	把	4	
7	梅花扳手	17～19	把	4	
8	电动扳手	30 mm、套筒头一个	台	1	
9	双头梅花扳手	18～18	把	2	
10	剪刀		把	1	
11	水泥桶		个	4	收整螺栓
12	吸顶灯	海洋王	盏	4	
13	裁纸刀		把	1	
14	电源盘		个	1	
15	十字螺丝刀	8×200 mm	把	4	
16	一字螺丝刀	4×150	把	1	
17	敲击梅花扳手	46	把	2	
18	手锤	10磅	把	1	
19	加长型内六角扳手	8	把	1	
三、专用类					
1	风闸弹簧导杆锁紧专用工具		把	1	
2	带扣蚂蟥钉		根	1	
3	升降车		台	1	
4					

13.5.2 现场工作准备

(1) 工器具已准备完毕,材料、备品已落实。
(2) 检修地面已经铺设防护橡胶垫,场地已经完善隔离。
(3) 作业文件已组织学习,工作组成员熟悉本作业指导书内容。
(4) 工作现场临时照明及检修用电安装完成。

13.5.3 办理相关工作票

(1) 已办理工作票及开工手续,机组停运。
(2) 所有安全措施已落实。
(3) 工作负责人会同工作许可人检查工作现场所做的安全措施是否完备。
(4) 检查验证工作票。
(5) 工作负责人向全体作业人员交代作业内容、安全措施、危险点分析控制措施及作业要求,作业人员理解后在工作票危险点分析控制措施单上签名。
(6) 每次开工前,班组值班负责人开展"三讲一落实"工作。

13.6 检修工序及质量标准

13.6.1 风闸管路拆卸

(1) 确认风闸闸板在退出状态,关闭风闸制动柜进气总阀。
(2) 拆卸风闸进气、排气管、环管。
(3) 拆卸风闸行程开关等自动化元件。

13.6.2 拆卸分解风闸

(1) 拆卸风闸自动化元件安装板。
(2) 拆卸风闸闸板外侧紧固螺栓。
(3) 拆卸风闸闸板外侧夹板,轻轻敲出风闸闸板。
(4) 拆卸风闸与支墩紧固螺栓,用铜棒敲击风闸松动。
(5) 放置好升降车至合适地方,两人相互配合拉动搬运风闸放置升降车上。搬运风闸至升降车过程中,注意风闸重心,防止升降车移动、倾斜翻车,注意手脚不要被夹伤、砸伤。
(6) 降下升降车至底部,清理风闸表面油污及粉尘。

（7）拆卸风闸弹簧回复机构与底座连接螺栓。

（8）拆卸风闸闸板底座与活塞连接螺栓。

（9）逆时针转动风闸闸板底座和风闸锁定螺母，风闸闸板底座上升，使其与活塞凸圈脱离。

（10）搬运风闸闸板底座至指定位置进行检修。

（11）安装吊耳，吊出活塞，搬运活塞至指定地点，吊出过程注意活塞脱落砸伤人。

（12）拆卸活塞密封圈及导向带。

（13）拆卸风闸活塞缸与底座连接螺栓、取出活塞缸与底座"O"型密封。

13.6.3　风闸制动系统检修回装

（1）检查活塞缸无锈蚀、刮痕等现象，用酒精、砂纸、面团等清理活塞缸及底座干净、更换活塞缸与底座"O"型密封，紧固螺栓。

（2）检查活塞无锈蚀现象、活塞密封圈槽无损伤。

（3）风闸密封圈套入活塞密封圈槽，套入活塞上下层导向带、用黄油粘贴导向带保持其不松脱。

（4）在活塞缸内四周均匀涂抹透平油，控制手拉葫芦，吊起活塞平稳放入活塞缸内，用铜棒敲击活塞使其缓慢进入活塞缸，过程中注意保持活塞平稳，注意密封圈、导向带无脱落。

（5）活塞安装到位，松开手拉葫芦。

（6）逆时针旋转风闸锁定螺母，使其与活塞凸圈水平高度一致。

（7）用酒精、破布、面团等清理干净风闸闸板底座，检查风闸回复弹簧机构无螺栓松动。

（8）将风闸闸板底座放置在风闸锁定螺母上，敲击弹簧机构松动，使风闸锁定螺母进入风闸回复弹簧机构卡槽内；顺时针旋转风闸锁定螺母和风闸闸板底座，风闸闸板底座下降，使活塞凸圈进入风闸闸板凹圈。

（9）风闸锁定螺母到位，轻微转动风闸闸板底座，使底座与活塞螺栓孔对位，对称拧紧螺栓。

（10）检查风闸闸板底座与活塞连接螺栓紧固，用铜棒敲击轻微转动闸板底座和活塞，使弹簧回复机构座螺栓孔对位，拧入螺栓进行紧固。

（11）手拉葫芦吊起风闸搬运至升降车。升起升降车平台，使风闸底座高出风闸支墩约 2 mm，两人配合，手拉风闸滑动至风闸支墩上。

（12）用铜棒敲击风闸底座，使风闸与支墩螺栓孔到位，紧固连接螺栓。

(13) 安装风闸闸板和闸板夹板。

(14) 安装风闸自动化原件底板。

13.6.4 风闸密封高压试验

(1) 切换风闸制动系统高压三路活门至进油端口,并与转子高压顶起油泵连接,确认管路连接螺丝紧固无松动。

(2) 检查风闸制动系统排油阀在关闭位置。

(3) 高压顶起泵工作方式放置在低压状态,待油泵压力表起来后再切换至高压状态。

(4) 高压油泵压力表不断上升过程中,检查风闸系统无渗油现象,如有渗油现象,应停止高压泵工作,查明原因后再起泵工作。

(5) 高压泵压力表达到 8.0 MPa,转子高压顶起高度 2.5 mm,高压泵停电停止工作。

保压 30 分钟,检查检查风闸系统各法兰、管路焊缝、接头等无渗油现象,风闸活塞无渗油现象。

(6) 保压时间结束,缓慢开启高压泵排油阀,使压力表缓慢下降为零;开启风闸制动系统排油阀,缓慢排出管路中余油。拆卸高压泵管路,切换风闸制动系统高压三路活门至进气端口

(7) 安装风闸自动化元件。

13.6.5 清理检修现场,检查工作结束

(1) 整理作业现场工器具。

(2) 将工作现场垃圾及杂物清理干净,严禁有物品遗留在风洞中。

(3) 施工人员撤离施工现场。

(4) 工作负责人填写检修交代并办理工作票终结手续。

13.7 质量签证单

表 13.3

序号	工作内容	工作负责人自检		检修单位验证		监理验证		设备管理部验证	
		验证点	签字	日期	验证点	签字	日期	验证点	签字	日期
1	工作准备/办理相关工作票	W1			W1			W1		

续表

序号	工作内容	工作负责人自检 验证点	签字	日期	检修单位验证 验证点	签字	日期	监理验证 验证点	签字	日期	设备管理部验证 验证点	签字	日期
2	风闸管路拆卸	W2			W2			W2			W2		
3	拆卸分解风闸	W3			W3			W3			W3		
4	风闸制动系统检修回装	H1			H1			H1			H1		
5	风闸密封高压试验	W4			H2			H2			H2		
6	清理检修现场,检查工作结束	H2			H3			H3			H3		
7		H3			H4			H4			H4		

第 14 章
励磁系统控制部分检修作业指导书

14.1 范围

本作业指导书适用于广西右江水利开发有限责任公司右江水力发电厂发电机组励磁系统控制部分的检修工作。

14.2 资料和图纸

下列文件中的条款通过本规范的引用而成为本规范的条款。凡是注日期的引用文件,其随后所有的修改单或修订版均不适用于本规范,然而,鼓励根据本规范达成协议的各方研究是否可使用这些文件的最新版本。凡是不注日期的引用文件,其最新版本适用于本规范。

(1) GB/T 7409.3—2007 《同步电机励磁系统 大、中型同步发电机励磁系统技术要求》

(2) GB 26860—2011 《电力安全工作规程 发电厂和变电站电气部分》

(3) GB 50150—2016 《电气装置安装工程 电气设备交接试验标准》

(4) GB 50171—2012 《电气装置安装工程 盘、柜及二次回路接线施工及验收规范》

(5) DL/T 489—2018 《大中型水轮发电机静止整流励磁系统试验规程》

(6) DL/T 491—2008 《大中型水轮发电机自并励励磁系统及装置运行和检修规程》

(7) DL/T 583—2018 《大中型水轮发电机静止整流励磁系统技术条件》
(8) DL/T 1013—2018 《大中型水轮发电机微机励磁调节器试验导则》
(9) 广西右江水利开发有限责任公司 《励磁系统检修规程》

14.3 安全措施

(1) 严格执行《电业安全工作规程》。
(1) 更换新元器件前注意核对型号是否一致。
(2) 回路的任何异动必须严格按照有关部门下发的异动通知来进行,并详细记入技术档案,并及时修改图纸。
(3) 励磁系统的检修必须断开灭磁开关 QF,断开交流进线开关 QS1,断开直流出线开关 QS2,断开柜内控制电源开关。
(4) 所有工器具认真清点数量,不得遗留到检修设备内。
(5) 检修作业面已做好防护及隔离措施。
(6) 因检修工作需要需上电的装置,应由专业人员核对图纸与现场后再相应合开关,并在做试验时做好工作的监护,防止人员触电。
(7) 参加检修作业人员必须熟悉本指导书内容,并熟记检修项目和质量工艺要求。
(8) 参加检修作业人员必须持证上岗,熟记本检修项目安全技术措施。
(9) 开工前召开班前会,分析危险点,对作业人员进行合理分工,进行安全和技术交底。

14.4 备品备件清单

表 14.1

3#、4#机组(EXC9200)

序号	名称	规格型号	单位	数量	备注
1	高性能处理器单元	EXC9200HPU	个	0	
2	多功能接口板	EXC9200MSI	个	0	
3	开关量板	EXC9200IOB	个	0	
4	智能I/O板	EXC9200IIU	个	0	
5	励磁电流采集板	EXC9200FC	个	0	
6	角速度测量板	EXC900W	个	0	

续表

1#、2#机组（EXC9200）

序号	名称	规格型号	单位	数量	备注
7	CAN总线模块	EXC910MC1-2	个	0	
8	开关量总线板	EXC900H5	个	0	
9	模拟量总线板	EXC900E6	个	0	
10	智能I/O板	EXC900I-03	个	0	
11	单片机系统板	EXC900J-2(05040278)	个	0	
公用					
12	熔断器	250 V/6 A	个	0	
13	人机界面操作屏	MT6103ip			
14	熔断器端子	UK5-HESILA250	个	0	
15	熔断器	22×58/63 A/690 V	个	0	
16	熔断器座	22×58/125 A/690 V	个	0	
17	继电器	MKS2PI-D/DC24 V	个	10	
18	继电器底座	PF083A-E	个	10	
19	继电器	DRM270220L	个	10	
20	继电器底座	FS 2C0	个	10	
21	断路器	IC65H-DC 10A 2P(施耐德)	个	1	
22	断路器	IC65H-DC 32A 2P(施耐德)	个	1	
23	断路器	IC65H 10A 2P(施耐德)	个	1	
24	断路器	IC65N 16A 4P(施耐德)	个	1	
25	接触器	3 TH82-62-0X 220VAC(西门子)	个	6	

14.5 修前准备

（1）消耗材料清单

表14.2

序号	名称	规格型号（图号）	单位	数量	备注
1	绝缘胶布		卷		
2	绑扎带		包		
3	工业酒精		瓶		
4	毛刷		个		

续表

序号	名称	规格型号(图号)	单位	数量	备注
5	碎布		米		
6	润滑剂		瓶		
7	电缆牌		个		
8	标识牌		个		
9	标签纸		卷		
10	白头		米		
11	线鼻子		个		
12	色带		卷		
13	各类端子		个		
14	导线		米		

（2）工器具清单

表 14.3

序号	名称	规格型号(图号)	单位	数量	备注
1	数字万用表		块	2	
2	吹风筒		个	1	
3	吸尘器		台	1	
4	电烙铁		个	1	
5	电工组合工具		套	1	
6	白头打印机		台	1	
7	标签机		台	1	
8	多功能电测产品检测装置		台	1	
9	调试电脑		台	1	
10	通讯电缆		条	1	
11	抹子		个	2	
12	小铲子		个	1	
13	防静电垫布		条	1	

14.6 检修工序及质量标准

14.6.1 工作准备

（1）工器具已准备完毕，材料、备品已落实。

(2) 作业指导书已组织学习,工作组成员熟悉本作业指导书内容。

(3) 填写电气第二种工作票及开工手续已办理完毕。

(4) 检查验证工作票合格。

(5) 开展班前会,分析危险点,对作业人员进行合理分工,进行安全和技术交底。

14.6.2 励磁系统一次接线母排检查与清扫

(1) 系统控制柜停电,检查系统、设备停电。

(2) 盘柜表面先用毛刷子将灰尘去除。然后用吹风机吹扫,再用拧干湿布擦拭干净。

(3) 盘、柜表面漆层完整、无损伤;封闭良好,防尘功能正常;开、关灵活无卡塞现象;盘面及柜内设备整洁、无污痕和积灰。

(4) 所装电器元件应齐全完好,安装位置正确,固定牢固。

(5) 铜排、电缆连接处的温度及各开关干净无积尘,触头、电缆无过热现象。

14.6.3 所属盘柜完整性、电缆孔封堵、接地等检查

(1) 检查盘柜电缆孔洞封堵,盘柜中的预留孔洞及电缆管口防火封堵情况良好。

(2) 检查盘柜与盘柜之间的接地应牢固良好。

(3) 盘柜本体的接地应牢固良好。

(4) 柜门接地良好。

(5) 控制电缆的屏蔽层接地情况良好。

14.6.4 盘柜端子、设备接线端子检查紧固及标识完善

(1) 检查端子排端子、盘柜内各设备间接线端子、通信接口等连接插件插头紧固,无松动现象,配线应整齐、清晰、美观。

(2) 检查盘柜门楣、盘柜内元器件、电缆标识、线号标识齐全、清晰。

(3) 检查元器件底座接线端子。无松动现象,配线应整齐、清晰、美观。

14.6.5 功率柜及进风口滤网清扫和更换

(1) 打开滤网盖板,取下滤网拿去清洗并晾晒。

(2) 把盖板取下后进行吹扫,同时把滤网盖板的四周用酒精进行擦拭。

(3)功率柜内部可控硅进行清扫,要在功率柜上方盖上塑料纸,防止上面有落物掉进可控硅里。

(4)电路板的清扫时注意吹风筒与电路板距离不要太近,在擦拭时防止电路板短路。

14.6.6 调节器运行参数备份

(1)对励磁调节器柜内PLC参数进行备份。

(2)对♯1-♯2整流柜触摸屏参数进行备份。

(3)对直流出线柜触摸屏参数进行备份。

14.6.7 设备清扫、外观及回路检查

(1)系统控制柜停电,检查系统带电情况。

(2)使用吹风筒吹扫,并采用清洁用吸尘器吸走浮尘。

(3)使用毛刷对盘柜内接线端子及柜面黏附的灰尘,面板及电器元件表面清理不掉的污渍使用酒精对进行擦洗,使用砂纸打磨已锈蚀、油漆层脱落部位,并进行补漆,紧固各相关零件并补装缺件,卡涩部分涂抹润滑剂。

(4)交直流母排表面会吸附灰尘,用毛刷、吸尘器将其清除。检查表面是否有锈迹,若有,可用专用清洗剂擦拭后涂上防锈涂料。

(5)取下各装置与外部的连接电缆,并逐一将拆下的装置清洁。

(6)清洁完成后将装置、模件送电并检查接线情况。

(7)所装电器元件应齐全完好,安装位置正确,固定牢固。

(8)所有二次回路接线应正确,连接可靠,标志齐全清晰。

14.6.8 冷却风机系统检查

(1)确认冷却风机动力电源和控制电源均已断开,并用万用表实测已无电。

(2)对风机进行清扫。

(3)检查风机轴承润滑、动作灵活、动平衡好、无卡阻现象。

(4)测量风机电机电容,电容值不能偏离额定值的10%,即 $\Delta F \leqslant \pm 10\% Fe$。

14.6.9 继电器检查检测

(1)将继电器拆下,并逐一做好标记。

(2) 测量继电器线圈的阻值,要求直流电阻不能偏离投入使用时测量值的10%,常闭触点、动点阻值为0,常开触点、动点阻值为∞。

(3) 检测各继电器吸合及释放时刻电压,动作电压要求动作值不低于额定值的30%,释放电压要求约在吸合电压的10%～50%,不低于吸合电压的10%。

(4) 回装经检测合格的继电器。对其与底座接触情况进行检查,确保接触良好。

(5) 继电器或是接触器有参数不合格,要对其进行同型号的更换,并做好更换记录。

14.6.10　盘柜内表计校验

(1) 对盘柜所属表计,按照相关检验规程进行校验,检验合格。

(2) 测试PT、CT二次回路直流电阻值。

(3) 机组启动空转、空载时,测试各输入PT端子排电压值是否正常。

(4) 机组带小负荷时核查表计显示、输出是否正常。

14.6.11　熔断器检查

(1) 与工作负责人一起核对熔断器回路确无电压再开始工作。

(2) 用万用表的电阻档测量熔断器是否损坏。检查熔断器和熔体的额定值与被保护设备是否相配合。

(3) 检查熔断器外观有无损伤、变形,瓷绝缘部分有无闪烁放电痕迹。

(4) 检查熔断器各接触点是否完好,接触紧密,有无过热现象。

(5) 熔断器的熔断信号指示器是否正常。

(6) 在插拔过程中力度要适中,不要用力过大而损坏元件。

14.6.12　功率柜阻容保护检查

(1) 确认阻容保护回路已无电。

(2) 对电路板及阻容保护元件上的灰尘进行清理,电子元器件安装牢固,无松动现象。

(3) 测试阻容保护串接电阻阻值,要求直流电阻在额定值的±10%内。

(4) 检查阻容保护电容无溶质泄漏,并测试阻电容值,要求电容测试值在额定值的±20%内。

14.6.13　DC220 V回路，AC220 V回路绝缘试验

（1）直流与交流回路均已断开，无电压。

（2）将500 V绝缘表对DC220 V/AC220 V交直流回路数进行对地绝缘的测试。

（3）要求直流输入允许变化范围为DC220 V $-20\%\sim+15\%$。

（4）要求交流输入允许变化范围为AC220 V $-15\%\sim+10\%$。

（5）要求直流24 V电源输出变化范围为DC24 V$\pm10\%$。

（6）试验电压500 V，持续1 min，无击穿、闪络现象，绝缘电阻值$\geqslant$1 MΩ。

14.6.14　AC380 V交流回路绝缘试验

（1）对照图纸与现场，核实AC380 V交流回路，确认回路确已断开并无电。

（2）将500 V摇表对AC380 V交流回路数进行对地绝缘的测试。

（3）试验电压500 V，持续1 min，无击穿、闪络现象，绝缘电阻值$\geqslant$1MΩ。

14.6.15　灭磁装置检查

（1）认真核对图纸，依照图纸接线，接线接好后对回路实行全面检查，确认无开路、短路情况后再开始测试。

（2）对过压保护触发回路进行测试时，防止损坏触发电路板。

14.6.16　灭磁开关触头接触电阻测试

（1）用回路电阻测试仪对灭磁开关触头的接触电阻进行了测量。

（2）现地手动合上灭磁开关，测量灭磁开关触头接触电阻，连测3次并记录。

14.6.17　励磁系统柜内变压器测试

（1）确认各个变压器无电压。

（2）测量变压器高、低压侧三相电阻值，并记录。

14.6.18　调节器柜内输入输出信号校对

（1）对励磁调节器进行上电。

(2) 在端子上进行信号短接,检查调节器柜内输入输出信号正常。

(3) 检查触摸屏信号显示正常。

14.6.19　励磁系统小电流试验

(1) 机组在停机稳态。

(2) 励磁系统♯1功率柜后三相交流进线已拆除。

(3) 励磁系统灭磁开关柜、灭磁开关下端直流出线已拆除。

(4) 检查励磁盘柜内部所有控制电源开关测量电源电压正常。

(5) 检查小电流测试仪的输出电压正常。

(6) 用三相试验线从小电流测试仪(LCKH-1)输出端将A、B、C三相交流电接至励磁功率柜进线母排,模拟励磁变低压侧电压和电流。

(7) 将灭磁开关柜直流出线的±极接入小电流测试仪的输入端,观察输出波形。

(8) 启动小电流测试仪,把将电压输出调整至100V,使用相序表测量确认三相电压为正序。

(9) 切换控制方式,用A套调节器进行试验。

(10) 励磁调节柜用切换把手选择"现地"工作模式,。

(11) 合上灭磁开关,点击励磁投入信号,改变控制角度直到直流输出有电压为止,记录此时的控制角度和转子电压值,分别记录在90度、60度、30度三种状态下的转子电压值,试验结束。

(12) 用B套调节器重复以上操作,并记录数值。

(13) 在励磁调节柜面板上切换励磁/逆变把手至"逆变",并断开灭磁开关。

(14) 恢复励磁系统所有接线,并检查正确。

(15) 断开全部外来电源开关和励磁系统柜内全部电源开关,小电流试验结束。

14.6.20　发电机零起升压试验

(1) 在自并励情况下做发电机的升压试验。

(2) 励磁变高压侧电缆已经恢复完毕。

(3) 将励磁系统切至现地,在励磁系统上将"零起升压"功能投入,设定零起升压起励值设定为额定励磁电压的15%。

(4) 在A通道自动控制模式下进行试验,并检查励磁系统直流起励电源在断开位置。

(5) 将励磁调节柜内发电机定子电压信号、励磁电压信号、励磁电流信号接至录波器。

(6) 根据指令将发电机开至空转态。

(7) 根据指令合上灭磁开关,并操作励磁投入,此时发电机电压回升至15%Ug,记录此时励磁电流和定子电压值。然后在调节器面板上点击"增磁"按键,录波仪按照每5%定子额定电压记录一次对应的转子电流及定子电压,当电压升至25%UN时,测量发电机出口PT相序、相位和电压,三相应平衡;当定子电压达到额定时,缓慢减少定子电压到20%,每5%定子额定电压时记录一次对应的转子电流及定子电压值,当定子电压达到额定时,投入定子过压保护,转子电流为零时,记录定子残压。根据所得试验数据在录波仪上绘制发电机空载曲线,工作结束。

14.6.21 励磁系统空载特性试验

14.6.21.1 起励及灭磁试验

(1) 将励磁系统放在"现地"位置。

(2) 确认试验录波设备正常,其接线均正确无误。

(3) 检查整套励磁系统设备,确认其正常,各设备符合试验条件。

(4) 确认残压起励功能在投入位置,在励磁系统人机界面上发出"励磁投入"命令,发电机起励升压至设定值,同时启动录波设备,录取发电机端电压、发电压励磁电压、发电机励磁电流变化曲线。

(5) 在励磁系统人机界面上调节机端电压至额定值的100%,检查励磁系统及发电机各部分,并确认其正常。

(6) 在励磁系统人机界面上发出"励磁逆变"命令,同时启动录波设备;励磁系统应能在"手动"方式下正常逆变停机。

(7) 在励磁系统人机界面上将励磁调节器控制方式设为"自动"方式。

(8) 在励磁系统人机界面上设定起励磁目标值为机端电压额定值的100%。

(9) 在励磁系统人机界面上发出"励磁投入"命令,机组应能正常起励至目标值。

(10) 在励磁系统人机界面上发出"励磁逆变"命令,同时启动录波设备;励磁系统应能在AVR方式下正常逆变停机。

(11) 将励磁调节器切换至B通道,重复上述步骤,此时用断开灭磁开关来灭磁。

(12) 发电机空转运行,转速在 0.95~1.05 倍额定转速,突然投入励磁系统,使发电机机端电压从零上升至额定值时,电压超调量不大于 10%,电压振荡次数不超过 3 次,调节时间不大于 5 秒。

14.6.21.2　风机切换试验

(1) 保持机组在空载状态,机端电压维持在额定值。

(2) 测量励磁系统 1#(2#)功率柜内 A 组风机电源－Q21 和 B 组风机电源－Q22 的电压约为 220VAC,确认其电压水平在允许范围内并做好相关记录。

(3) 断开励磁系统 1#(2#)功率柜内 A 组风机电源－Q21;

(4) 观察 1#(2#)功率柜的风机的运行情况,确认切断运行风机电源时,风机能够正常切换。

(5) 合上励磁系统 1#(2#)功率柜内 A 组风机电源－Q21;

(6) 断开励磁系统 1#(2#)功率柜内 B 组风机电源－Q22;

(7) 观察 1#(2#)功率柜的风机的运行情况,确认切断运行风机电源时,风机能够正常切换。

(8) 试验结束,合上励磁系统 1#(2#)功率柜内 B 组风机电源－Q22。

14.6.21.3　*励磁调节器功能检查*

1. 励磁调节器调节方式切换功能检查

(1) 保持机组在额定空载状态,励磁控制器调节方式为"自动"。

(2) 在励磁人机界面上操作相关按键使励磁控制器调节方式切换到"手动"方式,同时启动录波设备录取励磁电压、励磁电流、发电机电压的变化曲线。

(3) 在励磁控制器人机界面操作相关按键使励磁控制器调节方式切换到"自动"方式,同时启动录波设备录取励磁电压、励磁电流、发电机电压的变化曲线。

(4) 分析励磁调节器调节方式切换过程中励磁电压、励磁电流、机端电压的变化曲线,确认在切换过程中励磁电压、励磁电流、机端电压平稳无跳变。

2. 励磁调节器双机切换功能检查

(1) 保持机组在额定空载状态。

(2) 保持励磁调节器双机处于正常工作状态,其调节模式为"自动",并设置自动 A 通道为主机。

(3) 按下励磁调节柜的 B 通道主用按钮,同时启动录波,录取励磁电压、励磁电流、机端电压变化曲线。

(4) 待励磁调节器平稳切换到自动 B 通道后,按下励磁调节柜的 A 通道主用按钮。启动录波,录取励磁电压、励磁电流、机端电压变化曲线。

(5) 分析励磁调节器双机切换过程中励磁电压、励磁电流、机端电压的变化曲线,确认在切换过程中励磁电压、励磁电流、机端电压平稳无跳变。

3. 10%阶跃响应试验

(1) 按正常开机流程将发电机升压至空载,再将电压调整至额定 90%状态。

(2) 将励磁调节器自动 A 通道设为主机。

(3) 解除调试软件内的参数锁定和执行命令锁定,通过调试软件选择阶跃量 10%,阶跃时间为 8 s,执行阶跃选项,同时启动录波设备,录制发电机端电压、励磁电压、励磁电流波形。

(4) 将励磁调节器自动 B 通道设为主机,重复上述步骤。

(5) 空载±10%阶跃响应,电压超调量不大于额定电压的 10%,电压振荡次数不超过 3 次,调节时间不大于 5 秒。

4. 模拟 PT 断线试验

(1) 确认励磁调节器调节方式为 A 通道主用下的"自动"控制,同时确认 B 通道控制方式为"自动"。

(2) 连接好录波设备的接线。

(3) 按正常开机流程将发电机升压至额定空载状态。

(4) 划开励磁调节器柜内送至 A 通道下的 PT 进线,模拟 PT 断线,观察通道切换情况,同时启动录波设备,录制发电机端电压、励磁电压、励磁电流波形。

(5) 恢复以上接线,划开励磁调节器柜内送至 B 通道下的 PT 进线,模拟 PT 断线,观察通道切换情况,同时启动录波设备,录制发电机端电压、励磁电压、励磁电流波形。

14.6.22 发电机短路升流试验

(1) 发电机出口短路排安装完毕。

(2) 解开励磁变高压侧电缆,由专业人员从 10 kV 拉一路电源至 4#机组励磁变高压侧并连接完毕,此路电源作为励磁用它励电源。

(3) 合上他励电源并用相序表测量三相临时电源相序,应为正序。

(4) 将励磁系统切至现地。

(5) 在 A 通道恒角度模式下进行试验,并关闭 B 通道,并检查励磁系统交、直流起励电源在断开位置。

(6) 将发电机定子电流信号和励磁电流信号接至录波器。

(7) 根据指令将发电机开至空转态。

(8) 将触发角度设置为 139 度,根据指令合上灭磁开关,并操作励磁投入,在调节器面板上点击"增磁"按键,缓慢将机组升流至 2%～3% 发电机额定电流,检查升流范围内发电机出口电流互感器二次无开路,继续升流至 10% 额定电流,检查各电流互感器二次三相电流平衡情况及其相位;然后继续增磁,待机组定子电流每变化 1 000 A 时,录波仪记录此时的转子电流和定子电流;待机组定子电流升至额定后,再手动"减磁",待机组定子电流每变化 1 000 A 时,录波仪记录转子电流和定子电流值。

(9) 拆除发电机出口短路排,恢复所做安全措施,根据所得试验数据在录波仪上绘制发电机短路特性曲线。

14.6.23　发电机进相试验

(1) 确认发电机并网运行,有功功率为当前水头最大值。

(2) 固定机组有功功率后,通过调节励磁电流改变发电机组进相深度。

(3) 将励磁调节柜内发电机机端电压信号、励磁电压、转子电流信号接至录波器,逐渐减少励磁电流,观察机端电压、厂用电电压、定子端部温度、定子铁芯温度、发电机功角的变化情况。

14.6.24　工作结束

(1) 全部工作完毕后,工作班应清扫、整理现场,清点工具,做到工完场地清。

(2) 工作负责人应周密检查,待全体工作人员撤离工作地点后,再向值班人员讲清所修项目、发现的问题、试验结果和存在问题等,并于值班人员共同检查设备状况,有无遗留物件,是否清洁等,然后在工作票上填明工作终了时间,经双方签名后,工作票方告终结。

14.7 检修记录

14.7.1 励磁系统一次接线母排检查与清扫

表 14.4

序号	检查要求	检查结果	检验结果
1	盘、柜表面漆层完整、无损伤		
2	封闭良好，防尘功能正常		
3	柜门开、关灵活无卡塞现象		
4	盘面及柜内设备整洁、无污痕和积灰		
5	电源回路保险熔丝未熔断		
6	自动化装置内部电路板印刷板连接线无断裂，元器件无封装断裂、变形、虚焊、电解电容鼓胀、引线翘起		
7	所装电器元件应齐全完好，安装位置正确，固定牢固		
8	系统内一次母排无烧痕，无弯曲，无变形，各连接处良好		

14.7.2 所属盘柜电缆孔封堵、接地等检查

表 14.5

序号	检查要求	检查结果	检验结果
1	盘柜中的预留孔洞及电缆管口防火封堵情况良好，未发现未封堵现象		
2	盘柜本体的接地应牢固良好		
3	控制电缆的屏蔽层接地情况良好，未发现断开、松动及未接地者		
4	盘柜间用截面为 100 mm^2 的接地铜排首尾相连		

14.7.3 盘柜端子、设备接线端子检查紧固及标识完善

表 14.6

序号	检查要求	检查结果	检验结果
1	各端子与导轨卡锁牢固无松动		
2	各连接头、接插件和端子接触无松动，线号头清晰、准确		
3	电缆接头完好、无歪斜现象，同轴电缆与电缆头接触良好，接线无紧绷		
4	盘柜门楣、内部元器件、电缆、端子标识齐全、清晰、无缺失		

14.7.4 调节器运行参数检查

(1) PID 运行参数

表 14.7

	参数名称	单位	A 通道	B 通道
自动	比例增益 Kp(Kavr)	P.U		
自动	一级超前滞后环节	s		
自动	二级超前滞后环节	s		
自动	三级超前滞后环节	s		
自动	四级超前滞后环节	s		
手动	比例增益 Ki(Kair)	P·U		
手动	超前滞后环节(TB1)	s		
手动	超前滞后环节(TB2)	s		
手动	励磁电流滤波时间常数	s		

(2) 调差系数伏赫限制参数

表 14.8

通道	A 通道	B 通道
调差系数参数整定		
V/F 值参数整定		

(3) 转子过励参数整定

表 14.9

通道	A 通道	B 通道
转子过励时间		
转子过励电流		

(4) 定子过流参数整定

表 14.10

通道	A 通道	B 通道
定子过流时间		
定子过流电流		

（5）低励限制参数

表 14.11

自动通道 A		自动通道 B	
参数名称	定值	参数名称	定值
Que1（视在功率 0%）		Que1（视在功率 0%）	
Que2（视在功率 25%）		Que2（视在功率 25%）	
Que3（视在功率 50%）		Que3（视在功率 50%）	
Que4（视在功率 75%）		Que4（视在功率 75%）	
Que5（视在功率 100%）		Que5（视在功率 100%）	

（6）PSS 参数

表 14.12

参数	A 通道	B 通道	参数	A 通道	B 通道
隔直环节 1 时间常数			陷波器阶数(N)		
隔直环节 2 时间常数			超前滞后环节 1 时间常数 T1		
隔直环节 3 时间常数			超前滞后环节 1 时间常数 T2		
隔直环节 4 时间常数			超前滞后环节 2 时间常数 T3		
PSS 增益(KS1)			超前滞后环节 2 时间常数 T4		
电功率计算积分补偿系数(KS2)			电功率计算积分时间常数 T7		
信号匹配系数(KS3)			陷波器时间常数 T8		
陷波器阶数(M)			陷波器时间常数 T9		

14.7.5 冷却风机启动电容测试

表 14.13

功率柜	风机电容(μF)				结论
	M1	M2	M3	M4	
1号功率柜风机					
2号功率柜风机					

14.7.6 继电器检查校验

动作电压值应不低于额定值的 30%，返回电压应不低于动作电压的 10%。返回系数的定义为 Kf＝返回量/动作量。

表 14.14

序号	名称	动作值 (DC V)	返回值 (DC V)	触点阻值(Ω) 常闭 1～4/5～8	触点阻值(Ω) 常开 1～3/6～8	线圈阻值	说明
1	K60						DC220 V
2	K61						DC220 V
3	K02						
4	K03						
5	K04						
6	K05						
7	K06						
8	K07						♯3、♯4 机组
9	K64						
10	K65						
11	K68						♯1、♯2 机组

14.7.7　所属盘柜表计、变送器检验检查

（1）电压变送器现场校验记录表

表 14.15

送检单位		一次设备名称	
被检仪表名称		装设场所	
等级		仪表型号	
出厂编号		制造厂家	
规格		满度值	
检定标准器具名称		型号	
标准装置编号		标准装置有效日期	
环境温度		相对湿度	
检定结果			
输出上升(V)	输出下降(V)	1 通道输出标准(mA)	2 通道输出标准(mA)

续表

最大误差		最大变差	
校表情况		检定结论	
检定员		核验员	
检定日期		有效日期	

（2）电流变送器1现场校验记录表

表 14.16

送检单位		一次设备名称	
被检仪表名称		装设场所	
等级		仪表型号	
出厂编号		制造厂家	
规格		满度值	
检定标准器具名称		型号	
标准装置编号		标准装置有效日期	
环境温度		相对湿度	
检 定 结 果			
输出上升(mv)	输出下降(mV)	1通道输出标准(mA)	2通道输出标准(mA)
0	75		
15	60		
30	45		
45	30		
60	15		
75	0		
最大误差		最大变差	
校表情况		检定结论	
检定员		核验员	
检定日期		有效日期	

（3）电流变送器2现场校验记录表

表 14.17

送检单位		一次设备名称	
被检仪表名称		装设场所	励磁电阻柜EE
等级		仪表型号	

续表

送检单位		一次设备名称	
出厂编号		制造厂家	
规格		满度值	
检定标准器具名称		型号	
标准装置编号		标准装置有效日期	
环境温度		相对湿度	
检定结果			
指示值(kV)	输入标准(mA)	输出上升(kV)	输出下降(kV)
最大误差		最大变差	
校表情况		检定结论	
检定员		核验员	
检定日期		有效日期	

14.7.8 熔断器的检查

表 14.18

编号	型号	检查状态	备注
－F01			1#功率柜
－F01			2#功率柜
－F04			灭磁开关柜
－F15			灭磁开关柜
F11			励磁调节柜
F12			励磁调节柜
F13			励磁调节柜
F14			励磁调节柜

续表

编号	型号	检查状态	备注
FU17			励磁调节柜
FU18			励磁调节柜

14.7.9 功率柜阻容保护检查

表 14.19

	电阻		电容		备注
1号功率柜	R		C		
2号功率柜	R		C		

14.7.10 DC220 V,AC380 V,AC220 V 回路绝缘试验

表 14.20

序号	回路	L或+极对地	N或-极对地	L、N或+、-间
1	交流厂用电 380 VAC 空开 Q90			
2	交流自用电 220 VAC 空开 Q91			
3	直流电源1路 220 VDC 空开 QF15			
4	直流电源2路 220 VDC 空开 QF25			
5	直流起励电源 220 VDC 空开 QF03			

14.7.11 灭磁开关触头接触电阻测试

表 14.21

	次数	加入电流量	接触电阻
测试前	1	100 A	
	2	100 A	
	3	100 A	
测试后	1	100 A	
	2	100 A	
	3	100 A	

14.7.12 励磁系统柜内变压器测试

(1) 同步变压器的测试

表 14.22

	变压器高压侧		变压器低压侧	
T05	R_{AB}		R_{AB}	
	R_{BC}		R_{BC}	
	R_{AC}		R_{AC}	
T15	R_{AB}		R_{AB}	
	R_{BC}		R_{BC}	
	R_{AC}		R_{AC}	

14.7.13 励磁调节器输入输出信号核对

表 14.23

信号类型	序号	试验项目	试验结果	备注
开出信号	1	励磁系统投入动作	√	
	2	励磁系统退出动作	√	
	3	励磁系统自动运行方式动作	√	
	4	励磁系统 V/F 限制动作	√	
	5	励磁系统欠励限制动作	√	
	6	励磁系统故障动作	√	
	7	励磁系统通道 1 故障动作	√	
	8	励磁系统通道 2 故障动作	√	
	9	励磁系统过励限制动作	√	
	10	励磁系统强励动作	√	
	11	灭磁开关异常跳闸动作	√	
	12	励磁系统 PT 断相动作	√	
	13	转子温度高动作	√	
	14	励磁系统起励失败动作	√	
	15	励磁系统跨接器动作	√	
	16	励磁系统 #1 功率柜故障动作	√	
	17	励磁系统 #2 功率柜故障动作	√	
	18	励磁系统 PSS 投入	√	

续表

信号类型	序号	试验项目	试验结果	备注
开入信号	19	自动运行		X10：5，X10：55
	20	并网		X10：1，X10：51
	21	灭磁开关分		
	22	灭磁开关合		
	23	PSS投入		X11：1，X11：51
	24	PSS锁定		X11：2，X11：52
	25	增励		X10：3，X10：53
	26	减励		X10：4，X10：54

14.7.14 励磁小电流试验数据

表 14.24

A通道		B通道	
控制角(度)	转子输出电压(V)	控制角(度)	转子输出电压(V)
139		139	
90		90	
60		60	
30		30	

14.8 质量签证单

表 14.25

序号	工作内容	工作负责人自检			检修单位验证			监理验证			设备管理部验证		
		验证点	签字	日期	验证点	签字	日期	验证点	签字	日期	验证点	签字	日期
1	工作准备	W1			W1			W1			W1		
2	励磁系统一次接线母排检查与清扫	W2			W2			W2			W2		
3	所属盘柜完整性、电缆孔封堵、接地等检查	W3			W3			W3			W3		
4	盘柜端子、设备接线端子检查紧固及标识完善	W4			W4			W4			W4		

续表

序号	工作内容	工作负责人自检			检修单位验证			监理验证			设备管理部验证		
		验证点	签字	日期	验证点	签字	日期	验证点	签字	日期	验证点	签字	日期
5	功率柜及进风口滤网清扫和更换	W5			W5			W5			W5		
6	调节器运行参数备份	W6			W6			W6			W6		
7	设备清扫、外观及回路检查	W7			W7			W7			W7		
8	冷却风机系统检查	W8			W8			W8			W8		
9	继电器检查检测	W9			W9			W9			W9		
10	盘柜内表计校验	W10			W10			W10			W10		
11	熔断器检查	W11			W11			W11			W11		
12	功率柜阻容保护检查	W12			W12			W12			W12		
13	DC220 V回路，AC220 V回路绝缘试验	W13			W13			W13			W13		
14	AC380 V交流回路绝缘试验	W14			W14			W14			W14		
15	灭磁装置检查	W15			W15			W15			W15		
16	灭磁开关触头接触电阻测试	W16			W16			W16			W16		
17	励磁系统柜内变压器测试	W17			W17			W17			W17		
18	调节器柜内输入输出信号校对	W18			W18			W18			W18		
19	励磁系统小电流试验	W19			W19			W19			W19		
20	发电机零起升压试验	H1			H1			H1			H1		
21	起励及灭磁试验	H2			H2			H2			H2		
22	风机切换试验	H3			H3			H3			H3		
23	励磁调节器调节方式切换功能检查	H4			H4			H4			H4		

续表

序号	工作内容	工作负责人自检			检修单位验证			监理验证			设备管理部验证		
		验证点	签字	日期	验证点	签字	日期	验证点	签字	日期	验证点	签字	日期
24	励磁调节器双机切换功能检查	H5			H5			H5			H5		
25	10%阶跃响应试验	H6			H6			H6			H6		
26	模拟PT断线试验	H7			H7			H7			H7		
27	发电机短路升流试验	H8			H8			H8			H8		
28	发电机进相试验	W20			W20			W20			W20		

第 15 章
定子及转子定检作业指导书

15.1 范围

本作业指导书适用于广西右江水利开发有限责任公司右江水力发电厂♯1～♯4发电机定子及转子定检工作。

15.2 资料和图纸

下列文件中的条款通过本规范的引用而成为本规范的条款。凡是注日期的引用文件，其随后所有的修改单或修订版均不适用于本规范，然而，鼓励根据本规范达成协议的各方研究是否可使用这些文件的最新版本。凡是不注日期的引用文件，其最新版本适用于本规范。

（1） GB/T 8564—2003 《水轮发电机组安装技术规范》

（2） GB 26164.1—2010 《电业安全工作规程 第1部分：热力和机械》

（3） GB 26860—2011 《电力安全工作规程 发电厂和变电站电气部分》

（4） 01J6954 哈尔滨电机厂有限责任公司定子机座焊接加工图

（5） 01J7127 哈尔滨电机厂有限责任公司定子装配图

（6） 01J7064 哈尔滨电机厂有限责任公司定子铁芯装配图

（7） 01J6870 哈尔滨电机厂有限责任公司铜环引线装配图

（8） 01J5498 哈尔滨电机厂有限责任公司转子装配图纸

（9） 01J6172 哈尔滨电机厂有限责任公司转子引线装配图纸

(10) 03A0887　哈尔滨电机厂有限责任公司转子支架焊接加工图纸

(11) 03A1001　哈尔滨电机厂有限责任公司磁轭装配图纸

(12) 02A9531—34　哈尔滨电机厂有限责任公司磁极装配图纸

15.3　安全措施

(1) 严格执行《电业安全工作规程》。

(2) ××号机组停机,置"调试"位,做好机组防转动及电气隔离措施。

(3) 投入机组调速器事故配压阀。

(4) 定子中性点悬挂地线,挂"禁止操作、有人工作"标示牌。

(5) 清点所有专用工具齐全,检查合适,试验可靠。

(6) 工具、零部件放置有序,拆下的零部件必须妥善保管好并作好记号以便回装。

(7) 当天定检任务结束后一定要将检修所用照明电源切断。

(8) 参加定检的人员必须熟悉本作业指导书,并能熟知本书的定检项目,工艺质量标准等。

(9) 参加本定检项目的人员必需持证上岗,并熟知本作业指导书的安全技术措施。

(10) 开工前召开班前会,对各定检参加人员进行组内分工,并且进行安全、技术交底。

(11) 办理工作终结手续前,工作负责人应对全部工作现场进行检查,确保无遗留问题,确定人员已经全部撤离。

15.4　备品备件清单

表 15.1

序号	名称	型号规格(图号)	单位	数量	备注
1	挡风板螺栓	M12×25　A2-70	套	10	
2	挡风板螺栓	M12×30　A2-70	套	10	

15.5 修前准备

15.5.1 现场准备

（1）工器具及消耗材料准备清单

表 15.2

一、材料类

序号	名称	型号	单位	数量	备注
1	乐泰胶	271	瓶	2	
2	角磨片	φ100 mm	片	3	
3	钢丝轮		个	2	
4	渗透探伤剂	配套成品	套	1	
5	干净白布		kg	2	
6	次毛巾		张	5	

二、工具类

序号	名称	型号	单位	数量	备注
1	手锤	2.5 磅	把	2	
2	活动扳手	250 mm	把	2	
3	专用扳手		把	1	
4	角磨机		台	1	
5	电源盘		个	1	
6	漏电保护器		个	1	
7	记录本		本	1	
8	中性笔		支	1	
9	记号笔	红色	支	1	
10	电筒		把	2	
11	安全带		副	2	
12	梅花扳手	17～19	把	2	
13	梅花扳手	24～24	把	2	

三、量具类

序号	名称	型号	单位	数量	备注
1	框式水平仪	0.02 mm/m 300×300	个	1	
2	钢卷尺	3 m	个	1	
3	钢板尺	500 mm	把	1	

15.5.2 工作准备

（1）工器具已准备完毕，材料、备品已落实。
（2）作业文件已组织学习，工作组成员熟悉本作业指导书内容。
（3）工作现场临时照明及定检用电安装完成。

15.5.3 办理相关工作票

（1）已办理工作票及开工手续，机组停运。
（2）所有安全措施已落实。
（3）工作负责人会同工作许可人检查工作现场所做的安全措施是否完备。
（4）检查验证工作票。
（5）工作负责人开展班前会，向全体作业人员交代作业内容、安全措施、危险点分析控制措施及作业要求，作业人员理解后在工作票危险点分析控制措施单上签名。

15.6 检修工序及质量标准

15.6.1 定子机座

（1）查询定子机座垂直、水平方向运行振动值是否无异常。
（2）查询定子运行铁芯温度是否无异常。
（3）检查定子空冷器冷风、热风温度是否无异常。

15.6.2 定子外部检查

（1）检查定子外观，无弯曲变形，焊缝无开裂现象，对存在疑问的焊缝进行探伤检查。
（2）检查各个部位螺栓紧固，焊点无开焊。
（3）检查定子与上机架连接正常，用手锤顺时针敲击连接螺栓，判断有无松动，若有松动，用专用敲击扳手打紧。
（4）检查汇流排固定螺栓无松动，若有松动，用扳手紧固。
（5）技术供水投入，检查空冷器、压力表、法兰有无漏水现象，螺栓无松动现象，止动片止动良好。

15.6.3 定子基础检查

(1) 检查定子基础无变化,与混凝土结合良好。
(2) 检查定子机座分瓣焊缝无开裂现象。
(3) 检查定子机座与基础板圆柱销无窜动。
(4) 用手锤顺时针敲击定子基础螺栓螺帽,判断定子基础螺栓、定子基座与基础板连接螺栓是否松动。

15.6.4 定子铁芯拉紧螺栓检查

(1) 检查定子铁芯上下齿压板无变形、齿条焊缝无开裂现象。
(2) 检查定子铁芯拉紧螺杆锁紧螺母无松动,蝶形弹簧良好、无破损。

15.6.5 定子线棒检查

(1) 检查定子端箍盒无开裂现象。
(2) 检查定子线棒绝缘无破损、开裂、发黑等现象。

15.6.6 转子磁极检查

(1) 检查磁极键无松动,松动的需用手锤打紧,打紧时做好防止砸伤磁极的措施。
(2) 检查磁极线圈无破损、发黑现象。
(3) 检查磁极间阻尼环无松动、损坏,螺栓连接紧固。

15.6.7 挡风板检查

(1) 检查转子上下挡风板无破损松动,用梅花扳手检查螺栓连接可靠、无松动。若有损坏,进行更换,并用乐泰271锁固胶紧固。
(2) 检查上挡风板与定子之间的间隙,检查磁极无变形外凸导致间隙变化(设计间隙 26 mm)。

15.6.8 转子磁轭检查

(1) 查看磁轭拉紧螺杆螺母无松动、螺母与螺杆之间永久焊缝无开裂现象,磁轭上下压板无松动变形。
(2) 检查磁轭主键、副键无串动,锁定可靠。
(3) 检查磁轭整体无局部变形、下沉现象。

（4）磁轭通风槽片无变形，堵塞、无焊缝开裂现象。

15.6.9　转子中心体检查

（1）对转子中心体进行宏观检查，中心体内应无积油，油漆无大面积脱落。
（2）检查转子中心体与支架焊缝、支架本体焊缝无开裂现象。

15.6.10　制动环板检查

检查制动环固定螺栓无松动，螺母止动片焊缝无开裂。

15.6.11　转子联轴螺栓检查

检查转子中心体与大轴的联轴螺栓，转子中心体与推力头的连接螺栓，转子与顶轴的连接螺栓连接可靠、无松动。

15.6.12　消防水管检查

（1）检查定子上部消防水管连接可靠，螺栓无松动，消防感烟器无松动、消防喷嘴连接可靠无松动、无堵塞。
（2）检查定子下部消防水管连接可靠，螺栓无松动。

15.6.13　清理检修现场，检查工作结束

（1）整理作业现场工器具。
（2）将工作现场垃圾及杂物清理干净，严禁有物品遗留在上机架及转子上方。
（3）施工人员撤离施工现场。
（4）工作负责人填写检修交代并办理工作票终结手续。

15.7　质量签证单

表15.3

序号	工作内容	工作负责人自检			一级验证			二级验证			三级验证		
		验证点	签字	日期	验证点	签字	日期	验证点	签字	日期	验证点	签字	日期
1	工作准备/办理相关工作票	W1			W1			W1			W1		

续表

序号	工作内容	工作负责人自检			一级验证			二级验证			三级验证		
		验证点	签字	日期	验证点	签字	日期	验证点	签字	日期	验证点	签字	日期
2	定子机座	W2			W2			W2			W2		
3	定子外部检查	W3			W3			W3			W3		
4	定子基础检查	H1			H1			H1			H1		
5	定子铁芯拉紧螺栓检查	H2			H2			H2			H2		
6	定子线棒检查	W4			W4			W4			W4		
7	转子磁极检查	W5			W5			W5			W5		
8	挡风板检查	W6			W6			W6			W6		
9	转子磁轭检查	W7			W7			W7			W7		
10	转子中心体检查	W8			W8			W8			W8		
11	制动环板检查	W9			W9			W9			W9		
12	转子联轴螺栓检查	W10			W10			W10			W10		
13	消防水管检查	W11			W11			W11			W11		
14	清理检修现场，检查工作结束	W12			W12			W12			W12		

第3篇
配电系统检修

第 16 章
220 kV GIS 一次设备检修作业指导书

16.1 范围

本指导书适用于广西右江水利开发有限责任公司右江水电厂 220 kV GIS SF_6 断路器、隔离开关、接地开关的检修工作。

16.2 资料和图纸

下列文件中的条款通过本规范的引用而成为本规范的条款。凡是注日期的引用文件,其随后所有的修改单或修订版均不适用于本规范,然而,鼓励根据本规范达成协议的各方研究是否可使用这些文件的最新版本。凡是不注日期的引用文件,其最新版本适用于本规范。

(1) GB 26860—2011 《电力安全工作规程 发电厂和变电站电气部分》

(2) Q/CSG114002—2011 《中国南方电网有限责任公司企业标准电力设备预防性试验规程》

(3) 气体绝缘金属封闭开关设备安装使用说明书

16.3 安全措施

(1) 严格执行电力安全工作规程。
(2) 作业现场应保持清洁,绝对禁止有灰尘产生的作业。

（3）断路器在分闸位置,操作电源和控制电源已断开。

（4）断路器两侧隔离刀闸已拉开,操作电源已断开。

（5）断路器两侧检修接地开关在合闸位,操作电源已断开。

（6）工作区域已做好安全防护隔离措施,防止走错间隔。

（7）清点、检查所需工器具,确保工器具完好,可以正常使用。

（8）SF6充、回收气体小车检查完好,可以随时投入使用。

（9）起吊设备工具检查符合载荷要求。

（10）安全带、防毒面具、眼镜、专用工作服及乳胶手套等安全防护用品已准备齐全。

（11）检修作业人员熟悉本作业指导书内容,熟悉检修项目和作业内容。

（12）检修作业人员必须持证上岗。

（13）开工前进行检修作业安全、技术交底,分析危险点,对作业人员进行合理分工。

16.4 备品备件清单

表 16.1

序号	名称	型号规格(图号)	单位	数量	备注
1	灭弧触头		件	1	
2	喷口		件	1	
3	SF_6气体		瓶	3	
4	N_2气体		瓶	4	

16.5 修前准备

16.5.1 现场准备

16.5.1.1 材料及工器具清单

表 16.2

一、材料类					
序号	名称	型号	单位	数量	备注
1	无毛纸		卷	2	

续表

一、材料类

序号	名称	型号	单位	数量	备注
2	无水酒精		瓶	4	
3	干净白布		米	10	
4	白布带		卷	5	
5	螺丝紧固剂		瓶	1	
6	塑料薄膜		卷	1	
7	油漆		KG	2	
8	漆刷		把	1	
9	水砂纸	800#	张	10	
10	记号笔		支	2	
11	标签纸		张	10	
12	O型密封圈		套	3	

二、工具类

1	吸尘器		台	1	
2	套筒工具		套	1	
3	梯子		部	1	
4	尖嘴钳		把	1	
5	套筒扳手		套	1	
6	梅花扳手		套	1	
7	电源盘		个	2	
8	手电		把	1	

16.5.1.2 试验仪器清单

表16.3

序号	名称	型号规格(图号)	单位	数量	备注
1	万用表		块	1	
2	SF_6气体微水分析仪		套	1	
3	SF_6气体泄漏检测仪		套	1	
4	含氧量测定仪		套	1	
5	液压表		块	1	
6	温湿表		支	1	
7	开关动特性试验仪		套	1	

续表

序号	名称	型号规格(图号)	单位	数量	备注
8	回路电阻测试仪		套	1	
9	兆欧表		块	1	

16.5.2　工作准备

(1) 查阅历次检修记录、试验记录、缺陷记录,确认本次检修作业内容。

(2) 检修工器具、材料、备品、试验设备已落实。

(3) 作业文件已组织学习,工作组成员熟悉本作业指导书内容。

(4) 已完成工作现场所做安全措施的检查。

(5) 工作票及开工手续已办理完毕。

(6) 开工前,按要求做好危险点分析,并告知工作班成员安全注意事项。

16.6　检修工序及质量标准

16.6.1　检修前准备

(1) 进入检修现场前,开启 GIS 室风机通风 15 分钟,检测作业现场含氧量不小于 18%。

(2) 检修设备、工器具、试验设备运至现场,接好试验用临时电源,并检查电源电压是否符合要求。

(3) 检修现场通风良好,环境湿度不大于 70%。

(4) 检修过程中做好记录。

(5) 准备好记号笔和标签纸,检修时拆卸的每一部件都要做好标示,回装时按标示回装。

(6) 从临时接地端子接引所需临时接地线。

(7) 做好个人安全防护。

(8) 检修前应对现场铲平进行回路电阻、机械特性等相关试验,其数据作为检修后的试验参考。

16.6.2　断路器外部检查

(1) 用吸尘器、酒精、白布等清除断路器本体及操作机构外部灰尘、杂物。

(2) 用 SF6 气体泄漏检测仪检测作业区域有无气体泄漏,如有气体泄漏找到漏点,并处理完好。

(3) 检查各支撑件固定良好,焊接面无裂缝,无严重生锈现象,支撑基础无破裂。

(4) 检查各螺杆无松动退出现象,销子无脱落现象,开口销固定良好。

(5) 检查断路器外壳无局部过热现象、无油漆脱落及生锈。

(6) 检查断路器位置指示器正确反应开关的分合情况。

(7) 检查断路器操作机构各支撑件无松动等现象。

(8) 打开断路器操作机构箱,检查连杆无变形、断裂现象,电动机固定良好,无润滑油渗漏现象,断路器操作计数器动作正确。

16.6.3 断路器灭弧室检修

(1) 释放操作机构的弹簧压力。

(2) 回收断路器气室内的 SF_6 气体,确认 CB 气室压力 0 MPa 以下。回收相邻气室压力至半压(约 0.2 MPa)。气体用专用钢瓶密封储存,并进行生物毒性试验。

(3) 充入高纯氮气至 0.02 MPa 冲洗断路器灭弧室后抽真空,重复冲洗 2 次。

(4) 打开断路器气室顶盖,人员暂时撤离现场 30 分钟。

(5) 用真空吸尘器清除灭弧室瓷套中的粉尘并用无水乙醇和白布擦拭干净。

(6) 检查各部件的烧损情况,应用细砂纸打磨触座、滑动触头、触指电接触表面,对表面的金属颗粒可用油锉打光。

(7) 检查、清理弧触头,当弧触头磨损量大于 0.5 mm 时,更换触头。

(8) 检查、清理喷口,当喷口磨损量大于 0.5 mm 时,更换喷口。

(9) 检查主回路的导体(压气缸、活塞杆等),确保其完好。

(10) 检查合闸电阻无损坏、烧伤,检测电阻值在 400(−5%～10%)Ω。

(11) 检查各部件密封槽和密封面没有划伤和生锈,所有密封面用无水乙醇擦拭干净。

(12) 检查、清洁各盆式绝缘子和绝缘支持台,表面无放电痕迹和裂纹等明显缺陷,如有破损须更换。

(13) 检查绝缘拉杆、轴密封等传动部件无异常,确保零件传动正常。

(14) 检查断路器壳体内壁是否有油起层起皮现象,如有,应进行修补和处理。

(15) 对罐体内部进行彻底清理。

（16）按照拆卸时所做的标示回装,各部件折下的密封圈和密封垫应全部更换。

（17）密封槽内涂适量密封脂,含硅的密封脂不可涂在与 SF_6 气体的接触面。

（18）按力矩要求值紧固各部件固定螺栓。

（19）更换吸附剂,抽真空至 133 Pa,保持 2 小时无漏气。充入合格的 SF_6 气体至额定压力,静置 24 小时候检查无漏气,测量微水含量 $\leqslant$150uL/L（20℃时）。

（20）对断路器进行机械特性试验测试。

16.6.4　断路器弹簧操作机构检修

（1）断路器在分闸状态,弹簧泄压完毕。

（2）对分合转换开关、辅助开关、储能微动开关连接及触头锈蚀情况进行检查,根据现场检查情况,必要时更换。

（3）检查分、合闸线圈阻值,对于外表变色或阻值不合格的进行更换。

（4）检查机构上的轴、销、锁扣等易损部位,重点是各复位弹簧,复核机构相关尺寸,必要时应调整或更换。检查完成后清洁操动机构,对连接和传动部位加润滑油处理。

（5）掣子装置应正常,无锈蚀、磨损、卡滞现象,掣子轴承应灵活、间隙应正常。

（6）检查操作机构储能电机固定牢固,无松动、位移,电机转动良好,无卡阻。检查操电机绝缘电阻符合标准。

（7）检查缓冲器是否有漏油现象,必要时应进行更换。

（8）对机构箱密封和防潮检查,不合格驱潮加热器应进行更换。

（9）检查其他各部位紧固件无松动、无损坏。

（10）对柜内所有继电器进行更换,如计数器显示异常,也应进行更换。完成后检查二次端子接线端子板及各电器组件接线紧固性。

（11）测试机构分、合闸时间,测量分、合闸线圈最低动作电压并确保合格。

16.6.5　隔离开关外部检查

（1）用吸尘器、酒精、白布等清除隔离开关本体及操作机构外部灰尘、杂物。

（2）用 SF$_6$ 气体泄漏检测仪检测作业区域有无气体泄漏,如有气体泄漏找到漏点,并处理完好。

（3）检查各支撑件固定良好,焊接面无裂缝,无严重生锈现象,水泥浇铸基础无破裂。

（4）检查各螺杆无松动退出现象,销子无脱落现象,开口销固定良好。

（5）检查隔离开关外壳无局部过热现象、无油漆脱落及生锈。

16.6.6 隔离开关检修

（1）回收隔离开关气室内的 SF$_6$ 气体。

（2）打开隔离开关手孔,人员暂时撤离现场 30 分钟。

（3）检查气室内有无杂质、粉末,并用无水乙醇和白布擦拭干净。

（4）检查隔离开关动、静触头导电接触面无氧化、烧伤,触头面用无水乙醇和白布擦拭干净。

（5）对传动部位进行检查,对绝缘拉杆进行重点检查,确保连接部位传动可靠。

（6）检查各部件密封槽和密封面没有划伤和生锈,所有密封面用无水乙醇擦拭干净。

（7）检查、清洁各盆式绝缘子,如有破损须更换。

（8）清理隔离开关罐体内部,更换吸附剂,使用新的密封圈。

（9）按照拆卸时所做的标示回装,各部件折下的密封圈和密封垫应全部更换。

（10）密封槽内涂适量密封脂,含硅的密封脂不可涂在与 SF$_6$ 气体的接触面。

（11）按力矩要求值紧固各部件固定螺栓。

（12）更换吸附剂,抽真空至 133 Pa,保持 2 小时无漏气。充入合格的 SF$_6$ 气体至额定压力,静置 24 小时候检查无漏气,测量微水含量≤250uL/L（20℃时）。

16.6.7 隔离开关操作机构检修

（1）打开操作机构箱,检查操作机构连杆、螺钉及销子固定良好无脱落；对操作机构所有连接部位进行润滑处理,对存在生锈的零部件进行处理或更换。

（2）检查轴、销、锁扣等易损部位无变形、断裂现象；复核机构相关尺寸,必要时应处理或更换。

(3) 检查辅助开关、位置指示器和继电器，指示器应能正确反应开关的分合情况。如有必要，对其更换。

(4) 联锁线圈的检查，对有缺陷的线圈必须予以更换。

(5) 检查连接机构螺母和挡圈：对螺母和挡圈必须进行防松检查，重新紧固，拆卸过的挡圈必须全部进行更换。

(6) 检查操作电机完好，转动灵活无卡阻。电机绝缘电阻符合标准。

(7) 检查端子排的紧固螺栓，连接螺栓和机械压接端子的紧固螺钉是否拧紧，导线是否有损伤。

(8) 检查控制回路对地电阻，用 500 V 摇表测量每个二次线圈对地绝缘电阻必须大于 1 MΩ。

16.6.8　接地开关外部检查

(1) 用吸尘器、酒精、白布等清除接地开关本体及操作机构外部灰尘、杂物。

(2) 用 SF_6 气体泄漏检测仪检测作业区域有无气体泄漏，如有气体泄漏找到漏点，并处理完好。

(3) 检查各支撑件固定良好，焊接面无裂缝，无严重生锈现象，水泥浇铸基础无破裂。

(4) 检查接地开关外壳无局部过热现象、无油漆脱落及生锈。

16.6.9　接地开关检修

(1) 回收接地开关气室内的 SF_6 气体。

(2) 打开接地开关气室封盖，人员暂时撤离现场 30 分钟。

(3) 检查气室内有无杂质、粉末，并用无水乙醇和白布擦拭干净。

(4) 检查接地开关导电接触面无氧化、烧伤，触头面用无水乙醇和白布擦拭干净。

(5) 检查各部件密封槽和密封面没有划伤和生锈，所有密封面用无水乙醇擦拭干净。

(6) 检查、清洁各盆式绝缘子，如有破损须更换。

(7) 按照拆卸时所做的标示回装，各部件拆下的密封圈和密封垫应全部更换。

(8) 密封槽内涂适量密封脂，含硅的密封脂不可涂在与 SF_6 气体的接触面。

(9) 按力矩要求值紧固各部件固定螺栓。

(10) 更换吸附剂,抽真空至 133 Pa,保持 2 小时无漏气。充入合格的 SF_6 气体至额定压力,静置 24 小时候检查无漏气,测量微水含量≤250uL/L(20℃时)。

16.6.10　接地开关操作机构检修

(1) 打开操作机构箱,检查操作机构连杆、螺钉及销子固定良好无脱落;对操作机构所有连接部位进行润滑处理,对存在生锈的零部件进行处理或更换。

(2) 检查轴、销、锁扣等易损部位无变形、断裂现象;复核机构相关尺寸,必要时应处理或更换。

(3) 检查辅助开关、位置指示器和继电器,指示器应能正确反应开关的分合情况。如有必要,对其更换。

(4) 联锁线圈的检查,对有缺陷的线圈必须予以更换。

(5) 检查连接机构螺母和挡圈:对螺母和挡圈必须进行防松检查,重新紧固,拆卸过的挡圈必须全部进行更换。

(6) 检查操作电机完好,转动灵活无卡阻。电机绝缘电阻符合标准。

(7) 检查端子排的紧固螺栓,连接螺栓和机械压接端子的紧固螺钉是否拧紧,导线是否有损伤。

(8) 检查控制回路对地电阻,用 500 V 摇表测量每个二次线圈对地绝缘电阻必须大于 1 MΩ。

16.6.11　分支检查清理检修

(1) 对间隔分支气室回收气体至 0 MPa。

(2) 打开分支手孔盖板及端盖板,对内部进行检查及清理并更换吸附剂。

(3) 完成检查清理后对气室进行抽真空充气至额定压力并进行检漏微水试验。

16.6.12　连接机构

(1) 对间隔各元件的连接机构进行检查,确保其动作和性能正常。

(2) 对锈蚀部位进行处理,对严重腐蚀零件进行更换。

(3) 检修完成后对各传动部位进行润滑处理。

16.6.13 SF$_6$气体系统

(1) 使用检漏仪对充放气阀门和各处接头进行泄漏检查,对存在漏气的阀门及阀门内的密封圈进行更换。

(2) 处理后的所有阀门,必须保证处在正确的常开、常闭位置。

(3) 检查、校验各气室的 SF$_6$ 密度继电器的压力值是否正常。

(4) 检查及更换、调整完后,应确保整个 SF$_6$ 气体系统无漏气现象,各气室的 SF$_6$ 密度继电器的整定值正确,不会引起误动作。

(5) 对 GIS 的各气室监测水分如有超标的,应进行抽真空,更换吸附剂,重新充入合格的新 SF$_6$ 气体。

16.6.14 预防性试验

GIS SF$_6$ 断路器检修过程预防性试验步骤及标准详见广西右江水利开发有限责任公司《电气设备预防性试验规程》。

16.6.15 联闭锁功能试验

隔离开关、接地开关和快速接地开关间的联闭锁功能试验。

16.6.16 结束工作

(1) 清点检修工器具、试验设备和材料,确保没有异物或者工器具遗留在断路器内。

(2) 清理现场,检修过程中产生的废弃物要分类处理,灭弧室内有毒的气体、粉末、吸附剂、使用过的防护服、手套、擦拭纸等要装在密闭钢瓶中做深埋处理。

(3) 工作负责人周密检查,待全体工作人员撤离工作地点后,再向值班人员讲清试验结果和存在问题等,同值班人员共同检查设备状况,有无遗留物件,是否清洁等,确认无误后终结工作票。

16.7 质量签证单

表 16.4

序号	工作内容	工作负责人自检			检修单位验证			监理验证			点检员验证		
		验证点	签字	日期	验证点	签字	日期	验证点	签字	日期	验证点	签字	日期
1	工作准备	W1			W1			W1			W1		

续表

序号	工作内容	工作负责人自检			检修单位验证			监理验证			点检员验证		
		验证点	签字	日期	验证点	签字	日期	验证点	签字	日期	验证点	签字	日期
2	检修前准备	W2			W2			W2			W2		
3	断路器外部检查	W3			W3			W3			W3		
4	断路器灭弧室检修	W4			W4			W4			W4		
5	液压操作机构检修	W5			W5			W5			W5		
6	预防性试验	H1			H1			H1			H1		
7	结束工作	W6			W6			W6			W6		

第 17 章
220 kV 主变压器检修作业指导书

17.1 范围

本作业指导书适用于广西右江水利开发有限责任公司右江水力发电厂 220 kV 主变压器的检修工作。

17.2 资料和图纸

下列文件中的条款通过本规范的引用而成为本规范的条款。凡是注日期的引用文件,其随后所有的修改单或修订版均不适用于本规范,然而,鼓励根据本规范达成协议的各方研究是否可使用这些文件的最新版本。凡是不注日期的引用文件,其最新版本适用于本规范。

(1) GB 26860—2011 《电力安全工作规程 发电厂和变电站电气部分》

(2) DL 408—1991 《电业安全工作规程(发电厂和变电所电气部分)》

(3) DL/T 573—2010 《电力变压器检修导则》

(4) DL/T 596—1996 《电力设备预防性试验规程》

(5) Q/CSG114002—2011 《中国南方电网有限责任公司企业标准电力设备预防性试验规程》

17.3 安全措施

(1) 严格执行《电力安全工作规程》。

(2) 断开 220 kV 主变高压侧断路器。

(3) 断开 220 kV 主变高压侧断路器主变侧隔离开关。

(4) 断开 220 kV 主变中压侧断路器(♯2、♯4 主变)。

(5) 断开 220 kV 主变中压侧断路器主变侧隔离开关(♯2、♯4 主变。)

(6) 应断开机组出口断路器。

(7) 应断开机组出口隔离开关。

(8) 应断开厂高变高压侧负荷开关(♯2、♯4 主变)。

(9) 将厂高变高压侧负荷开关拉出至"检修"位置(♯2、♯4 主变)。

(10) 合上 220 kV 主变高压侧断路器主变侧接地开关。

(11) 合上 220 kV 主变低压侧接地开关。

(12) 将 220 kV 主变低压侧电压互感器小车拉出至"检修"位置。

(13) 合上 220 kV 主变高压侧中性点接地开关。

(14) 合上 220 kV 主变中压侧中性点接地开关(♯2、♯4 主变)。

(15) 分别在以上开关的操作把手上挂"禁止合闸,有人工作"标示牌。

(16) 开工前召开班前会,对各检修参加人员进行组内分工,并进行安全、技术交底。

(17) 查阅记录有无缺陷,研读图纸、检修规程、上次检修资料等。

(18) 参加本检修项目的人员必需安全持证上岗,熟悉本作业指导书,并能熟记熟背本书的检修项目,工艺质量标准等。

(19) 变压器检修现场有完善的防火措施,严格执行动火工作票制度;工作期间设有专人值班,不得出现现场无人情况。

(20) 如需搭设脚手架,设专人监护,搭设完成后验收合格方可使用。

(21) 高空作业,正确佩戴、使用安全带、防坠器,使用梯子时有人扶护。

(22) 每天检修任务结束后,必须将检修所用的照明、试验、检修等电源全部断开。

(23) 每天工作结束,认真清点所带的工器具,绝不许遗落在变压器内,设专人登记工器具的使用。

(24) 变压器检修时要做好对瓷瓶、表计、瓦斯继电器等设备的保护。

(25) 检修现场布置、工具材料放置、设备零件摆设等必须按 6S 规范、分类整齐,变压器拆下的零部件必须妥善保管好并做好记号以便回装。

(26) 主变压器进行高压试验前要设置围栏与其他设备隔离,悬挂"止步,高压危险"标示牌,在 PT 柜、GIS、GCB、发电机等设备处设专人看守,避免人员误触电。

(27) 现场备有足够数量的灭火器,使用滤油机时注意对加热器的检查,严禁出现加热器干烧或者油温过高(不得超过60摄氏度)的情况。

(28) 滤油时加强对变压器、滤油机巡回检查,防止因管路、接头、阀门等部件出现故障而造成变压器油大量泄漏。

(29) 变压器检修器身在空气中暴露时间,从开始放油计时:相对湿度不大于65%时不超过16小时;相对湿度不大于75%时不超过12小时;相对湿度大于75%时器身不允许暴露在空气中。

(30) 真空滤油机使用前应认真按其操作说明书规定进行检查及试运行操作,操作人员有220 kV变压器真空注、滤油的工作经历。

(31) 主变压器检修现场做好防雨、防大风扬尘的安全措施。

(32) 进行SF_6气体回收及加注作业时,工作人员正确穿戴口罩、防护服、防护手套。

17.4 备品备件清单

表 17.1

序号	名称	型号规格(图号)	单位	数量	备注
1	绕组温度计		块	1	
2	油面温度计		块	1	
3	高压侧密封圈		个	1	
4	低压侧密封圈		个	1	
5	人孔门密封圈		个	5	
6	消磁螺栓		套	20	
7	放气塞密封圈		个	30	
8	瓦斯继电器		个	1	
9	油位表		块	1	
10	SF_6气体		瓶	1	

注:备品备件检验合格方可使用。

17.5 修前准备

17.5.1 现场准备

表 17.2

序号	名称	型号	单位	数量	备注
一、材料类					
1	导电膏		桶	1	
2	白布		米	20	
3	海绵		千克	30	
4	棉纱布		千克	20	
5	胶带	50 mm 以上	卷	10	
6	绝缘胶带		卷	5	
7	白布带		米	10	
8	密封胶		筒	30	
9	油漆		桶	3	
10	示温纸		片	20	
11	砂纸	#0	张	20	
12	金相砂纸		张	10	
13	橡胶手套		副	6	
14	无水酒精		瓶	20	
15	毛刷		个	2	
16	毛毡		个	3	
17	清洗剂		升	6	
18	面粉		千克	10	
二、工具类					
1	温、湿度计		个	2	
2	兆欧表		块	2	1 000 V、2 500 V 各一
3	万用表		块	2	
4	电源盘		个	3	带漏电保护
5	绝缘梯		把	3	
6	电动扳手		把	2	
7	活扳手		把	2	

续表

二、工具类

序号	名称	型号	单位	数量	备注
8	套筒扳手		把	2	
9	梅花扳手		把	2	
10	内六角扳手		把	2	
11	螺丝刀		把	10	
12	手电筒		个	2	
13	木板		块	若干	
14	电工工具		套	3	
15	安全绳		套	3	
16	安全带		根	6	
17	防坠器		个	2	
18	磨光机		个	2	
19	防护眼镜		副	2	
20	接地线	25 mm^2 以上	米	10	
21	漏电保护开关		个	4	
22	老虎钳		把	2	
23	尖嘴钳		把	2	
24	斜口钳		把	2	
25	尺子		把	2	
26	记号笔		只	1	
27	塞尺		把	2	
28	撬棍		根	2	
29	照明灯具		套	2	12 V
30	防水帆布		米	20	
31	真空滤油机		台	1	
32	油罐		个	3	

注：材料、工具检验合格方可使用。

17.5.2　工作准备

（1）工器具已准备完毕，材料、备品已落实。

（2）工作人员培训完成，能正确使用工器具及安全防护用具。

（3）检修地面已经铺设防护胶片，场地已经完善隔离。

(4) 作业文件已组织学习,工作组成员熟悉本作业指导书内容及作业分工。

(5) 开工前,按要求做好"三讲一落实"工作。

17.5.3　办理相关工作票

(1) 办理工作票,工作负责人与运行人员一起到现场确认安全措施已完成,工作负责人向工作班成员进行危险点及防范措施交代已完成。

(2) 变压器检修区域已设有明显的检修围栏。

(3) 工作人员的着装符合《电力安全工作规程》要求,衣物中不准携带与工作无关的零星物件,带入变压器内的工具做好记录,工作结束及时清点。

(4) 检修现场已有完善的防火措施,严格执行动火工作票制度,变压器检修期间现场有专人值班,不得出现现场无人的情况。

17.6　检修工序及质量标准

17.6.1　主变高低压侧、中性点断引及外部检查

(1) 将主变压器高、低压侧及中性点母线断引,做好对应的标记,以备安装时正确恢复。

(2) 关闭变压器高压侧 SF_6 气室阀门,回收室内的 SF_6 气体,打开气室盖板,清理检查气室内无异常后,将高压侧母线断引。

(3) 检查高、低压侧及中性点套管无放电现象,表面无裂纹、破损,密封良好无泄漏;套管油位正常,套管末屏接地良好。

(4) 检查高、低压侧及中性点母线及连接螺栓无散股、发热现象。

(5) 检查各母线连接处有无进水痕迹,做好防雨、防受潮措施。

(6) 用 SF_6 气体检漏仪检查阀门、管路等处确认无 SF_6 气体泄漏。

(7) 将主变高压侧套管气室抽真空做防潮处理,检查确认无泄漏。

(8) 将变压器低压侧母线断引。

(9) 将变压器中性点母线断引。

(10) 检查拆卸下来的螺栓,更换损坏的螺栓、垫片。

(11) 进行变压器修前试验,按照《广西右江水利开发有限责任公司 220 kV 主变压器试验作业指导书》要求进行。

17.6.2 主变压器放油

(1) 取主变油样做色谱、耐压等试验,按照《广西右江水利开发有限责任公司 220 kV 主变压器试验作业指导书》要求进行。

(2) 检查储油罐、滤油机、管路等干净、干燥、密封良好,呼吸器硅胶无变色。

(3) 滤油机安装到位,检查电气接线符合规范要求,已做好防触电、防尘、防雨、防潮等措施。

(4) 将变压器、滤油机及储油罐进行管路连接(变压器底部出油阀—滤油机进油口—滤油机出油口—储油罐进油口),工作负责人检查管路已连接正确、牢固,所有的阀门在正确位置。

(5) 打开变压器、油罐的排气孔,做好防潮、防小动物进入措施。

(6) 打开主变底部出油阀,启动滤油机,将变压器油抽运到储油罐,注意将滤油机出口油温控制在 55~60 摄氏度左右。

(7) 变压器油排完后,停滤油机,关闭变压器的排气孔。

(8) 将滤油机与储油罐进行管路连接,对储油罐内的变压器油进行油循环,出油温度控制在 55~60 摄氏度左右,待变压器具备真空注油条件前 2 小时取油样进行耐压试验。

17.6.3 变压器器身内部检查

(1) 打开变压器的人孔门,做好防尘、防潮等措施。

(2) 检查更换变压器阀门、盖板、排气塞上老化的密封圈,更换时做好防范措施,以防工器具、螺栓等落入器身内。

(3) 进入器身的检查人员必须穿不带金属物件的工作服,带入的工器具设专人登记,人孔门处设有专人监护。

(4) 内检空间狭小,进入变压器内检人员检查时选择最佳检查部位,内部固件检查工具力量恰当,避免踩踏、挤压、用力不当等造成变压器绝缘部位损坏。

(5) 内检过程中吹入 0.2 m^3/min 干燥空气,保持器身干燥,防止人员窒息,禁止使用氧气。

(6) 将变压器箱底的残油通过排污阀、油泵等排尽。

(7) 进入主变压器器身内部检查,质量标准及检查结果对照下表。

表 17.3

序号	检查内容	质量标准	检查结果
1	线圈检查	1. 线圈有无移位无过热痕迹 2. 绝缘有无损伤 3. 油路是否堵塞 4. 线圈轴向有无松动 5. 垫块有无松动 6. 螺栓是否紧固	
2	铁芯检查	1. 外观无变形无过热痕迹 2. 铁轭与夹件间的绝缘垫良好 3. 上下铁轭面有无锈蚀、污垢 4. 一点接地且连接牢固,绝缘检查合格	
3	引线检查	1. 引线裸露部分表面外观无尖角毛刺 2. 焊接点焊接良好 3. 外绝缘包扎良好,无发热痕迹	
4	分接开关	1. 分接开关转动灵活、到位 2. 分接线连接可靠 3. 各分接头清洁且接触紧密,弹力良好 4. 开关固定牢固 5. 转动分接开关测量各档位直流电阻符合厂家要求	
5	器身内部检查	1. 支撑构架牢固无变形 2. 所有螺栓紧固 3. 箱底清理干净,检查无异常物件	

检查人:

日期: 温度: 湿度:

注:a.

(8) 检查完毕,清点确认带入变压器内部的工器具齐全后将人孔门封闭。

17.6.4 主变真空注油及热油循环处理

(1) 确认变压器上所有阀门在正确位置,对不能承受真空的部件进行隔断(油囊、瓦斯继电器等)。

(2) 将抽真空导管连接到变压器上部的阀门,在真空机与变压器的连接导管上装一阀门,设专人监护操作,严防滤油机停电时真空泵油倒流到变压器内部。

(3) 启动真空机抽真空,全程严密监视变压器油箱的弹性变形量,其值最大不超过油箱壁厚的两倍,且无异常声响。

(4) 500 kV 变压器真空度允许值要求小于 101 kPa,真空度达到要求后,停滤油机,关闭变压器上部抽真空阀门。

(5) 将变压器做真空保持检查,时间不得少于 24 小时,每一小时至少检查一次,确认无泄漏并做好记录,数据填入下表。

表 17.4

时间	温度/湿度	抽真空时间	停运时真空度	器身检查	记录人

续表

24 小时真空度检查				
时间	温度	湿度	真空度	器身检查	记录人

（6）检查真空无泄漏后，对变压器进行真空注油，下部的注油阀门先不打开，与注油管连接法兰处螺丝不拧紧，打开滤油机出油，利用油把油管的空气从法兰处排出，关闭滤油机，拧紧法兰处螺丝。

（7）打开变压器下部注油阀门，启动滤油机开始注油，注油速度不得超过6吨每小时，注油过程中维持真空度，油位淹没铁芯，距离油箱顶部10～20厘米时停运滤油机，检查确认无泄漏。

（8）解除防真空损坏设备的隔断，打开油枕上部的排气孔，将进油管连接到油枕下部的注油阀，启动滤油机注油，油位比铭牌温度曲线略高位置时停机。

（9）将油枕油面与油囊结合面的空气排尽，检查油囊无泄漏后关闭油枕上部的排气孔，确认油位表指示正确。

(10) 采用对角循环方式进行变压器热油循环(滤油机出口阀—变压器上部进油阀—变压器下部出油阀—滤油机进口阀),不得少于48小时,滤油机出口温度控制在55~60摄氏度之间。

(11) 如循环过程需要导向循环,可在热油循环过程中,启动两组冷却器潜油泵,每4小时进行一次导向循环,每次导向循环时间2小时,至循环结束。

(12) 热油循环过程2小时一次做好记录,数据填入下表。

表 17.5

时间	温度/湿度	滤油机出口油温	油枕油位	变压器上层油温	呼吸器	记录人

注:a.

(13) 热油循环结束,停滤油机,关闭变压器的进、出油阀门,拆除油管。

(14) 变压器静置72小时后,打开变压器瓦斯继电器、压力释放阀、油管排气塞等处进行多次排气。

(15) 从注油结束算起120小时后,才能施加电压进行电气预防性试验。

17.6.5 冷却系统检修

(1) 清理冷却系统各部位包括各油、水管路表面积灰、污迹,根据锈蚀情况打磨、喷漆处理。

(2) 检查各管路无渗漏,更换老化的密封圈。

(3) 拆除二次接线,用兆欧表检查油流、水流继电器上接点的绝缘不小于1兆欧,要求二次接线紧固,密封良好,信号及显示正确。

(4) 变压器冷却器控制箱的接触器、继电器等电气元件无过热或烧蚀,端子接线紧固。

(5) 进行冷却器电源切换试验正常。

(6) 测量控制柜进线电缆绝缘电阻,油泵电机的绝缘电阻、直流电阻,要求绝缘电阻值大于1兆欧,直流电阻三相平衡与历史数据比较相差不大,数据填入下表。

表 17.6

设备名称	对地(兆欧)			直流电阻		
	A	B	C	A	B	C

检查人：　　　　　　　　　　　　　　　　检查日期：

标准:1 000 V兆欧表测量,不低于1兆欧。

17.6.6　分接开关检修

(1) 清扫检查分接开关各部件完整无缺损,干净无锈蚀。

(2) 检查分接开关是否在额定分接位并记录,三相分接开关位置必须一致。

(3) 分接开关密封良好无渗漏油现象。

(4) 分接开关灵活无卡涩,如需调整档位,调整完成后必须测量直流电阻,试验结果符合《广西右江水利开发有限责任公司 220 kV 主变压器试验作业指导书》要求。

17.6.7　测量装置检修

(1) 打开高、低压侧、中性点的电流互感器盖板检查,要求密封良好,无进水受潮痕迹。

(2) 检查电流互感器内部端子,要求接线紧固,无发热痕迹,无渗油。

(3) 确认已断开绕组、油面温度计上的交、直流电源,拆开二次接线并做好单根包裹,拆下绕组、油面温度计送检,期间做好对温度计温包的保护。

(4) 绕组、油面温度计校验合格后安装时在插孔内加注适量的变压器油,要求温度计接线紧固,密封良好。

17.6.8 油枕检修

(1) 油枕密封良好无泄漏,清扫油枕表面积灰、油垢,对脱漆部位进行重新刷漆。

(2) 打开油枕手孔门盖板,注意不得掉落物件到油枕内部,轻轻抬动油位表,检查指针动作正常及二次接点动作正确,拆除二次接线,用兆欧表检查油位表上接点的绝缘要求不小于1兆欧,将接线盒密封良好。

(3) 检查油囊完好无渗漏,油枕内变压器油与油囊结合面空气已排尽。

(4) 向油囊内充入适量氮气,检查无泄漏后关闭手孔门。

(5) 放出油枕下面集污盒中的残油,清扫观察窗。

(6) 更换呼吸器内硅胶,清洗油杯并更换新油,更换老化的密封圈,检查呼吸器及其管道、法兰密封良好。

17.6.9 保护装置检修

17.6.9.1 压力释放阀

(1) 清扫压力释放阀积灰,对锈蚀部位进行补漆处理。

(2) 检查连接螺栓紧固,无渗漏油现象。

(3) 拆除二次接线,用兆欧表检查压力释放阀上接点的绝缘不小于1兆欧,要求二次接线紧固,密封良好,信号正确。

17.6.9.2 瓦斯继电器

(1) 确认瓦斯继电器上二次线电源已断开,做好标记后拆除二次接线并做单根绝缘包裹。

(2) 关闭瓦斯继电器两侧阀门,拆下瓦斯继电器,装上临时的连通导管,打开两侧阀门,检查确认无渗漏。

(3) 送检瓦斯继电器,检验合格回装时先将连通导管拆下,更换密封圈后再将瓦斯继电器装上,安装时注意瓦斯继电器上的箭头必须指向油枕方向,两侧联管和气体继电器三者处于同一中心位置后,才能将螺栓拧紧。

（4）打开两侧阀门注油后将瓦斯继电器内的气体排出，检查密封良好无泄漏。

（5）接上二次线并与保护柜侧对线正确后方可通电。

（6）进行轻瓦斯、重瓦斯传动试验合格。

17.6.9.3　速动油压继电器

（1）清扫速动油压继电器表面积灰，对锈蚀部位进行补漆处理。

（2）拆除二次接线，用兆欧表检查速动油压继电器上接点的绝缘不小于1兆欧。

（3）关闭出口阀门，拆下速动油压继电器送检，检验合格回装时要求二次接线紧固，密封良好，信号正确。

（4）各连接部位螺栓紧固，阀门开闭灵活无卡涩，各结合面无渗漏。

17.6.10　接地系统检修

17.6.10.1　接地网检修

（1）清扫主变接地网积灰、污迹，对锈蚀部位进行补漆处理，要求颜色标示清晰。

（2）对于接地网表面锈蚀严重或断裂的部位，更换接地扁铁做重新焊接处理。

（3）检查接地网与中性点接地铜排、铁芯接地线、夹件接地线、变压器箱体接地片、管路接地片要求连接紧固无松动。

17.6.10.2　铁芯、夹件接地

（1）接地瓷瓶表面干净，无裂纹和放电痕迹。

（2）瓷瓶与变压器本体密封良好无泄漏。

（3）清理接地线表面灰尘、污迹，要求接地线有清晰的颜色标示。

（4）接地线与瓷瓶、地网连接紧固，检查接地线与地网导通电阻小于0.5欧姆。

17.6.11　油箱及附属设备检修

（1）变压器底部滚轮与导轨压紧受力均匀无悬空间隙，两端夹轨紧固器锁紧固定到位无锈蚀，在螺栓与传动部分加注适量的黄油做防锈处理。

（2）油箱表面干净无油污，各阀门、法兰、结合面处无渗漏油现象。

（3）各点相色标示清晰。

（4）清理变压器油坑内的杂物，平整鹅卵石，油坑表面的鹅卵石不得沾有

油污。

（5）检查变压器上瓦斯继电器、油位表、电流互感器接线盒等所有设备已做好防水措施。

17.6.12 主变压器电气预防性试验

（1）试验结果符合《广西右江水利开发有限责任公司右江水电厂 220 kV 主变压器试验作业指导书》要求。

17.6.13 中性点及高、低压侧母线复引

（1）解除高压侧气室真空。

（2）检查中性点,高、低压侧各相母线接触面平滑无毛刺,涂抹适量的导电膏,逐相将软连接与母线连接紧固,注意带电部分与接地体之间保持足够的安全距离。

（3）更换新的吸附剂,更换密封圈后装上盖板。

（4）对高压侧 SF_6 气室抽真空到 133 Pa,停真空机,关闭阀门静置 4 小时以上,检查无泄漏,记录真空度及抽真空时间,填入下表。

表 17.7

设备名称	0~133 Pa 时间	停运时真空度	静置 4 小时后真空度
A 相			
B 相			
C 相			

记录人：　　　　　日期：　　　　　温度：　　　　　湿度：

（5）打开阀门,缓慢向气室充入 SF_6 气体至额定压力。

（6）充气结束 24 小时后对气室进行微水及检漏测试,微水值小于 500 ppm,检测合格后打开气室与 GIS 母线气室的连接阀门,平压联通为额定气压。

17.6.14 清理现场

（1）清点工器具、备件、材料等,严禁以上物件遗留在变压器上。

（2）收拾安全围栏,做好现场卫生。

17.6.15 工作票终结

（1）检查检修记录,关于本次检修内容,检修数据和反措执行情况有无详

细记录，检查有无遗留问题。

(2) 会同验收人员验收对各项检修、试验项目进行验收。

(3) 会同验收人员对现场安全措施及检修设备的状态进行检查，要求恢复至工作许可时的状态。

(4) 经全部验收合格，做好检修记录后，办理工作票结束手续。

17.7 检修记录

检修记录表见附录表 D.1。

17.8 质量签证单

表 17.8

序号	工作内容	工作负责人自检			一级验收			二级验收			三级验收		
		验证点	签字	日期	验证点	签字	日期	验证点	签字	日期	验证点	签字	日期
1	工作准备,办理工作票	W1			W1			W1			W1		
2	主变高、低压侧及中性点母线断引	W2			W2			W2			W2		
3	主变放油	W3			W3			W3			W3		
4	主变器身内部检查	H1			H1			H1			H1		
5	主变真空注油及热油循环	W4			W4			W4			W4		
6	冷却系统检修	W5			W5			W5			W5		
7	分接开关检修	W6			W6			W6			W6		
8	测量装置检修	W7			W7			W7			W7		
9	油枕检修	W8			W8			W8			W8		
10	保护装置检修	W9			W9			W9			W9		
11	接地系统检修	W10			W10			W10			W10		
12	油箱及附属设备检修	W11			W11			W11			W11		

续表

序号	工作内容	工作负责人自检			一级验收			二级验收			三级验收		
		验证点	签字	日期	验证点	签字	日期	验证点	签字	日期	验证点	签字	日期
13	主变电气预防性试验	H2			H2			H2			H2		
14	中性点及高、低压侧母线复引	W12			W12			W12			W12		
15	清理现场，工作票终结	W13			W13			W13			W13		

第 18 章
10 kV 高压开关柜检修作业指导书

18.1 范围

本指导书适用于广西右江水利开发有限责任公司右江水力发电厂 10 kV 高压开关柜的检修工作。

18.2 资料和图纸

下列文件中的条款通过本规范的引用而成为本规范的条款。凡是注日期的引用文件，其随后所有的修改单或修订版均不适用于本规范，然而，鼓励根据本规范达成协议的各方研究是否可使用这些文件的最新版本。凡是不注日期的引用文件，其最新版本适用于本规范。

(1) GB 1984—2014 《高压交流断路器》

(2) GB 1985—2023 《高压交流隔离开关和接地开关》

(3) GB 26860—2011 《电力安全工作规程 发电厂和变电站电气部分》

(4) DL/T 596—1996 《电力设备预防性试验规程》

18.3 安全措施

(1) 严格执行《电力安全工作规程》。

(2) 断开真空断路器，拔下真空断路器二次插拔，将真空断路器释能，拉出真空断路器至"检修"位,合上接地刀闸。

(3) 开工前召开专题会,对各检修参加人员进行组内分工,进行安全、技术交底。

(4) 查阅记录有无缺陷,研读图纸、检修规程、上次检修资料等。

(5) 参加本检修项目的人员必需安全持证上岗,熟悉本作业指导书,并能熟记熟背本书的检修项目、工艺质量标准等。

(6) 确认检修间隔,与运行的带电盘柜之间设有明显隔离围栏,不误碰与检修无关的设备。

(7) 每天检修任务结束后必须将检修所用的照明、试验、检修等电源全部断开。

(8) 每天工作结束后,认真清点所带的工具,绝不许遗落在高压开关柜内。

(9) 检修现场布置、工具材料放置、设备零件摆设等必须按 6S 规范、分类整齐,拆下的零部件必须妥善保管并作好记号以便回装。

(10) 进行高压试验前要设置围栏与其他设备隔离,悬挂"高压危险"标示牌。

(11) 试验现场必须有可靠接地点,将试验设备及被试设备需接地的端子可靠接地,对带有电子设备的设备,应拆除电子设备后再测量绝缘。

(12) 接线端子紧固检查必须验明无电后方可进行,二次回路甩线的工作要开继电保护措施票,工作完成按标记恢复。

18.4 备品备件清单

表 18.1

序号	名称	型号规格(图号)	单位	数量	备注
1	行程开关		件	1	
2	带电显示器		个	1	
3	电磁锁		个	1	
4	分闸线圈		个	1	
5	合闸线圈		个	1	
6	储能电机		个	1	
7	辅助开关		个	2	
8	温度显示器		个	1	

续表

序号	名称	型号规格(图号)	单位	数量	备注
9	触头		个	2	
10	触指触片		片	若干	

注：备品备件检验合格方可使用。

18.5 修前准备

18.5.1 现场准备

表 18.2

序号	名称	型号	单位	数量	备注
一、材料类					
1	凡士林		桶	1	
2	白布		米	20	
3	绝缘胶带		卷	5	
4	白布带		米	10	
5	示温纸		片	20	
6	砂纸	♯0	张	30	
7	橡胶手套		副	6	
8	无水酒精		瓶	20	
9	毛刷		个	若干	
10	毛毡		个	1	
二、工具类					
1	兆欧表		块	2	500 V,2 500 V 各一块
2	万用表		块	2	
3	电源盘		个	2	带漏电保护
4	交流耐压设备		套	1	
5	开关特性测试仪		台	1	
6	回路电阻测试仪		台	1	
7	电动扳手		把	2	
8	活扳手		把	2	
9	套筒扳手		把	2	

续表

二、工具类

序号	名称	型号	单位	数量	备注
10	梅花扳手		把	2	
11	内六角扳手		把	2	
12	螺丝刀		把	10	
13	手电筒		个	2	
14	安全带		根	1	
15	老虎钳		把	2	
16	尖嘴钳		把	2	
17	斜口钳		把	2	
18	尺子		把	2	
19	记号笔		支	1	
20	塞尺		把	2	
21	撬棍		根	2	
22	压线钳		把	1	
23	吸尘器		台	1	
24	电吹风		台	1	
25	警示围栏		个	2	

注：材料、工具检验合格方可使用。

18.5.2 工作准备

（1）工器具已准备完毕，材料、备品已落实。

（2）工作人员培训完成，能正确使用工器具及安全防护用具。

（3）检修地面已经铺设防护胶片，场地已经完善隔离。

（4）作业文件已组织学习，工作组成员熟悉本作业指导书内容及作业分工。

18.5.3 办理相关工作票

（1）办理工作票，工作负责人与运行人员一起到现场确认安全措施已完成，工作负责人向工作班成员进行危险点及防范措施交代已完成。

（2）工作人员的着装符合《电力安全工作规程》要求，衣物中不准携带与工作无关的零星物件。

（3）高压开关柜检修区域已设有明显的检修围栏。

18.6 检修工序及质量标准

18.6.1 高压开关柜柜体检修

（1）清扫柜体外壳，使柜体外壳清洁无积灰、无污物，柜顶无遗留杂物，观察窗清洁、无污物、无破损，检查柜体外壳无损伤，漆膜完整无脱落，盘柜固定牢固。

（2）检查柜面元件安装端正，接线牢固，高压带电指示装置、信号灯工作正常，开关位置信号灯指示正确，开关柜密封良好，门锁齐全柜门无变形损坏，开闭良好。

（3）开关柜内无异物，移动轨道润滑良好，轴销齐全、连杆无变形，挡板无变形，开关手车拉出后能自动复位，手车推拉应轻松灵活，无卡滞现象手车位置检测行程开关作用良好，能正确反映手车位置，开关机械闭锁装置作用良好。

（4）电缆室清洁无灰尘，孔洞封堵完好接地刀闸操作灵活，触头接触良好，无过热变色变形，闭锁装置正常。

（5）母线室清洁无杂物、灰尘，母线及绝缘子完好，无放电痕迹，无龟裂、变形等现象。

（6）柜内照明完好，灯具无损坏，加热器无烧损。

（7）柜体接地良好，接地螺栓紧固无松动，电压互感器和避雷器手车接地点接触良好，表面无锈蚀现象。

（8）开关柜"五防"性能检查，按《电力设备预防性试验规程》执行。

18.6.2 母线检修

（1）检查主母线及分支母线连接螺栓紧固无松动，检查母线铜排有无过热变色现象。

（2）检测主母线三相直流电阻。取下分支母线连接处的绝缘罩根据母线的长度用直流 100 A 压降法分段测量三相母线的接触电阻。合格判据采用相对比较法，即各段三相彼此之间的压降误差不大于 20%。对于压降值较大的母线连接螺栓，应用扭矩扳手重新紧固。

（3）母线绝缘电阻测试。交流耐压试验，试验电压按出厂值的 80%，1 min 无击穿。

18.6.3　真空断路器检修

（1）清理断路器本体表面及夹缝中的灰尘及杂质，使开关本体清洁无油污、积尘；检查绝缘件表面无裂纹、无破损。

（2）检查灭弧室无裂纹、破损，测量灭弧室真空度符合厂家规定。

（3）紧固操作机构，各紧固件不松动、牢固，手动、电动分合断路器3～5次，观察操作机构应无卡组，动作灵活。

（4）检查计数器动作正确可靠。

（5）检查辅助开关动作正确可靠，接点接触良好。

（6）检查各机械闭锁的位置动作正确，联锁闭锁装置无松动、移位，无变形，各闭锁安全有效。

（7）检查动触头应无过热、烧蚀痕迹以及箍簧移位、断裂现象。

（8）紧固二次回路接线端子，接线端子紧固无松动、锈蚀，检查接线插头，二次插头座无变形、烧损、插头接触良好、可靠，测量二次回路绝缘电阻，二次回路绝缘电阻不小于1MΩ。

（9）相关预防性试验，按《电力设备预防性试验规程》执行。

18.6.4　电压互感器及避雷器检修

（1）清扫表面积尘和污垢，表面清洁，无积尘和污垢，检查表面无放电痕迹，外绝缘无损坏。

（2）紧固电压互感器底座固定螺栓，检查一次接线端子接触面无氧化层，紧固件齐全，连接可靠，清洁一次消谐器外壳，清洁无污物，检查一次消谐器接头连线无松动，清洁高压熔断器导电接头，使其清洁无污物，检查高压熔断器无损坏，紧固电压互感器二次接线端子。

（3）紧固避雷器固定螺栓，检查一次引线接头端子接触面无氧化层，连接可靠。

（4）检查电压互感器和避雷器各接线端子的标志齐全清晰，铭牌完好。

（5）电压互感器和避雷器预防性试验，按《电力设备预防性试验规程》执行。

18.6.5　电流互感器检修

（1）清扫电流互感器本体积尘和污垢，使其表面清洁、无积尘和污垢，检查电流互感器无放电痕迹，外绝缘无损坏，电流互感器定固牢固。

(2) 检查一次引线接线端子接触面无氧化层,紧固件齐全,连接可靠。

(3) 紧固二次接线端子,测量二次回路绝缘符合厂家要求。

(4) 检查各接线端子标志齐全清晰,铭牌完好。

(5) 电流互感器预防性试验,按《电力设备预防性试验规程》执行。

18.6.6 真空负荷开关柜及开关检修

(1) 清扫盘柜内外壳积灰、污渍,清除柜顶杂物,检查柜体外壳有无损坏,漆膜是否完整。

(2) 检查盘柜固定情况,盘柜底座应与基础固定牢固。

(3) 清扫负荷开关所有部件上的灰尘、污物,使负荷开关的所有部件,均应清洁无灰尘、油污。

(4) 检查真空管外观有无裂纹、破损,测量真空度,真空度不符合时,更换新的真空管。

(5) 操作机构各部件检查,各紧固件应全部进行一次紧固,保证牢固,手动分合开关3~5次,观察操作机构应无卡阻现象,动作灵活。

(6) 检查负荷开关和接地开关闭锁机构,如果发现金属卡件有弯曲变形现象,应及时校正或更换,闭锁安全有效。

(7) 真空负荷开关的试验按《电力设备预防性试验规程》执行。

18.6.7 高压电缆检修

(1) 检查高压电缆终端头绝缘物损伤,导电接头无烧伤、氧化,接头螺栓紧固无松动。

(2) 高压电缆预防性试验按《电力设备预防性试验规程》执行

18.6.8 清理、检查现场

(1) 检查断路器、接地开关位置等设备为检修前安全措施完成时状态。

(2) 清点工具,收拾现场的备件和材料。

(3) 清理检修现场,做好现场卫生。

18.6.9 工作票终结

(1) 检查检修记录,关于本次检修内容,检修数据和反措执行情况有无详细记录,检查有无遗留问题。

1. 会同验收人员对各项检修、试验项目进行验收。

2. 会同验收人员对现场安全措施及检修设备的状态进行检查,要求恢复至工作许可时的状态。

3. 经全部验收合格,做好检修记录后,办理工作票结束手续。

18.7 检修记录

检修记录表见附录表 D.1。

18.8 质量签证单

表 18.3

序号	工作内容	工作负责人自检			检修单位验证			监理验证			业主验证		
		验证点	签字	日期	验证点	签字	日期	验证点	签字	日期	验证点	签字	日期
1	工作准备,办理相关工作票	W1			W1			W1			W1		
2	高压开关柜柜体检修	H1			H1			H1			H1		
3	母线检修	H2			H2			H2			H2		
4	真空断路器检修	H3			H3			H3			H3		
5	电压互感器及避雷器检修	H4			H4			H4			H4		
6	电流互感器检修	H5			H5			H5			H5		
7	真空负荷开关柜及开关检修	H6			H6			H6			H6		
8	高压电缆检修	H7			H7			H7			H7		
9	清理、检查现场,工作票终结	W2			W2			W2			W2		

第 19 章
400 V 低压盘柜检修作业指导书

19.1　范围

本指导书适用于广西右江水利开发有限责任公司右江水力发电厂 400 V 低压盘柜(机组自用电、全厂公用电、照明系统)的检修工作。

19.2　资料和图纸

下列文件中的条款通过本规范的引用而成为本规范的条款。凡是注日期的引用文件,其随后所有的修改单或修订版均不适用于本规范,然而,鼓励根据本规范达成协议的各方研究是否可使用这些文件的最新版本。凡是不注日期的引用文件,其最新版本适用于本规范。

(1) GB 7251.1—2013 《低压成套开关设备和控制设备 第 1 部分：总则》

(2) GB 26860—2011 《电力安全工作规程 发电厂和变电站电气部分》

(3) GB 50149—2010 《电气装置安装工程 母线装置施工及验收规范(附条文说明)》

(4) DL 408—1991 《电业安全工作规程(发电厂和变电所电气部分)》

(5) DL/T 596—1996 《电力设备预防性试验规程》

(6) DL/T 727—2013 《互感器运行检修导则》

(7)《右江水力发电厂用电安全管理规定》

19.3 危险点分析与安全措施

(1) 断开 400 V 高压侧进线开关,并将开关拉到检修位置,将接地刀闸合闸。

(2) 断开 400 V 低压侧进线开关,将开关拉到检修位置。

(3) 断开 400 V 母线联络开关,将开关拉到检修位置。

(4) 断开检修段母线上的电压互感器刀闸,断开二次侧电源空开。

(5) 合上高压侧的接地刀闸、在母线上挂一组接地线。

(6) 在高压侧电源开关、低压侧电源进线开关、母线联络开关、电压互感器二次空开处挂"禁止合闸,有人工作"标示牌。

(7) 严格执行《电力安全工作规程》。

(8) 办理工作票,工作负责人与运行人员一起到现场确认安全措施执行情况。

(9) 开工前召开专题会,对各检修参加人员进行组内分工,并且进行安全、技术交底。

(10) 查阅记录有无缺陷,研读图纸、检修规程、上次检修资料等。

(11) 参加本检修项目的人员必需安全持证上岗,熟悉本作业指导书,并能熟记熟背本书的检修项目,工艺质量标准等。

(12) 确认检修间隔,与运行的带电盘柜之间设有明显隔离围栏。

(13) 高空作业,正确佩戴、使用安全带、防坠器;使用梯子时有人扶护。

(14) 每天检修任务结束后必须将检修所用的照明、试验、检修等电源全部断开。

(15) 每天工作结束,认真清点所带的工器具,绝不许遗落在低压盘柜内,必要时设专人登记工器具的使用。

(16) 盘柜检修时注意对设备的保护。

(17) 检修现场布置、工具材料放置、设备零件摆设等必须按 7S 规范、分类整齐,拆下的零部件必须妥善保管并作好记号以便回装。

(18) 进行高压试验前要设置围栏与其他设备隔离,悬挂"高压危险"标示牌,重要通道要设专人看守,避免人员误触电;断开母线上的所有接地点,并将与母线连接的所有一次设备和二次设备的保险、仪表和开关断开;将母线上的电流互感器二次侧绕组可靠接地;试验用的临时短接线必须登记清点,以免遗留在设备内;带有电子设备的设备,应拆除电子设备后方可测量。

（19）负荷核对工作开始前必须确认设备双重编号正确，并且验明电缆两侧无电压后方可进行。

（20）接线端子紧固检查必须验明无电后方可进行，二次回路甩线的工作要开继电保护措施票，工作完成按标记恢复。

19.4 备品备件清单

表 19.1

序号	名称	型号规格（图号）	单位	数量	备注
1	支撑绝缘子		个	2	
2	接线鼻子		根	2	
3	开关把手		个	2	
4	接线端子		个	2	

注：备品备件检验合格方可使用。

19.5 修前准备

19.5.1 现场准备

表 19.2

一、材料类

序号	名称	型号	单位	数量	备注
1	凡士林		桶	1	
2	白 布		米	20	
3	棉纱布		千克	10	
4	绝缘胶带		卷	5	
5	白布带		米	10	
6	示温纸		片	20	
7	砂 纸	≠0	张	30	
8	橡胶手套		副	6	
9	无水酒精		瓶	20	
10	毛 刷		个	2	
11	毛 毡		个	3	

续表

一、材料类

序号	名称	型号	单位	数量	备注
12	清洗剂		升	6	
13	防火泥		千克	30	
14	防火包		千克	20	
15	螺栓		套	20	

二、工具类

序号	名称	型号	单位	数量	备注
1	兆欧表		块	2	1 000 V、2 500 V 各一块
2	万用表		块	2	
3	电源盘		个	2	带漏电保护
4	电动扳手		把	2	
5	活扳手		把	2	
6	套筒扳手		把	2	
7	梅花扳手		把	2	
8	内六角扳手		把	2	
9	螺丝刀		把	10	
10	手电筒		个	2	
11	电工工具		套	3	
12	安全带		根	1	
13	漏电保护开关		个	2	
14	老虎钳		把	2	
15	尖嘴钳		把	2	
16	斜口钳		把	2	
17	尺子		把	2	
18	记号笔		支	1	
19	塞尺		把	2	
20	撬棍		根	2	
21	压线钳		把	1	
22	警示围栏		个	2	

注：材料、工具检验合格方可使用。

19.5.2 工作准备

（1）工器具已准备完毕，材料、备品已落实。

（2）工作人员培训完成，能正确使用工器具及安全防护用具。

（3）检修地面已经铺设防护胶片，场地已经完善隔离。

（4）作业文件已组织学习，工作组成员熟悉本作业指导书内容及作业分工。

19.5.3　办理相关工作票

（1）办理工作票，工作负责人与运行人员一起到现场确认安全措施已完成，工作负责人向工作班成员进行危险点及防范措施交代已完成。

（2）检修配电盘柜与运行的带电盘柜之间已设有明显隔离围栏。

（3）工作人员的着装符合《电力安全工作规程》要求，衣物中不准携带与工作无关的零星物件，带入配电盘柜内的工具已做好记录，工作结束及时清点。

19.6　检修工序及质量标准

19.6.1　测量母线绝缘电阻

（1）打开配电盘的前、后柜门，对母线进行修前绝缘检测，数据填入下表：

表 19.3

设备名称	对地（兆欧）		
	A	B	C
试验人员：		日期：	

标准：1 000 V 兆欧表测量，不低于 0.5 兆欧。

（2）绝缘检测完成后用吸尘器、吹风机、毛刷、白布、无水酒精、清洁剂等将盘柜内的所有电气元件包括母线、开关、互感器、电缆、绝缘子、支撑件等清扫干净。

19.6.2　电流、电压互感器检修

（1）互感器外壳无裂纹、破损，无过热、变色现象。

（2）各接线端子检查无发热及松动现象，接地线连接紧固。

（3）电压互感器熔断器电阻值测量正常，与触头连接紧固无松动。

19.6.3 避雷器检修

19.6.3.1 外观检查

避雷器外壳无裂纹、破损,无过热、变色现象。

19.6.3.2 预防性试验

断开避雷器的上级开关,用1 000 V兆欧表测量避雷器每相的对地绝缘电阻,数据填入下表。

表 19.4

设备名称	对地(兆欧)		
	A	B	C
试验人员:		日期:	

标准:1 000 V兆欧表测量,不低于1兆欧。

19.6.4 配电盘内设备检修

(1)盘柜内二次端子检查、紧固,要求无发热、松动和损坏。

(2)表计校验日期在有效日期的范围内,显示值与实际测量值一致。

(3)盘柜地线母排、零线母排及其上面的接线连接紧固,无发热变色现象。

(4)配柜的地脚螺栓、连盘螺栓连接紧固无锈蚀。

(5)盘柜加热器接线端子紧固,接线无发热、烧焦痕迹;使用万用表测量加热器的阻值是否符合铭牌要求,不合格的进行更换。

(6)盘柜门的转动部分适量涂抹润滑油,要求开闭正常,连接牢固,无松脱现象。

19.6.5 馈线开关及其负载检修

(1)各馈线操作机构动作灵活无卡涩,开关指示与实际位置一致。

(2)热继电器、继电器等电气设备接线紧固,无发热变色,动作灵活。

(3)指示灯无破损,接线紧固,指示正确。

(4)电缆连接紧固无松动,无烧焦、过热变色现象;排列整齐,进、出线部位与盘柜的防火封堵完善。

(5)软起动器、交流接触器的检修详见"400 V软起动器检修作业指导书、400 V交流接触器检修作业指导书"要求。

（6）负荷核对：各馈线开关必须在分闸位置，核对时一人在配电柜馈线开关处，一人在负荷处，电缆两侧必须先确认标示牌正确且验明无电后方可进行负荷核对工作，使用对讲机等通信工具进行沟通，操作过程中严格互唱制度；核对正确的负荷现场，若无贴标示牌或者标示牌不符的，及时制作新的标示牌，数据填入下表。

表 19.5

馈线名称	起点	终点	对地（兆欧） A	对地（兆欧） B	对地（兆欧） C	电缆规格
试验人员：			日期：			

标准：1 000 V兆欧表测量，不低于0.5兆欧。

19.6.6　电源进线、联络断路器检修

19.6.6.1　断路器检修

（1）在断路器进出导轨、挡板等部件上适量涂抹润滑脂，要求断路器进、出车活动自如，无卡涩现象，检查一、二次回路接触良好。

（2）将断路器退出到检修平台，检查断路器外观无异常，打开操作机构外壳，清扫内部灰尘；断路器上的辅助开关活动正常无卡涩，对所有端子进行紧固。

(3)检查断路器触头无烧蚀现象,触指咬合正常,无箍簧移位、断裂现象;灭弧罩栅片无过热、变色的情况。

(4)手动将断路器储能,机械分、合二次,要求断路器动作正常,指示正确。

19.6.6.2 断路器预防性试验

1. 直流电阻、绝缘电阻测量

(1)断开断路器合、分闸线圈与本体连接的接线,做直流电阻、绝缘电阻检测。

(2)断开断路器储能电机与本体连接的接线,做直流电阻、绝缘电阻检测。

(3)直流电阻和绝缘电阻数据填入下表。

表 19.6

设备名称	合闸线圈直流电阻	合闸线圈绝缘电阻	分闸线圈直流电阻	分闸线圈绝缘电阻	储能电机直流电阻	储能电机绝缘电阻
试验人员:		日期:				

标准:线圈直流电阻与厂家要求偏差不大于5%;500 V兆欧表检测绝缘电阻不低于1兆欧

2. 断路器的绝缘电阻及回路电阻测量

(1)使用2 500 V兆欧表在断路器分闸时测量断口间的绝缘,合闸时测量整体对基座的绝缘;开关合闸时测量开关导电回路的直流电阻,数据填入下表。

表 19.7

设备名称	断口绝缘(兆欧)	整体绝缘(兆欧)	断路器导体直流电阻(微欧)			备注
			A	B	C	

续表

设备名称	断口绝缘(兆欧)	整体绝缘(兆欧)	断路器导体直流电阻(微欧)			备注
			A	B	C	
试验人员：			日期：			

标准：试验数据符合断路器厂家要求

3. 断路器的特性试验

恢复分、合闸线圈、储能电机接线，进行断路器的特性试验，数据填入下表。

表 19.8

设备名称	合闸低电压(V)	分闸低电压(V)	同期时间(ms)			备注
			A	B	C	
试验人员：			日期：			

标准：1. 合闸时间、分闸时间及分、合闸速度符合厂家规定
  2. 分闸不同期不大于 2 ms，合闸不同期不大于 3 ms。

19.6.6.3 进线、联络断路器保护装置校验及配电段联锁试验

按照继电保护规程要求：装置校验合格，配电段联锁试验动作正确。

19.6.7 母线检修

(1) 母线螺栓紧固、垫圈齐全，无过热、锈蚀现象。

(2) 绝缘子和支撑件无破裂、损坏和松动的现象。

(3) 母线预防性试验，数据填入下表。

表 19.9

设备名称	对地(兆欧)		
	A	B	C
试验人员:		日期:	

标准:试验电压为 1 000 V,1 min 无击穿和闪络;也可用 2 500 V 兆欧表代替

(4) 装复前、后柜门,工作负责人检查确认无工具、材料等物件遗留在配电盘柜内。

19.6.8 现场清理

(1) 清点工具,收拾现场的备件和材料。
(2) 清理检修现场,做好现场卫生。
(3) 人员器具撤离检修现场。

19.6.9 结束工作

(1) 检查检修记录,关于本次检修内容,检修数据和反措执行情况有无详细记录,检查有无遗留问题。
(2) 会同验收人员验收对各项检修、试验项目进行验收。
(3) 会同验收人员对现场安全措施及检修设备的状态进行检查,要求恢复至工作许可时的状态。
(4) 经全部验收合格,做好检修记录后,办理工作票结束手续。

19.7 检修记录

检修记录表见附录表 D.1。

19.8 质量签证单

表 19.10

序号	工作内容	工作负责人自检			检修单位验证			监理验证			点检员验证		
		验证点	签字	日期	验证点	签字	日期	验证点	签字	日期	验证点	签字	日期
1	工作准备,办理相关工作票	W1			W1			W1			W1		

续表

序号	工作内容	工作负责人自检			检修单位验证			监理验证			点检员验证		
		验证点	签字	日期	验证点	签字	日期	验证点	签字	日期	验证点	签字	日期
2	测量母线绝缘电阻	H1			H1			H1			H1		
3	电流、电压互感器检修	W2			W2			W2			W2		
4	避雷器检修	H2			H2			H2			H2		
5	配电盘内设备检修	W3			W3			W3			W3		
6	馈线开关及电缆检修	W4			W4			W4			W4		
7	进线、联络断路器检修	H3			H3			H3			H3		
8	母线检修	H4			H4			H4			H4		
9	清理现场，结束工作	W5			W5			W5			W5		

第 20 章
调速器电气控制检修作业指导书

20.1 范围

本作业指导书适用于广西右江水利开发有限责任公司右江水电厂调速器电气控制的检修工作。

20.2 资料和图纸

下列文件中的条款通过本规范的引用而成为本规范的条款。凡是注日期的引用文件，其随后所有的修改单或修订版均不适用于本规范，然而，鼓励根据本规范达成协议的各方研究是否可使用这些文件的最新版本。凡是不注日期的引用文件，其最新版本适用于本规范。

（1）GB 9652.1—2007　《水轮机控制系统技术条件》

（2）GB 9652.2—2007　《水轮机控制系统试验》

（3）DL/T 496—2016　《水轮机电液调节系统及装置调整试验导则》

（4）DL/T 619—2012　《水电厂机组自动化元件（装置）及其系统运行维护与检修试验规程》

（5）DL/T 710—2018　《水轮机运行规程》

（6）DL/T 792—2013　《水轮机调节系统及装置运行与检修规程》

20.3 安全措施

（1）工作负责人填写工作票，经工作票签发人签发发出后，应会同工作许可人到工作现场检查工作票上所列安全措施是否正确执行,经现场核查无误后,与工作许可人办理工作票许可手续。清点所有工器具数量合适,检查合格,试验可靠。

(2) 开工前召开班前会,分析危险点,对各检修参加人员进行组内分工,并且进行安全、技术交底。

(3) 检修工作过程中,工作负责人要始终履行工作监护制度,及时发现并纠正工作班人员在作业过程中的违章及不安全现场。

(4) 高空作业要系好安全带。

(5) 调试工作开始前,要在工作现场做好警示标识,比如:作业带电,无关人员请不要误碰误动。

(6) 严防残压测频回路二次侧向一次侧倒送电。

(7) 严格执行《电业安全工作规程》安全工作规定。

(8) 参加本检修项目的人员必需持证上岗,并熟知本作业指导书的安全技术措施。

(9) 当天检修任务结束后一定要将检修所用照明电源断掉。

(10) 参加检修的人员必须熟悉本作业指导书,并能熟记熟背本书的检修项目,工艺质量标准等。

(11) 清点所有专用工具齐全,检查合适,试验可靠。所带的常用工具、量具应认真清点,绝不许遗落在设备内。

20.4 备品备件清单

表 20.1

序号	名称	规格型号(图号)	单位	数量	备注
1	测速探头		个	4	
2	有功功率变送器		个	2	
3	电磁阀线圈		套	2	
4	指示灯、把手、按钮		套	3	
5	液晶触摸屏		个	1	
6	转速装置		个	1	

20.5 修前准备

20.5.1 材料工具清单

表 20.2

一、材料类					
序号	名称	规格型号	单位	数量	备注
1	试验导线		条	6	
2	试验夹子		个	12	
3	试验线	1.5 mm^2	米	30	
4	白布		米	1	
5	毛刷	大、中号	把	各1	
6	粘胶带	1.5寸	米	3	
7	焊锡		米	0.5	
8	多股电缆	3×1.0 mm^2	米	30	
9	无水乙醇		瓶	1	
10	白头号码管		米	若干	
11	电缆牌		个	若干	
12	标签		盒	若干	
二、工具、仪器仪表类					
1	呆口扳手	5～7,8～10,9～11,14～17,17～19,32～36	把	各2	
2	烙铁		把	1	
3	行灯	36V	盏	1	
4	塞尺		把	1	
5	直尺	1 m	把	1	
6	秒表		个	1	
7	活动扳手		把	1	
8	内六角		套	1	
9	电工工具		套	1	
10	继保仪		台	1	
11	数字万用表	8″	块	1	
12	500 V 兆欧表		块	1	
13	白头打印机		台	1	
14	标签机		台	1	

20.5.2　工作准备

（1）工器具已准备完毕，材料、备品已落实。

（2）检修地面已经铺设防护胶片，场地已经完善隔离。

（3）开工前做好安全知识及危险点讲解，向工作班成员交代工作内容、人员分工、带电部位，进行危险点告知。

（4）作业文件已组织学习，工作组成员熟悉本作业指导书内容。

（5）已办理工作票及开工手续，压力油泵退出运行且油罐已排油。

（6）检查验证工作票。

（7）工作人员的着装应符合《安规》要求，衣物中不准携带与工作无关的零星物件，带入的工具应做好记录，工作完须检查工具与记录是否相符。工作人员的着装应符合《安规》要求。

（8）技术资料整备、工作票及安全措施票的审核签字。

20.6　检修工序及质量标准

20.6.1　盘柜清扫

20.6.1.1　作业前准备

（1）工具准备：吸尘器、鼓风机、毛刷、抹布、无水酒精、十字螺丝刀、小活动扳手、一字螺丝刀、万用表。

（2）工作条件：盘柜已全部停电。

20.6.1.2　安全措施及注意事项

（1）用万用表电压档测量，确保盘柜已全部停电。

（2）不要使用水清洗电子元件，清扫时也要防止水进入电子设备内。

20.6.1.3　质量标准

（1）盘柜及元器件：干净整洁、无积尘、无异物。

（2）设备元件外观无异常、无裂纹。

20.6.1.4　作业步骤

（1）用吸尘器把柜顶灰尘吸干净。

（2）用抹布擦干净盘柜四周表面，特别污垢使用酒精擦拭。

（3）用破布、毛刷、吸尘器、鼓风机等清扫干净盘柜内及柜内元件设备，注意柜内元件设备不得用湿抹布擦拭。

(4)设备清扫干净后,对盘柜内外再做一次全面检查,确保无异物遗留。

20.6.2 PLC模块、电源模块的清扫

20.6.2.1 作业前准备

(1)工具准备:吸尘器、鼓风机、毛刷、抹布、无水酒精、小扳手、一字螺丝刀、十字螺丝刀、万用表。

(2)工作条件:盘柜已全部停电。

20.6.2.2 安全措施及注意事项

(1)用万用表电压档测量,确保盘柜已全部停电。

(2)不要使用水清洗电子元件,清扫时也要防止水进入电子设备内。

20.6.2.3 质量标准

(1) PLC模块、电源模块等干净、无积尘。

(2) PLC模块、电源模块等外观无裂纹破损等异常。

(3) PLC模块、电源模块等安装牢固。

(4) PLC模块、电源模块等各接线插件和插座之间定位良好,安装牢固。

20.6.2.4 作业步骤

(1)用破布、毛刷、吸尘器、鼓风机等清扫干净PLC模块、电源模块等,注意不得用湿抹布擦拭。

(2)检查PLC模块、电源模块外观无裂纹破损等异常。

(3)检查PLC模块、电源模块安装牢固。

(4)检查PLC模块、电源模块各接线插件和插座之间定位良好,安装牢固。

20.6.3 面板把手、按钮、信号指示灯检查

20.6.3.1 作业前准备

(1)工具准备:小扳手、一字螺丝刀、十字螺丝刀、万用表。

(2)工作条件:盘柜停电。

20.6.3.2 安全措施及注意事项

不要在有电情况下用万用表测量触点电阻。

20.6.3.3 质量标准

把手、按钮安装端正牢固,操作灵活无卡阻,接点接触良好:开接点大于 $5\ M\Omega$,闭接点小于 $1\ \Omega$。

20.6.3.4 作业步骤

(1) 检查各把手、按钮安装是否端正牢固,否则重新调整。

(2) 操作各把手、按钮,操作应灵活无卡阻现象,并测量接点动作电阻符合要求。

(3) 检查各信号指示灯外观完好,安装端正牢固。

(4) 检查各把手、按钮、信号指示灯接线无松动。

20.6.4 检查完善设备、元件标识

20.6.4.1 工作前准备

(1) 工具准备:白头印字机、标签打印机、电缆牌打印机、白头号码管、标签、电缆牌、无水酒精、一字螺丝刀。

(2) 工作条件:无要求。

20.6.4.2 安全措施及注意事项

更换标识时应依次更换,避免多个更换时弄错。

20.6.4.3 质量标准

(1) 设备、元件标识黏贴端正,文字正确、清晰。

(2) 各端子的端子号标识及白头回路号标识字迹清楚,与图纸一致。

20.6.4.4 作业步骤

(1) 检查各设备、元件有标识,且标识黏贴端正,文字正确、清晰,否则完善。

(2) 检查各端子的端子号标识及白头回路号标识字迹清楚,与图纸一致,否则完善。

(3) 检查电缆的电缆牌字迹清楚,回路号指向,与图纸一致,否则完善。

20.6.5 各交、直回路之间及对地绝缘检测

20.6.5.1 作业前准备

(1) 工具准备:绝缘表、一字螺丝刀、万用表。

(2) 工作条件:盘柜已全部停电。

20.6.5.2 安全措施及注意事项

(1) 绝缘电阻测试工作开始前,要用万用表电压档检查,确定回路已经停电且没人在回路上工作方可开始绝缘测量工作。

(2) 24 V、5 V电源回路绝缘检测时不能使用 500 V 兆欧表,而应使用万用表测量。

20.6.5.3　质量标准

(1) 交直流 220 V 电源回路对地绝缘值,其值应大于 5 MΩ。

(2) 24 V、5 V 电源回路对地绝缘值,其值应大于 1 MΩ。

20.6.5.4　作业步骤

(1) 使用 500 V 兆欧表在交流 220 V 电源火线测量回路对地绝缘值并记录。

(2) 使用 500 V 兆欧表在直流 220 V 电源＋端测量回路对地绝缘值并记录。

(3) 使用 500 V 兆欧表在直流 220 V 电源－端测量回路对地绝缘值并记录。

20.6.6　事故电磁阀、紧急停机阀、分段关闭阀控制回路检查、内阻检测,电磁阀线圈电阻测量

20.6.6.1　作业准备

(1) 工具准备:绝缘表、一字螺丝刀、万用表。

(2) 工作条件:盘柜已全部停电。

20.6.6.2　安全措施及注意事项

绝缘电阻测试工作开始前,要用万用表电压档检查,确定回路已经停电且没人在回路上工作方可开始绝缘测量工作。

20.6.6.3　质量标准

(1) 事故电磁阀、紧急停机电磁阀、分段关闭电磁阀阀回路对地绝缘值应大于 5 MΩ。

(2) 事故电磁阀、紧急停机电磁阀、分段关闭电磁阀外观检查无破裂等异常情况。

(3) 事故电磁阀、紧急停机电磁阀、分段关闭电磁阀接线端子紧固无松动,焊接线无虚焊,标识清楚。

20.6.6.4　作业步骤

(1) 目视检查事故电磁阀外观无破损,检查事故电磁阀接线端子紧固无松动,焊接线无虚焊,标识清楚。

(2) 使用 500 V 兆欧表在事故电磁阀＋端测量回路对地绝缘值并记录。

(3) 使用万用表在事故电磁阀＋端和－端之间测量电阻值并记录。

(4) 使用 500 V 兆欧表在紧急停机电磁阀＋端测量回路对地绝缘值并记录。

(5) 使用万用表在紧急停机电磁阀＋端和－端之间测量电阻值并记录。

（6）使用 500 V 兆欧表在分段关闭电磁阀＋端测量回路对地绝缘值并记录。

（7）使用万用表在分段关闭电磁阀＋端和－端之间测量电阻值并记录。

20.6.7 继电器检查和校验

20.6.7.1 作业准备

工具准备：一字螺丝刀、万用表、校验装置、试验线、继电器座。

20.6.7.2 安全措施及注意事项

（1）注意分清不同型号继电器和其额定工作电压等级及使用交流还是直流工作电压，严防通电电压远远大于额定电压而把继电器线圈烧坏。

（2）需要调整清理继电器接点时，要轻轻用力把继电器外罩打开，防止损坏。

20.6.7.3 质量标准

（1）动作电压≤75%Ue，返回电压≥8%Ue。

（2）继电器外观完好，无裂纹、破损现象；所有接点没有烧毛现象，且接触良好，同型号继电器线圈直流阻值最大-最小相差不超过 20%平均值（或者和往年相比变化不超过 20%）。

（3）额定电压下，"通"触点电阻≤5 Ω，"断"触点电阻≥1 MΩ。

20.6.7.4 作业步骤

（1）拔下调速器柜继电器。

（2）目测检查继电器外观应完好，无裂纹，接点无烧毛氧化。如有烧毛，应轻轻打开继电器外罩，用细砂条轻磨接点，最后用酒精清洗干净，用手轻压继电器，用万用表电阻档检查接点通断应可靠，不然更换继电器。

20.6.8 电调残压、齿盘测频回路、反馈机构清扫、检查，接近开关安装间距调整

20.6.8.1 作业准备

（1）工具准备：吸尘器、毛刷、抹布、无水酒精、十字螺丝刀、一字螺丝刀、活动扳手、万用表、17 的呆口扳手 2 个、1 米钢板尺。

（2）工作条件：盘柜已全部停电。

（3）工作条件：盘测速探头（接近开关）与齿盘的间隙调整前，机械专业必须已完成水导油槽回装。

20.6.8.2 安全措施及注意事项

(1) 电调残压测频回路清扫、检查前确认一次部分未进行相关试验,防止触电。

(2) 在电压互感器二次接线引出端检查时注意清点工器具。

(3) 清扫、调整齿盘探头后注意清点工器具,不要遗留工器具在现场。

20.6.8.3 质量标准

(1) 电调残压 PT、齿盘测速探头、导轮叶反馈装置外观完好,无裂纹、破损现象,清扫整洁,各接线端子紧固、连接可靠,白头及回路号标识清楚。

(2) 二次回路无短路且一点可靠接地。

(3) 电压互感器隔离开关二次接点辅助开关接触良好。

(4) 齿盘测速探头(接近开关)与齿盘间隙为 2.0~2.5 毫米。

20.6.8.4 作业步骤

(1) 电调残压测频回路清扫、检查。

a) 用抹布、毛刷清扫干净电调残压 PT。

b) 紧固电调残压 PT 接线端子,检查连接可靠,白头及回路号标识清楚。

c) 用万用表电阻档测量互感器二次线圈阻值近似等于零。

d) 用万用表电阻档检查二次回路一点可靠接地。

e) 用万用表检查电压互感器隔离开关二次接点辅助开关接触良好。

f) 用万用表检查出口断路器端子箱内电调残压测量用空气开关接线是否紧固,开关触头是否接触良好。

g) 用螺丝刀紧固电调残压测频回路柜内接线端子,检查测频相关模块插头不松动,白头及回路号标识清楚。

(2) 电调齿盘测频回路清扫、检查。

a) 用抹布、毛刷清扫干净电调齿盘测频用齿盘、探头及安装机架。

b) 检查探头接线无松脱,白头及回路号标识清楚。

c) (机械专业已调整完受油器轴线中心后),把钢板尺放在齿盘与探头之间,并顺着齿盘圆周把钢板尺紧紧弯压在齿盘上。

d) 计算探头和齿盘之间的距离,如果他们之间的间隙不在范围内,则调整探头和齿盘之间的距离符合要求,最终调整间隙大小。

e) 调整探头和齿盘之间的距离作业完毕,清理现场。

f) 用螺丝刀紧固电调齿盘测频回路柜内接线端子,检查测频相关模块插头不松动,白头及回路号标识清楚。

20.6.9 各端子检查、紧固

20.6.9.1 作业准备

（1）工具准备：一字螺丝刀，十字螺丝刀。

（2）工作条件：盘柜停电。

20.6.9.2 安全措施及注意事项

（1）盘柜停电。

（2）特别注意检查一个端子内接有两根及以上的线的端子是否接线牢固，紧固螺钉是否压接在绝缘层上。

（3）注意用合适的力度紧固端子，以免端子滑牙、损坏。

20.6.9.3 质量标准

接线紧固，无松动。端子无生锈损坏现象，紧固螺钉不滑牙。

20.6.9.4 作业步骤

（1）逐个端子紧固接线、检查接线是否松动。

（2）逐个端子检查外观是否生锈损坏、螺钉滑牙现象，如有则更换。

20.6.10 图纸和实际接线检查

20.6.10.1 作业准备

（1）工具准备：一字螺丝刀，十字螺丝刀，万用表。

（2）工作条件：盘柜停电。

20.6.10.2 安全措施及注意事项

需甩线检查要记录好所甩的接线。

20.6.10.3 质量标准

图纸原理与现场接线一致。

20.6.10.4 作业步骤

（1）检查现场接线是否与图纸一致，如有不一致，查明原因做相应处理。

（2）检查现场接线的白头标识等是否与图纸一致，如有不一致，查明原因做相应处理。

20.6.11 电调柜通电检查

20.6.11.1 作业准备

（1）工具准备：万用表。

（2）盘柜清扫干净、电源绝缘检查合格。电源模块及继电器校验完毕。

(3) 装置电源绝缘检查合格。

(4) 电源模块及继电器校验完毕。

20.6.11.2 安全措施及注意事项

通电前,装置电源绝缘检查合格,各部件接线正常,无短路现象,特别注意传感器无短路可能。

20.6.11.3 质量标准

(1) 测量电源模块输出电压数值误差≤±10%额定值。

(2) PLC 系统工作正常,模块状态检查无异常。

20.6.11.4 作业步骤

(1) 合上调速器交流 220 V 电源空气开关,合上直流 220 V 电源空气开关。

(2) 检查调速器柜内其他元件无冒烟、烧焦异味、异响等异常情况。

20.6.12 调速器测频回路检查试验

20.6.12.1 作业准备

(1) 工具准备:继保仪、万用表 1 块、试验导线若干、试验导线接线插头、试验导线连接件。

(2) PLC 系统工作正常。

(3) 调速器空载或负载状态。

20.6.12.2 安全措施及注意事项

为预防向一次侧倒送电,在接入频率信号发生器模拟发频前,确认已经将发电机出口 PT 二次回路甩开并用绝缘胶带包好线头后方可开始工作。

20.6.12.3 质量标准

额定频率 50 Hz 时测量发频值与收频值最大偏差≤0.02 Hz,其他频率最大偏差不超过 0.05 Hz。

20.6.12.4 作业步骤

(1) 将 PT 二次测回路相继从端子处甩开并用绝缘布包好。

(2) 将频率信号发生器输出端并接在压输入端子上(机组网频输入端子上)。

(3) 调速器 A 套主用,改变频率信号发生器的频率(5~100 Hz),观察记录监控显示的机组测频结果于表 20.3。

20.6.12.5 测频数据记录表,检修数据见下表。

表 20.3

转速装置试验数据

序号	发频	mA(输出)	n(转速)%	监控实测
1	0			
2	10			
3	15			
4	20			
5	25			
6	30			
7	35			
8	40			
9	45			
10	50			
11	55			
12	57.5			
13	60			
14	65			
15	70			
16	75			
17	77.5			

20.6.13 监控通讯功能检查

20.6.13.1 作业准备

工具准备:螺丝刀、频率发生器、试验导线。

20.6.13.2 安全措施及注意事项

不要带电拔插通讯口。

20.6.13.3 质量标准

(1) 与监控通讯链路正常,收发信息正常。
(2) 与监控通讯内容正确。

20.6.13.4 作业步骤

(1) 检查监控系统与调速器通讯的相应串口"接收"和"发送"灯闪烁,即与监控通讯链路正常,收发信息正常。

(2) 检查监控系统画面上的信息与调速器实际状态一一对应。

(3) 在调速器侧模拟各种信号或故障,检查监控系统正确报告相应动作信号。

20.6.13.5 远方信号校验表

检修数据见下表。

表 20.4

校验信号(输入)	信号接收	校验信号(输出)	信号接收
开机令			
停机令			
出口断路器			
给定增加			
给定减少			
开限增加		D	
开限减少			
一次调频投入			
一次调频投入			

20.6.14 参数、定值核对

20.6.14.1 作业准备

(1) 工具准备:无。

(2) 工作条件:PLC系统工作正常。

20.6.14.2 安全措施及注意事项

注意不要把显示操作误作为写入操作。

20.6.14.3 质量标准

参数、定值按定值通知单执行。

20.6.14.4 作业步骤

检查与定值通知单一致或与往年数据一致。

20.6.14.5 调速器调节参数记录表

检修数据见下表。

表 20.5

PID 参数(空载)		PID 参数(负载)		参数给定	
bp		bp		水头给定	
Kp		Kp		频率死区	
Ki		Ki		开度死区	
Kd		Kd		一次调频限制量	

20.6.15 导叶全关及全开位置标定

20.6.15.1 作业准备

(1) 工具准备：万用表 2 块、直尺。

(2) 工作条件：调速器建压正常，蜗壳无水，机械专业已完成导叶现场部分的调整。

20.6.15.2 安全措施及注意事项

(1) 调试时注意压油罐的油压、油位，油压、油位过低时要等压油泵打油完毕，油压、油位正常时再操作调试。

(2) 调试时导叶控制环、拐臂上不得站人，导叶处也不得有人工作，通知有关人员正在进行导叶调试工作，不得进入，并在水车室显眼位置挂"调速器无水试验，请勿站在转动部分"牌提示。

20.6.15.3 质量标准

(1) 导叶反馈传感器外观检查无异常。

(2) 导叶反馈传感器安装位置应水平/垂直。接力器动作时，导叶反馈传感器上的滑块滑动灵活，无卡阻现象。

(3) 将导叶接力器手动开到 50% 左右位置，观察测量导叶的反馈值应保持稳定。

(4) 导叶全关范围 0～0.5%，全开范围 99.50%～100% 之内。

20.6.16 导叶开启、关闭规律试验曲线测定

20.6.16.1 作业准备

(1) 工具准备：频率发生器、螺丝刀、试验导线。

(2) 工作条件：调速器建压正常，蜗壳无水，机调和电调已完成导叶稳定性等特性调整。

(3) 工作条件：A 套导叶开度与 B 套比较偏差小于 0.5%。

20.6.16.2 安全措施及注意事项

（1）调试时注意压油罐的油压、油位，油压、油位过低时要等压油泵打油完毕，油压、油位正常时再操作调试。

（2）调试时导叶控制环、拐臂上不得站人，导叶处也不得有人工作，事先通报有关人员正在进行导叶调试工作，不得进入，并在水车室显眼位置挂牌提示。

20.6.16.3 质量标准

检验实际导叶关闭规律曲线与设计值的差异性应符合设计要求。

20.6.16.4 作业步骤

（1）手动调节导叶开度至0%，手动扳导叶操作手柄至开方向的最大开度，记录导叶的开启曲线。

（2）手动手动调节导叶开度至100%，操作紧急停机电磁阀动作，记录导叶的关闭曲线（一段、二段关闭时间）。

（3）调节导叶开度至100%，投入事故配压阀，记录导叶的关闭曲线（一段、二段关闭时间）。

20.6.16.5 导叶开启、关闭规律试验曲线表

检修数据见下表。

表 20.6
导叶全开全关试验数据及往年对比

年份	2019 年	2020 年	2021 年	2022 年	2023 年
导叶全开					
导叶全关第一段					
导叶全关第二段					
导叶全关拐点					
事故停机第一段					
事故停机第二段					
事故停机拐点					
备注					

20.6.17 手、自动切换，双机切换试验

20.6.17.1 作业准备

（1）工具准备：频率发生器、螺丝刀。

(2) 工作条件：调速器建压正常，蜗壳无水，机械专业已完成导叶稳定性等机械特性调整。

(3) 工作条件：A 套导叶与 B 套比较偏差小于 0.5%。

20.6.17.2 安全措施及注意事项

(1) 调试时注意压油罐的油压、油位，油压、油位过低时要等压油泵打油完毕，油压、油位正常时再操作调试。

(2) 调试时导叶控制环、拐臂上不得站人，导叶处也不得有人工作，通知有关人员正在进行导叶调试工作，不得进入，并在水车室显眼位置挂牌提示。

20.6.17.3 质量标准

切换操作导叶、轮叶开度扰动量应小于 1% 全行程，显示的相应信息正确。

20.6.17.4 作业步骤

(1) 调速器接入频率发生器，固定在 50 Hz 的频率，A 机主用，导叶手动开到一定开度，模拟油开关在合，切调速器为自动，人工切换到 B 机，观察记录导叶的变化情况，再切换到 A 机，同样观察记录导叶的变化情况，扰动量小于 1% 为合格。

(2) 调速器导叶切为自动并开到一定的开度，A 机主用，模拟油开关在合，人为模拟 A 机故障，如切断 A 套 PLC 电源开关，观察记录 AB 机自动切换情况及导叶的变化情况；A 机恢复正常后，再模拟 B 机故障，同样观察记录切换情况及导叶的变化情况，扰动量小于 1% 为合格。

(3) 在调速器开机过程中，模拟人为或故障情况下双机切换的情况。

(4) 在调速器关机过程中，模拟人为或故障情况下双机切换的情况。

(5) 在调速器甩负荷过程中，模拟人为或故障情况下双机切换的情况。

(6) 分别按下导叶"手动"按钮，切调速器手动运行，观察记录导叶变化情况。

(7) 再分别按下导叶"自动"按钮，切调速器自动运行，观察记录导叶变化情况。

(8) 切 B 机主用。

(9) 分别按下导叶"手动"按钮，切调速器手动运行，观察记录导叶变化情况。

(10) 再分别按下导叶"自动"按钮，切调速器自动运行，观察记录导叶变化情况。

20.6.17.5 双机切换试验数据表
检修数据见下表。

表 20.7

操作项	切换前导叶开度	切换后导叶开度	扰动量
自动→手动(A)			
手动→自动(A)			
自动→手动(B)			
手动→自动(B)			
A机→B机			
B机→A机			

20.6.18 交直流电源切换试验

20.6.18.1 作业准备
(1) 工具准备：频率发生器、螺丝刀。
(2) 工作条件：调速器建压正常，蜗壳无水，机械专业已完成导叶稳定性等机械特性调整。
(3) 工作条件：A套导叶开度与B套比较偏差小于0.5%。

20.6.18.2 安全措施及注意事项
无。

20.6.18.3 质量标准
切换操作导叶开度扰动量应小于1%，重新上电后导叶开度扰动量应小于2%。

20.6.18.4 作业步骤
(1) 调速器接入频率发生器，固定在50 Hz的频率，导叶手动开到一定开度，切调速器为自动，交直流同时供电。
(2) 先切断交流220 V供电电源空气开关，观察记录导叶变化情况。
(3) 稳定后再合上交流220 V供电电源空气开关。
(4) 切断直流220 V电源空气开关，观察记录导叶变化情况。
(5) 恢复交直流220 V电源，观察记录导叶接力器变化情况。

20.6.18.5 交直流切换试验数据
检修数据见下表。

表 20.8

调速器条件	断开前开度(%)		断开后开度(%)		标准
	导叶	轮叶	导叶	轮叶	
A机主用,断开交流电源					切换前后开度相差小于1.0%,重新上电后开度相差小于2.0%。
A机主用,断开直流电源					
A机主用,断开交直流电源					

20.6.19 模拟故障、事故试验

20.6.19.1 作业准备

（1）工具准备：频率发生器、螺丝刀、试验导线。

（2）工作条件：调速器建压正常，蜗壳无水，机械专业已完成导叶稳定性等机械特性调整。

（3）工作条件：A套导叶与B套比较偏差小于0.5%。

20.6.19.2 安全措施及注意事项

（1）调试时注意压油罐的油压、油位，油压、油位过低时要等压油泵打油完毕，油压、油位正常时再操作调试。

（2）调试时导叶控制环、拐臂上不得站人，导叶处也不得有人工作，事先通报有关人员正在进行导叶调试工作，不得进入，并在水车室显眼位置挂牌提示。

20.6.19.3 质量标准

调速器控制规律正常：空载合出口断路器转为负载，负载时断开断路器转为甩负荷，相应的状态信息显示也正确。

20.6.19.4 作业步骤

（1）调速器工作于模拟负载状态，自动工况，分别断开网频信号、功率反馈、故障灯应亮，发出故障报警。

（2）模拟调速器负载运行，机频50 Hz，断开导叶反馈信号反馈信号，调速器自动切至机手动，同时发出报警信号（全部断开后应发"调速器事故"信号，单位：%）。

20.6.19.5 模拟调速器故障、事故试验数据

检修数据见下表。

表 20.9

故障、事故	显示信息及处理方法
网频故障	故障报警,导开度保持不变
机频故障	故障报警,负载时导叶开度保持不变
功率反馈故障	功率反馈故障报警
导叶反馈故障	导叶切机手动

20.6.20 静特性试验

20.6.20.1 作业准备

(1) 工具准备:频率发生器、螺丝刀、试验导线。

(2) 工作条件:调速器建压正常,蜗壳无水,机械专业已完成导叶稳定性等机械特性调整。

(3) 工作条件:A 套导叶开度与 B 套比较偏差小于 0.5%。

20.6.20.2 安全措施及注意事项

(1) 调试时注意压油罐的油压、油位过低时要等压油泵打油完毕,油压、油位正常时再操作调试。

(2) 调试时导叶控制环、拐臂上不得站人,导叶处也不得有人工作,事先通报有关人员正在进行导叶调试工作,不得进入,并在水车室显眼位置挂牌提示。

(3) 监控系统无开停机、增减负荷操作。

(4) 注意设定参数前,记录好各参数,设定后结束工作时恢复回原来参数。

(5) 模拟开机:开机令→频率给定缓慢增加至 95%→短接断路器合闸位置 X7:25 与公共端。

20.6.20.3 质量标准

测量调速器的静态特性关系曲线,求取调速器的转速死区和非线性度。要求转速死区小于 4‰,非线性度小于 5%。

20.6.20.4 作业步骤

(1) 将"一次调频投入"退出;在负载频率限制整定退出;"大网调频限幅投入""一次调频限幅投入";机组功率调节死区(0.1)改成(0);修改水头开度曲线"空载开度%"为(0),"开度限制"为(100)。

(2) 导叶随动系统:超级密码 55555→系统调试→随动系统参数整定→Test Flag√→Tert Confirm√→GV Loop√→下载设置→上载设置→GVRe

(%)(开度)+下载设置。

(3) 参数调整:按照试验要求改变机组控制参数,KP=10,KI=10,KT=0,试验后恢复。

(4) 将频率信号发生器输出信号接入 A 套残压测频回路,机频 fj 从 50.00 开始,以 0.01 Hz 步长递增或递减,每间隔 0.30 Hz 记录一次,使接力器行程单调上升或下降一个来回,录波并记录机频 fj 和相应导叶行程值。检验调速器转速死区和非线性度是否符合标准。

(5) 恢复 PLC 原来参数,根据记录数据计算结果(如果用试验仪器做则记录好文件名等信息。检修数据见下表。

表 20.10

静特性试验数据(转速死区不超过 0.02%,非线性度不超过 5%)

A 套	KP=	KI=	KD=	Bp=
	转速死区=	非线性度=	—	Bp=
B 套	KP=	KI=	KD=	Bp=
	转速死区=	非线性度=	—	Bp=

20.6.21 开机试验

20.6.21.1 作业准备

(1) 工具准备:无。

(2) 工作条件:所有检修作业已完成,机组处于备用状态。

20.6.21.2 安全措施及注意事项

(1) 机组在运行,试验仪器的接入或拆除工作需在机组停机等待状态下或是机组在手动运行方式进行。

(2) 操作不可过猛,应平和。

20.6.21.3 质量标准

调速器导叶手动操作机构无异常,手动开启/关闭导叶控制机组转速正常,调速器显示机组残压频率等信息状态正确,调速器显示无故障。

20.6.21.4 作业步骤

手动开启导叶至空载开度,机组频率上升到一定频率后,调速器机频有频率显示,不断调整导叶开度,使机组频率最终稳定在 50 Hz 左右运行,完成手动开机试验。

20.6.22 手动、自动切换试验

20.6.22.1 作业准备
(1) 工具准备:试验仪器、试验导线。
(2) 工作条件:机组空载或空转。

20.6.22.2 质量标准
导叶自动切手动:导叶开度变化小于0.5%,频率变化小于0.2 Hz。

20.6.22.3 作业步骤
(1) 调速器导叶手动运行,机组频率稳定在50 Hz左右,切导叶自动运行,观察记录调速器导叶开度及机组频率的变化。
(2) 调速器导叶自动运行,机组频率稳定在50 Hz左右,切导叶手动运行,观察记录调速器导叶开度及机组频率的变化。

20.6.22.4 手动、自动切换试验数据记录表
检修数据见下表。

表 20.11

试验项目	导叶开度(%)		机组频率(Hz)	
	切换前	切换后	切换前	切换后
手动切自动				
自动切手动				
标准		变化小于0.5%		变化小于0.2 Hz

20.6.23 双机切换试验

20.6.23.1 作业准备
(1) 工具准备:试验仪器、试验导线。
(2) 工作条件:机组空载或空转。

20.6.23.2 安全措施及注意事项
(1) 试验过程若出现过速现象,即行在调速器面板按"紧急停机"按钮停机。
(2) 试验过程若机组转速低于30%,即行在调速器面板按"紧急停机"按钮停机。
(3) 试验过程中如发生导叶频繁调节,造成油压过低现象,应迅速把调速器改手动运行。

20.6.23.3 质量标准

导叶开度变化小于1.0%,频率变化小于0.5 Hz。

20.6.23.4 作业步骤

(1)调速器导叶自动运行,A机主用,机组频率稳定在50 Hz左右,切B机运行,观察记录调速器导叶开度及机组频率的变化。

(2)调速器导叶自动运行,B机主用,机组频率稳定在50 Hz左右,切A机运行,观察记录调速器导叶开度及机组频率的变化。

20.6.23.5 双机切换试验数据记录表

检修数据见下表。

表 20.12

试验项目	导叶开度(%)		机组频率(Hz)	
	切换前	切换后	切换前	切换后
A机切B机				
B机切A机				
标准	开度变化小于1.0%		频率变化小于0.5 Hz	

20.6.24 检修后机组空载扰动试验

20.6.24.1 作业准备

(1)工具准备:试验仪器、试验导线、计时秒表。

(2)工作条件:机组空载或空转,调速器自动运行。

20.6.24.2 安全措施及注意事项

(1)机组在运行,试验仪器的接入或拆除工作需在机组停机等待状态下或是机组在手动运行方式进行。

(2)电气开限不能设定过大。

(3)试验过程中,不论上扰还是下扰,试验人员参数设定应经复核后,才进行扰动试验。

(4)上扰试验过程若出现过速现象,即行在调速器面板按"紧急停机"按钮停机。

(5)下扰试验过程若机组转速低于30 Hz,即行在调速器面板按"紧急停机"按钮停机。

(6)试验过程中如发生油压过低现象,应迅速把调速器改手动运行。

20.6.24.3 质量标准

(1)波动次数不多于2次。

(2) 调节时间不大于 40 秒。

(3) 超调量不大于 30%。

20.6.24.4 作业步骤

(1) 试验仪器接线：将导叶反馈电压（电流）信号接入仪器模拟量接收端子，残压测频信号接入仪器收频端。

(2) 机组开机运转正常后，在电调控制面板处将调速器导叶切换到自动运行工况。

(3) 选定 PID 参数组合，在调速器主界面改变频率给定 Fg 从 48 Hz 到 52 Hz。

(4) 启动试验仪，试验开始后记录该上扰过程曲线。

(5) 在调速器主界面改变频率给定 Fg 从 52 Hz 到 48 Hz。

(6) 启动试验仪，试验开始后记录该下扰过程曲线。

(7) 频率给定改变过程为：50 Hz→52 Hz→48 Hz→52 Hz→50 Hz→48 Hz→50 Hz。

(8) 改变 PID 的参数组合，从中选定超调量较小，调节时间较短的一组参数作为调速器的运行参数。

(9) 试验结束，拆除试验仪接线，清理现场。

20.6.25 工作结束

(1) 检查保护定值与最新定值单一致，并打印存档。

(2) 按照继电保护安全措施票恢复安全措施。

(3) 结束工作票。

20.7 质量签证单

表 20.13

序号	工作内容	工作负责人自检			检修单位验证			监理验证			点检员验证		
		验证点	签字	日期	验证点	签字	日期	验证点	签字	日期	验证点	签字	日期
1		W1			W1			W1			W1		
2		W2			W2			W2			W2		
3		W3			W3			W3			W3		
4		W4			W4			W4			W4		
5		W5			W5			W5			W5		

续表

序号	工作内容	工作负责人自检			检修单位验证			监理验证			点检员验证		
		验证点	签字	日期	验证点	签字	日期	验证点	签字	日期	验证点	签字	日期
6		W6			W6			W6			W6		
7		W7			W7			W7			W7		
8		W8			W8			W8			W8		
9		H1			H1			H1			H1		
10		W9			W9			W9			W9		
11		H2			H2			H2			H2		
12		W10			W10			W10			W10		

第 21 章
220 kV GIS 二次设备检修作业指导书

21.1 范围

本作业指导书适用于广西右江水利开发有限责任公司右江水力发电厂 220 kV GIS 二次设备的检修工作。

21.2 资料和图纸

下列文件中的条款通过本规范的引用而成为本规范的条款。凡是注日期的引用文件,其随后所有的修改单或修订版均不适用于本规范,然而,鼓励根据本规范达成协议的各方研究是否可使用这些文件的最新版本。凡是不注日期的引用文件,其最新版本适用于本规范。

(1) GB/T 7251.1—2013 《低压成套开关设备和控制设备 第 1 部分:总则》

(2) GB 26860—2011 《电力安全工作规程 发电厂和变电站电气部分》

(3) DL 408—1991 《电业安全工作规程(发电厂和变电所电气部分)》

(4) DL/T 596—2021 《电力设备预防性试验规程》

(5)《右江水力发电厂 220/110 kV 设备检修规程》

(6) GB 50171—2012 《电气装置安装工程盘、柜及二次回路接线施工及验收规范》

(7) Q/TGHP—105—003—2008A《右江水力发电厂电力设备预防性试

验规程》

（8）右江电厂 252 kV GIS 二次原理图

21.3　危险点分析与安全措施

21.3.1　危险点分析

表 21.1

序号	危险点分析	控制措施	风险防控要求
1	试验误接线造成人身伤害和设备损坏	1. 工作人员熟悉试验方法和接线，试验人员认真接线，工作监护人检查试验接线正确后方可开始工作。 2. 试验区域做好安全隔离，并安排人员做好监护，防止无关人员突然进入造成人身伤害。	重点要求
2	SF_6 气体中毒	保持 GIS 室通风，检测室内 SF_6 气体含量在合格范围。	重点要求
3	交叉作业造成伤害	1. 一次设备与二次设备试验时避免交叉作业，工作前应通知相关作业的工作负责人，告知其停止工作，将工作班成员撤离工作现场，并将工作票交回运行。试验工作开展前现场检查确实无工作人员后方可开展工作。 2. 工作现场指定工作监护人，密切监督现场工作，遇到异常情况立即叫停工作，并组织人员撤离。	重点要求
4	工作人员不了解工作内容、安全措施及安全注意事项	1. 作业前工作负责人应对工作班人员详细说明工作内容、安全措施及相关的安注意事项。 2. 参加检修的人员必须熟悉本作业指导书，并能熟记熟背安全措施及安全注意事项、检修项目、工艺质量标准等。	重点要求
5	违反两票规定，未检查安全措施，造成人身伤害	工作前对检查确认工作措施完整，符合工作票所列要求。	基本要求
6	着装不符合工作要求	工作时应戴好安全帽，穿绝缘鞋及全棉工作服。	基本要求
7	人员精神状态不佳导致人身伤害和设备伤害	工作人员工作时注意力集中，保证精神状态良好，工作中不干与工作无关的事情。	基本要求
8	遗留物件在现场造成安全隐患	工作结束后清点所携带的工器具及设备，防止遗留物件在工作现场。	基本要求
9	误入带电间隔，造成触电事故	工作前确认设备名称和编号与工作票所列内容一致，以防误入带电间隔，造成触电事故。	基本要求

21.3.2 安全措施

(1) 严格执行电力安全工作规程。

(2) 断路器在分闸位置,操作电源和控制电源已断开。

(3) 断路器两侧隔离刀闸已拉开,操作电源已断开。

(4) 断路器两侧检修接地开关在合闸位,操作电源已断开。

(5) 工作区域已做好安全防护隔离措施,防止走错间隔。

(6) 清点、检查所需工器具,确保工器具完好,可以正常使用。

(7) 安全带、防毒面具、眼镜、专用工作服及乳胶手套等安全防护用品已准备齐全。

(8) 检修作业人员熟悉本作业指导书内容,熟悉检修项目和作业内容。

(9) 检修作业人员必须持证上岗。

(10) 开工前进行检修作业安全、技术交底,分析危险点,对作业人员进行合理分工。

21.4 备品备件清单

表 21.2

序号	名称	规格型号(图号)	单位	数量	厂家	备注
1	WM-000039	光示牌 YSNRL34-DL22025	件	10	韩国龙声	
2	WK-000340	转换开关 YSKC2601-79ML	件	21	韩国龙声	
3	WK-000344	转换开关 YSKCA2705-79ML	件	4	韩国龙声	
4	WK-000356	操作开关 YSLNCA3411-E4AOBDD22	件	2	韩国龙声	
5	WK-000354	操作开关 YSLNCA3105-E4AOBDD22	件	2	韩国龙声	
6	WK-000026	按钮 LA39-22/r	个	2		
7	WK-000582	按钮 LA39-22/g	个	2		
8	WJ-000061	继电器 GMR-4D 2a2b DC110V t1b	个	4	LG	
9	WJ-000008	辅助触头 AU4-2a2b	个	2	LG	
10	WJ-000288	继电器 GMR-4D 3a1b DC110V t1b	个	2	LG	
11	WJ-000009	辅助触头 AU4-4a	个	4	LG	
12	WJ-001019	继电器 MR4D 4a DC220V	个	1	LG	
13	WJ-001039	延时头 NU-2N	个	4	LG	
14	WJ-000979	接触器 MC-32a DC220V	块	1	LG	

续表

序号	名称	规格型号(图号)	单位	数量	厂家	备注
15	WJ-001001	热继电器 MT-32/3H 3.3A	块	1	LG	
16	WJ-001018	继电器 MR-4D 3a1b DC220V	块	1	LG	
17	WJ-001042	辅助触头 UA-4 2a2b	块	1	LG	
18	WU-000060	温湿度控制器 KS-1C-TH-A-N	块	1		
19	WR-000003	电阻 RX20-30 1.2KΩ	块	1		
21	WK-001525	自动开关 IC65N 1P 10A	块	1	施耐德	
21	WK-001495	自动开关 IC65N 2P 10A	块	1	施耐德	
22	WK-001498	自动开关 IC65N 2P 20A	块	1	施耐德	
23	WK-001496	自动开关 IC65N 3P 4A	块	1	施耐德	
24	WK-001504	自动开关 IC65N 1P 4A	块	1	施耐德	
25	WK-001492	辅助触头 IOF				
26	WK-001590	自动开关 C65H-DC 2P C10A A9			施耐德	
27	WK-001601	自动开关 C65H-DC 2P C20A A9			施耐德	
28	WK-001641	辅助触头 OF(配 C65H-DC A9)				
29	W5-000010	击穿保险 JBO-0.5				
30	W8-000091	电子一体化支架 T5/8W				
31	WK-000222	微动开关 LXW5-11Q1				
32	WH-000025	加热器 SP-409B-BY AC220V 100W				

21.5 修前准备

21.5.1 工器具及消耗材料准备清单

表 21.3

一、材料类

序号	名称	型号	单位	数量	备注
1	绑扎带		袋	1	
2	电工胶布		卷	1	
3	标签纸		卷		
4	毛刷		把	2	
5	毛巾		条	3	
6	无水酒精		瓶	1	

续表

一、材料类

序号	名称	型号	单位	数量	备注
7	记号笔	红、黑各一支	支	2	

二、工具类

1	兆欧表		台	1	
2	数字万用表		台	1	
3	电源盘		台	1	
4	吸尘器		台	1	
5	十字螺丝刀		把	1	
6	一字螺丝刀		把	1	
7	斜口钳		把	1	
8	尖嘴钳		把	1	
9	手电		把	1	
10	SF_6气体泄漏检测仪		台	1	
11	含氧量测定仪		台	1	
12	手电筒		把	1	
13	防毒面罩		个		

21.5.2 现场工作准备

（1）所需工器具、备品已准备完毕，并验收合格。

（2）查阅运行记录有无缺陷，研读图纸、检修规程、上次检修资料，准备好检修所需材料。

（3）检修工作负责人已明确。

（4）参加检修人员已经落实，且安全、技术培训与考试合格。

（5）作业指导书、特殊项目的安全、技术措施均以得到批准，并为检修人员所熟知。

（6）工作票及开工手续已办理完毕。

（7）检查工作票合格。

（8）工作负责人召开班前会，现场向全体作业人员交代作业内容、安全措施、危险点分析控制措施及作业要求，作业人员理解后在工作票危险点分析控制措施单上签名。

（9）试验用的仪器、工器具、材料搬运至工作现场。

21.6 检修工序及质量标准

21.6.1 控制柜清扫、端子紧固

(1) 清扫控制柜内、外,确保无灰尘、无污垢。
(2) 紧固二次控制回路的接线端子,确保接线正确,联锁无误;
(3) 对二次元件进行检查,如有损坏老化应进行更换。

21.6.2 元件检查

21.6.2.1 远方/就地转换开关和就地合闸/分闸操作开关检查

(1) 开关安装牢固。二次配线压接牢固、绑扎整齐。
(2) 确认隔离开关在分闸位置,断路器控制方式放置"远方"时,就地不能操作断路器远方能正常操作断路器。
(3) 确认隔离开关在分闸位置,断路器控制方式放置"就地"时,就地能正常操作断路器,远方不能操作断路器。

21.6.2.2 继电器检查

(1) 继电器安装牢固。
(2) 二次线连接正确,压接、绑扎牢固。

21.6.2.3 加热器检查

加热器安装、二次线插头及帮扎牢固。

21.6.2.4 电源开关检查

(1) 电源开关安装牢固。
(2) 二次线连接正确,压接、绑扎牢固。
(3) 电源开关分、合灵活。

21.6.2.5 接触器检查

(1) 接触器安装牢固。
(2) 二次线连接正确,压接、绑扎牢固。

21.6.2.6 温控器检查

(1) 温控器安装牢固。
(2) 二次线连接正确,压接、绑扎牢固。

21.6.2.7 控制柜门检查

(1) 控制柜门开-合顺畅。

(2) 密封性良好。

21.6.2.8 二次接线及端子排检查

(1) 二次接线端子排接线紧固。
(2) 二次端子无松动、虚接。

21.6.2.9 柜内风扇检查

(1) 风扇安装牢固。
(2) 二次线连接正确,压接、绑扎牢固。
(3) 风扇工作正常。

21.6.3 绝缘测量

测量断路器储能电机、隔离刀电机、地刀、快速地刀绝缘电阻,绝缘电阻不小于 2 MΩ,并做好记录。

21.6.4 上电检查

(1) 合上控制柜上级电源。检查空开上端电压正常,下端无压。
(2) 逐个合上控制柜内空开,分别检查空开下端带电正常。
(3) 检查继电器、接触器、温控器、风扇、照明、加热器工作正常。
(4) 检查光字牌、指示灯显示正常。

21.6.5 试验

开关动作特性测试仪。详细内容写在一次设备检修作业指导书中。

21.6.6 定值校验

(1) 校验三相不一致继电器时间为 0.15 s。
(2) 校验储能电机 A、B、C 三相时间继电器为 20 s。

21.6.7 现场清理,结束工作

(1) 全部工作完毕后,工作班应清扫、整理现场,清点工具。
(2) 工作负责人周密检查,待全体工作人员撤离工作地点后,再向值班人员讲清所修项目、发现的问题、试验结果和存在问题等。
(3) 工作负责人与值班人员共同检查设备状况,有无遗留物件,是否清洁等,然后在工作票上填明工作终了时间,经双方签名后,工作票方告终结。

21.7 质量签证单

表 21.4

序号	工作内容	工作负责人自检			一级验证			二级验证			三级验证		
		验证点	签字	日期	验证点	签字	日期	验证点	签字	日期	验证点	签字	日期
1	工作准备/办理相关工作票	W0			W0			W0			W0		
2	控制柜清扫、端子紧固	W1			W1			W1			W1		
3	元件检查	W2			W2			W2			W2		
4	绝缘测量	W3			W3			W3			W3		
5	上电检查	W4			W4			W4			W4		
6	试验	W5			W5			W5			W5		
7	定值校验	H1			H1			H1			H1		
8	结束工作	H2			H2			H2			H2		

第 22 章
进水塔门机电气部分检修作业指导书

22.1 范围

本作业指导书适用于广西右江水利开发有限责任公司右江水力发电厂进水塔门机电气部分的检修工作。

22.2 资料和图纸

下列文件中的条款通过本规范的引用而成为本规范的条款。凡是注日期的引用文件,其随后所有的修改单或修订版均不适用于本规范,然而,鼓励根据本规范达成协议的各方研究是否可使用这些文件的最新版本。凡是不注日期的引用文件,其最新版本适用于本规范。

(1) GB/T 3797—2016 《电控设备 第2部分:装有电子器件的电控设备》
(2) GB/T 5905—2011 《起重机试验规范和程序》
(3) GB 50171—2012 《电气装置安装工程盘、柜及二次回路接线施工及验收规范》
(4) GB 50254—2014 《电气装置安装工程低压电器施工及验收规范》
(5) 右江水力发电厂《门式起重机使用说明书》

22.3 安全措施

(1) 断开进水塔门机配电柜内总进线电源空气开关,并悬挂"禁止合闸,有人工作"标示牌。

（2）断开进水塔门机电源控制柜内动力电源空气开关 QF1,并悬挂"禁止合闸,有人工作"标示牌。

（3）断开进水塔门机电源开关柜内电源空气开关 QS1,并悬挂"禁止合闸,有人工作"标示牌。

（4）高空作业应做好防坠落措施。

（5）严格执行《电业安全工作规程》和右江水力发电厂相关安全工作规定。

（6）清点所有工器具数量合适,检查合格。

（7）当天检修结束后必须将检修电源和照明电源可靠切断。

（8）参加检修作业人员必须熟悉本作业指导书内容,并熟记检修项目和质量工艺要求。

（9）参加检修作业人员必须持证上岗,熟记本检修项目安全技术措施。

（10）每天或每次开工前召开专题会,分析危险点,对作业人员进行合理分工,进行安全和技术交底。

22.4　备品备件清单

表 22.1

序号	名称	规格型号	单位	数量	备注
1	交流接触器		个	1	带阻容吸收装置
2	中间继电器	交流 220 V	个	1	
3	中间继电器	DC24 V	个	1	带续流二极管
4	低压断路器		个	1	
5	低压熔断器		个	1	
6	PLC 电源模块		块	1	
7	PLC CPU 模块		块	1	
8	PLC 开关量输入模块		块	1	
9	PLC 开关量输出模块		块	1	
10	小车变频器		块	1	
11	大车变频器		块	1	
12	起升变频器		个	1	
13	起升变频器		个	1	

续表

序号	名称	规格型号	单位	数量	备注
14	按钮		个	1	
15	指示灯		个	1	
16	交流接触器		个	1	带阻容吸收装置
17	小车限位开关		个	1	
18	大车限位开关		个	1	
19	起升高度限位开关		个	1	

22.5 工器具消耗材料及现场准备

22.5.1 工器具及消耗材料准备

(1) 消耗材料清单

表 22.2

序号	名称	型号	单位	数量	备注
1	绝缘胶带		卷	1	
2	酒精		瓶	2	
3	电子仪器清洗剂		瓶	1	
4	白布		米	5	
5	细砂纸		张	3	
6	油石		块	1	
7	试验导线		根	10	
8	油性记号笔		支	5	
9	标签带		米	5	
10	扎带	150×3 mm	根	50	
11	毛刷	2寸	把	1	

(2) 工器具清单

表 22.3

序号	名称	型号	单位	数量	备注
1	数字式万用表		块	1	
2	电气组合工具		套	1	

续表

序号	名称	型号	单位	数量	备注
3	对线器		个	2	
4	现场原始记录本		本	1	
5	标识牌		块	10	
6	500 V 兆欧表		块	1	
7	手电筒		个	1	
8	线滚电源		个	1	
9	继电保护测试仪		台	1	
10	特稳携式校验仪	JY822 型	个	1	
11	线号印字机		台	1	
12	扳手	6寸 8寸	把	2	

22.5.2 工作前准备

（1）填写电气第二种工作票，办理工作许可手续。

（2）工具材料已经准备到位。

（3）安全措施已完成。

（4）在工作之前先验电，确认设备无电，并与其他带电设备保持足够的安全距离。

（5）工作人员的着装应符合《电业安全工作规程》要求。

（6）工作地点周围装设好围栏，做好隔离，防止物件高空掉落。

（7）开工前，向工作班成员交代工作内容、人员分工、带电部位，进行危险点告知，并履行确认手续后开工。

22.6 检修工序及质量标准

检查安全措施确已完成，进水塔门机控制系统电源和动力电源确已停电，检修现场围栏已经装设完成，工作场地周围无危险因素存在，若存在危险因素，应告知全体工作班人员，并派专人监护。

22.6.1 控制柜检查清理

22.6.1.1 卫生清扫及柜门检查

（1）要求控制盘柜盘面及柜内整洁无污痕和积灰，柜内各设备元件表面清洁。元器件的卫生清理可以用毛刷或白布,禁止使用溶剂。

（2）柜门封闭良好,防尘功能正常,且开合灵活无卡塞现象。

（3）柜门与柜体的接地连接线正常,无松动和断股。

22.6.1.2　端子及配线检查

（1）检查、调整并更换损坏、不合适的端子。要求端子应无损坏,固定牢固,绝缘良好;各接线端子清洁无锈蚀现象;接线端子应与导线截面匹配,不应使用小端子配大截面导线。

（2）紧固各接线端子。要求盘柜内各端子排、元器件接线端子紧固,无松动现象;二次回路连接插件接头应接触良好。各通讯电缆插头牢固。

（3）配线检查。要求配线应整齐、清晰、美观,盘柜内的导线不应有接头,导线芯线应无损伤。

（4）用于连接门上的电器、控制台板等可动部位的导线应符合下列要求:线束的外套塑料管等加强绝缘层完好;固定可动部位两端卡子完好。

22.6.1.3　标识检查

要求电缆芯线和所配导线的端部其回路编号正确,字迹清晰;盘柜的各切换开关、按钮、继电器、端子、端子排等应标明编号、名称、用途及操作位置,其标明的字迹应清晰、工整。熔断器、空气开关还应标识设备或回路名称和熔断体额定电流,防止"以大代小"发生。对字迹不清晰的标识进行更换,对没有标识的设备进行增加标识。

22.6.1.4　接地检查

（1）盘柜本体的接地应牢固良好。

（2）控制电缆的屏蔽层应一端可靠接地。双屏蔽层的电缆,为避免形成感应电位差,常采用两层屏蔽层在同一端相连并予接地。

22.6.1.5　电缆防火和封堵

检查盘柜中的预留孔洞及电缆管口,应封堵完好。

22.6.3　回路绝缘检查

（1）用 500 V 兆欧表测量动力电源 A4、B4、C4 相间绝缘和对地绝缘电阻。

（2）将 PLC 模块拔出,用 500 V 兆欧表测量控制电源 L12、N12 对地绝缘电阻。

（3）用 500 V 兆欧表测量照明电源 L32、N32 对地绝缘电阻。

22.6.4 控制元器件检查

（1）检查主令开关、操作开关、按钮及盘柜面板上的操作开关、按钮，要求动作可靠到位，操作灵活，无卡塞和把手松脱现象，盘柜元器件无老化现象，否则需进行更换。

（2）检查各元器件的安装要求牢固，无松动脱落现象。

（3）检查各限位开关，其安装位置应无偏移，动作应灵敏可靠，电缆绝缘良好，无老化破损现象。

（4）检查各指示灯指示正确、无损坏。

（5）检查门机照明及灯具完好，现场照明充足。

（6）检查熔断器完好。在检查熔断器时，先确认回路电源已经断开，用万用表测试熔断器两端的通断情况，如有断路则需更换。熔断器在熔断器座上安装紧固，熔断器座无损坏。

22.6.5 交流接触器的检查与试验

22.6.5.1 外部检查

（1）检查接触器的外壳完整性，外壳应完好无损。

（2）检查接触器外壳与底座的紧密性，不进灰尘，安装端正。

（3）检查接触器各端子接线牢固，无松动。

22.6.5.2 内部检查

（1）接触器底座上的接线螺钉压接应紧固可靠。特别注意相邻端子的接线鼻子之间要有一定距离，以免相碰。

（2）检查各触点的固定和清洁情况，接点如有烧损用细砂纸擦净，常开触点间隙要合适，闭合后要有足够压力即接触后有明显的共同行程，常闭触点的接触应紧密可靠，且有足够压力，动作断开后的间隙要合适，动静触头应中心相对，动静触点相遇角要合适。

（3）用万用表测量接触器线圈的直流电阻值，其测量线圈电阻值不得偏离原始值的 10%，否则需进行更换。测量线圈电阻时应注意防止回路对测量值的影响。

（4）用 500 V 摇表测定接触器绝缘电阻，线圈对壳、接点之间其阻值应大于 500 MΩ。

22.6.5.3 通电试验

接触器通入试验电压为额定电压时，其动作应灵敏、接点接触可靠，切断电源接触器能迅速返回,动作灵活。当加入试验电压为 85% 额定电压时,继电器应可靠动作,返回电压不小于 5% 额定电压时,应可靠返回。

22.6.6 制动电阻器检查

(1) 测量起升机构制动电阻 R101 阻值与标准值相差小于 10%。
(2) 测量大车制动电阻 R301、R302 阻值与标准值相差小于 10%。
(3) 测量小车制动电阻 R201 阻值与标准值相差小于 10%。

22.6.7 空气断路器的检查

22.6.7.1 外部检查

(1) 清扫断路器外壳上的灰尘。
(2) 检查外壳罩是否完整,嵌接是否良好。
(3) 检查外壳与底座间结合是否牢固紧密,防尘密封是否良好,安装是否端正。
(4) 检查断路器端子接线是否牢固可靠。
(5) 检查断路器灭弧室及触头的磨损情况。触点上的尘埃、受熏处可用细砂纸将触点擦干净,烧焦处应用细油石修理,最后用软布抹净。

22.6.7.2 绝缘检查

(1) 用 500 V 兆欧表测定全部端子对金属底座和电磁铁的绝缘电阻,其值应大于 500 MΩ。
(2) 用 500 V 兆欧表测定线圈对触点、各触点间的绝缘电阻,其值应大于 50 MΩ。

22.6.8 继电器的检查与校验

(1) 拆下柜内继电器,并做好标记。
(2) 检查继电器触点应平整清洁,无烧损或氧化现象;线圈应无变形、变色、烧焦现象,否则需进行更换。
(3) 用继电保护校验仪对继电器进行校验,按要求接好线。
(4) 继电器动作电压不应大于 70% 的额定电压值,返回电压不应小于 5% 的额定电压值。
(5) 用万用表测定线圈的直流电阻值,测得的直流电阻值同原值比较,不超过 ±10%。

22.6.9 PLC 的检查与维护

(1) 根据 PLC 控制回路接线图短接相应开入信号回路或模拟相应接点、行程开关、按钮等动作,检查 PLC 的开入信号是否正确。

(2) 根据 PLC 控制回路接线图进行模拟量各测点核对,使用特稳校验仪输入 4～20 mA 信号,对数据采集进行比对检验。

(3) 用精密电子仪器清洗剂将各模块插板与底座上的灰尘擦拭干净,特别是插口、插头部分一定要清洁干净,同时检查板上的芯片、元器件是否有开焊损坏,插口部分连接应可靠牢固。柜内端子及盖板用毛刷或用精密电子仪器清洗剂清扫干净,用螺丝刀将端子及引线柱逐一紧固,不能有松动的现象。

22.6.10 变频器的检查

(1) 检查连接处的状态及紧密程度,检查设备所处的环境温度是否在允许范围内,检查通风装置是否完好。清除变频器上的灰尘。

(2) 如果变频器的故障是可复位的,只需切断变频器的工作电源,如果故障是不可复位,则需切断变频器的工作电源和控制电源。

22.6.11 电源检查

22.6.11.1 电源变压器检查

(1) 控制总电源变压器 T1 检查:要求螺丝紧固;各焊点无开焊、虚焊现象;线圈无变形、变色、烧焦现象;线圈直流电阻同原值比较,不得超过±10%。变压器输出电压值不得超过规定值±10%。

(2) 柜内照明、风机、加热器电源变压器 T2 检查:要求螺丝紧固;各焊点无开焊、虚焊现象;线圈无变形、变色、烧焦现象;线圈直流电阻同原值比较,不得超过±10%。变压器输出电压值不得超过规定值±10%。

(3) 安全电源交流 24 V 变压器 T3 检查:要求螺丝紧固;各焊点无开焊、虚焊现象;线圈无变形、变色、烧焦现象;线圈直流电阻同原值比较,不得超过±10%。变压器输出电压值不得超过规定值±10%。

(4) 门机照明电源变压器 T4 检查:要求螺丝紧固;各焊点无开焊、虚焊现象;线圈无变形、变色、烧焦现象;线圈直流电阻同原值比较,不得超过±10%。变压器输出电压值不得超过规定值±10%。

(5) PLC 电源变压器 T7 检查:要求螺丝紧固;各焊点无开焊、虚焊现象;线圈无变形、变色、烧焦现象;线圈直流电阻同原值比较,不得超过±10%。

变压器输出电压值不得超过规定值±10%。

22.6.11.2 稳压电源检查

（1）用万用表检测交流输入电源是否符合要求。一般情况下，允许变化范围为 AC220（＋10%～－10%）V。

（2）用万用表检查小车远程柜内稳压电源 U61 输出是否正常。稳压电源输出检查必须在稳压电源负载情况下进行。在单电源输入及双路电源切换时均应满足以下要求：直流 24 V 电源输出变化范围为：DC24V±10%。

（3）用万用表检查 PLC 控制柜内稳压电源 U71 输出是否正常。稳压电源输出检查必须在稳压电源负载情况下进行。在单电源输入及双路电源切换时均应满足以下要求：直流 24 V 电源输出变化范围为：DC24V±10%。

22.6.12 电动机检查

电动机检查完成（见《电动机检修作业指导书》）。

22.6.13 电缆检查

（1）拆除电缆前做好相序记录。
（2）检查电缆外层绝缘有无破损，电缆终端头的接地线接地是否良好。
（3）检查电缆与所连接设备是否牢固。
（4）检查电缆接头有无放电痕迹。
（5）测量电缆相间、相对地绝缘电阻值，其值应大于 0.5 MΩ。

22.6.14 检修后启动试验

22.6.14.1 空试试验

将动力回路全部断开，接电试验控制回路的正确性。用手动方法检查各机构限位开关的动作是否有效。检查各机构的动作方向与各主令控制器手柄的动作方向是否一致。

22.6.14.2 无负荷试车

（1）与机械人员共同检查各机构空运转情况。
（2）监视各机构的电动机、控制屏、制动器、电阻器等电气元件的空运转情况。
（3）分别开动各机构，试验各限位开关，超速开关的可靠性。

22.6.14.3 负荷试车

（1）与机械人员共同检查各机构运转情况。

(2) 负荷试验时,负荷的增加应逐级进行,直到额定负荷为止,要注意提升和下降的速度,在额定负荷状态下提升应给予较长的起动时间以免电流过大。

22.6.14.4　静负荷试车

(1) 起升额定负荷,使小车在桥梁上往返运行。

(2) 卸去负荷,使小车停在中间,起升 1.25 倍额定负荷,离地 100～200 毫米,停悬 10 分钟,卸负荷,检查桥梁有否永久变形。

22.6.14.5　动负荷试车

(1) 起升 1.1 倍额定负荷,同时开动起升机构、大车运行机构和小车运行机构,作正反向运转。

(2) 每次运行后应有一定的停歇时间,每个机构的累计开动时间不少于10 分钟,再次检查各控制屏、电动机、电阻器、限位开关和连锁保护装置的正确性和可靠性。

22.6.15　工作结束

(1) 全部工作完毕后,工作班应清扫、整理现场,清点工具,做到工完场地清。

(2) 工作负责人应周密检查,待全体工作人员撤离工作地点后,再向值班人员讲清所修项目、发现的问题、试验结果和存在问题等,并于值班人员共同检查设备状况,有无遗留物件,是否清洁等,然后在工作票上填明工作终了时间,经双方签名后,工作票方告终结。

22.7　检修记录

22.7.1　所属控制柜及控制元器件卫生清扫检查

表 22.4

序号	检查要求	检查结果	检验结果
1	盘、柜表面漆层完整、无损伤、柜面清洁。		
2	盘面及柜内设备整洁、无污痕和积灰、设备标志完善。		
3	主令开关、操作开关、按钮操作灵活动作可靠,无卡塞和把手松脱,熔断器完好,指示灯指示正确。		
4	所装电器元件应齐全完好,安装位置正确、固定牢固。		
5	柜内二次接线整齐,端子紧固无松动,接地牢固可靠。		

22.7.2 回路绝缘检查

表 22.5

控制电源 L12 对地绝缘		N12 对地绝缘	
动力电源 A4 对地绝缘		B4 对地绝缘	
照明电源 L32 对地绝缘		N32 对地绝缘	
C4 对地绝缘			

22.7.3 制动电阻器检查

表 22.6

序号	制动电阻编号	直流电阻	绝缘电阻	备注
1	R101			
2	R201			
3	R301			
4	R302			
5	R401			

22.7.4 继电器校验

表 22.7

序号	继电器编号	直流电阻	绝缘电阻	动作值	返回值	接点检查
1	K111					
2	K101					
3	K102					
4	K103					
5	K411					
6	K401					
7	K402					
8	K403					
9	K201					
10	K202					
11	K301					
12	K302					

续表

序号	继电器编号	直流电阻	绝缘电阻	动作值	返回值	接点检查
13	K303					
14	K304					
15	K209					
16	K210					
17	K309					

22.7.5 交流接触器检查

表 22.8

序号	接触器编号	直流电阻	绝缘电阻	序号	接触器编号	直流电阻	绝缘电阻
1	KM1			2	KM2		
3	KM3			4	KM4		
5	KM5			6	KM101		
7	K109			8	KM401		
9	KM409			10	KM201		
11	KM301			12	KM302		
13	KM303			14	K00		
15	K3			16	KM102		
17	KM103			18	KM104		
19	KM105			20	KM106		
21	KM402			22	KM403		
23	KM404			24	KM202		
25	KM91			26	K2		
27	K4						

22.7.6 PLC 模块检查及测点核对

（1）PLC 模件检查表

表 22.9

序号	模件型号	检查内容	实际状态
1	模件安装检查	各模件已清洁、安装牢固、固定螺钉已紧固、外部连接电缆已接好	
2	CPU 模件	CPU 模块检查	

续表

序号	模块型号	检查内容	实际状态
3	电源模块	电源模块上电后,系统自诊断无异常报警	
4	AI、AO模块	AI、CP模块上电后,系统自诊断无异常报警	
5	DI模块	开关量输入模块上电后,对应输入点动作时该点指示灯亮;系统自诊断无异常报警	
6	DO模块	开关量输出模块上电后,对应输出点动作时该点指示灯亮;系统自诊断无异常报警	

(2) PLC 测点核对表

表 22.10

模块号	点号	测点描述	开关量状态	备注
开关量输入模块(DI量)	1	控制电源合闸信号		
	2	动力电源合闸信号		
	3	动力电源急停信号		
	4	湿度信号		
	5	温度信号		
	6	电源监视器		
	7	起升电机电源		
	8	起升接触器		
	9	起升制动抬起		
	10	起升急停		
	11	起升控制故障		
	12	起升电机电源		
	13	起升接触器		
	14	起升制动抬起		
	15	起升急停		
	16	起升控制故障		
	17	小车电机电源		
	18	小车接触器		
	19	小车变频器正常		
	20	小车变频器备用		
	21	大车电机电源		
	22	大车#1接触器		
	23	大车#2接触器		
	24	大车制动器电源		

续表

模块号	点号	测点描述	开关量状态	备注
开关量输入模块（DI量）	25	大车制动器接触器		
	26	大车#1、2电机电源		
	27	大车#3、4电机电源		
	28	大车#1变频器正常		
	29	大车#1变频器备用		
	30	大车#2变频器正常		
	31	大车#2变频器备用		
	32	门限位1		
	33	门限位2		
	34	门限位3		
	35	小车前限		
	36	小车后限		
	37	小车前减速		
	38	小车后减速		
	39	小车前重载限位		
	40	小车后重载限位		
	41	大车左限		
	42	大车右限		
	43	大车左减速		
	44	大车右减速		
	45	备用		
	46	备用		
开关量输出（DO量）	1	控制允许		
	2	动力允许		
	3	起升合闸		
	4	起升制动确认		
	5	起升合闸		
	6	起升制动确认		
	7	小车合闸		
	8	#1大车合闸		
	9	#2大车合闸		
	10	柜顶风机		

续表

模块号	点号	测点描述	开关量状态	备注
开关量输出（DO量）	11	柜内加热器		
	12	♯1行走警报器		
	13	♯2行走警报器		

22.7.7　电源检查

表 22.11

控制总电源变压器 T1 原边对地绝缘			
原边直流电阻		副边对地绝缘	
原边接入 380 V 电源,测量副边电压值		副边直流电阻	
柜内照明、风机、加热器电源变压器 T2 原边对地绝缘			
原边直流电阻		副边对地绝缘	
原边接入 380 V 电源,测量副边电压值		副边直流电阻	
安全电源交流 24 V 电源变压器 T3 原边对地绝缘			
原边直流电阻		副边对地绝缘	
原边接入 380 V 电源,测量副边电压值		副边直流电阻	
门机照明电源变压器 T4 原边对地绝缘			
原边直流电阻		副边对地绝缘	
原边接入 380 V 电源,测量副边电压值		副边直流电阻	
PLC 电源变压器 T7 原边对地绝缘			
原边直流电阻		副边对地绝缘	
原边接入 380 V 电源,测量副边电压值		副边直流电阻	

表 22.12

序号	稳压电源编号	输入电压	输出电压	备注
1	U61	242 V		
2		220 V		
3		198 V		
4	U71	242 V		
5		220 V		
6		198 V		

22.7.8 门机启动试验记录

表 22.13

序号	试验项目	试验内容与方法	试验结果
1	空试试验	将动力回路全部断开,接电试验控制回路的正确性。用手动方法检查各机构限位开关的动作是否有效。检查各机构的动作方向与各主令控制器手柄的动作方向是否一致。	
2	无负荷试车	a. 监视各机构的电动机、控制屏、制动器、电阻器等电气元件的空运转情况。 b. 分别开动各机构,试验各限位开关,超速开关的可靠性。	
3	负荷试车	负荷试验时,负荷的增加应逐级进行,直到额定负荷为止,要注意提升和下降的速度,在额定负荷状态下提升应给予较长的起动时间以免电流过大。	
4	静负荷试车	a. 起升额定负荷,使小车在桥梁上往返运行。 b. 卸去负荷,使小车停在中间,起升 1.25 倍额定负荷,离地 100~200 毫米,停悬 10 分钟,卸负荷,检查桥梁有否永久变形。	
5	动负荷试车	a. 起升 1.1 倍额定负荷,同时开动起升机构、大车运行机构和小车运行机构,作正反向运转。 b. 每次运行后应有一定的停歇时间,每个机构的累计开动时间不少于 10 分钟,再次检查各控制屏、电动机、电阻器、限位开关和连锁保护装置的正确性和可靠性。	

22.8 质量签证单

序号	工作内容	工作负责人自检			一级验收			二级验收			三级验收		
		验证点	签字	日期	验证点	签字	日期	验证点	签字	日期	验证点	签字	日期
1	工作前准备	W1			W1			W1			W1		
2	控制柜检查清理	W2			W2			W2			W2		

续表

序号	工作内容	工作负责人自检			一级验收			二级验收			三级验收		
		验证点	签字	日期	验证点	签字	日期	验证点	签字	日期	验证点	签字	日期
3	回路绝缘检查、控制元器件及制动电阻器检查	W3			W3			W3			W3		
4	空气断路器、继电器、变频器、电源及PLC检查核对	W4			W4			W4			W4		
5	门机检修后启动试验	H1			H1			H1			H1		
6	清扫现场、终结工作票	W5			W5			W5			W5		

第 23 章
尾水台车电气部分检修作业指导书

23.1 范围

本作业指导书适用于广西右江水利开发有限责任公司右江水力发电厂尾水台车电气部分的检修工作。

23.2 资料和图纸

下列文件中的条款通过本规范的引用而成为本规范的条款。凡是注日期的引用文件,其随后所有的修改单或修订版均不适用于本规范,然而,鼓励根据本规范达成协议的各方研究是否可使用这些文件的最新版本。凡是不注日期的引用文件,其最新版本适用于本规范。

(1) GB/T 3797—2016 《电气控制设备》
(2) GB/T 5905—2011 《起重机试验规范和程序》
(3) GB 50171—2012 《电气装置安装工程盘、柜及二次回路接线施工及验收规范》
(4) GB 50254—2014 《电气装置安装工程低压电器施工及验收规范》
(5) 右江水力发电厂《尾水台车使用说明书》

23.3 安全措施

(1) 断开尾水台车配电柜内总进线电源空气开关,并悬挂"禁止合闸,有人工作"标示牌。

(2) 断开尾水台车大车行走电源柜内动力电源空气开关 QF1,控制电源空气开关 QS1,并悬挂"禁止合闸,有人工作"标示牌。

(3) 断开尾水台车起升机构电源柜内电源空气开关 QF2,控制电源空气开关 QS2,并悬挂"禁止合闸,有人工作"标示牌。

(4) 高空作业应做好防坠落措施。

(5) 严格执行《电业安全工作规程》和右江水力发电厂相关安全工作规定。

(6) 清点所有工器具数量合适,检查合格。

(7) 当天检修结束后必须将检修电源和照明电源可靠切断。

(8) 参加检修作业人员必须熟悉本作业指导书内容,并熟记检修项目和质量工艺要求。

(9) 参加检修作业人员必须持证上岗,熟记本检修项目安全技术措施。

(10) 每天或每次开工前召开专题会,分析危险点,对作业人员进行合理分工,进行安全和技术交底。

23.4 备品备件清单

表 23.1

序号	名称	规格型号	单位	数量	备注
1	交流接触器		个	1	带阻容吸收装置
2	中间继电器	交流 220 V	个	1	
3	中间继电器	DC24 V	个	1	带续流二极管
4	低压断路器		个	1	
5	低压熔断器		个	1	
6	按钮		个	1	
7	指示灯		个	1	
8	交流接触器		个	1	带阻容吸收装置
9	小车限位开关		个	1	
10	大车限位开关		个	1	
11	起升高度限位开关		个	1	

23.5 工器具消耗材料及现场准备

23.5.1 工器具及消耗材料准备

(1) 消耗材料清单

表 23.2

序号	名称	型号	单位	数量	备注
1	绝缘胶带		卷	1	
2	酒精		瓶	2	
3	电子仪器清洗剂		瓶	1	
4	白布		米	5	
5	细砂纸		张	3	
6	油石		块	1	
7	试验导线		根	10	
8	油性记号笔		支	5	
9	标签带		米	5	
10	扎带	150×3 mm	根	50	
11	毛刷	2寸	把	1	

(2) 工器具清单

表 23.3

序号	名称	型号	单位	数量	备注
1	数字式万用表		块	1	
2	电气组合工具		套	1	
3	对线器		个	2	
4	现场原始记录本		本	1	
5	标识牌		块	10	
6	500 V 兆欧表		块	1	
7	手电筒		个	1	
8	线滚电源		个	1	
9	继电保护测试仪		台	1	
10	特稳携式校验仪	JY822型	个	1	
11	线号印字机		台	1	
12	扳手	6寸 8寸	把	2	

23.5.2 工作前准备

(1) 填写电气第二种工作票,办理工作许可手续。
(2) 工具材料已经准备到位。
(3) 安全措施已完成。
(4) 在工作之前先验电,确认设备无电,并与其他带电设备保持足够的安全距离。
(5) 工作人员的着装应符合《电业安全工作规程》要求。
(6) 工作地点周围装设好围栏,做好隔离,防止物件高空掉落。
(7) 开工前,向工作班成员交代工作内容、人员分工、带电部位,进行危险点告知,并履行确认手续后开工。

23.6 检修工序及质量标准

检查安全措施确已完成,尾水台车控制系统电源和动力电源确已停电,检修现场围栏已经装设完成,工作场地周围无危险因素存在,若存在危险因素,应告知全体工作班人员,并派专人监护。

23.6.1 控制柜检查清理

23.6.1.1 卫生清扫及柜门检查

(1) 要求控制盘柜盘面及柜内整洁无污痕和积灰,柜内各设备元件表面清洁。元器件的卫生清理可以用毛刷或白布,禁止使用溶剂。
(2) 柜门封闭良好,防尘功能正常,且开合灵活无卡塞现象。
(3) 柜门与柜体的接地连接线正常,无松动和断股。

23.6.1.2 端子及配线检查

(1) 检查、调整并更换损坏、不合适的端子。要求端子应无损坏,固定牢固,绝缘良好;各接线端子清洁无锈蚀现象;接线端子应与导线截面匹配,不应使用小端子配大截面导线。
(2) 紧固各接线端子。要求盘柜内各端子排、元器件接线端子紧固,无松动现象;二次回路连接插件接头应接触良好。各通讯电缆插头牢固。
(3) 配线检查。要求配线应整齐、清晰、美观,盘柜内的导线不应有接头,导线芯线应无损伤。
(4) 用于连接门上的电器、控制台板等可动部位的导线应符合下列要求:

线束的外套塑料管等加强绝缘层完好；固定可动部位两端卡子完好。

23.6.1.3　标识检查

要求电缆芯线和所配导线的端部其回路编号正确，字迹清晰；盘柜的各切换开关、按钮、继电器、端子、端子牌等应标明编号、名称、用途及操作位置，其标明的字迹应清晰、工整。熔断器、空气开关还应标识设备或回路名称和熔断体额定电流，防止"以大代小"发生。对字迹不清晰的标识进行更换，对没有标识的设备进行增加标识。

23.6.1.4　接地检查

（1）盘柜本体的接地应牢固良好。

（2）控制电缆的屏蔽层应一端可靠接地。双屏蔽层的电缆，为避免形成感应电位差，常采用两层屏蔽层在同一端相连并予接地。

23.6.1.5　电缆防火和封堵

检查盘柜中的预留孔洞及电缆管口，应封堵完好。

23.6.2　回路绝缘检查

（1）用 500 V 兆欧表测量动力电源 A4、B4、C4 相间绝缘和对地绝缘电阻。

（2）将 PLC 模块拔出，用 500 V 兆欧表测量控制电源 L12、N12 对地绝缘电阻。

（3）用 500 V 兆欧表测量照明电源 L32、N32 对地绝缘电阻。

23.6.3　控制元器件检查

（1）检查主令开关、操作开关、按钮及盘柜面板上的操作开关、按钮，要求动作可靠到位，操作灵活，无卡塞和把手松脱现象，盘柜元器件无老化现象，否则需进行更换。

（2）检查各元器件的安装要求牢固，无松动脱落现象。

（3）检查各限位开关，其安装位置应无偏移，动作应灵敏可靠，电缆绝缘良好，无老化破损现象。

（4）检查各指示灯指示正确、无损坏。

（5）检查尾水台车照明及灯具完好，现场照明充足。

（6）检查熔断器完好。在检查熔断器时，先确认回路电源已经断开，用万用表测试熔断器两端的通断情况，如有断路则需更换。熔断器在熔断器座上安装紧固，熔断器座无损坏。

23.6.4 交流接触器的检查与试验

23.6.4.1 外部检查

(1) 检查接触器的外壳完整性,外壳应完好无损。

(2) 检查接触器外壳与底座的紧密性,不进灰尘,安装端正。

(3) 检查接触器各端子接线牢固,无松动。

23.6.4.2 内部检查

(1) 接触器底座上的接线螺钉压接应紧固可靠。特别注意相邻端子的接线鼻子之间要有一定距离,以免相碰。

(2) 检查各触点的固定和清洁情况,接点如有烧损用细砂纸擦净,常开触点间隙要合适,闭合后要有足够压力即接触后有明显的共同行程,常闭触点的接触应紧密可靠,且有足够压力,动作断开后的间隙要合适,动静触头应中心相对,动静触点相遇角要合适。

(3) 用万用表测量接触器线圈的直流电阻值,其测量线圈电阻值不得偏离原始值的10%,否则需进行更换。测量线圈电阻时应注意防止回路对测量值的影响。

(4) 用500 V摇表测定接触器绝缘电阻,线圈对壳、接点之间其阻值应大于500 MΩ。

23.6.4.3 通电试验

接触器通入试验电压为额定电压时,其动作应灵敏、接点接触可靠,切断电源接触器能迅速返回,动作灵活。当加入试验电压为85%额定电压时,继电器应可靠动作,返回电压不小于5%额定电压时,应可靠返回。

23.6.5 制动电阻器检查

(1) 测量起升机构制动电阻 R101 阻值与标准值相差小于10%。

(2) 测量大车制动电阻 R301、R302 阻值与标准值相差小于10%。

23.6.6 空气断路器的检查

23.6.6.1 外部检查

(1) 清扫断路器外壳上的灰尘。

(2) 检查外壳罩是否完整,嵌接是否良好。

(3) 检查外壳与底座间结合是否牢固紧密,防尘密封是否良好,安装是否端正。

(4) 检查断路器端子接线是否牢固可靠。

(5) 检查断路器灭弧室及触头的磨损情况。触点上的尘埃、受熏处可用细砂纸将触点擦干净,烧焦处应用细油石修理,最后用软布抹净。

23.6.6.2 绝缘检查

(1) 用 500 V 兆欧表测定全部端子对金属底座和电磁铁的绝缘电阻,其值应大于 500 MΩ。

(2) 用 500 V 兆欧表测定线圈对触点、各触点间的绝缘电阻,其值应大于 50 MΩ。

23.6.7 继电器的检查与校验

(1) 拆下柜内继电器,并做好标记。

(2) 检查继电器触点应平整清洁,无烧损或氧化现象;线圈应无变形、变色、烧焦现象,否则需进行更换。

(3) 用继电保护校验仪对继电器进行校验,按要求接好线。

(4) 继电器动作电压不应大于 70% 的额定电压值,返回电压不应小于 5% 的额定电压值。

(5) 用万用表测定线圈的直流电阻值,测得的直流电阻值同原值比较,不超过 ±10%。

23.6.8 电源检查

23.6.8.1 电源变压器检查

(1) 控制总电源变压器 T1 检查:要求螺丝紧固;各焊点无开焊、虚焊现象;线圈无变形、变色、烧焦现象;线圈直流电阻同原值比较,不得超过 ±10%。变压器输出电压值不得超过规定值 ±10%。

(2) 柜内照明、风机、加热器电源变压器 T2 检查:要求螺丝紧固;各焊点无开焊、虚焊现象;线圈无变形、变色、烧焦现象;线圈直流电阻同原值比较,不得超过 ±10%。变压器输出电压值不得超过规定值 ±10%。

(3) 安全电源交流 24 V 变压器 T3 检查:要求螺丝紧固;各焊点无开焊、虚焊现象;线圈无变形、变色、烧焦现象;线圈直流电阻同原值比较,不得超过 ±10%。变压器输出电压值不得超过规定值 ±10%。

(4) 尾水台车照明电源变压器 T4 检查:要求螺丝紧固;各焊点无开焊、虚焊现象;线圈无变形、变色、烧焦现象;线圈直流电阻同原值比较,不得超过 ±10%。变压器输出电压值不得超过规定值 ±10%。

（5）PLC 电源变压器 T7 检查：要求螺丝紧固；各焊点无开焊、虚焊现象；线圈无变形、变色、烧焦现象；线圈直流电阻同原值比较，不得超过±10%。变压器输出电压值不得超过规定值±10%。

23.6.8.2　稳压电源检查

（1）用万用表检测交流输入电源是否符合要求。一般情况下，允许变化范围为 AC220(+10%～-10%)V。

（2）用万用表检查小车远程柜内稳压电源 U61 输出是否正常。稳压电源输出检查必须在稳压电源负载情况下进行。在单电源输入及双路电源切换时均应满足以下要求：直流 24V 电源输出变化范围为：DC24V±10%。

（3）用万用表检查 PLC 控制柜内稳压电源 U71 输出是否正常。稳压电源输出检查必须在稳压电源负载情况下进行。在单电源输入及双路电源切换时均应满足以下要求：直流 24V 电源输出变化范围为：DC24V±10%。

23.6.9　电动机检查

电动机检查完成（见《电动机检修作业指导书》）。

23.6.10　电缆检查

（1）拆除电缆前做好相序记录。
（2）检查电缆外层绝缘有无破损，电缆终端头的接地线接地是否良好。
（3）检查电缆与所连接设备是否牢固。
（4）检查电缆接头有无放电痕迹。
（5）测量电缆相间、相对地绝缘电阻值，其值应大于 0.5 MΩ。

23.6.11　滑线及集电器检查

（1）检查滑线应无松动、脱落及变形。
（2）检查集电器上的碳刷长度不小于原来长度的 1/3，集电器安装牢固。
（3）检查尾水台车行走过程中集电器在滑线内滑动无卡塞、放电现象。

23.6.12　检修后启动试验

23.6.12.1　空试试验

将动力回路全部断开，接电试验控制回路的正确性。用手动方法检查各机构限位开关的动作是否有效。检查各机构的动作方向与各主令控制器手柄的动作方向是否一致。

23.6.12.2 无负荷试车

(1) 与机械人员共同检查各机构空运转情况。

(2) 监视各机构的电动机、控制屏、制动器、电阻器等电气元件的空运转情况。

(3) 分别开动各机构,试验各限位开关,超速开关的可靠性。

23.6.12.3 负荷试车

(1) 与机械人员共同检查各机构运转情况。

(2) 负荷试验时,负荷的增加应逐级进行,直到额定负荷为止,要注意提升和下降的速度,在额定负荷状态下提升应给与较长的起动时间以免电流过大。

23.6.12.4 静负荷试车

(1) 起升额定负荷,使小车在桥梁上往返运行。

(2) 卸去负荷,使小车停在中间,起升1.25倍额定负荷,离地100～200毫米,停悬10分钟,卸负荷,检查桥梁有否永久变形。

23.6.12.5 动负荷试车

(1) 起升1.1倍额定负荷,同时开动起升机构、大车运行机构和小车运行机构,作正反向运转。

(2) 每次运行后应有一定的停歇时间,每个机构的累计开动时间不少于10分钟,再次检查各控制屏、电动机、电阻器、限位开关和连锁保护装置的正确性和可靠性。

23.6.13 工作结束

(1) 全部工作完毕后,工作班应清扫、整理现场,清点工具,做到工完场地清。

(2) 工作负责人应周密检查,待全体工作人员撤离工作地点后,再向值班人员讲清所修项目、发现的问题、试验结果和存在问题等,并于值班人员共同检查设备状况,有无遗留物件,是否清洁等,然后在工作票上填明工作终了时间,经双方签名后,工作票方告终结。

23.7 检修记录

23.7.1 所属控制柜及控制元器件卫生清扫检查

表 23.4

序号	检查要求	检查结果	检验结果
1	盘、柜表面漆层完整、无损伤、柜面清洁。		
2	盘面及柜内设备整洁、无污痕和积灰、设备标志完善。		
3	主令开关、操作开关、按钮操作灵活动作可靠,无卡塞和把手松脱,熔断器完好,指示灯指示正确。		
4	所装电器元件应齐全完好,安装位置正确,固定牢固。		
5	柜内二次接线整齐,端子紧固无松动,接地牢固可靠。		

23.7.2 回路绝缘检查

表 23.5

控制电源 L12 对地绝缘		N12 对地绝缘	
动力电源 A4 对地绝缘		B4 对地绝缘	
照明电源 L32 对地绝缘		N32 对地绝缘	
C4 对地绝缘			

23.7.3 制动电阻器检查

表 23.6

序号	制动电阻编号	直流电阻	绝缘电阻	备注
1	R101			
2	R201			
3	R301			
4	R302			
5	R401			

23.7.4 继电器校验

表 23.7

序号	继电器编号	直流电阻	绝缘电阻	动作值	返回值	接点检查
1	K111					
2	K101					
3	K102					
4	K103					
5	K411					
6	K401					
7	K402					
8	K403					
9	K201					
10	K202					
11	K301					
12	K302					
13	K303					
14	K304					
15	K209					
16	K210					
17	K309					

23.7.5 交流接触器检查

表 23.8

序号	接触器编号	直流电阻	绝缘电阻	序号	接触器编号	直流电阻	绝缘电阻
1	KM1			2	KM2		
3	KM3			4	KM4		
5	KM5			6	KM101		
7	K109			8	KM401		
9	KM409			10	KM201		
11	KM301			12	KM302		
13	KM303			14	K00		
15	K3			16	KM102		

续表

序号	接触器编号	直流电阻	绝缘电阻	序号	接触器编号	直流电阻	绝缘电阻
17	KM103			18	KM104		
19	KM105			20	KM106		
21	KM402			22	KM403		
23	KM404			24	KM202		
25	KM91			26	K2		
27	K4						

23.7.6 电源检查

表 23.9

控制总电源变压器 T1 原边对地绝缘			
原边直流电阻		副边对地绝缘	
原边接入 380 V 电源，测量副边电压值		副边直流电阻	
柜内照明、风机、加热器电源变压器 T2 原边对地绝缘			
原边直流电阻		副边对地绝缘	
原边接入 380 V 电源，测量副边电压值		副边直流电阻	
安全电源交流 24 V 电源变压器 T3 原边对地绝缘			
原边直流电阻		副边对地绝缘	
原边接入 380 V 电源，测量副边电压值		副边直流电阻	
尾水台车照明电源变压器 T4 原边对地绝缘			
原边直流电阻		副边对地绝缘	
原边接入 380 V 电源，测量副边电压值		副边直流电阻	

23.7.7 尾水台车启动试验记录

表 23.10

序号	试验项目	试验内容与方法	试验结果
1	空试试验	将动力回路全部断开，接电试验控制回路的正确性。用手动方法检查各机构限位开关的动作是否有效。检查各机构的动作方向与各主令控制器手柄的动作方向是否一致。	

续表

序号	试验项目	试验内容与方法	试验结果
2	无负荷试车	a. 监视各机构的电动机、控制屏、制动器、电阻器等电气元件的空运转情况。 b. 分别开动各机构,试验各限位开关,超速开关的可靠性。	
3	负荷试车	负荷试验时,负荷的增加应逐级进行,直到额定负荷为止。要注意提升和下降的速度,在额定负荷状态下提升应给与较长的起动时间以免电流过大。	
4	静负荷试车	a. 起升额定负荷,使小车在桥梁上往返运行。 b. 卸去负荷,使小车停在中间,起升1.25倍额定负荷,离地100~200毫米,停悬10分钟,卸负荷,检查桥梁有否永久变形。	
5	动负荷试车	a. 起升1.1倍额定负荷,同时开动起升机构、大车运行机构和小车运行机构,作正反向运转。 b. 每次运行后应有一定的停歇时间,每个机构的累计开动时间不少于10分钟,再次检查各控制屏、电动机、电阻器、限位开关和连锁保护装置的正确性和可靠性。	

23.8 质量签证单

表 23.11

序号	工作内容	工作负责人自检			一级验收			二级验收			三级验收		
		验证点	签字	日期	验证点	签字	日期	验证点	签字	日期	验证点	签字	日期
1	工作前准备	W1			W1			W1			W1		
2	控制柜检查清理	W2			W2			W2			W2		
3	回路绝缘检查、控制元器件及制动电阻器检查	W3			W3			W3			W3		
4	空气断路器、继电器、变频器、电源及PLC检查核对	W4			W4			W4			W4		
5	尾水台车检修后启动试验	H1			H1			H1			H1		
6	清扫现场、终结工作票	W5			W5			W5			W5		

第 24 章
主厂房桥机电气部分检修作业指导书

24.1 范围

指导书适用于广西右江水利开发有限责任公司右江水力发电厂主厂房桥机电气部分的检修工作。

24.2 资料和图纸

下列文件中的条款通过本规范的引用而成为本规范的条款。凡是注日期的引用文件,其随后所有的修改单或修订版均不适用于本规范,然而,鼓励根据本规范达成协议的各方研究是否可使用这些文件的最新版本。凡是不注日期的引用文件,其最新版本适用于本规范。

(1) GB/T 3797—2016 《电气控制设备》

(2) GB/T 5905—2011 《起重机试验规范和程序》

(3) GB 50171—2012 《电气装置安装工程盘、柜及二次回路接线施工及验收规范》

(4) GB 50254—2014 《电气装置安装工程低压电器施工及验收规范》

(5) 右江水力发电厂《桥式起重机使用说明书》

24.3 安全措施

(1) 断开主厂房桥机配电柜内总进线电源空气开关,并悬挂"禁止合闸,有人工作"标示牌。

（2）断开主厂房桥机电源控制柜内动力电源空气开关 QF1，并悬挂"禁止合闸，有人工作"标示牌。

（3）断开主厂房桥机电源开关柜内电源空气开关 QS1，并悬挂"禁止合闸，有人工作"标示牌。

（4）高空作业应做好防坠落措施。

（5）严格执行《电业安全工作规程》和右江水力发电厂相关安全工作规定。

（6）清点所有工器具数量合适，检查合格。

（7）当天检修结束后必须将检修电源和照明电源可靠切断。

（8）参加检修作业人员必须熟悉本作业指导书内容，并熟记检修项目和质量工艺要求。

（9）参加检修作业人员必须持证上岗，熟记本检修项目安全技术措施。

（10）每天或每次开工前召开班前会，分析危险点，对作业人员进行合理分工，进行安全和技术交底。

24.4　备品备件清单

表 24.1

序号	名称	规格型号	单位	数量	备注
1	交流接触器		个	1	带阻容吸收装置
2	中间继电器	交流 220V	个	1	
3	中间继电器	DC24V	个	1	带续流二极管
4	低压断路器		个	1	
5	低压熔断器		个	1	
6	PLC 电源模块		块	1	
7	PLC CPU 模块		块	1	
8	PLC 开关量输入模块		块	1	
9	PLC 开关量输出模块		块	1	
10	小车变频器		块	1	
11	大车变频器		块	1	
12	主起升变频器		个	1	
13	副起升变频器		个	1	

续表

序号	名称	规格型号	单位	数量	备注
14	按钮		个	1	
15	指示灯		个	1	
16	交流接触器		个	1	带阻容吸收装置
17	小车限位开关		个	1	
18	大车限位开关		个	1	
19	起升高度限位开关		个	1	

24.5 工器具消耗材料及现场准备

24.5.1 工器具及消耗材料准备

（1）消耗材料清单

表 24.2

序号	名称	型号	单位	数量	备注
1	绝缘胶带		卷	1	
2	酒精		瓶	2	
3	电子仪器清洗剂		瓶	1	
4	白布		米	5	
5	细砂纸		张	3	
6	油石		块	1	
7	试验导线		根	10	
8	油性记号笔		支	5	
9	标签带		米	5	
10	扎带	150×3 mm	根	50	
11	毛刷	2寸	把	1	

（2）工器具清单

表 24.3

序号	名称	型号	单位	数量	备注
1	数字式万用表		块	1	
2	电气组合工具		套	1	
3	对线器		个	2	

续表

序号	名称	型号	单位	数量	备注
4	现场原始记录本		本	1	
5	标识牌		块	10	
6	500 V 兆欧表		块	1	
7	手电筒		个	1	
8	线滚电源		个	1	
9	继电保护测试仪		台	1	
10	特稳携式校验仪	JY822 型	个	1	
11	线号印字机		台	1	
12	扳手	6寸 8寸	把	2	

24.5.2 工作前准备

（1）填写电气第二种工作票，办理工作许可手续。

（2）工具材料已经准备到位。

（3）安全措施已完成。

（4）在工作之前先验电，确认设备无电，并与其他带电设备保持足够的安全距离。

（5）工作人员的着装应符合《电业安全工作规程》要求。

（6）工作地点周围装设好围栏，做好隔离，防止物件高空掉落。

（7）开工前，向工作班成员交代工作内容、人员分工、带电部位，进行危险点告知，并履行确认手续后开工。

24.6 检修工序及质量标准

检查安全措施确已完成，主厂房桥机控制系统电源和动力电源确已停电，检修现场围栏已经装设完成，工作场地周围无危险因素存在，若存在危险因素，应告知全体工作班人员，并派专人监护。

24.6.1 控制柜检查清理

24.6.1.1 卫生清扫及柜门检查

（1）要求控制盘柜盘面及柜内整洁无污痕和积灰，柜内各设备元件表面清洁。元器件的卫生清理可以用毛刷或白布，禁止使用溶剂。

（2）柜门封闭良好，防尘功能正常，且开合灵活无卡塞现象。

（3）柜门与柜体的接地连接线正常，无松动和断股。

24.6.1.2　端子及配线检查

（1）检查、调整并更换损坏、不合适的端子。要求端子应无损坏，固定牢固，绝缘良好；各接线端子清洁无锈蚀现象；接线端子应与导线截面匹配，不应使用小端子配大截面导线。

（2）紧固各接线端子。要求盘柜内各端子排、元器件接线端子紧固，无松动现象；二次回路连接插件接头应接触良好。各通讯电缆插头牢固。

（3）配线检查。要求配线应整齐、清晰、美观，盘柜内的导线不应有接头，导线芯线应无损伤。

（4）用于连接门上的电器、控制台板等可动部位的导线应符合下列要求：线束的外套塑料管等加强绝缘层完好；固定可动部位两端卡子完好。

24.6.1.3　标识检查

要求电缆芯线和所配导线的端部其回路编号正确，字迹清晰；盘柜的各切换开关、按钮、继电器、端子、端子排等应标明编号、名称、用途及操作位置，其标明的字迹应清晰、工整。熔断器、空气开关还应标识设备或回路名称和熔断体额定电流，防止"以大代小"发生。对字迹不清晰的标识进行更换，对没有标识的设备增加标识。

24.6.1.4　接地检查

（1）盘柜本体的接地应牢固良好。

（2）控制电缆的屏蔽层应一端可靠接地。双屏蔽层的电缆，为避免形成感应电位差，常采用两层屏蔽层在同一端相连并予接地。

24.6.1.5　电缆防火和封堵

检查盘柜中的预留孔洞及电缆管口，应封堵完好。

24.6.2　回路绝缘检查

（1）用 500 V 兆欧表测量动力电源 A4、B4、C4 相间绝缘和对地绝缘电阻。

（2）将 PLC 模块拔出，用 500 V 兆欧表测量控制电源 L12、N12 对地绝缘电阻。

（3）用 500 V 兆欧表测量照明电源 L32、N32 对地绝缘电阻。

24.6.3　控制元器件检查

（1）检查主令开关、操作开关、按钮及盘柜面板上的操作开关、按钮，要求动作可靠到位，操作灵活，无卡塞和把手松脱现象，盘柜元器件无老化现象，否则需进行更换。

（2）检查各元器件的安装要求牢固，无松动脱落现象。

（3）检查各限位开关，其安装位置应无偏移，动作应灵敏可靠，电缆绝缘良好，无老化破损现象。

（4）检查各指示灯指示正确、无损坏。

（5）检查桥机照明及灯具完好，现场照明充足。

（6）检查熔断器完好。在检查熔断器时，先确认回路电源已经断开，用万用表测试熔断器两端的通断情况，如有断路则需更换。熔断器在熔断器座上安装紧固，熔断器座无损坏。

24.6.4　交流接触器的检查与试验

24.6.4.1　外部检查

（1）检查接触器的外壳完整性，外壳应完好无损。

（2）检查接触器外壳与底座的紧密性，不进灰尘，安装端正。

（3）检查接触器各端子接线牢固，无松动。

24.6.4.2　内部检查

（1）接触器底座上的接线螺钉压接应紧固可靠。特别注意相邻端子的接线鼻子之间要有一定距离，以免相碰。

（2）检查各触点的固定和清洁情况，接点如有烧损用细砂纸擦净，常开触点间隙要合适，闭合后要有足够压力即接触后有明显的共同行程，常闭触点的接触应紧密可靠，且有足够压力，动作断开后的间隙要合适，动静触头应中心相对，动静触点相遇角要合适。

（3）用万用表测量接触器线圈的直流电阻值，其测量线圈电阻值不得偏离原始值的10%，否则需进行更换。测量线圈电阻时应注意防止回路对测量值的影响。

（4）用500V摇表测定接触器绝缘电阻，线圈对壳、接点之间其阻值应大于500MΩ。

24.6.4.3　通电试验

接触器通入试验电压为额定电压时，其动作应灵敏、接点接触可靠，切断电源接触器能迅速返回，动作灵活。当加入试验电压为85%额定电压时，继电器应可靠动作，返回电压不小于5%额定电压时，应可靠返回。

24.6.5 制动电阻器检查

(1) 测量主起升机构制动电阻 R101 阻值与标准值相差小于 10%。
(2) 测量副起升机构制动电阻 R401 阻值与标准值相差小于 10%。
(3) 测量大车制动电阻 R301、R302 阻值与标准值相差小于 10%。
(4) 测量小车制动电阻 R201 阻值与标准值相差小于 10%。

24.6.6 空气断路器的检查

24.6.6.1 外部检查

(1) 清扫断路器外壳上的灰尘。
(2) 检查外壳罩是否完整,嵌接是否良好。
(3) 检查外壳与底座间结合是否牢固紧密,防尘密封是否良好,安装是否端正。
(4) 检查断路器端子接线是否牢固可靠。
(5) 检查断路器灭弧室及触头的磨损情况。触点上的尘埃、受熏处可用细砂纸将触点擦干净,烧焦处应用细油石修理,最后用软布抹净。

24.6.6.2 绝缘检查

(1) 用 500 V 兆欧表测定全部端子对金属底座和电磁铁的绝缘电阻,其值应大于 500 MΩ。
(2) 用 500 V 兆欧表测定线圈对触点、各触点间的绝缘电阻,其值应大于 50 MΩ。

24.6.7 继电器的检查与校验

(1) 拆下柜内继电器,并做好标记。
(2) 检查继电器触点应平整清洁,无烧损或氧化现象;线圈应无变形、变色、烧焦现象,否则需进行更换。
(3) 用继电保护校验仪对继电器进行校验,按要求接好线。
(4) 继电器动作电压不应大于 70% 的额定电压值,返回电压不应小于 5% 的额定电压值。
(5) 用万用表测定线圈的直流电阻值,测得的直流电阻值同原值比较,不超过 ±10%。

24.6.8 PLC 的检查与维护

（1）根据 PLC 控制回路接线图短接相应开入信号回路或模拟相应接点、行程开关、按钮等动作，检查 PLC 的开入信号是否正确。

（2）根据 PLC 控制回路接线图进行模拟量各测点核对，使用特稳校验仪输入 4～20 mA 信号，对数据采集进行比对检验。

（3）用精密电子仪器清洗剂将各模块插板与底座上的灰尘擦拭干净，特别是插口、插头部分一定要清洁干净，同时检查板上的芯片、元器件是否有开焊损坏，插口部分连接应可靠牢固。柜内端子及盖板用毛刷或用精密电子仪器清洗剂清扫干净，用螺丝刀将端子及引线柱逐一紧固，不能有松动的现象。

24.6.9 变频器的检查

（1）检查连接处的状态及紧密程度，检查设备所处的环境温度是否在允许范围内，检查通风装置是否完好。清除变频器上的灰尘。

（2）如果变频器的故障是可复位的，只需切断变频器的工作电源，如果故障是不可复位，则需切断变频器的工作电源和控制电源。

24.6.10 电源检查

24.6.10.1 电源变压器检查

（1）控制总电源变压器 T1 检查：要求螺丝紧固；各焊点无开焊、虚焊现象；线圈无变形、变色、烧焦现象；线圈直流电阻同原值比较，不得超过 ±10%。变压器输出电压值不得超过规定值 ±10%。

（2）柜内照明、风机、加热器电源变压器 T2 检查：要求螺丝紧固；各焊点无开焊、虚焊现象；线圈无变形、变色、烧焦现象；线圈直流电阻同原值比较，不得超过 ±10%。变压器输出电压值不得超过规定值 ±10%。

（3）安全电源交流 24 V 变压器 T3 检查：要求螺丝紧固；各焊点无开焊、虚焊现象；线圈无变形、变色、烧焦现象；线圈直流电阻同原值比较，不得超过 ±10%。变压器输出电压值不得超过规定值 ±10%。

（4）桥机照明电源变压器 T4 检查：要求螺丝紧固；各焊点无开焊、虚焊现象；线圈无变形、变色、烧焦现象；线圈直流电阻同原值比较，不得超过 ±10%。变压器输出电压值不得超过规定值 ±10%。

（5）PLC 电源变压器 T7 检查：要求螺丝紧固；各焊点无开焊、虚焊现象；线圈无变形、变色、烧焦现象；线圈直流电阻同原值比较，不得超过 ±10%。

变压器输出电压值不得超过规定值±10%。

24.6.10.2 稳压电源检查

（1）用万用表检测交流输入电源是否符合要求。一般情况下，允许变化范围为 AC220(＋10%～－10%)V。

（2）用万用表检查小车远程柜内稳压电源 U61 输出是否正常。稳压电源输出检查必须在稳压电源负载情况下进行。在单电源输入及双路电源切换时均应满足以下要求：直流 24 V 电源输出变化范围为：DC24V±10%。

（3）用万用表检查 PLC 控制柜内稳压电源 U71 输出是否正常。稳压电源输出检查必须在稳压电源负载情况下进行。在单电源输入及双路电源切换时均应满足以下要求：直流 24 V 电源输出变化范围为：DC24V±10%。

24.6.11　电动机检查

电动机检查完成(见《电动机检修作业指导书》)。

24.6.12　电缆检查

（1）拆除电缆前做好相序记录。
（2）检查电缆外层绝缘有无破损，电缆终端头的接地线接地是否良好。
（3）检查电缆与所连接设备是否牢固。
（4）检查电缆接头有无放电痕迹。
（5）测量电缆相间、相对地绝缘电阻值，其值应大于 0.5 MΩ。

24.6.13　滑线及集电器检查

（1）检查滑线应无松动、脱落及变形。
（2）检查集电器上的碳刷长度不小于原来长度的 1/3，集电器安装牢固。
（3）检查桥机行走过程中集电器在滑线内滑动无卡塞、放电现象。

24.6.14　检修后启动试验

24.6.14.1　空试试验

将动力回路全部断开，接电试验控制回路的正确性。用手动方法检查各机构限位开关的动作是否有效。检查各机构的动作方向与各主令控制器手柄的动作方向是否一致。

24.6.14.2　无负荷试车

（1）与机械人员共同检查各机构空运转情况。

(2) 监视各机构的电动机、控制屏、制动器、电阻器等电气元件的空运转情况。

(3) 分别开动各机构,试验各限位开关,超速开关的可靠性。

24.6.14.3 负荷试车

(1) 与机械人员共同检查各机构运转情况。

(2) 负荷试验时,负荷的增加应逐级进行,直到额定负荷为止,要注意提升和下降的速度,在额定负荷状态下提升应给予较长的起动时间以免电流过大。

24.6.14.4 静负荷试车

(1) 起升额定负荷,使小车在桥梁上往返运行。

(2) 卸去负荷,使小车停在中间,起升1.25倍额定负荷,离地100～200毫米,停悬10分钟,卸负荷,检查桥梁有否永久变形。

24.6.14.5 动负荷试车

(1) 起升1.1倍额定负荷,同时开动起升机构、大车运行机构和小车运行机构,作正反向运转。

(2) 每次运行后应有一定的停歇时间,每个机构的累计开动时间不少于10分钟,再次检查各控制屏、电动机、电阻器、限位开关和连锁保护装置的正确性和可靠性。

24.6.14.6 并车连接

(1) 并车电气连接。两台桥机上各有一个接线端,并车时只需将相应的电缆(两端安装水晶插头)连接即可。通讯电缆连接后,检查通讯是否正常,通过PLC,检查主车PLC是否可以连接至从车。

(2) 并车机械连接。两桥机在连动操作时,为了保证工作一致可靠,除了在电气控制中考虑外,两桥机间还采用了机械连接装置,即在两大车平衡臂上装有两副连接装置,用螺栓锁住,并将两车相邻限位开关压住,以保证两吊点之间的距离以及两台桥机大车工作的同步。

24.6.15 工作结束

(1) 全部工作完毕后,工作班应清扫、整理现场,清点工具,做到工完场地清。

(2) 工作负责人应周密检查,待全体工作人员撤离工作地点后,再向值班人员讲清所修项目、发现的问题、试验结果和存在问题等,并与值班人员共同检查设备状况,有无遗留物件,是否清洁等,然后在工作票上填明工作终了时间,经双方签名后,工作票方告终结。

24.7 检修记录

24.7.1 所属控制柜及控制元器件卫生清扫检查

表 24.4

序号	检查要求	检查结果	检验结果
1	盘、柜表面漆层完整、无损伤、柜面清洁。		
2	盘面及柜内设备整洁、无污痕和积灰、设备标志完善。		
3	主令开关、操作开关、按钮操作灵活动作可靠、无卡塞和把手松脱、熔断器完好、指示灯指示正确。		
4	所装电器元件应齐全完好、安装位置正确、固定牢固。		
5	柜内二次接线整齐、端子紧固无松动、接地牢固可靠。		

24.7.2 回路绝缘检查

表 24.5

控制电源 L12 对地绝缘		N12 对地绝缘	
动力电源 A4 对地绝缘		B4 对地绝缘	
照明电源 L32 对地绝缘		N32 对地绝缘	
C4 对地绝缘			

24.7.3 制动电阻器检查

表 24.6

序号	制动电阻编号	直流电阻	绝缘电阻	备注
1	R101			
2	R201			
3	R301			
4	R302			
5	R401			

24.7.4 继电器校验

表 24.7

序号	继电器编号	直流电阻	绝缘电阻	动作值	返回值	接点检查
1	K111					
2	K101					
3	K102					
4	K103					
5	K411					
6	K401					
7	K402					
8	K403					
9	K201					
10	K202					
11	K301					
12	K302					
13	K303					
14	K304					
15	K209					
16	K210					
17	K309					

24.7.5 交流接触器检查

表 24.8

序号	接触器编号	直流电阻	绝缘电阻	序号	接触器编号	直流电阻	绝缘电阻
1	KM1			2	KM2		
3	KM3			4	KM4		
5	KM5			6	KM101		
7	K109			8	KM401		
9	KM409			10	KM201		
11	KM301			12	KM302		
13	KM303			14	K00		
15	K3			16	KM102		

续表

序号	接触器编号	直流电阻	绝缘电阻	序号	接触器编号	直流电阻	绝缘电阻
17	KM103			18	KM104		
19	KM105			20	KM106		
21	KM402			22	KM403		
23	KM404			24	KM202		
25	KM91			26	K2		
27	K4						

24.7.6 PLC模块检查及测点核对

(1) PLC模件检查表

表24.9

序号	模件型号	检查内容	实际状态
1	模件安装检查	各模件已清洁、安装牢固、固定螺钉已紧固、外部连接电缆已接好。	
2	CPU模件	CPU模块检查。	
3	电源模件	电源模块上电后,系统自诊断无异常报警。	
4	AI、AO模块	AI、CP模块上电后,系统自诊断无异常报警。	
5	DI模件	开关量输入模块上电后,对应输入点动作时该点指示灯亮;系统自诊断无异常报警。	
6	DO模件	开关量输出模块上电后,对应输出点动作时该点指示灯亮;系统自诊断无异常报警。	

(2) PLC测点核对表

表24.10

模块号	点号	测点描述	开关量状态	备注
开关量输入模块(DI量)	1	控制电源合闸信号		
	2	动力电源合闸信号		
	3	动力电源急停信号		
	4	湿度信号		
	5	温度信号		
	6	电源监视器		
	7	主起升电机电源		
	8	主起升接触器		
	9	主起升制动抬起		

续表

模块号	点号	测点描述	开关量状态	备注
开关量输入模块（DI量）	10	主起升急停		
	11	主起升控制故障		
	12	副起升电机电源		
	13	副起升接触器		
	14	副起升制动抬起		
	15	副起升急停		
	16	副起升控制故障		
	17	小车电机电源		
	18	小车接触器		
	19	小车变频器正常		
	20	小车变频器备用		
	21	大车电机电源		
	22	大车#1接触器		
	23	大车#2接触器		
	24	大车制动器电源		
	25	大车制动器接触器		
	26	大车#1、2电机电源		
	27	大车#3、4电机电源		
	28	大车#1变频器正常		
	29	大车#1变频器备用		
	30	大车#2变频器正常		
	31	大车#2变频器备用		
	32	门限位1		
	33	门限位2		
	34	门限位3		
	35	小车前限		
	36	小车后限		
	37	小车前减速		
	38	小车后减速		
	39	小车前重载限位		
	40	小车后重载限位		
	41	大车左限		

续表

模块号	点号	测点描述	开关量状态	备注
开关量输入模块（DI量）	42	大车右限		
	43	大车左减速		
	44	大车右减速		
	45	备用		
	46	备用		
开关量输出（DO量）	1	控制允许		
	2	动力允许		
	3	主起升合闸		
	4	主起升制动确认		
	5	副起升合闸		
	6	副起升制动确认		
	7	小车合闸		
	8	♯1大车合闸		
	9	♯2大车合闸		
	10	柜顶风机		
	11	柜内加热器		
	12	♯1行走警报器		
	13	♯2行走警报器		

24.7.7 电源检查

表 24.11

控制总电源变压器 T1 原边对地绝缘			
原边直流电阻		副边对地绝缘	
原边接入 380 V 电源，测量副边电压值		副边直流电阻	
柜内照明、风机、加热器电源变压器 T2 原边对地绝缘			
原边直流电阻		副边对地绝缘	
原边接入 380 V 电源，测量副边电压值		副边直流电阻	
安全电源交流 24 V 电源变压器 T3 原边对地绝缘			

续表

原边直流电阻		副边对地绝缘	
原边接入 380 V 电源,测量副边电压值		副边直流电阻	
桥机照明电源变压器 T4 原边对地绝缘			
原边直流电阻		副边对地绝缘	
原边接入 380 V 电源,测量副边电压值		副边直流电阻	
PLC 电源变压器 T7 原边对地绝缘			
原边直流电阻		副边对地绝缘	
原边接入 380 V 电源,测量副边电压值		副边直流电阻	

表 24.12

序号	稳压电源编号	输入电压	输出电压	备注
1		242 V		
2	U61	220 V		
3		198 V		
4		242 V		
5	U71	220 V		
6		198 V		

24.7.8 桥机启动试验记录

表 24.13

序号	试验项目	试验内容与方法	试验结果
1	空试试验	将动力回路全部断开,接电试验控制回路的正确性。用手动方法检查各机构限位开关的动作是否有效。检查各机构的动作方向与各主令控制器手柄的动作方向是否一致。	
2	无负荷试车	a. 监视各机构的电动机、控制屏、制动器、电阻器等电气元件的空运转情况。 b. 分别开动各机构,试验各限位开关,超速开关的可靠性。	
3	负荷试车	负荷试验时,负荷的增加应逐级进行,直到额定负荷为止,要注意提升和下降的速度,在额定负荷状态下提升应给予较长的起动时间以免电流过大。	

续表

序号	试验项目	试验内容与方法	试验结果
4	静负荷试车	a. 起升额定负荷,使小车在桥梁上往返运行。 b. 卸去负荷,使小车停在中间,起升1.25倍额定负荷,离地100~200毫米,停悬10分钟,卸负荷,检查桥梁有否永久变形。	
5	动负荷试车	a. 起升1.1倍额定负荷,同时开动起升机构、大车运行机构和小车运行机构,作正反向运转。 b. 每次运行后应有一定的停歇时间,每个机构的累计开动时间不少于10分钟,再次检查各控制屏、电动机、电阻器、限位开关和连锁保护装置的正确性和可靠性。	
6	并车连接	两台桥机上各有一个接线端,并车时只需将相应的电缆（两端安装水晶插头）连接即可。通讯电缆连接后,检查通讯是否正常,通过PLC,检查主车PLC是否可以连接至从车。	

24.8 质量签证单

表 24.14

序号	工作内容	工作负责人自检			一级验收			二级验收			三级验收		
		验证点	签字	日期	验证点	签字	日期	验证点	签字	日期	验证点	签字	日期
1	工作前准备	W1			W1			W1			W1		
2	控制柜检查清理	W2			W2			W2			W2		
3	回路绝缘检查、控制元器件及制动电阻器检查	W3			W3			W3			W3		
4	空气断路器、继电器、变频器、电源及PLC检查核对	W4			W4			W4			W4		
5	桥机检修后启动试验	H1			H1			H1			H1		
6	清扫现场、终结工作票	W5			W5			W5			W5		

第 25 章
直流充电装置检修作业指导书

25.1 范围

本作业指导书适用于广西右江水利开发有限责任公司右江水力发电厂直流充电装置的检修工作。

25.2 资料和图纸

下列文件中的条款通过本规范的引用而成为本规范的条款。凡是注日期的引用文件,其随后所有的修改单或修订版均不适用于本规范,然而,鼓励根据本规范达成协议的各方研究是否可使用这些文件的最新版本。凡是不注日期的引用文件,其最新版本适用于本规范。

(1) GB 26860—2011 《电力安全工作规程发电厂和变电站部分电气部分》

(2) DL/T 724—2000 《电力系统用蓄电池直流电源装置运行与维护技术规程》

(3)《ATC230M20Ⅱ 直流充电模块说明书》

(4)《ATC230M20Ⅱ 直流充电模块用户手册》

(5)《充电机综合特性测试仪使用说明书》

25.3 安全措施

(1) 将 11QDT 切换至 220 V 直流Ⅰ段母线。

(2) 将 12QDT 切换至 220 V 直流Ⅱ段母线。

(3) 检查 220V 直流Ⅰ段母线供电是否正常。

(4) 将 11QDT 切换至 220 V 直流Ⅰ段蓄电池组。

(5) 断开 220 V 直流Ⅰ段蓄电池供电开关 13QA。

(6) 断开 220 V 直流Ⅰ段充电机充电开关 12QA。

(7) 断开 220 V 直流Ⅰ段充电机交流供电开关 11QA。

(8) 在直流系统Ⅰ段段充电机悬挂"在此工作"标示牌。

(9) 在直流系统Ⅰ段盘柜及充电机盘柜处装设遮栏（直流系统Ⅱ充电装置检修时，安全措施以此类推）。

25.4 备品备件清单

表 25.1

序号	名称	型号规格（图号）	单位	数量	备注
1	20A 充电模块	ATC230M20Ⅱ	个	1	
2					
3					
4					
5					
6					

25.5 修前准备

25.5.1 现场准备

(1) 试验仪器、工器具及消耗材料清单

表 25.2

一、试验仪器					
序号	名称	型号	单位	数量	备注
1	2 500 V 兆欧表		块	1	
2	万用表		块	1	
3	交直流通用钳形电流表		块	1	

续表

一、试验仪器

序号	名称	型号	单位	数量	备注
4	纹波采集接口		个	1	
5	负载箱		个	1	
6	调压箱		个	1	
7	充电机特性测试系统		套	1	
8	交流电流表	1～100 A	块	1	
9	直流电流表	1～100 A	块	1	

二、工器具及消耗材料

1	可移动电源盘		个	1	
2	数字万用表		块	1	
3	交直流通用钳形电流表		块	1	
4	螺丝刀		套	1	
5	电工组合工具		套	1	
6	试验专用导线		组	4	
7	现场原始记录本		本	1	
8	套筒扳手		套	1	
9	吸尘器		个	1	
10	吹风机		个	1	
11	毛刷		个	2	
12	绝缘胶布		卷	2	
13	酒精		瓶	1	
14	扎带		包	1	

25.5.2 工作准备

(1) 充电装置控制原理图一份。

(2) 充电装置各盘柜端子图一份。

(3) 直流系统接线图一份。

(4) 试验仪器、工器具及消耗性材料已准备完毕,备品已落实。

(5) 工作人员培训完成,熟知整流充电模块检修项目及试验方法,能正确使用各工器具。

(6) 作业文件已组织学习,工作班成员熟悉本作业指导书内容及作业分工。

25.5.3 办理相关工作票

(1) 办理电气第二种工作票,对照图纸和现场实际,填写《检修工作票》、《安全措施》及《危险点控制措施》。

(2) 工作负责人会同工作许可人检查工作现场所做的安全措施是否完备。

(3) 工作许可人对工作负责人指明带电设备位置和注意事项,指明检修设备与运行设备已用明显的标志隔开,并在工作地点挂有"在此工作"的标志牌。

(4) 工作许可人和工作负责人在工作票上分别签名。

(5) 开展班前会,列队宣读工作票,由工作负责人向工作人员交代工作内容、现场安全措施、危险点分析、控制措施及其他注意事项,要求每个工作班成员必须清楚,并分别在《危险点控制措施票》上签字承诺后,方可下达开工命令。

25.6 检修工序及质量标准

25.6.1 危险点预控分析

(1) 在退出本段整流充电装置及蓄电池组之前,应检查确认整流充电装置及蓄电池组工作正常,防止退出本段整流充电装置后造成直流母线失电。

(2) 到工作现场,应认真核对工作票上所列工作地点及现场屏柜的双重化编号,防止走错间隔。

(3) 毛刷、螺丝刀、扳手等有裸露金属的部分的工器具,应用绝缘胶布将裸露金属部分缠绕、包好,并保持与带电部分的安全距离,防止人身触电。

(4) 检修清扫时,应佩戴口罩,并认真仔细,防止灰尘吸入人体,防止误碰屏柜的空开、端子排,造成设备失电、直流母线正、负极短路或接地。

(5) 充电模块性能测试时,应熟知试验方法及注意事项,防止误操作而损坏设备。

25.6.2 整流充电屏柜外观及接线检查、清扫、紧固

(1) 柜体无污迹、掉漆、异物、破损、断裂的现象,无接线错误。

(2) 系统标识文字正确无误,符合图纸要求。

（3）系统接线整齐规范、连接牢固可靠，并有防松措施。

（4）柜体设有良好接地，门开闭灵活，门锁可靠，系统保护接地良好。

（5）电路板无发热痕迹，位置正确，整流充电模块指示灯指示正常。

（6）保险、端子排完好，螺丝紧固。

（7）三相交流电源正常，相序正确，防雷器显示正常，盘柜信号灯指示正常。

（8）充电模块 LED 面板显示正确，电流电压切换正常，无故障信号。

（9）手动状态调节模块输出电压正常。

（10）模块地址拨码状态检查均正确。

（11）将整流充电模块逐一拔出，并打开模块外壳，清扫模块内外部灰尘。

（12）清扫整流充电模块槽架上的灰尘。

（13）逐一清扫充电柜各处导线、指示灯、按钮、行线槽等部位的积灰。

（14）清扫整流充电屏柜外部及柜顶归尘。

25.6.3　整流充电模块告警功能检验

（1）关掉任一充电模块的交流空开，此时监控单元发声报警并显示"充电机故障"。

（2）拔掉充电模块上的通讯线，则监控单元发声报警并显示"充电模块告警"。

25.6.4　均流不平衡度检验

检验原理：多个整流模块以 N+1 的配置并机工作，各模块应能按比例均分负荷电流，其模块间负荷电流的差异就叫均流不平衡度，均流不平衡度按照以下公式计算：

$$K = \frac{I_M - I_P}{I_E} \times 100\% \quad \text{（式 6-1）}$$

式中，K——均流不平衡度；I_M——模块输出电流极限值；I_P——模块输出电流平均值；I_E——模块的额定电流值。

检验方法：按规定，测量均流不平衡度时应调整负载，使设备输出电流为 20% 的额定值以上[20%×Ie(n+1)]方为有效，因此，用移动式负载箱作为负载，调整负载电流大于 20%Ie，检测各模块的电流，按照（式 6-1）计算出均流不平衡度，要求：均流不平衡度≤±5%。

表 25.3 均流不平衡度测试记录

各充电模块实测电流值(A)											均流不平衡度
#1	#2	#3	#4	#5	#6	#7	#8	#9	#10		

25.6.5 稳压精度及纹波系数检验

检验原理：交流输入电压在额定电压±10%范围内变化，负荷电流在0～100%额定值变化时，直流输出电压在调整范围内的任一数值时，其稳压精度按以下公式计算：

$$\delta_U = \frac{U_M - U_Z}{U_Z} \times 100\% \quad (式6\text{-}2)$$

式中：δ_U——稳压精度；U_M——输出电压波动极限值；U_Z——输出电压整定值。

充电装置输出的直流电压中，脉动量峰值与谷值之差的一半，与直流输出电压平均值之比，称为纹波系数。按以下公式计算：

$$\delta = \frac{U_r - U_g}{2U_p} \times 100\% \quad (式6\text{-}3)$$

式中：δ——纹波系数；U_r——直流电压中的脉动峰值；U_g——直流电压中的脉动谷值；U_p——直流电压平均值。

检验方法：将交流输入电压分别整定在输出0.9倍额定值、额定值、1.1倍额定值，即调节三相调压器，使输入交流电压分别为342 V、380 V、418 V(380 V±10%)，用移动式负载箱作为负载，调整负载电流分别为0、0.5倍额定电流、额定电流，测出对应的输出电压值，要求：稳压精度≤±0.5%，同时，通过纹波采集接口和充电机特性测试系统，读出纹波系数，要求：纹波系数≤0.5%。

表 25.4 稳压精度及纹波系数检验

直流系统名称		测试单位			
测试者		测试日期		测试时间	
模块个数	10	模块型号	ATC230M20II	生产商	奥特迅
直流系统电压值	220 V	浮充电压	234 V	稳定精度测试时间	30 s
稳压精度整定值	0.5%	纹波系数规定值	0.5%		

续表

负载电流	10 A					20 A				
模块编号	输入电压 V	电压最大值 V	电压最小值 V	稳压精度	纹波系数	输入电压 V	电压最大值 V	电压最小值 V	稳压精度	纹波系数
♯1	342					342				
	380					380				
	418					418				
♯2	342					342				
	380					380				
	418					418				

测试结论：

处理意见：

25.6.6 稳流精度检验

检验原理：交流输入电压在额定电压±10%范围内变化、输出电流在20%～100%额定值的任一数值，充电电压在规定的调整范围内变化时，其稳流精度按以下公式计算：

$$\delta_I = \frac{I_M - I_Z}{I_Z} \times 100\% \qquad (\text{式} 6\text{-}4)$$

式中：δ_I——稳流精度；I_M——输出电流波动极限值；I_Z——输出电流整定值。

检验方法：将交流输入电压分别整定在输出 0.9 倍额定值、额定值、1.1 倍额定值，即调节三相调压器，使输入交流电压分别为 342 V、380 V、418 V(380V±10%)，用移动式负载箱作为负载，调整负载电流分别为 0.5 倍额定电流、额定电流，测出在不同电流下的电流最大值和最小值，要求：稳流精度≤±1%。

表 25.5　稳流精度检验记录

直流系统名称				测试单位		
测试者		测试日期		测试时间		
模块个数		型号	ATC230M20II	生产商	奥特迅	

续表

直流系统电压值	220 V	浮充电压整定值	234 V	稳流精度测试时间	90 s
稳流精度规定值	1%				
负载电流	10 A			20 A		
模块编号	输入电压 V	电流最大值 A	电流最小值 A	稳流精度	输入电压 V	电流最大值 A	电流最小值 A	稳流精度
♯1	342				342			
	380				380			
	418				418			
♯2	342				342			
	380				380			
	418				418			

测试结论:

处理意见:

25.6.7 效率检验

检验原理:整流充电模块的直流输出功率与交流额定输入功率之比,称为充电模块的效率。按以下公式计算:

$$\eta = \frac{W_D}{W_A} \times 100\%$$

(式 6-5)

式中,η——效率;W_D——直流输出功率;W_A——交流输入功率。

检验方法:将交流输入电压分别整定在输出 0.9 倍额定值、额定值、1.1 倍额定值,即调节三相调压器,回路中串接交流电流表,使输入交流电压分别为 342 V、380 V、418 V(380 V±10%),用移动式负载箱作为负载,回路中串接直流电流表,调整负载电流分别为 0.5 倍额定电流、额定电流,通过表计分别读出实际的交流输入电压、电流值,以及对应的直流输出电压、电流值,分别计算交流输入功率和直流输出功率,再按照(式 6-5)计算出充电模块的效率，要求:效率≥90%。

表 25.6 充电模块效率检验记录

直流系统名称				测试单位			
测试者		测试日期			测试时间		
模块个数		型号		ATC230M20II	生产商		奥特迅
直流系统电压值	220 V	电源相数设定		3	效率测试时间		30 s
直流电压整定值	234 V	效率规定值		≥90%			
直流电流值	10 A				20 A			
模块地址	输入电压(V)	输入电流(A)	输出电压(V)	输出电流(A)	效率	输入电压(V)	输入电流(A)	输出电压(V)	输出电流(A)	效率
1										
2										

测试结论:

处理意见:

25.6.8 现场清理和工作票终结

（1）整理作业现场工器具。

（2）对设备进行清扫干净。

（3）检查各项二次安全措施均已恢复。

（4）将工作现场垃圾及杂物清理干净。

（5）工作票办理终结手续。

25.7 检修记录

检修记录见附录表 E.1。

25.8 质量签证单

表 25.7

序号	工作内容	工作负责人自检			一级验证			二级验证			三级验证		
		验证点	签字	日期	验证点	签字	日期	验证点	签字	日期	验证点	签字	日期
1	工作准备	W1			W1			W1			W1		
2	办理相关工作票	W2			W2			W2			W2		
3	二次安全措施	W3			W3			W3			W3		
4	危险点预控分析	W4			W4			W4			W4		
5	充电屏柜外观及接线检查、清扫、紧固	W5			W5			W5			W5		
6	整流充电模块告警功能检验	W6			W6			W6			W6		
7	均流不平衡度检验	W7			W7			W7			W7		
8	稳压精度及纹波系数检验	W8			W8			W8			W8		
9	稳流精度检验	W9			W9			W9			W9		
10	效率检验	W10			W10			W10			W10		
11	清扫现场、终结工作票	W11			W11			W11			W11		

第 26 章
蓄电池充放电定检作业指导书

26.1 范围

本作业指导书适用于广西右江水利开发有限责任公司右江水力发电厂直流蓄电池充放电的定检工作。

26.2 资料和图纸

下列文件中的条款通过本规范的引用而成为本规范的条款。凡是注日期的引用文件,其随后所有的修改单或修订版均不适用于本规范,然而,鼓励根据本规范达成协议的各方研究是否可使用这些文件的最新版本。凡是不注日期的引用文件,其最新版本适用于本规范。

(1) GB 26860—2011 《电力安全工作规程发电厂和变电站电气部分》

(2) DL/T 724—2000 《电力系统用蓄电池直流电源装置运行与维护技术规程》

(3)《ATC230M20II 系列智能高频电源模块使用说明书》

(4)《JKQ2000D 集中监控器使用说明书》

(5)《YW—J200 型微机绝缘检测仪使用说明书》

(6)《固定型阀控密封铅酸蓄电池用户手册》

(7) 蓄电池组连接示意图一份

(8) 电池巡检单元端子图一份

(9) 直流系统接线图一份

26.3 危险点分析及安全措施

26.3.1 危险点预控分析

(1) 在退出本段整流充电装置及蓄电池组之前,应检查确认Ⅱ段整流充电装置及蓄电池组工作正常,防止退出本段整流充电装置后造成直流母线失电。

(2) 到工作现场,应认真核对工作票上所列工作地点及现场屏柜的双重化编号,防止走错间隔。

(3) 毛刷、螺丝刀、扳手等有裸露金属的部分的工器具,应用绝缘胶布将裸露金属部分缠绕、包好,并保持与带电部分的安全距离,防止人身触电。

(4) 检修清扫时,应佩戴口罩,并认真仔细,防止灰尘吸入人体、防止误碰屏柜的空开、端子排,造成设备失电、直流母线正、负极短路或接地。

(5) 充电模块性能测试时,应熟知试验方法及注意事项,防止误操作而损坏设备。

26.3.2 隔离措施

(1) 将 11QDT 切换至 220 V 直流Ⅰ段母线。

(2) 将 12QDT 切换至 220 V 直流Ⅱ段母线。

(3) 检查 220 V 直流Ⅰ段母线供电是否正常。

(4) 将 11QDT 切换至 220 V 直流Ⅰ段蓄电池组。

(5) 断开 220 V 直流Ⅰ段蓄电池供电开关 13QA。

(6) 断开 220 V 直流Ⅰ段充电机充电开关 12QA。

(7) 断开 220 V 直流Ⅰ段充电机交流供电开关 11QA。

(8) 在直流系统Ⅰ段盘柜处悬挂"在此工作"标示牌。

(9) 在直流系统Ⅰ段盘柜及蓄电池盘柜处装设遮栏(直流系统Ⅱ段蓄电池组充放电时,安全措施以此类推)。

26.3.3 实验方法

(1) 断开 220 V 直流Ⅰ段试验回路空开 1QS。

(2) 将放电电阻箱接至试验回路。

（3）合上 220 V 直流Ⅰ段试验回路空开 1QS。

（4）检查试验接线。

（5）调整好放电电阻箱。

（6）合上 220 V 直流Ⅰ段蓄电池供电开关 13QA。

（7）蓄电池放电时，电流应该控制在 100 A，恒流放电 8 小时，蓄电池放电容量达到额定容量的 80%以上；若单节电池的电压低于 1.8 V，则该蓄电池损坏。

（8）放电试验完成后，断开 220 V 直流Ⅰ段蓄电池供电开关 13QA。

（9）断开 220 V 直流Ⅰ段试验回路空开 1QS，解除试验接线。

（10）待电池放电后 2 小时后，开始蓄电池充电。

（11）合上 220 V 直流Ⅰ段充电机交流供电开关 11QA，开启所有充电模块。

（12）合上 220 V 直流Ⅰ段充电机充电开关 12QA。

（13）合上 220 V 直流Ⅰ段蓄电池供电开关 13QA。

（14）开关位置投好后，观察蓄电池电流表，此时充电电流如为 100 A。

操作监控器：→菜单→"5"充电机控制

→密码"11111"

→"下页"一组蓄电池参数

→"转换"（将浮充转为均充）

→移动光标至时间（将 10 小时改为 20 小时）

→确认

（15）观察充电模块，均充灯亮，即正常。

（16）在直流系统Ⅰ段盘柜及蓄电池盘柜处装设遮栏（直流系统Ⅱ段蓄电池组充放电时，实验方法以此类推）。

26.4　备品备件清单

表 26.1

序号	名称	规格型号（图号）	单位	数量	厂家	备注
1	供电开关	GM32M-2300R/16A	个			
2	供电开关	GM32M-2300R/10A	个			

26.5 修前准备

26.5.1 工器具及消耗材料准备清单

表 26.2

一、试验仪器					
序号	名称	型号	单位	数量	备注
1	2 500 V 兆欧表		块	1	
2	万用表		块	1	
3	交直流通用钳形电流表		块	1	
4	移动式放电装置	AP/220V/120A	个	1	
二、工器具及消耗材料					
1	可移动电源盘		个	1	
2	数字万用表		块	1	
3	交直流通用钳形电流表		块	1	
4	螺丝刀		套	1	
5	电工组合工具		套	1	
6	放电专用导线	40 mm^2	米	15	
7	现场原始记录本		本	1	
8	套筒扳手		套	1	
9	干式灭火器		只	2	
10	吸尘器		个	1	
11	吹风机		个	1	
12	毛刷		个	2	
13	绝缘胶布		卷	2	
14	酒精		瓶	1	
15	扎带		包	1	

26.5.2 现场工作准备

(1) 所需工器、备品已准备完毕,并验收合格。

(2) 查阅运行记录有无缺陷,研读图纸、检修规程、上次检修资料,准备好检修所需材料。

(3) 检修工作负责人已明确。

(4) 参加检修人员已经落实,且安全、技术培训与考试合格。

(5) 作业指导书、特殊项目的安全、技术措施均以得到批准,并为检修人员所熟知。

(6) 工作票及开工手续已办理完毕。

(7) 检查工作票合格。

(8) 工作负责人召开班前会,现场向全体作业人员交代作业内容、安全措施、危险点分析控制措施及作业要求,作业人员理解后在工作票危险点分析控制措施单上签名。

(9) 试验用的仪器、工器具、材料搬运至工作现场。

26.5.3 办理相关工作票

(1) 办理电气第二种工作票,对照图纸和现场实际,填写《检修工作票》、《安全措施》及《危险点控制措施》。

(2) 工作负责人会同工作许可人检查工作现场所做的安全措施是否完备。

(3) 工作许可人对工作负责人指明带电设备位置和注意事项,指明检修设备与运行设备已用明显的标志隔开,并在工作地点挂有"在此工作"的标志牌。

(4) 工作许可人和工作负责人在工作票上分别签名。

(5) 执行班前会,列队宣读工作票,由工作负责人向工作人员交代工作内容、现场安全措施、危险点分析、控制措施及其他注意事项;要求每个工作班成员必须清楚,并分别在《危险点控制措施票》上签字承诺后,方可下达开工命令。

26.6 检修工序及质量标准

26.6.1 蓄电池组卫生清扫、外观检查及端子紧固

(1) 检查各蓄电池外观无膨胀、变形、爬盐、漏液等异常现象,各蓄电池外壳温度正常。

(2) 检查各蓄电池正、负极连接整齐、规范、正确、牢固。

(3) 检查电池巡检单元的各巡检线连接正确,各巡检回路的保险正常。

(4) 检查蓄电池正、负极标示清晰。

(5) 蓄电池回路的保险、端子排完好,螺丝紧固。

(6) 清扫蓄电池本体、巡检单元及支架上的灰尘。

(7) 清扫蓄电池连接导线、行线槽等部位的积灰。

26.6.2 电池巡检单元功能检测

电池巡检单元能将检测到的单体电池电压及温度按时传送给监控单元,通过监控单元可以看到电池室温度及每一节电池电压值,单体电压测量值与实际值误差应 $\leqslant \pm 0.01$ V。

26.6.3 蓄电池组放电试验

26.6.3.1 放电方法

阀控蓄电池组进行全核对性放电,用 I10 电流恒流放电,只要其中一个蓄电池放到了终止电压 1.8 V,应立即停止放电。

26.6.3.2 放电步骤

(1) 将蓄电池组隔离出来,确保蓄电池组与充电装置、直流母线没有任何电的联系。

(2) 用万用表测量放电开始前蓄电池组的端电压和各蓄电池的单体电压,并记录在"右江电厂 220 V 直流系统蓄电池放电记录表"(详见附录 A)上。

(3) 将移动式放电装置的正、负极分别用截面积不小于 40 mm^2 的专用放电导线连接到放电试验端子 1QS+、1QS-,检查确认正、负极接线正确、牢固。

(4) 合上蓄电池组的放电开关,用万用表分别检查放电试验端子排 1QS+、1QS- 和移动式放电装置的正、负极处的电压极性正确。

(5) 蓄电池组充电试验在移动式放电装置上设置以下参数:①放电电流(设为 I10);②放电时间(设为 10 h);③蓄电池组放电终止电压(2 V×N,对右江电厂说,N 为 103);④蓄电池单体放电终止电压(设为 1.8 V)。

(6) 按"启动"按钮,开始放电,并实时检查蓄电池外观及外壳温度是否正常。

(7) 每隔 1 小时用万用表实测蓄电池组的端电压和各蓄电池的单体电压,并记录在"右江电厂 220 V 直流系统蓄电池放电记录表"(详见附录 A)上,只要其中一个蓄电池放到了终止电压 1.8 V,立即按放电装置上的"停止"按钮,停止放电。

(8) 放电结束后,记录下放电装置上显示的实际放电时间、放电电流及放电容量,并记录在"右江电厂 220 V 直流系统蓄电池放电记录表"(详见附录A)上。

26.6.4 充电方法

放电结束后,间隔(1~2)h,再用 I10 电流进行"恒流限压充电""恒压充电""浮充电"。反复放、充电 2~3 次,蓄电池存在的问题也能查出,容量也能得到恢复。若经过 3 次全核对性放、充电,蓄电池组容量均达不到额定容量的 80% 以上,可认为此组阀控蓄电池使用年限已到,应安排更换。

(1) 恒流充电:合上蓄电池隔离开关,用充电装置开始对蓄电池组进行充电,在监控装置上设置"电池管理方式"为自动,刚开始充电电流很大,整流器处于限流状态,满足"剩余容量≤80%C10",或者"充电电流≥0.08 C10(即 0.8I10)"条件,因此续一定时间(10 分钟)后,微机监控装置会自动控制整流器转为"均充",采用充电限流定值的电流(I10)进行恒流充电。

(2) 限压充电:伴随着恒流充电的进行,蓄电池组的端电压缓慢上升,当上升到(2.30~2.35)V×N 的限压值时,则限制住电压不再上升,即转为限压充电,充电电流开始缓慢减小。

(3) 恒压充电:限压充电后,在(2.30~2.35)V×N 的恒定压下,充电电流逐渐减小,直到达到转换电流。

(4) 浮充电:当充电电流减小至转换电流定值(0.1I10)后,满足了"均充"转"浮充"的条件,充电装置倒计时开始起动,当整定的倒计时(转换时间定值)结束时,充电装置将自动转为正常的"浮充电"运行,浮充电压值宜控制为(2.23~2.28)V×N,充电过程结束。

(5) 检查各蓄电池的单体电压应均匀,不出现单体电压过高、过低的现象,单体电压平均值应保持在 2.25 V 左右。

26.6.5 现场清理,结束工作

(1) 全部工作完毕后,工作班应清扫、整理现场,清点工具。

(2) 工作负责人周密检查,待全体工作人员撤离工作地点后,再向值班人员讲清所修项目、发现的问题、试验结果和存在问题等。

(3) 工作负责人与值班人员共同检查设备状况,有无遗留物件,是否清洁等,然后在工作票上填明工作终了时间,经双方签名后,工作票方告终结。

26.7 质量签证单

表 26.3

序号	工作内容	工作负责人自检 验证点	签字	日期	一级验证 验证点	签字	日期	二级验证 验证点	签字	日期	三级验证 验证点	签字	日期
1	工作准备/办理相关工作票	W0			W0			W0			W0		
2	电池组卫生清扫、外观检查及端子紧固	W1			W1			W1			W1		
3	电池巡检单元功能检测	W2			W2			W2			W2		
4	蓄电池组放电试验	W3			W3			W3			W3		
5	蓄电池组充电试验	W4			W4			W4			W4		
6	清扫现场、终结工作票	W5			W5			W5			W5		

表 26.4 附录 A 右江电厂 220 V 直流系统蓄电池放电记录表

直流系统名称		蓄电池组编号	
试验班组		试验人员	
电池型号	第一组:GFMD-1 000 C 第二组:GFM-1 000	生产厂家	第一组(山东圣阳电源股份有限公司) 第二组(哈尔滨光宇蓄电池股份有限公司)
电池组容量(Ah)		电池标称电压(V)	2
电池个数(个)	103	投运日期	年 月 日
放电开始时间	年 月 日 时 分	放电结束时间	年 月 日 时 分
放电电流(A)		放电终止电压(V)	整组蓄电池:185.4 V; 单体蓄电池:1.8 V
放电时间(h)	小时 分钟	实际放电容量(Ah)	
上次检修日期	年 月 日	环境温度(℃)	

序号	放电前	1 h	2 h	3 h	4 h	5 h	6 h	7 h	8 h	9 h	10 h
01											
02											
03											
04											

续表

序号	放电前	1 h	2 h	3 h	4 h	5 h	6 h	7 h	8 h	9 h	10 h
05											
06											
07											
08											
09											
10											
11											
12											
13											
14											
15											
16											
17											
18											
19											
20											
21											
22											
23											
24											
25											
26											
27											
28											
29											
30											
31											
32											
33											
34											
35											
36											

续表

序号	放电前	1 h	2 h	3 h	4 h	5 h	6 h	7 h	8 h	9 h	10 h
37											
38											
39											
40											
41											
42											
43											
44											
45											
46											
47											
48											
49											
50											
51											
52											
53											
54											
55											
56											
57											
58											
59											
60											
61											
62											
63											
64											
65											
66											
67											
68											

续表

序号	放电前	1 h	2 h	3 h	4 h	5 h	6 h	7 h	8 h	9 h	10 h
69											
70											
71											
72											
73											
74											
75											
76											
77											
78											
79											
80											
81											
82											
83											
84											
85											
86											
87											
88											
89											
90											
91											
92											
93											
94											
95											
96											
97											
98											
99											
100											

续表

序号	放电前	1 h	2 h	3 h	4 h	5 h	6 h	7 h	8 h	9 h	10 h
101											
102											
103											
蓄电池组端电压											

测试结果及发现问题：

测试日期　　　年　　　月　　　日
审核人

表26.5　附录B　右江电厂220 V直流铅酸蓄电池单体电压测试记录

测试班组：　　　测试人：　　　　　　　　测试日期：　年　月　日

直流系统名称:220 V直流系统	蓄电池组编号:第一组
电池型号:GFMD-1 000C	生产厂家:山东圣阳电源股份有限公司
电池数量:103支	投运日期：　年　　月
温、湿度(℃、%):	蓄电池组电流(A):
浮充电压(V):	蓄电池组端电压(V):
单体电压最高值(V):	单体电压最低值(V):
母线正极对地电压(V):	母线负极对地电压(V):
母线正极对地电阻(kΩ):	母线负极对地电阻(kΩ):

序号	电压(V)	序号	电压(V)	序号	电压(V)	序号	电压(V)	序号	电压(V)	序号	电压(V)
01		19		37		55		73		91	
02		20		38		56		74		92	
03		21		39		57		75		93	
04		22		40		58		76		94	
05		23		41		59		77		95	
06		24		42		60		78		96	
07		25		43		61		79		97	
08		26		44		62		80		98	
09		27		45		63		81		99	
10		28		46		64		82		100	
11		29		47		65		83		101	

续表

序号	放电前	1 h	2 h	3 h	4 h	5 h	6 h	7 h	8 h	9 h	10 h
12		30		48		66		84		102	
13		31		49		67		85		103	
14		32		50		68		86			
15		33		51		69		87			
16		34		52		70		88			
17		35		53		71		89			
18		36		54		72		90			

测试结果及发现问题：

审核人：　　　　　　　　　　　　　　　　　　　　审核日期：　　年　月　日

测试班组：　　　　测试人：　　　　　　　　　　　测试日期：　　年　月　日

直流系统名称:220 V 直流系统	蓄电池组编号:第二组
电池型号:GFM-1000	生产厂家:哈尔滨光宇蓄电池股份有限公司
电池数量:103 支	投运日期：2017 年　月
温、湿度(℃、%)：	蓄电池组电流(A)：
浮充电压(V)：	蓄电池组端电压(V)：
单体电压最高值(V)：	单体电压最低值(V)：
母线正极对地电压(V)：	母线负极对地电压(V)：
母线正极对地电阻(kΩ)：	母线负极对地电阻(kΩ)：

序号	电压(V)	序号	电压(V)	序号	电压(V)	序号	电压(V)	序号	电压(V)	序号	电压(V)
01		19		37		55		73		91	
02		20		38		56		74		92	
03		21		39		57		75		93	
04		22		40		58		76		94	
05		23		41		59		77		95	
06		24		42		60		78		96	
07		25		43		61		79		97	
08		26		44		62		80		98	
09		27		45		63		81		99	

续表

序号	电压(V)	序号	电压(V)	序号	电压(V)	序号	电压(V)	序号	电压(V)	序号	电压(V)
10		28		46		64		82		100	
11		29		47		65		83		101	
12		30		48		66		84		102	
13		31		49		67		85		103	
14		32		50		68		86			
15		33		51		69		87			
16		34		52		70		88			
17		35		53		71		89			
18		36		54		72		90			

测试结果及发现问题：

审核人： 审核日期： 年 月 日

第4篇
微机保护系统检修

第 27 章
发电机保护装置检修作业指导书

27.1 范围

本指导书适用于广西右江水利开发有限责任公司右江水电厂发电机保护装置的检修工作。

27.2 资料和图纸

下列文件中的条款通过本规范的引用而成为本规范的条款。凡是注日期的引用文件,其随后所有的修改单或修订版均不适用于本规范,然而,鼓励根据本规范达成协议的各方研究是否可使用这些文件的最新版本。凡是不注日期的引用文件,其最新版本适用于本规范。

(1) GB/T 14285—2006　继电保护和安全自动装置技术规程

(2) GB 26860—2011　电力安全工作规程(发电厂和变电站电气部分)

(3) GB 50171—2012　电气装置安装工程(盘、柜及二次回路接线施工及验收规范)

(4) DL/T 624—2010　继电保护微机型试验装置技术条件

(5) PCS-985GW　大型水轮发电机保护装置说明书

27.3 安全措施

(1) 严格执行《电力安全工作规程》安全工作规定。

(2) 保护动作于跳闸的相关断路器在检修或冷备用状态。

(3) 保护相关的CT、PT回路已与相关运行设备断开。

(4) 保护相关的监控系统、故障录波系统、信息子站系统的连接线在断开状态。

(5) 已经做好与相邻运行设备的保护和隔离。

(6) 清点所有工器具数量合适,检查合格。

(7) 参加检修作业人员必须熟悉本指导书内容,并熟记检修项目和质量工艺要求。

(8) 参加检修作业人员必须持证上岗,熟记本检修项目安全技术措施。

(9) 开工前召开班前会,分析危险点,对作业人员进行合理分工,进行安全和技术交底。

27.4 备品备件清单

表27.1

序号	名称	规格型号	单位	数量	备注
1	PCS-985GW电源插件		块	1	
2	PCS-985GW电源插件		块	1	
3	PCS-985GW辅助继电器		个	1	
4	连接片	XH17-2T/Z	个	1	
5	按钮	LA42P-10/G	个	1	
6	电源开关	5SJ52 C3 A	个	1	
7	交流开关	5SJ61 MCB C2	个	2	

27.5 修前准备

27.5.1 工器具及消耗材料准备

27.5.1.1 消耗材料准备

表27.2

序号	名称	型号	单位	数量	备注
1	绝缘胶带		卷	1	

续表

序号	名称	型号	单位	数量	备注
2	酒精		瓶	1	
3	白布		卷	1	
4	试验导线		根	30	
5	油性记号笔		支	2	
6	标签带		米	5	
7	扎带	150×3 mm	根	50	
8	毛刷	2寸 5寸	把	1	

27.5.1.2 工器具清单

表 27.3

序号	名称	型号	单位	数量	备注
1	数字式万用表		块	1	
2	电气组合工具		套	1	
3	现场原始记录本		本	1	
4	标识牌		块	10	
5	500 V 兆欧表		块	1	
6	手电筒		个	1	
7	线滚电源		个	1	
8	继电保护测试仪		台	1	
9	线号机		台	1	

27.5.2 工作前准备

（1）填写电气第一种工作票，办理工作许可手续。

（2）工具材料已经准备到位。

（3）安全措施已完成。

（4）在工作之前先验电，确认设备无电，并与其他带电设备保持足够的安全距离。

（5）工作人员的着装应符合《电力安全工作规程》要求。

（6）工作地点周围装设好围栏，做好隔离。

（7）向工作班成员交代工作内容、人员分工、带电部位，进行危险点告知，并履行确认手续后开工。

27.6 检修工序及质量标准

27.6.1 PCS－985GW 发电机保护装置

27.6.1.1 PCS－985GW 发电机保护装置外部检查

（1）保护盘柜清洁无损伤，端子接线牢固可靠，标号正确清晰，盘内各元件安装牢固可靠、标签完整且正确清晰。CT 回路的螺丝及连片，不允许有丝毫松动的情况。

（2）保护装置的硬件配置、标注及接线等符合图纸要求。

（3）保护装置各插件上的元器件的外观质量、焊接质量良好，所有芯片插紧，型号正确，芯片放置位置正确。

（4）检查保护装置的背板接线有无断线、短路和焊接不良等现象，并检查背板上抗干扰元件的焊接、连线和元器件外观是否良好。

（5）核查开关电源插件的额定工作电压。

（6）保护装置的各部件固定良好无松动现象，装置外形应端正，无明显损坏及变形现象。

（7）切换开关、按钮、键盘等应操作灵活、手感良好。

27.6.1.2 PCS－985GW 发电机保护装置绝缘及耐压检验

（1）对直流控制回路，用 1 000 V 兆欧表测量回路对地的绝缘电阻。

（2）对电流、电压回路，将电流、电压回路的接地点拆开，分别用 1 000 V 兆欧表测量各回路对地的绝缘电阻。

（3）对使用触点输出的信号回路，用 1 000 V 兆欧表测量电缆每芯对地的绝缘电阻。

（4）各个回路绝缘电阻应大于 1 MΩ。

27.6.1.3 PCS－985GW 发电机保护装置电流互感器及二次回路检查

（1）电流互感器的二次回路有且只能有一个接地点。

（2）电流回路一点接地检查可结合绝缘检查进行：断开电流互感器二次回路接地点，检查全回路对地绝缘，若绝缘合格可判断仅有一个接地点。

27.6.1.4 PCS－985GW 发电机保护装置电压互感器及二次回路检查

（1）电压互感器的二次回路必须有且只能有一个接地点。经控制室零相小母线（N600）连通的几组电压互感器二次回路，只应在保护盘柜处将 N600 一点接地，各电压互感器二次中性点在 PT 端子箱的接地点应断开；独立的、与其他互感器二次回路没有直接电气联系的二次回路,可以在保护盘柜处也可以在 PT 端子箱实现一点接地。

(2) 为保证接地可靠,各电压互感器的中性线不得接有可能断开的熔断器(自动开关)或接触器等。

(3) 来自 PT 端子箱的电压互感器二次回路的 4 根引入线和互感器开口三角绕组的 2 根引入线均应使用各自独立的电缆,不得公用。开口三角绕组的 N 线与星形绕组的 N 线分开。

27.6.1.5 PCS-985GW 发电机保护装置逆变电源检验

(1) 将保护装置电源端子接线甩开并用绝缘胶布包好。

(2) 接好试验接线回路并检查正确后,加电测试。

(3) 所有插件均插入,加额定直流电压,各项电压输出均应正常。

(4) 合上装置逆变电源插件上的电源开关,试验直流电源由零缓慢上升至 80% 额定电压值,此时逆变电源插件面板上的电源指示灯应亮。

(5) 直流电源调至 80% 额定电压,断开、合上逆变电源开关,逆变电源应能正常启动。

27.6.1.6 PCS-985GW 发电机保护装置本体功能调试检验记录并核对程序版本号(校验码)及生成日期,保证装置程序符合相应调度机构规定

(1) 在有 GPS 对时信号条件下,先设定装置时钟,过 24 h 后,确认装置时钟误差在 10 ms 以内;在无 GPS 对时信号条件下,先设定装置时钟,过 24 h 后,确认装置时钟误差在 10 s 以内。

(2) 检查装置输入定值是否与调度下发的定值单相符;核对额定线电压、额定相电压和额定相电流等参数以及元件位置与定值是否对应;核对压板投退方式、通道投退与定值是否对应;核实装置在断电或故障重启后定值不会发生变化。

(3) 零点漂移:零漂值均在 0.01 In(或 0.01 Un)以内,检验零漂时,要求至少观察一分钟,零漂值稳定在规定范围内即小于 1%;装置采样值的各电流、电压输入的幅值和相位与外部表计测量值误差小于 5%。

(4) 开入开出回路检验:各开入开出量能有由 1→0、0→1 的变化,并重复检验两次;装置的常开、常闭接点能可靠接通或断开。

(5) 参考装置设计规范书、厂家技术说明书及有关技术资料,根据装置的具体情况,确定装置应具有的异常报警功能,并采用适当方法进行验证。根据装置具体情况确定检验项目,动作行为符合设计动作逻辑。

(6) 检查装置到厂站就地监控的中央信号,包括接点给出的信号或通过

计算机通信口给到就地监控系统的信号能够正确显示。检查装置到远方后台管理系统的信息，如定值、装置告警信号、动作数据（录波）记录能够在远方后台管理系统正确显示。

（7）测试定值区间能够可靠切换，每个定值区的定值都进行完整测试。

（8）参照装置的技术说明书，对装置的打印、键盘、各种切换开关等其他功能进行检验。

（9）部分检验时，可结合装置的整组试验一并进行。

27.6.1.7　PCS-985GW 发电机保护装置失灵回路检查

分别模拟分相及三相故障，查看保护装置对应的开入量变位情况，检查失灵起动回路接线和失灵联跳回路是否正确。

27.6.1.8　PCS-985GW 发电机保护装置反措执行情况检查

检查本次定检周期内所颁布反措执行正确、完备，反措中提到的隐患已经被排除。

27.6.1.9　PCS-985GW 发电机保护装置整组检验

（1）在额定（全检为80%）直流电压下带断路器传动，交流电流、电压必须从端子排上通入检验，将各套保护电流回路串接。

（2）对直流开出回路（包括直流控制回路、保护出口回路、信号回路、故障录波回路）进行传动，检查各直流回路接线的正确性。

（3）检查监控信号、录波、信息子站信号均正确，报文准确无误。

27.6.1.10　PCS-985GW 发电机保护装置投运前检查

（1）对新安装的或设备回路变动过的装置，在投入运行以前，应用一次电流和工作电压测量电压、电流的幅值及相位关系。

（2）对用一次电流及工作电压进行的检验结果，应按当时的负荷情况加以分析，拟订预期的检验结果，凡所得结果与预期的不一致时，应进行认真细致地分析，查找确实原因，不允许随意改动保护装置回路的接线。

（3）使用钳形电流表检查流过保护装置二次电缆屏蔽层的电流，以核实100 mm^2 铜排是否有效起到抗干扰的作用，当检测不到电流时，应检查屏蔽层是否良好接地。

（4）装置投运后，须检查装置采样是否正确，装置及二次回路工作是否均正常。

（5）核对定值正确，校验中临时修改的定值已经改回，打印核对须经第二人确认，并签字存档。

27.6.2 PCS-985GW 注入式定子接地保护电源装置

27.6.2.1 PCS-985GW 注入式定子接地保护电源装置外部检查

（1）盘柜清洁无损伤，端子接线牢固可靠、标号正确清晰，盘内各元件安装牢固可靠、标签完整且正确清晰。

（2）装置的硬件配置、标注及接线等符合图纸要求。

（3）检查装置的背板接线有无断线、短路和焊接不良等现象，并检查背板上抗干扰元件的焊接、连线和元器件外观是否良好。

（4）核查开关电源插件的额定工作电压。

（5）装置的各部件固定良好无松动现象，装置外形应端正，无明显损坏及变形现象。

27.6.2.2 PCS-985GW 注入式定子接地保护电源装置绝缘及耐压检查

（1）对直流控制回路，用 1 000 V 兆欧表测量回路对地的绝缘电阻。

（2）对电流、电压回路，将电流、电压回路的接地点拆开，分别用 1 000 V 兆欧表测量各回路对地的绝缘电阻。

（3）对使用触点输出的信号回路，用 1 000 V 兆欧表测量电缆每芯对地的绝缘电阻。

（4）各个回路绝缘电阻应大于 1 MΩ。

27.6.2.3 PCS-985GW 注入式定子接地保护电源装置逆变电源检验（检修记录见表 7.2.3）

（1）将装置电源端子接线甩开并用绝缘胶布包好。

（2）接好试验接线回路并检查正确后，加电测试。

（3）所有插件均插入，加额定直流电压，各项电压输出均应正常。

（4）合上装置逆变电源插件上的电源开关，试验直流电源由零缓慢上升至 80% 额定电压值，此时逆变电源插件面板上的电源指示灯应亮。

（5）直流电源调至 80% 额定电压，断开、合上逆变电源开关，逆变电源应能正常启动。

27.6.2.4 PCS-985GW 注入式定子接地保护电源装置本体功能调试检验

装置检验项目可以在发电机保护检验时一起完成

（1）开入开出回路检验：各开入量能有由 1→0、0→1 的变化，并重复检验两次；装置的常开、常闭接点能可靠接通或断开。

（2）参考装置设计规范书、厂家技术说明书及有关技术资料，根据装置的具体情况，确定装置应具有的异常报警功能，并采用适当方法进行验证。根据装置具体情况确定检验项目,动作行为符合设计动作逻辑。

(3) 检查装置到厂站就地监控的中央信号,包括接点给出的信号或通过计算机通信口给到就地监控系统的信号能够正确显示。检查装置到远方后台管理系统的信息,如定值、装置告警信号、动作数据(录波)记录能够在远方后台管理系统正确显示。

(4) 部分检验时,可结合装置的整组试验一并进行。

27.6.2.5 PCS-985GW 注入式定子接地保护电源装置投运前检查

(1) 对新安装的或设备回路变动过的装置,在投入运行以前,应用一次电流和工作电压测量电压、电流的幅值及相位关系。

(2) 对用一次电流及工作电压进行的检验结果,应按当时的负荷情况加以分析,拟订预期的检验结果,凡所得结果与预期的不一致时,应进行认真细致地分析,查找确实原因,不允许随意改动保护装置回路的接线。

(3) 装置投运后,须检查装置采样是否正确,装置及二次回路工作是否均正常。

27.6.3 工作结束

(1) 全部工作完毕后,工作班应清扫、整理现场,清点工具,做到工完场地清。

(2) 工作负责人应周密检查,待全体工作人员撤离工作地点后,再向值班人员讲清所修项目、发现的问题、试验结果和存在问题等,并于值班人员共同检查设备状况,有无遗留物件,是否清洁等,然后在工作票上填明工作终了时间,经双方签名后,工作票方告终结。

27.7 检修记录

PCS-985GW 发电机保护装置检修内容如下:

27.7.1 装置外部检查

表 27.4

序号	检查内容	检验结果
1	保护装置的硬件配置、标注及接线等应符合图纸要求。	
2	检查保护装置的背板接线是否有断线、短路、焊接不良等现象,并检查背板上连线和元器件外观是否良好。	

续表

序号	检查内容	检验结果
3	检查逆变电源插件的额定工作电压是否与设计相符。	
4	检查装置保护电源、控制电源、信号电源按反措要求独立配置。	
5	保护装置的各部件固定良好,无松动现象,装置外形应端正,无明显损坏及变形现象。	
6	各插件插、拔灵活,各插件和插座之间定位良好,插入深度合适。	
7	保护装置的端子排连接应可靠,且标号应清晰正确。	
8	切换开关、按钮、键盘等应操作灵活、手感良好。	
9	各部件应清洁良好。	
10	保护屏、外部端子箱电缆排放整齐、孔洞封堵良好、电缆屏蔽两端接地,电缆标牌、标号正确,压接可靠。	
11	保护屏柜间用截面为 100 mm^2 的接地铜排首尾相连	

27.7.2 绝缘检查

表 27.5

序号	检验项目	检验方法及标准	绝缘电阻(MΩ)	检验结果
1	交流电压回路对地绝缘	将所有外部引入的回路及电缆全部断开,分别将电流、电压、直流控制信号回路的所有端子各自连接在一起,用 1 000 V 摇表分别测量各组回路对地及回路间的绝缘电阻,绝缘电阻要求大于 10 MΩ。		
2	交流电流回路对地绝缘			
3	直流电源回路对地绝缘			
4	跳闸和合闸回路对地绝缘			
5	开关量输入回路对地绝缘			
6	远动接口回路对地绝缘			
7	信号回路对地绝缘			

27.7.3 逆变电源检验

表 27.6

序号	检验项目	检查内容	检验结果
1	逆变电源的自启动性能	合上保护装置逆变电源插件的电源开关,试验直流电源由零缓慢升至80%额定值电压,此时装置面板上的"运行"指示灯应亮;将直流电源调到额定值电压,断开、合上逆变电源开关,逆变电源应能正常启动,此时装置面板上的"运行"指示灯应亮。	
2	拉合直流电源时的自启动性能	将直流电源调至80%额定电压,断开、合上逆变电源开关,此时装置面板上的"运行"指示灯应亮。	

续表

序号	检验项目	检查内容	检验结果
3	正常工作状态下的检验	将装置所有插件全部插入,加直流电源额定电压,检查逆变电源各项输出在允许范围内。	
4	空载状态下检验	装置仅插入逆变电源插件,分别在直流电压为80%、100%、115%的额定电压值时检验逆变电源的空载输出电压在允许范围内。	

27.7.4 通电初步检验

表 27.7

序号	检验项目	检查内容	检验结果
1	保护装置的通电自检	保护装置通电后,先进行全面自检。自检通过后,保护装置面板上的运行灯点亮。此时,液晶显示屏出现短时的全亮状态,表明液晶显示屏完好。	
2	检查键盘	在保护装置正常运行状态下,按"↑"键,进入主菜单,选中"4.整定定值"子菜单,按"确认"键。然后,分别操作"←"、"→"、"+"、"−"、"↓"、"↑"、"确认"及"取消"键,以检验这些按键的功能正确。	
3	打印机与保护装置的联机试验	进行本试验之前,打印机应进行通电自检,打印机应能打印出自检规定的字符,表明打印机本身工作正常;保护装置在运行状态下,按保护屏上的"打印"按钮,打印机便自动打印出保护装置的动作报告、定值报告和自检报告,表明打印机与微机保护装置联机成功。	
4	软件版本和程序校验码的核查	核对打印自检报告上的软件版本号是否为所要的软件版本号;然后进入主菜单查看CPU插件的软件版本号、程序校验码和程序形成时间。应核对程序校验码是否均正确并记录。	
5	时钟的整定与校核	保护装置在"运行"状态下,按"↑"键进入主菜单后,进行年、月、日、时、分、秒的时间整定;保护装置的时钟每24 h误差应小于10 s;时钟整定好后,通过断、合逆变电源开关的方法,检验在直流失电一段时间的情况下,走时仍准确。断、合逆变电源开关至少应有5 min时间的间隔。	

27.7.5 定值整定

表 27.8

序号	检验项目	检查内容	检验结果
1	按新定值单修改定值	将定值整定通知单上的整定值输入保护装置,然后通过打印定值报告进行核对;定值整定完后,按"确认"键后,输入密码"+←↑−",确定后运行灯点亮表明定值整定成功。	

续表

序号	检验项目	检查内容	检验结果
2	拷贝定值功能测试	在"定值整定"菜单下选择"5.拷贝定值",选择目标文件和原文件的区号,完毕后按"确认"键,输入密码"＋←↑－",确认后运行灯点亮表明定值拷贝成功。	
3	整定值的失电保护功能检验	整定值的失电保护功能可通过断、合逆变电源开关的方法检验,保护装置的整定值在直流电源失电后不会丢失或改变。	

27.7.6 开关量输入回路检验

表 27.9

序号	检验内容	检验方法	检验结果
1	投不完全差动保护	投退压板	
2	投中性点不平衡保护	投退压板	
3	投定子接地保护	投退压板	
4	投转子接地保护	投退压板	
5	投定子过负荷保护	投退压板	
6	投定子负序过负荷保护	投退压板	
7	投失磁保护	投退压板	
8	投失步保护	投退压板	
9	投过电压保护	投退压板	
10	投过励磁保护	投退压板	
11	投裂相横差保护	投退压板	
12	投误上电保护	投退压板	
13	投启停机保护	投退压板	
14	投记忆低压过流保护	投退压板	
15	投 GCB 失灵保护	投退压板	
16	投轴电流保护跳闸	投退压板	
17	投励磁绕组过负荷保护	投退压板	
18	外部重动 4 输入	短接/断开相应端子	
19	GCB 分合位置开入	短接/断开相应端子	
20	对时开入	短接/断开相应端子	
21	打印开入	按打印按钮	
22	信号复归	按复归按钮	

27.7.7 模数变换系统检验

27.7.7.1 电流回路采样

表 27.10

加入电流量(A)	0	0.40	0.80	1.00	2.00
发电机机端电流 IA(1I1D1)					
发电机机端电流 IB(1I1D2)					
发电机机端电流 IC(1I1D3)					
发电机中性点 A 相电流(1I1D8)					
发电机中性点 B 相电流(1I1D9)					
发电机中性点 C 相电流(1I1D10)					
励磁变高压侧 A 相电流(1I1D29)					
励磁变高压侧 B 相电流(1I1D30)					
励磁变高压侧 C 相电流(1I1D31)					
中性点横差电流(1I1D37,1I1D39)					

27.7.7.2 电压回路采样

表 27.11

加入电压量(V)	0	10	30	57.74	70
发电机机端 A 相电压(1U1D1)					
发电机机端 B 相电压(1U1D2)					
发电机机端 C 相电压(1U1D3)					
主变高压侧 AB 相线电压(1U2D1)					
主变高压侧 BC 相线电压(1U2D2)					
主变高压侧 CA 相线电压(1U2D3)					
发电机机端零序电压(1U1D6,5)					
发电机中性点电压(1U1D7,8)					

27.7.8 保护定值检验

27.7.8.1 发电机不完全差动保护

（1）投入"投不完全差动 1 保护"压板，"不完全差动 1 投入"置 1，投入不完全差动跳闸控制字，比率差动启动定值：$0.3\ Ie$；差动速断定值：$4\ Ie$；差流报警定值 $0.1\ Ie$；比率差动起始斜率 0.1，比率差动最大斜率 0.5。

(2) 采用机端对中性点一分支或机端对中性点二分支直接分别做差动，不用三侧同时加电流测量。

27.7.8.2　不完全差动保护启动值测试试验

(1) 将"比率差动投入"控制字置"1"，"工频变化量差动控制字"控制字置"0"。

(2) 在单侧分相加电流直到不完全差动纵差比率差动保护动作，分别测试发电机机端、中性点一分支、中性点二分支 ABC 三相的启动电流的动作值。

(3) 不完全差动保护启动值：机端额定电流 $Ie=\underline{0.64}$ A，一分支额定电流 $Ie=\underline{0.64}$ A，二分支额定电流 $Ie=\underline{0.64}$ A。

表 27.12

相别	A		B		C		计算值	
	A	Ie	A	Ie	A	Ie	A	Ie
机端电流							0.203	0.317
一分支							0.203	0.317
二分支							0.203	0.317

27.7.8.3　不完全差动保护比率制动试验

(1) 从机端侧、发电机中性点 1 分支侧或 2 分支侧电流端子上加入 A、B、C 三相电流，固定机端某相电流，缓慢增加中性点分支的对应相电流直到发电机比率差动保护动作(注意为 0 度接线)。

(2) 不完全差动保护比率制动测试：机端额定电流 $Ie=\underline{0.64}$ A，一分支额定电流 $Ie=\underline{0.64}$ A，二分支额定电流 $Ie=\underline{0.64}$ A。

表 27.13

序号	机端电流		一分支或二分支电流动作值		差动电流	制动电流	计算值	
	A	Ie	A	Ie	Ie	Ie	A	Ie
1	0.5	0.781					0.789	1.233
2	1.1	1.719					1.564	2.443
3	1.6	2.500					2.280	3.563

(3) 测试三相相间故障，若只加单相电流，动作时间会有延迟 40 ms 左右。

27.7.8.4　差动速断保护测试试验

(1) 控制字设置："速断保护投入"控制字置"1"、比率差动投入、"工频变化量差动投入"控制字置"0"。在单侧加电流直到不完全纵差差动速断保护动作,分别测试发电机机端、中性点一分支、中性点二分支速断电流动作值。

(2) 不完全差动保护差动速断动作值:机端额定电流 $Ie=\underline{0.64}$ A,一分支额定电流 $Ie=\underline{0.64}$ A,二分支额定电流 $Ie=\underline{0.64}$ A。

表 27.14

相别	A		B		C		计算值	
	A	Ie	A	Ie	A	Ie	A	Ie
机端电流							2.56	4
一分支							2.56	4
二分支							2.56	4

27.7.8.5 发电机差流报警试验

(1) 根据技术说明书要求,差流报警的逻辑是:当某一相差流大于差流告警定值后,装置延时 300 ms 发差流告警信号并点亮装置面板的 CT 断线灯。CT 异常的逻辑是满足 CT 异常判据 10 s 后发 CT 告警信号并点亮装置面板的 CT 断线灯。所以在试验过程中,需要加量快一些,在 10 s 内做出来,防止 CT 异常告警干扰。步骤为:在定值附近快速加电流,直到装置 CT 断线灯亮,同时查看报文是否为差流报警报文。

(2) 不完全差动保护差流报警动作值:机端额定电流 $Ie=\underline{0.64}$ A,一分支额定电流 $Ie=\underline{0.64}$ A,二分支额定电流 $Ie=\underline{0.64}$ A。

表 27.15

相别	A		B		C		计算值	
	A	Ie	A	Ie	A	Ie	A	Ie
机端电流							0.064	0.1
一分支							0.064	0.1
二分支							0.064	0.1

27.7.8.6 CT 断线闭锁试验

(1) 投入"比率差动投入"控制字置"1",退出"差动速断投入",投入"TA 断线闭锁比率差动"控制字置"1"。

(2) 两侧三相均加入额定平衡电流,两侧顺序均为三相正序且同名相动作角度相同,断开任意一相电流,装置发 CT 断线信号并闭锁发电机差动保护,但不闭锁差动速断保护。

(3) 将"比率差动投入"控制字置"1","TA 断线闭锁比率差动"控制字置"0"。

（4）两侧三相均加入额定平衡电流，两侧顺序均为三相正序且同名相动作角度相同，断开任意一相电流，发电机比率差动保护动作并发"发电机CT断线"信号。

27.7.9　发电机匝间保护

27.7.9.1　横差保护1

（1）投"发电机匝间保护"控制字置"1"，投"发电机匝间保护"硬压板。

（2）试验方法：试验仪的A相接在发电机机端某相上，输入机端最大相电流I_{max}，试验仪的B相接在横差CT的输入端子上，输入横差电流（定值），增加横差保护电流，直到横差保护灵敏段动作。

横差保护灵敏段试验表格（二次额定电流$I=0.64$ A）如下：

表27.16

序号	机端最大相电流（A）		横差电流（A）	
	A	I_{max}/I_{ef}	计算值（定值）	实测值
1	0	0	0.48	
2	0.64	1	0.48	
3	0.96	1.5	0.72	
4	1.28	2	0.96	
5	1.6	2.5	1.20	
6	1.92	3	1.44	

27.7.9.2　横差保护1（高定值段）

（1）将"横差保护投入"控制字置"0"，投"横差保护高定值段投入"置"1"。

（2）试验方法：由于横差保护高定值段不经机端最大相电流I_{max}制动，只需在横差CT端子上加电流大于定值即可。横差保护高定值段，无论是否有转子一点信号，都不经延时的定值出口。

（3）横差保护1高定值段试验值：_____s。

注明：横差保护2与横差保护1试验方法一样。

27.7.10　发电机相间后备保护

27.7.10.1　复压过流保护试验（接机端CT）

过流Ⅰ段试验：将"Ⅰ段经复合电压闭锁""Ⅱ段经复合电压闭锁""经高压侧复合电压闭锁""PT断线保护投退原则""后备Ⅰ段经并网状态闭锁"控

制字置"0"。将试验仪的三相电流接到发电机后备保护CT通道上,缓慢增加电流直到过流Ⅰ段保护动作,记录动作值和时间,如下表过流Ⅰ段保护动作试验记录。

表27.17

相别	定值(A)	延时(s)	动作实测值(A)	动作时间(s)
A				
B				
C				

27.7.10.2 过流Ⅰ段经复压闭锁试验

复压判据的相间低电压判据、负序电压判据是或门的关系,任意一个判据满足时复压判据开放。

(1) 试验方法:将"Ⅰ段经复合电压闭锁"控制字置"1",将"高压侧复合电压闭锁""PT断线保护投退原则"控制字置"0"。

(2) 低电压判据:电流直接加1.05定值(过流Ⅰ段)动作值,机端电压加大于低压定值(70/1.732=40.41 V)的三相正序电压,慢慢减小三相电压,直到过流Ⅰ段保护动作,记录此时相间低电压试验值:_____V。

(3) 负序电压试验:先修改低电压定值为最小值2 V(防止低电压判据先开放,造成干扰),电流直接加1.05定值(过流Ⅰ段)动作值,机端电压加小于定值4 V的三相负序电压,慢慢增加三相电压,直到过流Ⅰ段保护动作,记录此时负序电压试验值:_____V。

27.7.10.3 PT断线投退试验

PT断线闭锁复压过流试验方法:试验仪模拟PT断线后保持输出,等PT断线信号出来后,在后备CT电流加过流动作值,过流Ⅰ段不动作。

27.7.11 发电机带记忆低压过流保护试验

27.7.11.1 带记忆低压过流保护定值整定

(1) 保护总控制字"记忆低压过流保护投入"置1。
(2) 投入发电机相间后备保护投入压板。

27.7.11.2 功能试验

(1) 用状态序列试验:第1状态先从后备CT端子加入试验电流(大于过流Ⅰ段定值的动作值),从机端电压端子不加电压或加入满足复压闭锁条件的试验电压,第1状态输出时间控制,且设置输出时间小于延时定值;第2状态;将电流值改小(小于过流Ⅰ段定值的动作值,但不能为0),保持电压满足复压条件不变,设置第2状态输出时间大于延时定值。控制测试仪开始试验,最终过流保护动作。

(2) 同样方法试验,将"电流记忆功能投入"退出后,过流保护不动作。

(3) 保护动作,查看信号灯、检查开出信号接点和跳闸出口接点。

27.7.11.3 阻抗保护试验(接中性点CT)

装置未投次功能。

27.7.12 发电机定子接地保护试验

27.7.12.1 95%基波零序定子接地保护定值整定

(1) 保护总控制字"定子接地保护投入"置"1"。

(2) 投入发电机定子接地保护投入压板。

27.7.12.2 95%基波零序定子接地保护试验

(1) 报警试验:从发电机中性点零序电压端子加入单相电压进行试验,根据定值改变试验量,使保护动作,查看信号灯、检查开出信号接点和跳闸出口接点。实测报警动作值:_____V;报警延时:_____s。

(2) 零序电压保护跳闸试验:投"零序电压保护跳闸"控制字置"1",退"零序电压高定值段保护跳闸"控制字置"0",将试验仪U_A相接主变高压侧开口三角零序电压,U_B相接发电机机端开口三角零序电压,U_C相接发电机中性点零序电压,然后再将N线全部并起来回到装置U_N,在测试某个动作值时,须保证其他两个判据开放,改变相应电压量,验证以下逻辑关系。

(3) 实测主变零序电压闭锁试验值:_____V,零序电压动作试验值:_____V,机端零序电压闭锁试验值:_____V,零序电压保护延时:_____s。

(4) 高定值段试验方法:不须经机端零序电压和主变高压侧零序电压闭锁,只3须在发电机中性点零序电压加一相电压即可,查看信号灯、检查开出信号接点和跳闸出口接点。实测动作试验值:_____V,延时:_____s。

27.7.12.3 定子三次谐波电压比率报警试验

(1) 辅助判据:机端正序电压大于$0.5U_n$,机端三次谐波电压值大于0.3V。

(2) 试验方法:将"零序电压保护报警投入""零序电压保护跳闸投入""零序电压高值段跳闸投入"控制字退出,将"三次谐波比率报警投入""三次谐波比率跳闸投入"置"1"。将试验仪的电压V_a、V_b、V_c接机端电压PT端子ABC

三相上,将V_a输出并接在发电机机端PT开口三角零序电压的L端子上,将试验仪的V_z接在发电机中性点零序电压端子的L端子上,同时将以上的N线短接起来接回试验仪的N线上。

(3)采用谐波菜单进入试验,其中三相电压V_a、V_b、V_c基波电压加大于30 V的基波正序电压,在V_a相上叠加三次谐波电压输出到机端开口三角零序电压通道上,在V_z上加一个三次谐波电压到中性点零序电压通道上,固定V_z不变,缓慢增加V_a,或固定V_a不变,缓慢减小V_z,直到"三次谐波比率报警"或"三次谐波比率跳闸"动作,记录相应动作值。(三次谐波比率动作试验动作值记录)

表27.18

	机端三次谐波U_{A3}(V)	中性点三次谐波计算值U_{Z3}(V)	动作实测值(V)	比率定值$K_{3w\ pzd}$	实测比率K_{3w}
并网前(拆除机端断路器跳闸位置输入)	2.5	1		2.5	
	5	2		2.5	
并网前(拆除机端断路器跳闸位置输入)	机端三次谐波U_{A3}(V)	中性点三次谐波计算值U_{Z3}(V)	动作实测值(V)	比率定值$K_{3w\ pzd}$	实测比率K_{3w}
	2	1		2.0	
	5	2.5		2.0	

27.7.12.4 子三次谐波电压差动报警试验

(1)试验方法:退出"零序电压保护报警投入""零序电压保护跳闸投入""零序电压高值段跳闸投入""三次谐波比率报警投入"和"三次谐波比率跳闸投入"控制字置"0",投"三次谐波差动报警投入"控制字置"1",投硬压板"投100%定子接地保护投入"。拆除发电机机端断路器位置开入的外部线,模拟开关在合位。

(2)接线与"比率报警"试验一样,将电流I_A接入发电机机端电流I_A,机端电流I_A加电流($0.2Ie<I<1.2Ie$),机端电压加大于50 V的基波正序电压,固定三相电压的基波。

(3)机端、中性点零序三次谐波电压U_{3T}、U_{3N}分别加夹角为180°,(任意夹角均进行调整),幅值为10 V,可以在装置的"模拟量→启动测量→保护状态量→发电机保护→定子接地保护"观察平衡系数实部和虚部在不断变化,最终调整"三次谐波差电压"为0,制动电压为0.3(定值)*10(中性点三次电压)=3 V,延时10 s"三次谐波开放"置"1",表明"三次谐波电压差动判据"已经投入,突变减小机端三次谐波电压U_{3T}大于3 V,或者突变增大U_{3N}小于

3 V,三次谐波电压经延时报警。检查信号报文。

(4) 如果改变的电压没有大于 3 V(制动电压),那么突变后产生的电压差不会大于制动电压,则保护装置会继续调整至电压差为零,不会发生三次谐波电压差动信号。

27.7.13　发电机转子接地保护试验(乒乓式)

27.7.13.1　转子一点接地定值整定
(1) 保护总控制字"转子接地保护投入"置"1"。
(2) 投入发电机转子一点接地保护压板。

27.7.13.2　转子一点接地试验内容
合上转子电压输入开关,从屏端子外加直流电压 100 V(大于 50 V 即可)(请确认输入端子,严防直流高电压误加入交流电压回路),将试验端子与转子电压正端短接,测得试验值,将试验端子与电压负端短接,测得试验值或从屏端子外接电阻箱,将阻值调至定值,降至转子一点接地动作测得试验值_____,检查动作信号等;将阻值调至定值,降至转子一点接地动作测得试验值_____,检查动作信号等。

27.7.14　定子过负荷保护试验

27.7.14.1　定时限过负荷试验
(1) 保护总控制字"定子过负荷保护投入"置"1"。
(2) 投入定子过负荷保护压板。
(3) 试验方法:电流取发电机机端、中性点最大相电流,根据定值加入故障量,使保护动作,检查动作信号等。为防止反时限过负荷先动作,可先将其退出再测定。

27.7.14.2　反时限过负荷试验
(1) 保护总控制字"定子过负荷保护投入"置"1"。
(2) 投入定子过负荷保护压板。
(3) 根据整定值加入故障量,检查信号接点、跳闸接点等。
(4) 当测试电流大于反时限启动电流定值时,可以看到定子过负荷热积累开始缓慢增加(在"模拟量→保护测量→发电机采样→发电机综合量"查看),电流越大热积累得越快,当百分数增加至 100%时,反时限保护动作。
(5) 注意:每次进行反时限保护试验之前要先清零热积累(防止试验误差

过大),可以通过投退定子过负荷硬压板来清零。

27.7.14.3 定子反时限过负荷试验

表 27.19

序号	输入电流	动作时间	计算时间	备注
1				
2				

1. 发电机定子负序过负荷保护试验

(1) 定时限负序过负荷

a) 保护总控制字"定子负序过负荷保护投入"置"1"。

b) 投入定子负序过负荷保护压板试验。

c) 试验方法:电流取发电机机端、中性点负序电流较小值,以防止一侧CT断线负序过负荷保护误动,故试验时均要在机端和中性点加负序电流。根据定值加入故障量,使保护动作,检查动作信号等。为防止反时限过负荷先动作,可先将其退出再测定。

d) 注意:如果进行单相输入测试时输入值应该为 3 倍,例如要得到 1 A 的负序电流,则须单相输入 3 A 电流。为防止反时限过负荷先动作,可先将其退出再测定。

e) 根据整定值加入故障量,检查信号接点、跳闸接点等。

(2) 反时限负序过负荷试验

a) 保护总控制字"定子负序过负荷保护投入"置"1"。

b) 投入定子负序过负荷保护压板。试验方法同上。

c) 当测试电流大于反时限启动电流定值时,可以看到定子过负荷热积累开始缓慢增加(在"模拟量→保护测量→发电机采样→发电机综合量"查看),电流越大热积累得越快,当百分数增加至 100% 时,反时限保护动作。

d) 注意:每次进行反时限保护试验之前要先清零热积累(防止试验误差过大),可以通过投退定子过负荷硬压板来清零。

e) 根据整定值加入故障量,检查信号接点、跳闸接点等。

(3) 反时限试验数据记录

表 27.20

序号	输入电流	动作时间	计算时间	备注
1				

续表

序号	输入电流	动作时间	计算时间	备注
2				
3				
4				
5				

2. 发电机失磁保护试验

(1) 失磁保护定值整定

a) 保护总控制字"发电机失磁保护投入"置"1"。

b) 投入发电机失磁保护压板。

(2) 失磁保护阻抗判据试验

a) 失磁保护阻抗采用发电机"机端正序电压"、正序电流来计算。反映发电机励磁回路故障引起的发电机异常运行。

b) 辅助判据：正序电压 U_1 >定值，负序电压 U_2 <定值，电流大于 0.1 Iezd。

c) 试验方法：按定制单输入定值，失磁保护阻抗圆选择为静稳圆，在保护屏上查看"模拟量→启动测量→保护状态量→发电机保护→失磁保护"可查看到失磁保护的上下阻抗边界 ZA、ZB，分别在纵轴上班轴和下半轴。分别仅投入失磁保护Ⅰ、Ⅱ、Ⅲ段阻抗判据，退出失磁保护其他判据，如阻抗圆选择为静稳阻抗特性，则无功反向判据也投入，异步阻抗特性则退出。

d) 从发电机机端 PT、CT 端子分别加入电压、电流量，改变电压或电流的幅值或角度，使得保护动作，检查信号接点、跳闸接点等，并记录试验值。

e) 无功反向判据试验同上，注意：保证阻抗圆落到静稳圆内，其次无功需要满足无功反向判据，在三相电压通道加 10 V 正序电压，角度为－90°，固定三相电流为 0°，幅值从 0.3 A 缓慢增加至失磁保护动作，记录动作值，并计算出无功功率（无功反向判据试验表格）。

表 27.21

名称	输入电压		输入电流计算值		输入电流动作值(A)	试验测得无功百分比
	幅值	相角	幅值	相角		
无功 Q	10	90	0.332	0		

(3) 失磁保护转子低电压判据试验

a) 仅投入失磁保护Ⅰ段转子电压判据，退出失磁保护其他判据。

b）试验方法：电压加机端电压 50 V，电流加机端电流 2 A，电压滞后 90°，此时阻抗为 25 Ω，可靠进入了阻抗圆。转子电压采用直采方式接入保护，将试验仪直流电压直接接入转子电压输入上，合上失磁保护用转子电压保险，加大转子低电压判据的直流电压，试验仪输出后缓慢降低直流电压直至失磁保护动作，记录转子低电压动作值：_____，检查信号接点、跳闸接点等。

（4）失磁保护机端低电压判据试验

a）仅投入失磁保护机端低电压判据，投入失磁保护Ⅱ段转子电压判据，退出失磁保护其他判据。

b）试验方法：电压加机端电压 51 V（大于定值 85/1.732＝49.07），电流加机端电流固定 2 A，电压滞后 90°，此时阻抗为 25.5 Ω，可靠进入了阻抗圆，缓慢降低三相电压直至失磁Ⅱ段保护动作，记录机端低电压动作值：_____ V，检查信号接点、跳闸接点等。

（5）失磁保护Ⅰ段试验

a）仅投入失磁保护Ⅰ段各种判据，退出其他段判据。

b）模拟失磁故障，根据整定值加入电压、电流等故障量，使得保护动作，检查信号接点、跳闸接点等。

（6）失磁保护Ⅱ段试验

a）仅投入失磁保护Ⅱ段各种判据，退出其他段判据。

b）模拟失磁故障，根据整定值加入电压、电流等故障量，使得保护动作，检查信号接点、跳闸接点等。

（7）失磁保护Ⅲ段试验

a）仅投入失磁保护Ⅲ段各种判据，退出其他段判据。

b）模拟失磁故障，根据整定值加入电压、电流等故障量，使得保护动作，检查信号接点、跳闸接点等。

3. 发电机失步保护试验

（1）失步保护定值整定

a）保护总控制字"发电机失步保护投入"置"1"。

b）投入发电机失步保护压板。

（2）失步保护判据试验

a）动作于信号时，不须投入压板。失步保护阻抗采用发电机机端 PT、CT 电流来计算。采用试验仪模拟振荡试验，振荡周期为 0.2～10 s，分别设置振荡中心在发变组内部、外部，观测保护动作情况。

b）注意：为防止高电流长时间，可将定值滑级次数改小后再进行试验。

c) 失步保护实验表：定值：ZA＝15.4 Ω，ZB＝31.7 Ω，ZC＝7.5 Ω，$I=$ 3 A；区外：5 级；区内：2 级。

表 27.22

名称		电压(V)	电流(A)	滑级次数	动作情况
区外	0.95＊ZA	14.63	1	5	动作
	1.05＊ZA	16.17	1	不积累	不动作
区内	0.95＊ZB	29.925	1	2	动作
	1.05＊ZB	33.285	1	不积累	不动作
ZC	0.95＊ZC	7.125	1	2	区内动作
	1.05＊ZC	7.875	1	5	区外动作
跳闸允许	区外	0.95＊I	41.695 5	2.85	5	动作
		1.05＊I	41.695 5	3.15	5	不动作
	区内	0.95＊I	85.29	2.85	2	动作
		1.05＊I	85.29	3.15	2	不动作

4. 发电机过电压保护试验

（1）发电机过电压保护定值整定

a）保护总控制字"发电机过电压保护投入"置"1"。

b）投入发电机过电压保护投入压板。

（2）过电压保护试验内容

a）过电压保护取发电机机端相间电压，过电压保护取三个相间电压最大值。

b）根据整定值加入故障电压量，改变输入电压量，使得保护动作，检查信号接点、跳闸接点等。

c）过电压试验值_____V，过电压延时_____s。

5. 发电机过励磁保护试验

（1）定时限过励磁定值

a）保护总控制字"发电机过励磁保护投入"置"1"。

b）投入发电机过励磁保护压板。

（2）定时限过励磁试验内容

a）试验方法：在发电机机端 PT 加额定频率的三相正序电压，缓慢增加电压直至定时限过励磁告警信号动作。注意：根据整定值加入故障电压量，改变电压幅值或频率。

b）试验记录：过励磁信号段试验值_____，过励磁报警延时值_____。

6. 发电机逆功率保护试验

a) 按照定值通知单整定逆功率保护定值。

b) 试验方法：解掉机端断路器位置开入的外部线，模拟机端断路器在合位，用短接线短接导水叶位置开入，在机端固定加大于 12 V 的机端三相正序电压，机端电流加三相正序电流，其电流电压的相角满足 $90°<θ<270°$，缓慢增加正序电流直至逆功率保护发信号或跳闸动作，记录电流电压及相角差，并计算出功率动作值。

c) 注：因定值延时时间为 60 s，时间较久，为方便试验，可将延时时间修改短一些再进行试验。

7. 发电机频率保护试验

(1) 低频保护Ⅰ、Ⅱ段试验

根据保护定值整定定值。

(2) 试验方法：解掉机端断路器位置开入的外部线，模拟机端断路器在合位，用试验仪加大于 0.04 In 的电流，在机端电压加三相（或单相）额定幅值电压，缓慢减小电压的频率直至低频保护发信或跳闸动作。更改控制字，分别做低频保护Ⅰ、Ⅱ段的试验。记录试验动作值：低频保护Ⅰ段动作频率值_____Hz；延时_____s；低频保护Ⅱ段动作频率值_____Hz；延时_____s。

注：因定值延时时间为 120 s 和 30 s，时间较久，可适当将延时时间修改短一些再进行试验。

(3) 过频Ⅰ段保护试验

a) 过频保护的频率取发电机机端电压的频率，不受并网状态闭锁，即不判断机端断路器位置和机端电流。按照要求整定定值。

b) 试验方法：在机端电压加三相（或单相）额定幅值电压，缓慢增加电压的频率直至过频保护发信或跳闸动作。记录试验动作值：过频保护Ⅰ段动作频率值_____Hz，延时_____s。

(4) 励磁过流保护试验

a) 按照要求整定定值。

b) 试验方法：根据定值 CT 选择为"励磁Ⅰ侧"，在其加三相电流，缓慢增加电流直至过流保护发信或跳闸动作（一般为 0.95 倍不动作，1.05 倍动作）。更改控制字，分别做过流Ⅰ、Ⅱ段、过负荷保护的试验。记录试验动作值：过流保护Ⅰ段动作值_____A，延时_____s；过流保护Ⅱ段动作值_____A，延时_____s；过负荷报警试验值_____A，延时_____s。

(5) 励磁过负荷保护试验

a) 按照要求整定定值。

b) 过负荷励磁定时限报警试验方法:根据定值CT选择为"励磁Ⅱ侧",在其加三相电流,缓慢增加电流直至过负荷定时限报警发信(一般为0.95倍不动作,1.05倍动作)。记录试验动作值:过负荷定时限报警试验值_____A,延时_____s。

c) 反时限励磁过负荷试验方法:过负荷励磁反时限报警试验方法:根据定值CT选择为"励磁Ⅱ侧",在其加三相电流,缓慢增加电流直至过负荷反时限励磁报警发信(一般为0.95倍不动作,1.05倍动作)。在测试过程中,可以看到励磁绕组过负荷热积累开始缓慢增加(模拟量→保护测量→发电机采样→发电机综合量),电流越大热积累越快,直至达到100%时,反时限励磁过负荷保护动作。记录试验动作值:反时限励磁过负荷报警试验值_____A,延时_____s。

d) 注:每项反时限试验做完后,须等热积累归零后方可进行下一步试验,否则动作时间偏差会很大,为达到快速将热积累清零只须短时将"投励磁过负荷"硬压板退出即可。

8. 发电机非电量保护试验

(1) 按照要求整定定值。

试验方法:投对应硬压板,短接相应开入,装置应该报警,经过延时后跳闸。

(2) 信号接点检查

退出各保护所有出口压板,由传动实验使保护动作,或短接相应的信号接点,或加故障量使保护动作(我厂选择短接信号接点R701和R7××等)。

表 27.23

信号名称	正确性(送监控)	正确性(启动故障录波)	备注
裂相横差保护跳闸			
定子接地跳闸			
定子过负荷跳闸			"√"为信号正常,"…"为无此信号,"×"为信号显示错误或未启动故障录波
失磁保护跳闸			
过电压跳闸			
启停机保护跳闸			
完全差动跳闸			
误上电保护跳闸			
中性点不平衡保护跳闸			

续表

信号名称	正确性(送监控)	正确性(启动故障录波)	备注
负序过负荷跳闸			
失步保护跳闸			
过励磁跳闸			
发电机开关失灵保护跳闸			
低压过流跳闸			
励磁绕组过负荷跳闸			
装置闭锁		...	
装置报警		...	"√"为信号正常,"..."为无此信号,"×"为信号显示错误或未启动故障录波
TA断线报警		...	
TV断线报警		...	
过负荷报警		...	
负序过负荷报警		...	
励磁绕组过负荷报警		...	
定子接地报警		...	
转子一点接地报警		...	
失磁报警		...	
失步报警		...	
过励磁报警		...	
轴电流报警		...	

(3) 传动断路器试验

表 27.24

序号	模拟故障类型	压板投入情况	装置灯指示	断路器动作情况	检验结果
1	A柜不完全差动	投跳发电机出口压板	跳闸灯亮	出口断路器跳闸	
2	A柜不完全差动	投跳灭磁开关出口压板	跳闸灯亮	灭磁开关跳闸	
3	B柜不完全差动	投跳发电机出口压板	跳闸灯亮	出口断路器跳闸	
4	B柜不完全差动	投跳灭磁开关出口压板	跳闸灯亮	灭磁开关跳闸	
5	C柜非电量保护	投跳500 kV边开关出口压板	跳闸灯亮	出口断路器跳闸	
6	C柜非电量保护	投跳500 kV中开关出口压板	跳闸灯亮	灭磁开关跳闸	

(4) 装置投运前检查

a) 检查二次接线已按照设计图纸接线,拆除在试验时使用的试验设备、仪表及一切连接线,清理现场,将所有被拆动的或临时接入的连接线全部恢复正常,将所有装置信号复归。

b) 检查保护装置定值,打印出装置定值和装置程序版本,并与定值通知单进行核对无误。

c) 检查保护装置的开关量状态是否正常。

d) 清除装置内记录的试验动作报文信息和历史告警信号。

e) 校核装置时钟。

f) 检查装置自检无异常信息。

(5) PCS-985GW 注入式定子接地保护电源装置

a) 装置的外部检查

表 27.25

序号	检查内容	检验结果
1	装置的硬件配置、标注及接线等应符合图纸要求。	
2	检查装置的背板接线是否有断线、短路、焊接不良等现象,并检查背板上连线和元器件外观是否良好。	
3	检查逆变电源插件的额定工作电压是否与设计相符。	
4	检查装置保护电源、控制电源、信号电源按反措要求独立配置。	
5	装置的各部件固定良好,无松动现象,装置外形应端正,无明显损坏及变形现象。	
6	各插件插、拔灵活,各插件和插座之间定位良好,插入深度合适。	
7	装置的端子排连接应可靠,且标号应清晰正确。	
8	各部件应清洁良好。	
9	屏柜、外部端子箱电缆排放整齐、孔洞封堵良好、电缆屏蔽两端接地,电缆标牌、标号正确,压接可靠。	
10	屏柜间用截面为 100 mm^2 的接地铜排首尾相连。	

b) 绝缘检查

表 27.26

序号	检验项目	检验方法及标准	绝缘电阻(MΩ)	检验结果
1	交流电压回路对地绝缘	将所有外部引入的回路及电缆全部断开,分别将电流、电压、直流控制信号回路的所有端子各自连接在一起,用 1 000 V 摇表分别测量各组回路对地及回路间的绝缘电阻,绝缘电阻要求大于 10 MΩ。		
2	交流电流回路对地绝缘			
3	直流电源回路对地绝缘			
4	开关量输入回路对地绝缘			
5	信号回路对地绝缘			

c) 逆变电源检验

表 27.27

序号	检验项目	检查内容	检验结果
1	逆变电源的自启动性能	合上装置逆变电源插件的电源开关,试验直流电源由零缓慢升至 80 % 额定值电压,此时装置面板上的"运行"指示灯应亮;将直流电源调至额定值电压,断开、合上逆变电源开关,逆变电源应能正常启动,此时装置面板上的"运行"指示灯应亮。	
2	拉合直流电源时的自启动性能	将直流电源调至 80% 额定电压,断开、合上逆变电源开关,此时装置面板上的"运行"指示灯应亮。	
3	正常工作状态下的检验	将装置所有插件全部插入,加直流电源额定电压,检查逆变电源各项输出在允许范围内。	
4	空载状态下检验	装置仅插入逆变电源插件,分别在直流电压为 80%、100%、115% 的额定电压值时检验逆变电源的空载输出电压在允许范围内。	

d) 通电初步检验

表 27.28

序号	检验项目	检查内容	检验结果
1	装置的通电自检	装置通电后,先进行全面自检。自检通过后,装置面板上的运行灯点亮	

e) 开关量输入回路检验

表 27.29

序号	检验内容	检验方法	检验结果
1	闭锁装置输出		

f) 输出接点和信号检查

信号接点的检查:退出各保护所有出口压板,由传动实验使保护动作,或短接相应的信号接点,或加故障量使保护动作。

表 27.30

序号	信号名称	正确性(送监控)	正确性(启动故障录波)	备注
1	装置报警			

输出接点检查见下表。

表 27.31

序号	检查内容	检验结果
1	检查装置异常信号、装置闭锁信号、保护动作信号在监控系统中的正确性	
2	检查装置异常信号、装置闭锁信号、保护动作信号在保护信息子站中的正确性	
3	检查跳闸接点、失灵启动接点、闭锁重合闸接点到相应回路的正确性	

g）装置投运前检查

检查二次接线已按照设计图纸接线，拆除在试验时使用的试验设备、仪表及一切连接线，清理现场，将所有被拆动的或临时接入的连接线全部恢复正常，将所有装置信号复归。

检查保护装置定值，打印出装置定值和装置程序版本，并与定值通知单进行核对无误。

检查保护装置的开关量状态是否正常。

清除装置内记录的试验动作报文信息和历史告警信号。

校核装置时钟。

检查装置自检无异常信息。

27.8　质量签证单

表 27.32

序号	工作内容	工作负责人自检			一级验收			二级验收			三级验收		
		验证点	签字	日期	验证点	签字	日期	验证点	签字	日期	验证点	签字	日期
1	工作前准备	W1			W1			W1			W1		
2	PCS-985GW 发电机保护装置绝缘及耐压检查	W2			W2			W2			W2		
3	PCS-985GW 发电机保护装置逆变电源检验	W3			W3			W3			W3		
4	PCS-985GW 发电机保护装置本体功能调试检验	H1			H1			H1			H1		

续表

序号	工作内容	工作负责人自检 验证点	签字	日期	一级验收 验证点	签字	日期	二级验收 验证点	签字	日期	三级验收 验证点	签字	日期
5	PCS-985GW发电机保护装置整组检验	W4			W4			W4			W4		
6	PCS-985GW发电机保护装置投运检查	W5			W5			W5			W5		
7	PCS-985GW注入式定子接地保护电源装置绝缘及耐压检查	W6			W6			W6			W6		
8	PCS-985GW注入式定子接地保护电源装置逆变电源检验	W7			W7			W7			W7		
9	PCS-985GW注入式定子接地保护电源装置本体功能调试检验	H2			H2			H2			H2		
10	PCS-985GW注入式定子接地保护电源装置整组检验	W8			W8			W8			W8		
11	PCS-985GW注入式定子接地保护电源装置投运检查	W9			W9			W9			W9		
12	清扫现场、终结工作票	W10			W10			W10			W10		

第 28 章
变压器保护装置检修作业指导书

28.1 范围

本指导书适用于广西右江水利开发有限责任公司右江水力发电厂 220 kV 变压器保护装置定检工作。

28.2 资料和图纸

下列文件中的条款通过本规范的引用而成为本规范的条款。凡是注日期的引用文件，其随后所有的修改单或修订版均不适用于本规范，然而，鼓励根据本规范达成协议的各方研究是否可使用这些文件的最新版本。凡是不注日期的引用文件，其最新版本适用于本规范。

(1) GB/T 14285—2006 继电保护和安全自动装置技术规程

(2) GB 26860—2011 电力安全工作规程 发电厂和变电站电气部分

(3) GB 50171—2012 电气装置安装工程 盘、柜及二次回路接线施工及验收规范

(4) DL/T 624—2010 继电保护微机型试验装置技术条件

(5) PCS-985TW 主变保护装置说明书

28.3 安全措施

(1) 严格执行《电力安全工作规程》安全工作规定。

(2) 保护动作于跳闸的相关断路器在检修或冷备用状态。

(3) 保护相关的 CT、PT 回路已与相关运行设备断开。

(4) 保护去相关的监控系统、故障录波系统、信息子站系统的连接线在断开状态。

(5) 已经做好保护与相邻运行设备的隔离。

(6) 清点所有工器具数量合适,检查合格。

(7) 参加检修作业人员必须熟悉本指导书内容,并熟记检修项目和质量工艺要求。

(8) 参加检修作业人员必须持证上岗,熟记本检修项目安全技术措施。

(9) 开工前召开班前会,开展"三讲一落实",分析危险点,对作业人员进行合理分工,进行安全和技术交底。

28.4 备品备件清单

表 28.1

序号	名称	规格型号	单位	数量	备注
1	PCS-985TW 电源插件		块	1	
2	PCS-985TW 电源插件		块	1	
3	PCS-985TW 辅助继电器		个	1	
4	连接片	XH17-2T/Z	个	1	
5	按钮	LA42P-10/G	个	1	
6	电源开关	5SJ52 C3 A	个	1	
7	交流开关	5SJ61 MCB C2	个	2	

28.5 修前准备

28.5.1 工器具及消耗材料准备

28.5.1.2 消耗材料准备

表 28.2

序号	名称	型号	单位	数量	备注
1	绝缘胶带		卷	1	

续表

序号	名称	型号	单位	数量	备注
2	酒精		瓶	1	
3	白布		卷	1	
4	试验导线		根	30	
5	油性记号笔		支	2	
6	标签带		米	5	
7	扎带	150×3 mm	根	50	
8	毛刷	2寸 5寸	把	1	

28.5.1.3 工器具清单

表28.3

序号	名称	型号	单位	数量	备注
1	数字式万用表		块	1	
2	电气组合工具		套	1	
3	现场原始记录本		本	1	
4	标识牌		块	10	
5	500 V兆欧表		块	1	
6	手电筒		个	1	
7	线滚电源		个	1	
8	继电保护测试仪		台	1	
9	线号机		台	1	

28.5.2 工作前准备

(1) 填写电气第一种工作票,办理工作许可手续。

(2) 工具材料已经准备到位。

(3) 安全措施已完成。

(4) 在工作之前先验电,确认设备无电,并与其他带电设备保持足够的安全距离。

(5) 工作人员的着装应符合《电力安全工作规程》要求。

(6) 工作地点周围装设好围栏,做好隔离。

(7) 开展"三讲一落实",向工作班成员交代工作内容、人员分工、带电部位,进行危险点告知,并履行确认手续后开工。

28.6 检修工序及质量标准

28.6.1 PCS-985TW 变压器保护装置

28.6.1.1　PCS-985TW 变压器保护装置外部检查

（1）保护盘柜清洁无损伤，端子接线牢固可靠、标号正确清晰，盘内各元件安装牢固可靠、标签完整且正确清晰。CT 回路的螺丝及连片，不允许有丝毫松动的情况。

（2）保护装置的硬件配置、标注及接线等符合图纸要求。

（3）保护装置各插件上的元器件的外观质量、焊接质量良好，所有芯片插紧，型号正确，芯片放置位置正确。

（4）检查保护装置的背板接线有无断线、短路和焊接不良等现象，并检查背板上抗干扰元件的焊接、连线和元器件外观是否良好。

（5）核查开关电源插件的额定工作电压。

（6）保护装置的各部件固定良好无松动现象，装置外形应端正，无明显损坏及变形现象。

（7）切换开关、按钮、键盘等应操作灵活、手感良好。

28.6.1.2　PCS-985TW 变压器保护装置绝缘及耐压检验

（1）对直流控制回路，用 1 000 V 兆欧表测量回路对地的绝缘电阻。

（2）对电流、电压回路，将电流、电压回路的接地点拆开，分别用 1 000 V 兆欧表测量各回路对地的绝缘电阻。

（3）对使用触点输出的信号回路，用 1 000 V 兆欧表测量电缆每芯对地的绝缘电阻。各个回路绝缘电阻应大于 1 MΩ。

28.6.1.3　PCS-985TW 变压器保护装置电流互感器及二次回路检查

（1）电流互感器的二次回路有且只能有一个接地点。

（2）电流回路一点接地检查可结合绝缘检查进行：断开电流互感器二次回路接地点，检查全回路对地绝缘，若绝缘合格可判断仅有一个接地点。

28.6.1.4　PCS-985TW 变压器保护装置电压互感器及二次回路检查

（1）电压互感器的二次回路必须有且只能有一个接地点。经控制室零相小母线（N600）连通的几组电压互感器二次回路，只应在保护盘柜处将 N600 一点接地，各电压互感器二次中性点在 PT 端子箱的接地点应断开；独立的、与其他互感器二次回路没有直接电气联系的二次回路，可以在保护盘柜处也可以在PT端子箱实现一点接地。

（2）为保证接地可靠，各电压互感器的中性线不得接有可能断开的熔断器（自动开关）或接触器等。

（3）来自PT端子箱的电压互感器二次回路的4根引入线和互感器开口三角绕组的2根引入线均应使用各自独立的电缆，不得公用。开口三角绕组的N线与星形绕组的N线分开。

（4）PCS-985TW变压器保护装置逆变电源检验。

28.6.1.5　将保护装置电源端子接线甩开并用绝缘胶布包好

（1）接好试验接线回路并检查正确后，加电测试。

（2）所有插件均插入，加额定直流电压，各项电压输出均应正常。

（3）合上装置逆变电源插件上的电源开关，试验直流电源由零缓慢上升至80%额定电压值，此时逆变电源插件面板上的电源指示灯应亮。

（4）直流电源调至80%额定电压，断开、合上逆变电源开关，逆变电源应能正常启动。

28.6.1.6　PCS-985TW变压器保护装置本体功能调试检验

（1）记录并核对程序版本号（校验码）及生成日期，保证装置程序符合相应调度机构规定。

（2）在有GPS对时信号条件下，先设定装置时钟，过24 h后，确认装置时钟误差在10 ms以内；在无GPS对时信号条件下，先设定装置时钟，过24 h后，确认装置时钟误差在10 s以内。

（3）检查装置输入定值是否与调度下发的定值单相符；核对额定线电压、额定相电压和额定相电流等参数以及元件位置与定值是否对应；核对压板投退方式、通道投退与定值是否对应；核实装置在断电或故障重启后定值不会发生变化。

（4）零点漂移：零漂值均在0.01 In（或0.01 Un）以内，检验零漂时，要求至少观察一分钟，零漂值稳定在规定范围内即小于1%；装置采样值的各电流、电压输入的幅值和相位与外部表计测量值误差小于5%。

（5）开入开出回路检验：各开入开出量能有由1→0、0→1的变化，并重复检验两次；装置的常开、常闭接点能可靠接通或断开。

（6）参考装置设计规范书、厂家技术说明书及有关技术资料，根据装置的具体情况，确定装置应具有的异常报警功能，并采用适当方法进行验证。根据装置具体情况确定检验项目，动作行为符合设计动作逻辑。

（7）检查装置到厂站就地监控的中央信号，包括接点给出的信号或通过计算机通信口给到就地监控系统的信号能够正确显示。检查装置到远方后台管理系统的信息,如定值、装置告警信号、动作数据(录波)记录能够在远方后台管理系统正确显示。

(8) 测试定值区间能够可靠切换,每个定值区的定值都进行完整测试。

(9) 参照装置的技术说明书,对装置的打印、键盘、各种切换开关等其他功能进行检验。

(10) 部分检验时,可结合装置的整组试验一并进行。

28.6.1.7 CS—985TW 变压器保护装置失灵回路检查

分别模拟分相及三相故障,查看保护装置对应的开入量变位情况,检查失灵起动回路接线和失灵联跳回路是否正确。

28.6.1.8 PCS-985TW 变压器保护装置反措执行情况检查

检查本次定检周期内所颁布反措执行正确、完备,反措中提到的隐患已经被排除。

28.6.1.9 PCS-985TW 变压器保护装置整组检验

(1) 在额定(全检为 80%)直流电压下带断路器传动,交流电流、电压必须从端子排上通入检验,将各套保护电流回路串接。

(2) 对直流开出回路(包括直流控制回路、保护出口回路、信号回路、故障录波回路)进行传动,检查各直流回路接线的正确性。

(3) 检查监控信号、录波、信息子站信号均正确,报文准确无误。

28.6.1.10 PCS-985TW 变压器保护装置投运前检查

(1) 对新安装的或设备回路变动过的装置,在投入运行以前,应用一次电流和工作电压测量电压、电流的幅值及相位关系。

(2) 对用一次电流及工作电压进行的检验结果,应按当时的负荷情况加以分析,拟订预期的检验结果,凡所得结果与预期的不一致时,应进行认真细致地分析,查找确实原因,不允许随意改动保护装置回路的接线。

(3) 使用钳形电流表检查流过保护装置二次电缆屏蔽层的电流,以核实 100 mm² 铜排是否有效起到抗干扰的作用,当检测不到电流时,应检查屏蔽层是否良好接地。

28.6.2 工作结束

(1) 全部工作完毕后,工作班应清扫、整理现场,清点工具,做到工完场地清。

（2）工作负责人应周密检查，待全体工作人员撤离工作地点后，再向值班人员讲清所修项目、发现的问题、试验结果和存在问题等，并于值班人员共同检查设备状况，有无遗留物件，是否清洁等，然后在工作票上填明工作终了时间，经双方签名后，工作票方告终结。

28.7 检修记录

28.7.1 PCS-985TW 主变保护装置

28.7.1.1 装置外部检查

表 28.4

序号	检 查 内 容	检验结果
1	保护装置的硬件配置、标注及接线等应符合图纸要求。	
2	检查保护装置的背板接线是否有断线、短路、焊接不良等现象，并检查背板上连线和元器件外观是否良好。	
3	检查逆变电源插件的额定工作电压是否与设计相符。	
4	检查装置保护电源、控制电源、信号电源按反措要求独立配置。	
5	保护装置的各部件固定良好，无松动现象，装置外形应端正，无明显损坏及变形现象。	
6	各插件插、拔灵活，各插件和插座之间定位良好，插入深度合适。	
7	保护装置的端子排连接应可靠，且标号应清晰正确。	
8	切换开关、按钮、键盘等应操作灵活、手感良好。	
9	各部件应清洁良好。	
10	保护屏、外部端子箱电缆排放整齐、孔洞封堵良好、电缆屏蔽两端接地，电缆标牌、标号正确，压接可靠。	
11	保护屏柜间用截面为 100 mm^2 的接地铜排首尾相连。	

28.7.1.2 绝缘检查

表 28.5

序号	检验项目	检验方法及标准	绝缘电阻(MΩ)	检验结果
1	交流电压回路对地绝缘	将所有外部引入的回路及电缆全部断开,分别将电流、电压、直流控制信号回路的所有端子各自连接在一起,用1 000 V摇表分别测量各组回路对地及回路间的绝缘电阻,绝缘电阻要求大于 10 MΩ。		
2	交流电流回路对地绝缘			
3	直流电源回路对地绝缘			
4	跳闸和合闸回路对地绝缘			
5	开关量输入回路对地绝缘			
6	远动接口回路对地绝缘			
7	信号回路对地绝缘			

28.7.1.3 逆变电源检验

表 28.6

序号	检验项目	检查内容	检验结果
1	逆变电源的自启动性能	合上保护装置逆变电源插件的电源开关,试验直流电源由零缓慢升至80%额定值电压,此时装置面板上的"运行"指示灯应亮;将直流电源调至额定值电压,断开、合上逆变电源开关,逆变电源应能正常启动,此时装置面板上的"运行"指示灯亮。	
2	拉合直流电源时的自启动性能	将直流电源调至80%额定电压,断开、合上逆变电源开关,此时装置面板上的"运行"指示灯亮。	
3	正常工作状态下的检验	将装置所有插件全部插入,加直流电源额定电压,检查逆变电源各项输出在允许范围内。	
4	空载状态下检验	装置仅插入逆变电源插件,分别在直流电压为80%、100%、115%的额定电压值时检验逆变电源的空载输出电压在允许范围内。	

28.7.1.4 通电初步检验

表 28.7

序号	检验项目	检查内容	检验结果
1	保护装置的通电自检	保护装置通电后,先进行全面自检。自检通过后,保护装置面板上的运行灯点亮。此时,液晶显示屏出现短时的全亮状态,表明液晶显示屏完好。	
2	检查键盘	在保护装置正常运行状态下,按"↑"键,进入主菜单,选中"4.整定定值"子菜单,按"确认"键。然后,分别操作"←"、"→"、"+"、"−"、"↓"、"↑"、"确认"及"取消"键,以检验这些按键的功能正确。	

续表

序号	检验项目	检查内容	检验结果
3	打印机与保护装置的联机试验	进行本试验之前,打印机应进行通电自检,打印机应能打印出自检规定的字符,表明打印机本身工作正常;保护装置在运行状态下,按保护屏上的"打印"按钮,打印机便自动打印出保护装置的动作报告、定值报告和自检报告,表明打印机与微机保护装置联机成功。	
4	软件版本和程序校验码的核查	核对打印自检报告上的软件版本号是否为所采用的软件版本号;然后进入主菜单查看CPU插件的软件版本号、程序校验码和程序形成时间。应核对程序校验码是否均正确并记录。	
5	时钟的整定与校核	保护装置在"运行"状态下,按"↑"键进入主菜单后,进行年、月、日、时、分、秒的时间整定;保护装置的时钟每24 h误差应小于10 s;时钟整定好后,通过断、合逆变电源开关的方法,检验在直流失电一段时间的情况下,走时仍准确。断、合逆变电源开关至少应有5 min的间隔。	

28.7.1.5 定值整定

表 28.8

序号	检验项目	检查内容	检验结果
1	按新定值单修改定值	将定值整定通知单上的整定值输入保护装置,然后通过打印定值报告进行核对;定值整定完后,按"确认"键后,输入密码"＋←↑－",确定后运行灯点亮表明定值整定成功。	
2	拷贝定值功能测试	在"定值整定"菜单下选择"5.拷贝定值",选择目标文件和原文件的区号,完毕后按"确认"键,输入密码"＋←↑－",确认后运行灯点亮表明定值拷贝成功。	
3	整定值的失电保护功能检验	整定值的失电保护功能可通过断、合逆变电源开关的方法检验,保护装置的整定值在直流电源失电后不会丢失或改变。	

28.7.1.6 开关量输入回路检验

表 28.9

序号	检验内容	检验方法	检验结果
1	投主变差动保护	投退压板	
2	投主变相间后备保护	投退压板	
3	投主变接地零序保护	投退压板	
4	投主变低压侧后备保护	投退压板	

续表

序号	检验内容	检验方法	检验结果
5	投主变过励磁保护（备用）	投退压板	
6	投厂变高压侧相间后备保护	投退压板	
7	投非全相保护	投退压板	
8	投失灵起动	投退压板	
9	投非电量延时保护	投退压板	
10	对时开入	短接/断开相应端子	
11	打印开入	按打印按钮	
12	信号复归	按复归按钮	

28.7.1.7 模数变换系统检验

1. 电流回路采样

表 28.10

加入电流量（A）	0	0.40	0.80	1.00	2.00
主变高压侧电流 IA(2I2D1)					
主变高压侧电流 IB(2I2D2)					
主变高压侧电流 IC(2I2D3)					
主变中压侧电流 IA(2I2D19)					
主变中压侧电流 IB(2I2D20)					
主变中压侧电流 IC(2I2D21)					
主变低压侧电流 IA(2I2D28)					
主变低压侧电流 IB(2I2D29)					
主变低压侧电流 IC(2I2D30)					
厂变高压侧电流 IA(2I2D36)					
厂变高压侧电流 IB(2I2D37)					
厂变高压侧电流 IC(2I2D38)					
厂变低压侧电流 IA(2I2D44)					
厂变低压侧电流 IB(2I2D45)					
厂变低压侧电流 IC(2I2D46)					

2. 电压回路采样

表 28.11

加入电压量(V)	0	10	30	57.74	70
主变高压侧 A 相电压(2U2D1)					
主变高压侧 B 相电压(2U2D2)					
主变高压侧 C 相电压(2U2D3)					
主变中压侧 A 相电压(2U2D8)					
主变中压侧 B 相电压(2U2D9)					
主变中压侧 C 相电压(2U2D10)					
主变低压侧 A 相电压(2U2D15)					
主变低压侧 B 相电压(2U2D16)					
主变低压侧 C 相电压(2U2D17)					
厂变高压侧 A 相电压(2U2D22)					
厂变高压侧 B 相电压(2U2D23)					
厂变高压侧 C 相电压(2U2D24)					

28.7.1.8 *保护定值检验*

1. 主变差动保护

(1) 投入"投主变差动保护"压板,"主变差动投入"置 1,投入差动跳闸控制字,比率差动启动定值 $0.5\ I_e$;差动速断定值 $6\ I_e$;差流报警定值 $0.1\ I_e$;比率差动起始斜率 0.1,比率差动最大斜率 0.7。

(2) 采用主变高压侧对低压侧一分支或厂高变高压侧(大变比)直接分别做差动,三侧同时加电流测量。

(3) 按定值要求整定相关定值。

(4) 在单侧分相加电流直到主变比率差动保护动作,分别测试主变高压侧、低压侧一分支、厂高变高压侧 ABC 三相的启动电流的启动值。主变差动保护启动值:

主变高压侧额定电流 $I_e=0.64$ A,主变低压侧额定电流 $I_e=0.67$ A,厂高变大变比侧额定电流 $I_e=0.67$ A。

表 28.12

相别	A		B		C		计算值	
	A	Ie	A	Ie	A	Ie	A	Ie
高压侧电流							0.32	0.5
低压侧电流							0.335	0.5
厂高变侧电流							0.335	0.5

（5）比率制动试验。

（6）加单相电流试验方法：将试验仪 I_a 接到主变高压侧电流 A 相，试验仪 I_b 接到主变低压侧（或厂高变侧）a 相电流端子上，将试验仪 I_c 接到主变低压侧（或厂高变侧）c 相电流端子上，用于补偿 c 相电流，将 N 线全部短接起来回到试验仪 N 线。由于主变差动采用 180°接线，所以 I_a 加 0°，I_b 加 180°，I_c 加 0°，固定高压侧 A 相电流，缓慢增加低压侧或厂高变侧分支的对应相电流直到主变比率差动保护动作（注意为 180°接线）。

（7）同理，做 B 相差动时，补偿 A 相电流，做 C 相差动时，补偿 B 相电流。

主变差动保护比率制动测试（单相测试法）：主变高压侧额定电流 I_e＝<u>0.64</u> A，低压侧额定电流 I_e＝<u>0.67</u> A，厂高变侧额定电流 I_e＝<u>0.67</u> A。

表 28.13

序号	高压侧电流（A）	低压侧或厂高变侧补偿值（A）	低压侧或厂高变侧电流动作值		差动电流	制动电流	计算值
			A	Ie	Ie	Ie	A
1							
2							
3							
4							

（8）加三相电流试验方法：不须补偿电流。主变采用 YD—11 接线方式，则高压侧电流超前于低压侧电流 330°，主变采用 180°接线方式，所以高压侧电流超前于低压侧电流 150°。将试验仪三相电流接到主变高压侧电流 ABC 三相电流端子上，试验仪三相电流接到主变低压侧（或厂高变侧）abc 三相电流端子上，将 N 线全部短接起来回到试验仪 N 线。固定主变高压侧三相电流，缓慢增加低压侧或厂高变侧对应相电流直到主变比率差动保护动作。主变差动保护比率制动测试（三相测试法）：主变高压侧额定电流 I_e＝<u>0.64</u> A，低压侧额定电流 I_e＝<u>0.67</u> A，厂高变侧额定电流 I_e＝<u>0.67</u> A。

表 28.14

序号	高压侧电流		低压侧或厂高变侧电流动作值		差动电流	制动电流	计算值
	A	Ie	A	Ie	Ie	Ie	A
1							
2							
3							
4							

(9) 主变差动速断保护测试试验。

(10) 控制字设置:"速断保护投入"控制字置"1","比率差动投入""工频变化量差动投入"控制字置"0"。在单侧加电流直到不完全纵差差动速断保护动作,分别测试发电机机端、中性点一分支、中性点二分支速断电流动作值。差动保护差动速断动作值:主变高压侧额定电流 $Ie = \underline{0.64}$ A,低压侧额定电流 $Ie = \underline{0.67}$ A,厂高变侧额定电流 $Ie = \underline{0.67}$ A。

表 28.15

相别	A		B		C		计算值	
	A	Ie	A	Ie	A	Ie	A	Ie
高压侧							2.56	4
低压侧							2.56	4
厂高变侧							2.56	4

(11) 主变差流报警试验。

(12) 根据技术说明书要求,差流报警的逻辑是:当某一相差流大于差流告警定值后,装置延时 300 ms 发差流告警信号并点亮装置面板的 CT 断线灯。CT 异常的逻辑是满足 CT 异常判据 10 s 后发 CT 告警信号并点亮装置面板的 CT 断线灯。所以在试验过程中,需要加量快一些,在 10 s 内做出来,防止 CT 异常告警干扰。步骤为:在定值附近快速加电流,直到装置 CT 断线灯亮,同时查看报文是否为差流报警报文。差动保护差流报警动作值:主变高压侧额定电流 $Ie = \underline{0.64}$ A,低压侧额定电流 $Ie = \underline{0.67}$ A,厂高变侧额定电流 $Ie = \underline{0.67}$ A。

表 28.16

相别	A		B		C		计算值	
	A	I_e	A	I_e	A	I_e	A	I_e
高压侧							0.064	0.1
低压侧							0.064	0.1
厂高变侧							0.064	0.1

2. 主变相间后备保护

（1）过流Ⅰ段保护

a）按定值要求整定，投相应硬压板。

b）过流Ⅰ段试验：根据定值过流方向指向系统，即作为系统故障时的后备，灵敏角度为225°，其动作区域为135°＜θ＜315°。将试验仪的 Va 接入高压侧电压 A 相端子上，Ia 接到高压侧后备 CT 的 A 相电流端子上，给1.05倍过流Ⅰ段保护动作值，角度180°，电压固定在57.74 V，将 Va 相电压角度从130°缓慢增加直到过流Ⅰ段保护动作，测出下边界；再将 Va 相电压角度从320°缓慢减小直到过流Ⅰ段保护动作，测出上边界。记录过流方向指向系统时的边界：＿＿＿＜θ＜＿＿＿，查看动作信号，其他动作值测试记录如下表（过流Ⅰ段保护动作试验记录表）。

表 28.17

相别	定值(A)	延时(s)	动作实测值(A)	动作时间(s)
A				
B				
C				

（2）过流Ⅱ段保护

试验方法：过流Ⅱ段保护与过流Ⅰ段保护试验方法一样。

（3）复压过流闭锁试验

a）经高压侧和低压侧复压闭锁是或门的关系，判据任意一个判据满足时复压判据开放。

b）试验方法：将"过流Ⅰ段经高压侧复合电压闭锁"控制字置"1"，将"高压侧复合电压闭锁""PT断线保护投退原则"控制字置"0"。

c）低电压判据：电流直接加1.05定值（过流Ⅰ段）动作值，高压侧（或低压侧）电压加大于低压定值（70/1.732＝40.41 V）的三相正序电压，慢慢减小三相电压，直到过流Ⅰ段保护动作，记录此时相间低电压试验值：＿＿＿＿V。

d) 负序电压试验:先修改低电压定值为最小值 2 V(防止低电压判据先开发,造成干扰),电流直接加 1.05 定值(过流Ⅰ段)动作值,高压侧(或低压侧)电压加小于定值 4.6 V 的三相负序电压,慢慢增加三相电压,直到过流Ⅰ段保护动作,记录此时负序电压试验值:_____V。

3. 主变高压侧接地后备保护

(1) 根据定值通知单整定,零序过流保护的零序电流不是自产零序电流,是外接 CT 电流。

(2) 零序过流Ⅰ段试验方法:根据定值单整定相关定值。将试验仪的 I_a 相电流接到外接零序电流 CT 通道上,缓慢增加电流直到过流Ⅰ段保护动作,记录动作值和时间,如下表(过流Ⅰ段保护动作试验记录表)。

表 28.18

相别	定值(A)	延时(s)	动作实测值(A)	动作时间(s)
A				
B				
C				

4. 主变过励磁保护试验

(1) 过励磁定时限保护试验

a) 投定时限跳闸控制字,退出反时限跳闸控制字。

b) 试验方法:高压侧 PT 端子加固定频率的三相正序电压,缓慢增加电压,直至定时限保护告警或跳闸动作。记录试验数据:过励磁定时限试验值_____V,延时_____S;过励磁定时限报警试验值_____V,延时_____S。

(2) 过励磁反时限保护试验

投反时限跳闸控制字,退出定时限跳闸控制字。

试验方法:固定频率在 50 Hz,高压侧 PT 端子加固定倍数的(动作值)三相正序电压,反时限保护告警或跳闸动作。记录动作时间,如下表[反时限过励磁保护测试记录表(固定频率,变电压)]。

表 28.19

名称	输入动作电压(V)	频率(Hz)	比值 U/F	定值时间(s)	测试时间(s)
上限		50	1.25		
Ⅰ		50	1.22		

续表

名称	输入动作电压(V)	频率(Hz)	比值 U/F	定值时间(s)	测试时间(s)
Ⅱ		50	1.19		
Ⅲ		50	1.15		
Ⅳ		50	1.12		
Ⅴ		50	1.1		
Ⅵ		50	1.09		
下限		50	1.08		

5. 非全相保护试验

(1) 非全相保护电流取主变高压侧开关CT,相电流判据、零序电流判据和负序电流判据成或门关系,零负序电流针对Ⅰ、Ⅱ、Ⅲ时限均有用,相电流判据只针对Ⅱ、Ⅲ时限有用。

(2) 试验方法:短接线直接短接三相不一致接点(对Ⅱ、Ⅲ时限投入了经保护接点闭锁控制字的,还须短接保护屏上的保护动作接点开入),用试验仪在高压侧开关CT上加电流分别测试零序电流,负序电流和相电流动作值和时间。

(3) 非全相电流试验值:_____A,非全相负序电流试验值:_____A,非全相零序电流试验值:_____A,非全相Ⅰ时限动作时间:_____s,非全相Ⅱ时限动作时间:_____s。

6. PCS-985TS变压器(高厂变)保护试验——高压侧相间后备过流保护

(1) 按定值要求整定,投相应硬压板。

(2) 过流Ⅰ段试验:将试验仪三相电流接到厂变高压侧后备CT的三相电流端子上,给1.05倍保护动作值,或缓慢增加电流值直到相应保护动作,测出动作值和时间。记录动作值测试记录如下表(相间后备保护动作试验记录表)。

表 28.20

保护	定值(A)	延时(s)	动作实测值(A)	动作时间(s)
速断				
过流Ⅰ				
过流Ⅱ				

7. 主变非电量保护试验

（1）按照要求整定定值。

（2）试验方法：投对应硬压板，短接相应开入，装置应该报警，经过延时后跳闸。

8. 信号接点检查

退出各保护所有出口压板，由传动实验使保护动作，或短接相应的信号接点，或加故障量使保护动作（我厂选择短接信号接点 R701 和 R7××等）。

表 28.21

信号名称	正确性(送监控)	正确性(启动故障录波)	备注
主变差动保护跳闸			
主变高压侧相间后备跳闸			
主变高压侧接地零序跳闸			
主变高压侧间隙接地零序跳闸			
主变低压侧后备跳闸			
主变过励磁保护跳闸			
主变非全相跳闸			
断路器闪络保护跳闸			
倒送电保护跳闸			
装置闭锁			"√"为信号正常，"…"为无此信号，"×"为信号显示错误或未启动故障录波。
装置报警			
CT 断线报警		…	
PT 断线报警		…	
主变过励磁报警			
主变低压侧零序电压报警		…	
主变高压侧过负荷报警		…	
主变低压侧过负荷报警		…	
厂变过负荷报警		…	
厂变高压侧后备跳闸		…	
厂变低压侧后备跳闸			

9. 传动断路器试验

表 28.22

序号	模拟故障类型	压板投入情况	装置灯指示	断路器动作情况	检验结果
1	A柜差动保护	投跳发电机出口压板	跳闸灯亮	出口断路器跳闸	
2	A柜差动保护	投跳高压侧出口压板	跳闸灯亮	高压侧断路器跳闸	
3	B柜差动保护	投跳发电机出口压板	跳闸灯亮	出口断路器跳闸	
4	B柜差动保护	投跳高压侧出口压板	跳闸灯亮	高压侧断路器跳闸	
5	C柜非电量保护	投跳发电机出口压板	跳闸灯亮	出口断路器跳闸	
6	C柜非电量保护	投跳高压侧出口压板	跳闸灯亮	高压侧断路器跳闸	

10. 装置投运前检查

(1) 检查二次接线已按照设计图纸接线,拆除在试验时使用的试验设备、仪表及一切连接线,清理现场,将所有被拆动的或临时接入的连接线全部恢复正常,将所有装置信号复归。

(2) 检查保护装置定值,打印出装置定值和装置程序版本,并与定值通知单进行核对无误。

(3) 检查保护装置的开关量状态是否正常。

(4) 清除装置内记录的试验动作报文信息和历史告警信号。

(5) 校核装置时钟。

(6) 检查装置自检无异常信息。

28.7.2 PCS-985GW 注入式定子接地保护电源装置

28.7.2.1 装置的外部检查(装置的外部检查)

表 28.23

序号	检查内容	检验结果
1	装置的硬件配置、标注及接线等应符合图纸要求。	
2	检查装置的背板接线是否有断线、短路、焊接不良等现象,并检查背板上连线和元器件外观是否良好。	
3	检查逆变电源插件的额定工作电压是否与设计相符。	
4	检查装置保护电源、控制电源、信号电源按反措要求独立配置。	
5	装置的各部件固定良好,无松动现象,装置外形应端正,无明显损坏及变形现象。	

续表

序号	检查内容	检验结果
6	各插件插、拔灵活,各插件和插座之间定位良好,插入深度合适。	
7	装置的端子排连接应可靠,且标号应清晰正确。	
8	各部件应清洁良好。	
9	屏柜、外部端子箱电缆排放整齐,孔洞封堵良好,电缆屏蔽两端接地,电缆标牌、标号正确,压接可靠。	
10	屏柜间用截面为 100 mm^2 的接地铜排首尾相连。	

28.7.2.2 绝缘检查

表 28.24

序号	检验项目	检验方法及标准	绝缘电阻(MΩ)	检验结果
1	交流电压回路对地绝缘	将所有外部引入的回路及电缆全部断开,分别将电流、电压、直流控制信号回路的所有端子各自连接在一起,用 1 000 V 摇表分别测量各组回路对地及回路间的绝缘电阻,绝缘电阻要求大于 10 MΩ。		
2	交流电流回路对地绝缘			
3	直流电源回路对地绝缘			
4	开关量输入回路对地绝缘			
5	信号回路对地绝缘			

28.7.2.3 逆变电源检验

表 28.25

序号	检验项目	检查内容	检验结果
1	逆变电源的自启动性能	合上装置逆变电源插件的电源开关,试验直流电源由零缓慢升至 80% 额定值电压,此时装置面板上的"运行"指示灯应亮;将直流电源调至额定值电压,断开、合上逆变电源开关,逆变电源应能正常启动,此时装置面板上的"运行"指示灯应亮。	
2	拉合直流电源时的自启动性能	将直流电源调至 80% 额定电压,断开、合上逆变电源开关,此时装置面板上的"运行"指示灯应亮。	
3	正常工作状态下的检验	将装置所有插件全部插入,加直流电源额定电压,检查逆变电源各项输出在允许范围内。	
4	空载状态下检验	装置仅插入逆变电源插件,分别在直流电压为 80%、100%、115% 的额定电压值时检验逆变电源的空载输出电压在允许范围内。	

28.7.2.4 通电初步检验

表 28.26

序号	检验项目	检查内容	检验结果
1	装置的通电自检	装置通电后,先进行全面自检。自检通过后,装置面板上的运行灯点亮	

28.7.2.5 开关量输入回路检验

表 28.27

序号	检验内容	检验方法	检验结果
1	闭锁装置输出		

28.7.2.6 输出接点和信号检查

(1) 信号接点的检查

退出各保护所有出口压板,由传动实验使保护动作,或短接相应的信号接点,或加故障量使保护动作。

表 28.28

序号	信号名称	正确性(送监控)	正确性(启动故障录波)	备注
1	装置报警			

(2) 输出接点检查

表 28.29

序号	检查内容	检验结果
1	检查装置异常信号、装置闭锁信号、保护动作信号在监控系统中的正确性	
2	检查装置异常信号、装置闭锁信号、保护动作信号在保护信息子站中的正确性	
3	检查跳闸接点、失灵启动接点、闭锁重合闸接点到相应回路的正确性	

28.7.2.7 装置投运前检查

(1) 检查二次接线已按照设计图纸接线,拆除在试验时使用的试验设备、仪表及一切连接线,清理现场,将所有被拆动的或临时接入的连接线全部恢复正常,将所有装置信号复归。

(2) 检查保护装置定值,打印出装置定值和装置程序版本,并与定值通知单进行核对无误。

(3) 检查保护装置的开关量状态是否正常。

(4) 清除装置内记录的试验动作报文信息和历史告警信号。

（5）校核装置时钟。

（6）检查装置自检无异常信息。

28.8　质量签证单

表 28.30

序号	工作内容	工作负责人自检			一级验收			二级验收			三级验收		
		验证点	签字	日期	验证点	签字	日期	验证点	签字	日期	验证点	签字	日期
1	工作准备	W1			W1			W1			W1		
2	直流电阻测量	W2			W2			W2			W2		
3	绝缘电阻测量	W3			W3			W3			W3		
4	交流耐压试验	H1			H1			H1			H1		
5	清理工作现场，工作结束	W4			W4			W4			W4		

第 29 章
线路保护装置检修作业指导书

29.1 范围

本指导书适用于广西右江水利开发有限责任公司右江水力发电厂线路保护装置的检修工作。

29.2 资料和图纸

下列文件中的条款通过本规范的引用而成为本规范的条款。凡是注日期的引用文件,其随后所有的修改单或修订版均不适用于本规范,然而,鼓励根据本规范达成协议的各方研究是否可使用这些文件的最新版本。凡是不注日期的引用文件,其最新版本适用于本规范。

(1) GB/T 14285—2006　继电保护和安全自动装置技术规程

(2) GB 26860—2011　电力安全工作规程 发电厂和变电站电气部分

(3) GB 50171—2012　电气装置安装工程 盘、柜及二次回路接线施工及验收规范

(4) DL/T 624—2010　继电保护微机型试验装置技术条件

(5) RCS-931N2　线路保护装置技术说明书

(6) CSC-103BN　数字式超高压线路保护装置说明书

29.3 安全措施

(1) 严格执行《电力安全工作规程》安全工作规定,填写电气第一种工作票,办理工作许可手续。

(2) 220 kV 线路处于检修状态。

(3) 保护装置出口跳闸压板已经断开。

(4) 保护装置交流电压回路、直流控制电源空气开关已经断开。

(5) 已经做好保护与相邻运行设备的隔离,解开保护装置与运行设备有连接的回路。

(6) 清点所有工器具数量合适,检查合格。

(7) 参加检修作业人员必须熟悉本指导书内容,并熟记检修项目和质量工艺要求。

(8) 参加检修作业人员必须持证上岗,熟记本检修项目安全技术措施。

(9) 开工前召开班前会,分析危险点,对作业人员进行合理分工,进行安全和技术交底。

29.4 备品备件清单

表 29.1

序号	名称	规格型号	单位	数量	备注
1	RCS-931N2 相关插件		块	1	
2	CSC-103BN 相关插件		块	1	
3	相关辅助继电器		个	1	
4	连接片		个	1	
5	按钮		个	1	
6	电源开关		个	1	
7	交流开关		个	2	

29.5 修前准备

29.5.1 工器具及消耗材料准备

29.5.1.1 消耗材料准备

表 29.2

序号	名称	型号	单位	数量	备注
1	绝缘胶带		卷	1	
2	酒精		瓶	1	
3	白布		卷	1	
4	试验导线		根	30	
5	油性记号笔		支	2	
6	标签带		米	5	
7	扎带	150×3 mm	根	50	
8	毛刷	2寸 5寸	把	1	

29.5.1.2 工器具清单

表 29.3

序号	名称	型号	单位	数量	备注
1	数字式万用表		块	1	
2	电气组合工具		套	1	
3	现场原始记录本		本	1	
4	标识牌		块	10	
5	1 000 V兆欧表		块	1	
6	手电筒		支	1	
7	线滚电源		个	1	
8	继电保护测试仪		台	1	
9	线号机		台	1	

29.5.2 工作前准备

（1）填写电气第一种工作票，办理工作许可手续。

（2）工具材料已经准备到位，准备好图纸、说明书、校验记录、保护定值、作业指导书等。

(3) 安全措施已完成。

(4) 在工作之前先验电,确认设备无电,并与其他带电设备保持足够的安全距离。

(5) 工作人员的着装应符合《电力安全工作规程》要求。

(6) 工作地点周围装设好围栏,做好隔离。

(7) 开展"三讲一落实",向工作班成员交待工作内容、人员分工、带电部位,进行危险点告知,并履行确认手续后开工。

29.6 检修工序及质量标准

29.6.1 装置外部检查

(1) 元件的硬件配置、标注及接线等符合图纸要求。

(2) 元件的背板接线没有断线、短路、焊接不良等现象。

(3) 控制电源、信号电源独立配置。

(4) 元件的各部件固定良好,无松动现象,装置外形应端正,无明显损坏及变形现象。

(5) 元件的端子排连接应可靠,且标号清晰正确。

(6) 切换开关、按钮等应操作灵活、手感良好。

(7) 电缆排放整齐、孔洞封堵良好、电缆屏蔽两端接地、电缆标牌、标号正确,压接可靠。

(8) 盘柜、端子排、顶柜各部件都已清扫、无灰尘及遗留物。

29.6.2 绝缘电阻检查

回路进行绝缘测试时,应有防止弱电设备损坏和相关联设备带电的安全技术措施。

(1) 测各回路之间绝缘电阻时,使用 1 000 V 的摇表测量,施加摇表电压时间不少于 60 s,待读数达到稳定时,读取绝缘电阻值,其阻值均应大于 10 MΩ。

(2) 测整体回路对地绝缘电阻时,用 1 000 V 摇表测量,施加摇表电压时间不少于 60 s,待读数达到稳定时,读绝缘电阻值,其绝缘电阻应大于 1.0 MΩ。

29.6.3 直流电源检查

(1) 合上直流电源,装置启动正常。

(2) 装置自启动性能检查。

29.6.4　程序、通信和对时检查

(1) 软件版本和程序校验码检查。
(2) 保护装置与信息子站、监控通讯检查。
(3) 保护装置与 GPS 对时检查。

29.6.5　采样校验

(1) 零漂检查。
(2) 采样精度试验。

29.6.6　开入量检查

(1) 投退功能压板，开入量显示正常。
(2) 短接开入量，开入量显示正常。

29.6.7　保护功能、定值试验

(1) 纵联差动保护。
(2) 距离保护。
(3) 零序保护。
(4) 工频变化量距离保护。

29.6.8　整组试验和输出接点检查

(1) 模拟各种故障，检查装置跳闸接点和远跳发信接点。
(2) 模拟各种故障，检查装置合闸接点。
(3) 模拟各种故障，检查装置信号接点。

29.6.9　断路器传动试验

模拟各种故障，检查保护装置动作情况、各断路器动作情况，监控系统以及控制室声、光信号是否正确。

29.6.10　光纤通道检查

(1) 通道自环检查。
(2) 发光功率检查。

(3) 收信功率检查。

29.6.11 通道联调

(1) 两侧通道核对。
(2) 两侧电流及差流检查。
(3) 两侧保护功能联调。

29.6.12 工作结束

(1) 全部工作完毕后,工作班应清扫、整理现场,清点工具,做到工完场地清。
(2) 工作负责人应周密检查,待全体工作人员撤离工作地点后,再向值班人员讲清所修项目、发现的问题、试验结果和存在问题等,并与值班人员共同检查设备状况,有无遗留物件,是否清洁等,然后在工作票上填明工作终了时间,经双方签名后,工作票方告终结。

29.7 检修记录

29.7.1 装置外部检查

内容	作业方法和质量控制	检查结果(状态)
外观检查	检查屏柜、装置、端子箱、二次接线、电缆标识、外观等是否存在异常	

29.7.2 绝缘检查

检修记录见下表。

表 29.4

内容	检验项目	作业方法和质量控制	检查结果(状态/数据)
屏柜接线后回路绝缘检查(部分检验时,可只进行电流回路对地绝缘检查)	交流电压回路对地	用 1 000 V 兆欧表测量装置绝缘电阻值,要求阻值均大于 1 MΩ。	
	交流电压回路之间	用 1 000 V 兆欧表测量装置绝缘电阻值,要求阻值均大于 1 MΩ。	
	交流电流回路对地	用 1 000 V 兆欧表测量装置绝缘电阻值,要求阻值均大于 1 MΩ。	
	交流电流回路之间	用 1 000 V 兆欧表测量装置绝缘电阻值,要求阻值均大于 1 MΩ。	

续表

内容	检验项目	作业方法和质量控制	检查结果(状态/数据)
屏柜接线后回路绝缘检查(部分检验时,可只进行电流回路对地绝缘检查)	直流回路对地	用1 000 V兆欧表测量装置绝缘电阻值,要求阻值均大于1 MΩ。	
	直流回路之间	用1 000 V兆欧表测量装置绝缘电阻值,要求阻值均大于1 MΩ。	
	信号回路对地	用1 000 V兆欧表测量装置绝缘电阻值,要求阻值均大于1 MΩ。	
	信号回路之间	用1 000 V兆欧表测量装置绝缘电阻值,要求阻值均大于1 MΩ。	

29.7.3 直流电源检查

表29.5

内容	作业方法和质量控制	检查结果(状态)
寄生回路检查	投入本间隔保护的所有交直流电源空气开关,逐个拉合每个直流电源空气开关,分别测量该开关负荷侧两极对地、两极之间的交、直流电压,确认没有寄生回路;对于采用弱电开入的装置,应分别检查开入电源正负两极对地电压,确认强电回路与弱电回路之间没有寄生。	

29.7.4 程序、对时和通信检查

29.7.4.1 程序版本检查

检修记录见下表。

表29.6

内容	检查项目	作业方法和质量控制	检查结果
软件版本	软件版本检查	软件版本应符合相应调度机构要求,两端纵联保护的软件版本应一致。防止因程序版本不当发生不必要的误动、拒动。	装置型号:_____ 版本号:_____ 校验码:_____ 程序日期:_____

29.7.4.2 对时检查

表29.7

内容	检验项目	作业方法和质量控制	检查结果(状态)
对时检查	保护对时	使用IRIG—B(DC)时码及网络对时的系统,可通过修改装置内部时钟方式检验对时的准确性。而使用分脉冲、秒脉冲的对时系统,可通过装置对时开入量检查。	

29.7.4.3 时钟的失电保护功能检验

　　检查结果：_____ 。

29.7.4.4 装置通信检查

　　检查结果：_____ 。

29.7.4.5 采样校验

　　检修记录见下表。

表 29.8

内容	检验项目	作业方法和质量控制	检查结果(状态/数据)
采样精度检查	UaI	检查采样误差,UA 通入 0.35 Un 、UB 通入 0.7 Un、UC 通入 1 Un,误差值均在 0.01 Un 以内,装置采样值与外部表计测量值误差应小于 5%,相位误差小于 3°。	
	UbI		
	UcI		
	UX		
	Ia		
	Ib	检查采样误差,IA 通入 0.2 In、IB 通入 1 In,IC 通入 2.0 In,误差值均在 0.01 In 以内,装置采样值与外部表计测量值误差应小于 5%,相位误差小于 3°。	
	Ic		
	I0		

29.7.4.6 开入量检查

　　检修记录见下表。

表 29.9

内容	检验项目	作业方法和控制措施	检查结果(状态)
开入量检查	打印	采用投退压板或接通对应开关量输入端子的方法改变装置的开入量状态,检查装置的状态显示是否正确。	
	投检修态		
	信号复归		
	投纵联差动		
	投距离保护		
	投零序保护		
	投过电压保护		
	中断路器 * TWJA		
	中断路器 * TWJB		
	中断路器 * TWJC		
	边断路器 * TWJA		

续表

内容	检验项目	作业方法和控制措施	检查结果(状态)
开入量检查	边断路器 * TWJB	采用投退压板或接通对应开关量输入端子的方法改变装置的开入量状态,检查装置的状态显示是否正确。	
	边断路器 * TWJC		
	光纤通道一投入		
	光纤通道二投入		

29.7.4.7 保护功能校验

1. 光纤差动保护定值校验

（1）光纤通道 A 加入故障电流

表 29.10

故障类型	AG	BG	CG	AB	BC	CA	ABC
动作时间(ms)							

（2）光纤通道 B 加入故障电流

表 29.11

故障类型	AG	BG	CG	AB	BC	CA	ABC
动作时间(ms)							

2. 距离保护定值校验

表 29.12

故障类型	Ⅰ段 定值(Ω/S)	Ⅱ段 定值(Ω/S)	Ⅲ段 定值(Ω/S)	纵联 定值(Ω/S)
接地距离				
相间距离				

（1）模拟正方向相间瞬时性故障时,保护动作时间实测

表 29.13

ZF	AB(ms)	BC(ms)	CA(ms)	ABC(ms)
0.95ZZD1				
1.05ZZD1				
0.95ZZD2				
1.05ZZD2				
0.95ZZD3				
1.05ZZD3				

(2) 模拟正方向单相接地瞬时性故障时,保护动作时间实测

表 29.14

ZF	AG(ms)	BG(ms)	CG(ms)
0.95ZZD1			
1.05ZZD1			
0.95ZZD2			
1.05ZZD2			
0.95ZZD3			
1.05ZZD3			

(3) 模拟反方向故障时,保护动作行为检查

表 29.15

故障类型	AG	BG	CG	AB	BC	CA	ABC
动作情况							

3. 零序保护校验

零序过流Ⅱ段定值 I02ZD=_____ A,整定时间 T02ZD=_____ S;

零序过流Ⅲ段定值 I03ZD=_____ A,整定时间 T03ZD=_____ S。

(1) 模拟正方向单相接地故障时,零序过流保护动作时间实测,检修记录见下表。

表 29.16

	IF(A)	AG(ms)	BG(ms)	CG(ms)
1.05I02ZD				
0.95I02ZD				
1.05I03ZD				
0.95I03ZD				

(2) 模拟反方向单相接地故障时,零序过流保护动作行为检查,检修记录见下表。

表 29.17

故障类型	AG	BG	CG
动作情况			

29.7.4.8 工频变化量距离保护

(1) 模拟正方向故障,实测动作时间,检修记录见下表。

表 29.18

故障类型	AG	BG	CG	AB	BC	CA
M=1.1动作情况						
动作时间(ms)						
M=0.9动作情况						

（2）模拟反方向故障，检修记录见下表。

表 29.19

故障类型	AG	BG	CG	AB	BC	CA
动作情况						

29.7.4.9 过电压保护校验

（1）"电压三取一方式"置"1"，检修记录见下表。

表 29.20

所加电压	相别	A 相	B 相	C 相
	动作情况			
	动作时间			
	动作情况			
	动作时间			

（2）"电压三取一方式"置"0"，检修记录见下表。

表 29.21

所加电压	相别	A 相	B 相	C 相
	动作情况			
	动作时间			
	动作情况			
	动作时间			

29.7.4.10 整组试验和输出接点检查

（1）模拟区内故障，检查出口接点，检修记录见下表。

表 29.22

内容	检查项目	作业方法和质量控制			检查结果（状态）
		保护投入	断路器动作情况	信号指示及接点输出	
整组试验	主一 A 相瞬时	投全部保护功能	跳 A，合 A	跳 A、重合、起动 A 相失灵、起动故障录波、上送信息至监控及保信等后台。	

续表

内容	检查项目	作业方法和质量控制			检查结果（状态）
		保护投入	断路器动作情况	信号指示及接点输出	
整组试验	主一 B 相瞬时	投全部保护功能	跳 B,合 B	跳 B、重合、起动 B 相失灵、起动故障录波、上送信息至监控及保信等后台。	
	主一 C 相永久	投全部保护功能	跳 C,合 C,三跳	跳 A、跳 B、跳 C、重合、加速跳三相、起动 C 相失灵、起动故障录波、上送信息至监控及保信等后台。	
	主一 A 相永久反向	投全部保护功能	不动		
	主一 BC 相间故障	投全部保护功能	三跳	跳 A、跳 B、跳 C、起动三相失灵、上送信息至监控及保信等后台。	
	主一 ABC 三相故障	投全部保护功能	三跳	跳 A、跳 B、跳 C、起动三相失灵、起动故障录波、上送信息至监控及保信等后台。	
	主一保护电气量三相不一致	投全部保护功能	三跳	跳 A、跳 B、跳 C、起动故障录波、上送信息至监控及保信等后台。	
	主二 A 相瞬时	投全部保护功能	跳 A,合 A	跳 A、重合、起动 A 相失灵、起动故障录波、上送信息至监控及保信等后台。	
	主二 B 相瞬时	投全部保护功能	跳 B,合 B	跳 B、重合、起动 B 相失灵、起动故障录波、上送信息至监控及保信等后台。	
	主二 C 相永久	投全部保护功能	跳 C,合 C,三跳	跳 A、跳 B、跳 C、重合、加速跳三相、起动 C 相失灵、起动故障录波、上送信息至监控及保信等后台。	
	主二 A 相永久反向	投全部保护功能	不动		
	主二 BC 相间故障	投全部保护功能	三跳	跳 A、跳 B、跳 C、上送信息至监控及保信等后台。	

续表

内容	检查项目	作业方法和质量控制			检查结果（状态）
		保护投入	断路器动作情况	信号指示及接点输出	
整组试验	主二 ABC 三相故障	投全部保护功能	三跳	跳A、跳B、跳C、起动三相失灵、起动故障录波、上送信息至监控及保信等后台。	
	主二保护电气量三相不一致	投全部保护功能	三跳	跳A、跳B、跳C、起动三相失灵、起动故障录波、上送信息至监控及保信等后台。	
	失灵及辅助保护装置电气三相不一致	模拟任一相偷跳，三相不一致保护动作，两组操作电源须分别试验。	开关单相跳开后，经延时另外两相同时跳开	三相不一致出口、起动故障录波、上送信息至监控及保信等后台。	
	两套保护、开关两路操作电源跳闸回路检查	断开一路操作电源，分别模拟两套保护动作。	两套保护电源相互独立性检查		
	两套保护同时动作带开关跳闸试验	两套保护电流回路串联、电压回路并联，模拟单相永久性接地故障，重合闸投单重方式。	跳圈电源极性正确		

（2）信号回路检查，检修记录见下表。

表 29.23

内容	检验项目	作业方法和质量控制	检查结果（状态）
信号回路检查（根据具体保护增减）	保护装置异常	模拟保护装置电源空开跳开，检查信号正确	
	保护动作	结合相关试验进行检查。检查各开出接点正常闭合，检查监控系统相关信息的正确性。	
	CT断线告警		
	PT断线告警		
	开入变位		

29.7.4.11　开关传动试验

与整组试验一起即可

29.7.4.12 保护联调

(1) 光纤电流差动联调(按照保护配置分别试验)

表 29.24

内容	检查项目	作业方法和质量控制	检查结果(状态)
光纤电流差动通道数据检查	报文异常报文显示	规定时间内报文数值为 0	
	失步报文显示	规定时间内报文数值为 0	
	误码(率)报文显示	规定时间内报文数值为 0	
	通道延时报文显示	<15 ms	
通道核对	对侧断/本侧告警	断开对侧的光纤收发接头,装置应正确告警,且通道对应正确;分别投退两侧通道压板,装置应正确告警,且通道对应正确	
	本侧断/对侧告警	断开对侧的光纤收发接头,装置应正确告警,且通道对应正确;分别投退两侧通道压板,装置应正确告警,且通道对应正确	
对侧电流及差流检查	通道正常时,对侧施加二次电流时的电流采样情况	本侧装置采样值与外部表计测量值误差小于 5%	
故障模拟	仅投通道一(退出通道二)区内故障模拟	保护正确动作	
	仅投通道二(退出通道一)区内故障模拟	保护正确动作	
	双通道区内故障模拟	保护正确动作	

(2) 允许式纵联保护联调

表 29.25

内容	检查项目	作业方法和质量控制	检查结果(状态)
允许式纵联保护联调	仅投通道一(退出通道二)区内模拟故障	保护正确动作	
	仅投通道二(退出通道一)区内模拟故障	保护正确动作	
	双通道区内模拟故障	保护正确动作	
	模拟区外反向故障	保护正确不动作	
	模拟区外正向故障	保护正确不动作	

(3) 闭锁式纵联保护联调

表 29.26

内容	检查项目	作业方法和质量控制	检查结果(状态)
闭锁式纵联保护联调	保护区内模拟故障	保护正确动作	
	模拟保护区外反向故障	保护正确不动作	
	模拟保护区外正向故障	保护正确不动作	

(4) 远跳功能联调

表 29.27

内容	检查项目	作业方法和质量控制	检查结果(状态)
远跳功能联调	主一保护远跳	对侧通道设备及保护装置收信正确	
	主二保护远跳	对侧通道设备及保护装置收信正确	

29.7.4.13 通道检查

(1) 自带光纤接口保护装置的通道检验

表 29.28

内容	检查项目	作业方法和质量控制	检查结果(状态)
复用光纤通道测试	复用光纤通道一测试	保护装置的发光功率在厂家的给定范围内，尾纤及接头的损耗满足要求。传输线路纵联保护信息的数字式通道传输时间应不大于 12 ms；光纤电流差动保护的光纤通道不得采用自愈环。	
	复用光纤通道二测试	保护装置的发光功率在厂家的给定范围内，尾纤及接头的损耗满足要求。传输线路纵联保护信息的数字式通道传输时间应不大于 12 ms；光纤电流差动保护的光纤通道不得采用自愈环。	
专用光纤通道测试	专用光纤通道一测试	保护装置的发光功率在厂家的给定范围内，尾纤及接头的损耗满足要求。传输线路纵联保护信息的数字式通道传输时间应不大于 12 ms。	
	专用光纤通道二测试	保护装置的发光功率在厂家的给定范围内，尾纤及接头的损耗满足要求。传输线路纵联保护信息的数字式通道传输时间应不大于 12 ms。	

(2) 光电转换装置的通道检验

表 29.29

内容	检查项目	作业方法和质量控制	检查结果(状态)
光电转换装置测试	软件版本检查	软件版本应符合相应调度机构要求,光电转换装置两端的软件版本应一致。防止因程序版本不当发生不必要的误动、拒动。	版本号:_____ 校验码:_____ 程序日期:_____
	逆变电源检验	所有插件均插入,加额定直流电压,各项电压输出均应正常。 断开逆变电源开关后再合上,逆变电源能正常启动,装置运行灯正常点亮,装置运行正常。	
	发光功率和接收功率测试	光电转换装置和保护通信接口装置的发光功率在厂家的给定范围内,尾纤及接头的损耗满足要求。	
	自环测试	按照命令分别测试光电转换装置及尾纤的传输延时及展宽时间。自环延时与厂家给定的光电转换装置收发累计延时接近。光电转换装置展宽时间尽可能短,光电转换装置展宽时间若能设置应设置为零。注意自环延时与光电转换装置实际延时的关系。	自环延时:_____ 展宽设置:_____
	开入检查	结合自环测试开展测试发信命令。	发信命令 1
			发信命令 2
			发信命令 3
			发信命令 4
		按复归按钮	信号复归
	开关量检查	接入相关二次回路的开关量输出,尽可能带回路进行检验,不具备带回路检验条件的,可在端子排或出口压板处检查输出触点的通断状态,并结合图纸检查回路接线的正确性;未接入相关二次回路的开关量输出,在端子排处检查输出触点的通断状态。	收信 1
			收信 2
			收信 3
			收信 4
			通道告警信号
			装置故障告警信号

续表

内容	检查项目	作业方法和质量控制	检查结果(状态)
通道传输延时及展宽测试(部检可不做)	通道传输延时及展宽测试	测试保护使用的整个光纤通道的传输延时。整个光纤通道的传输延时一般情况下应不大于 15 ms,并注意与通信专业测试的通道延时比对。若通道延时超过 15 ms,应向相应保护厂家核实保护通道延时是否满足功率倒向延时要求。	通道延时：_____ 通道展宽：_____

29.7.4.14 端子紧固

表 29.30

内容	检验项目	检查结果(状态)
端子紧固	线路端子箱、开关机构箱端子紧固	
	保护屏(开关柜)端子紧固(包括背板端子、压板接线)	
	测控屏、故障录波屏相关端子紧固	

(1) 图实相符

表 29.31

内容	检验项目	检查结果(状态)
图实相符	图纸与实际接线核对一致	

(2) 按照继电保护安全措施票恢复安全措施。

检查结果：_____。

(3) 清理现场。

检查结果：_____。

(4) 终结工作票。

检查结果：_____。

29.7.4.15 工作结束和带负荷检查

(1) 定值核对(与运行人员进行核对)。

检查结果：_____。

(2) 按照继电保护安全措施票恢复安全措施。

检查结果：_____。

(3) 清理现场。

检查结果：_____。

(4) 终结工作票,交付系统。

检查结果：_____。

(5) 带负荷检查。

P=_____MW( ),Q=_____MVar( ),COSφ=_____,
UA=_____V∠_____,UB=_____V∠_____,UC=_____V∠_____（二次值）。

IA=_____A∠_____,IB=_____A∠_____,IC=_____A∠_____,（二次值）。

以 U_A 为基准,U_A 分别超前 IA、IB、IC 的角度如下：
U_A∧IA =_____ ,U_A∧IB =_____ ,U_A∧IC =_____ 。

29.8 质量签证单

表 29.32

序号	工作内容	工作负责人自检			检修单位验证			监理验证			点检员验证		
		验证点	签字	日期	验证点	签字	日期	验证点	签字	日期	验证点	签字	日期
1	工作前准备	W1			W1			W1			W1		
2	装置外部检查	W2			W2			W2			W2		
3	绝缘电阻检查	W3			W3			W3			W3		
4	直流电源检查	W4			W4			W4			W4		
5	程序、通信和对时检查	W5			W5			W5			W5		
6	采样校验	W6			W6			W6			W6		
7	开入量检查	W7			W7			W7			W7		
8	保护功能校验	W8			W8			W8			W8		
9	整组和开出量检查	W9			W9			W9			W9		
10	断路器传动	H1			H1			H1			H1		
11	通道检查	W10			W10			W10			W10		
12	通道联调	W11			W11			W11			W11		
13	工作结束	W12			W12			W12			W12		

第 30 章
220 kV 母线保护装置检修作业指导书

30.1 范围

本指导书适用于 220 kV 母线保护装置的检修工作。

30.2 资料和图纸

下列文件中的条款通过本规范的引用而成为本规范的条款。凡是注日期的引用文件,其随后所有的修改单或修订版均不适用于本规范,然而,鼓励根据本规范达成协议的各方研究是否可使用这些文件的最新版本。凡是不注日期的引用文件,其最新版本适用于本规范。

(1) GB/T 14285—2006 继电保护和安全自动装置技术规程
(2) GB 26860—2011 电力安全工作规程 发电厂和变电站电气部分
(3) DL/T 478—2013 静态继电保护和安全自动装置通用技术条件
(4) DL/T 624—2010 继电保护微机型试验装置技术条件
(5) PCS-923N 系列断路器失灵启动及辅助保护装置说明书
(6) PCS-915NA 220 kV 母线保护装置技术说明书

30.3 安全措施

(1) 填写电气第一种工作票和继电保护安全措施票,办理工作许可手续。

（2）严格执行《电业安全工程规程》和右江公司相关安全工作规定。

（3）220 kV母线侧断路器在断开位置,母线侧隔离开关已经拉开。

（4）保护装置直流电源,断路器控制电源已经断开。

（5）母线保护屏出口跳闸压板在断开位置,解开母线保护屏至断路器跳闸回路,并用绝缘胶布包好。

（6）参加检修作业人员必须熟悉本指导书内容,并熟记检修项目和质量工艺要求。

（7）参加检修作业人员必须持证上岗,熟记本检修项目安全技术措施。

检修前分析危险点,开展"三讲一落实",对作业人员进行合理分工,进行安全和技术交底。

30.4 备品备件清单

表30.1

序号	名称	规格或型号	单位	数量	备注
1	电源插件		块	1	
2	交流插件		块	1	
3	CPU插件		块	1	
4	通信插件		块	1	
5	信号插件	FINDER 92.03	块	1	
6	24 V光耦插件	CM-PAS	块	1	
7	跳闸出口插件	700-K40E-ZA	块	1	
8	直流空气开关	TSG912X22L22	个	1	

30.5 修前准备

30.5.1 材料工具清单

表30.2

一、材料类

序号	名称	规格型号(图号)	单位	数量	备注
1	绝缘粘胶带		卷	2	

续表

一、材料类

序号	名称	规格型号(图号)	单位	数量	备注
2	线扎带		根	5	
3	印号编号管		米	2	
4	记号笔		支	2	
5	毛刷		把	2	
6	净布		块	2	
7	酒精		瓶	2	
8	绝缘粘胶带		卷	1	
9	线扎带		根	100	

二、工具类

序号	名称	规格型号(图号)	单位	数量	备注
1	电工组合工具		套	1	
2	尖嘴钳		把	1	
3	剥线钳		把	1	
4	手电筒		支	1	
5	线号打印机		台	1	
6	滚筒电源盘	10 m	盘	1	
7	单相刀闸		个	1	
8	真空吸尘器		台	1	
9	可移动式工作台		台	1	

30.5.2 专用工具

表 30.3

序号	装置或仪器名称	规格或型号	编号	备注
1	数字式兆欧表	1 000 V		
2	钳形电流表			
3	继电保护测试仪			
4	数字万用表			

30.5.3 工作准备

(1)编制检修计划,若有改进项目及需更换新部件(或装置)时,应事先作出计划、方案，提出设备异动申请，并经主管领导批准。

（2）准备备品备件、材料、工器具、试验仪器。

（3）准备好图纸、说明书、校验记录、保护定值。

（4）技术交底，分析工作过程中的危险点。

（5）学习《PCS-915NA 220 kV 母线保护装置技术说明书》《母线保护检修规程》。

（6）工作票、继电保护安全措施票及开工手续已办理完毕。

30.6 检修工序及质量标准

30.6.1 装置外部检查

（1）装置的硬件配置、标注及接线等符合图纸要求。

（2）装置的背板接线没有断线、短路、焊接不良等现象。

（3）保护屏的各部件固定良好，无松动现象，装置外形应端正，无明显损坏及变形现象。

（4）保护屏的端子排连接应可靠，且标号清晰正确。

（5）切换开关、按钮等应操作灵活、手感良好。

（6）电缆排放整齐、孔洞封堵良好、电缆屏蔽接地可靠、电缆标牌、标号正确，压接可靠。

（7）盘柜、端子排、顶柜各部件都已清扫、无灰尘及遗留物。

（8）液晶显示屏完好，按键功能及面板显示正常，装置无异常报警。

（9）装置对时与 GPS 一致。

30.6.2 回路绝缘电阻检测

（1）断开保护直流电源输入回路，对地的绝缘电阻应大于 10 MΩ。

（2）CT、PT 回路对地绝缘电阻应大于 10 MΩ。

（3）外围电缆对地绝缘电阻应大于 10 MΩ。

30.6.3 定值整定检查

打印保护定值，保护装置定值与最新定值单一致。

30.6.4 开关量输入回路检验

（1）投母差保护（1LP10）。

(2) 投断路器失灵保护(1LP11)。
(3) 投检修状态(1LP12)。
(4) 断路器失灵1动作(1 SD1—1 SD11)。
(5) 断路器失灵2动作(1 SD1—1 SD31)。

30.6.5　开关量输出回路检验

(1) 保护动作跳闸接点。
(2) 保护动作至中央信号。
(3) 保护动作至远方信号。
(4) 保护动作事件记录。

30.6.6　模拟量采样检查

(1) 通入额定电流1 A,误差值不超过5%。
(2) 通入额定电压57 V,误差值不超过5%。

30.6.7　保护校验

(1) 差流启动高值校验。
(2) 比例制动特性校验。
(3) 断路器失灵保护校验。
(4) TA断线报警检查。

30.6.8　传动试验

模拟母线故障,检查相应断路器应跳闸,相应回路和信号应正常。

30.6.9　工作结束

(1) 检查保护定值与最新定值单一致,并打印存档。
(2) 按照继电保护安全措施票恢复安全措施。
(3) 结束工作票。

30.7　检修记录

30.7.1　一般性检查

(1) 外观检查:

表 30.4

内容	作业方法和质量控制	检查结果(状态)
外观检查	检查屏柜、装置、端子箱、二次接线、电缆标识、外观等是否存在异常。	

（2）直流电源检查：

表 30.5

内容	作业方法和质量控制	检查结果(状态)
寄生回路检查	投入本间隔保护的所有交直流电源空气开关，逐个拉合每个直流电源空气开关，分别测量该开关负荷侧两极对地、两极之间的交、直流电压，确认没有寄生回路；对于采用弱电开入的装置，应分别检查开入电源正负两极对地电压，确认强电回路与弱电回路之间没有寄生。	

（3）端子、背板接线检查：接线正确，与设计图纸及有关保护说明书相符。

检查结果：_____ 。

（4）单个插件检查：元器件规格、型号、焊接、接线正确，符合要求。

检查结果：_____ 。

（5）回路绝缘检查，检修记录见下表。

表 30.6

内容	检验项目	作业方法和质量控制	检查结果(状态/数据)
屏柜接线后回路绝缘检查(部分检验时，可只进行电流回路对地绝缘检查)	交流电压回路对地	用 1 000 V 兆欧表测量装置绝缘电阻值，要求阻值均大于 1 MΩ。	
	交流电压回路之间	用 1 000 V 兆欧表测量装置绝缘电阻值，要求阻值均大于 1 MΩ。	
	交流电流回路对地	用 1 000 V 兆欧表测量装置绝缘电阻值，要求阻值均大于 1 MΩ。	
	交流电流回路之间	用 1 000 V 兆欧表测量装置绝缘电阻值，要求阻值均大于 1 MΩ。	
	直流回路对地	用 1 000 V 兆欧表测量装置绝缘电阻值，要求阻值均大于 1 MΩ。	
	直流回路之间	用 1 000 V 兆欧表测量装置绝缘电阻值，要求阻值均大于 1 MΩ。	
	信号回路对地	用 1 000 V 兆欧表测量装置绝缘电阻值，要求阻值均大于 1 MΩ。	
	信号回路之间	用 1 000 V 兆欧表测量装置绝缘电阻值，要求阻值均大于 1 MΩ。	

30.7.2 保护装置检验

装置定检时,应对保护装置具备的所有功能(依据厂家提供资料)及其开入、开出量进行校验;对于实际使用情况与保护装置说明书不同及不能使用的保护功能,应在保护装置上和定检报告中详细注明,并报相应调度机构备案。

(1) 软件版本检查

表 30.7

内容	检查项目	作业方法和质量控制	检查结果
软件版本	软件版本检查	软件版本应符合相应调度机构要求,防止因程序版本不当发生不必要的误动、拒动。	装置型号:_____ 版本号:_____ 校验码:_____ 程序日期:_____

(2) 逆变电源检验

表 30.8

内容	检查项目	作业方法和质量控制	检查结果(状态/数据)
逆变电源	逆变电源电压输出	所有插件均插入,加额定直流电压,各项电压输出均应正常。	
	逆变电源正常启动	断开逆变电源开关后再合上,逆变电源能正常启动,装置运行灯正常点亮,装置运行正常。	

(3) 对时检查

表 30.9

内容	检验项目	作业方法和质量控制	检查结果(状态)
对时检查	保护对时	使用 IRIG—B(DC)时码及网络对时的系统,可通过修改装置内部时钟方式检验对时的准确性。而使用分脉冲、秒脉冲的对时系统,可通过装置对时开入量检查。	

(4) 电流、电压采样精度检验

表 30.10

内容	检验项目	作业方法和质量控制	检查结果(状态/数据)
采样精度检查	Ua Ⅰ	检查采样误差,UA 通入 0.35 Un、UB 通入 0.7 Un、UC 通入 1 Un,误差值均在 0.01 Un 以内,装置采样值与外部表计测量值误差应小于 5%,相位误差小于 3°。	
	Ub Ⅰ		
	Uc Ⅰ		
	Ua Ⅱ		
	Ub Ⅱ		
	Uc Ⅱ		
	间隔 01 Ia	检查采样误差,IA 通入 0.2 In、IB 通入 1 In、IC 通入 2.0 In,误差值均在 0.01 In 以内,装置采样值与外部表计测量值误差应小于 5%,相位误差小于 3°。	
	间隔 01 Ib		
	间隔 01 Ic		
	间隔 02 Ia		
	间隔 02 Ib		
	间隔 02 Ic		
	间隔 03 Ia		
	间隔 03 Ib		
	间隔 03 Ic		
	间隔 04 Ia		
	间隔 04 Ib		
	间隔 04 Ic		
	间隔 05 Ia		
	间隔 05 Ib		
	间隔 05 Ic		
	间隔 06 Ia		
	间隔 06 Ib		
	间隔 06 Ic		
	间隔 07 Ia		
	间隔 07 Ib		
	间隔 07 Ic		
	间隔 08 Ia		
	间隔 08 Ib		
	间隔 08 Ic		
	间隔 09 Ia		

续表

内容	检验项目	作业方法和质量控制	检查结果(状态/数据)
采样精度检查	间隔 09 Ib		
	间隔 09 Ic		
	间隔 10 Ia		
	间隔 10 Ib		
	间隔 10 Ic		
	间隔 11 Ia		
	间隔 11 Ib		
	间隔 11 Ic		
	间隔 12 Ia		
	间隔 12 Ib		
	间隔 12 Ic		
	间隔 13 Ia		
	间隔 13 Ib		
	间隔 13 Ic		
	间隔 14 Ia	检查采样误差,IA 通入 0.2 In、IB 通入 1 In、IC 通入 2.0 In,误差值均在 0.01 In 以内,装置采样值与外部表计测量值误差应小于 5%,相位误差小于 3°。	
	间隔 14 Ib		
	间隔 14 Ic		
	间隔 15 Ia		
	间隔 15 Ib		
	间隔 15 Ic		
	间隔 16 Ia		
	间隔 16 Ib		
	间隔 16 Ic		
	间隔 17 Ia		
	间隔 17 Ib		
	间隔 17 Ic		
	间隔 18 Ia		
	间隔 18 Ib		
	间隔 18 Ic		
	间隔 19 Ia		
	间隔 19 Ib		
	间隔 19 Ic		

续表

内容	检验项目	作业方法和质量控制	检查结果(状态/数据)
采样精度检查	间隔 20 Ia	检查采样误差，IA 通入 0.2 In、IB 通入 1 In、IC 通入 2.0 In，误差值均在 0.01 In 以内，装置采样值与外部表计测量值误差应小于 5%，相位误差小于 3°。	
	间隔 20 Ib		
	间隔 20 Ic		
	间隔 21 Ia		
	间隔 21 Ib		
	间隔 21 Ic		
	间隔 22 Ia		
	间隔 22 Ib		
	间隔 22 Ic		
	间隔 23 Ia		
	间隔 23 Ib		
	间隔 23 Ic		
	间隔 24 Ia		
	间隔 24 Ib		
	间隔 24 Ic		

(5) 装置通电检查

检修记录见下表略。

30.7.3 整定值整定

(1) 装置定值包括装置参数、保护定值、压板定值和 IP 地址，按定值整定通知单上的整定值输入保护装置，然后打印出定值报告进行核对。

检查结果：_____。

(2) 保护装置的整定值在直流电源失电后不会丢失或改变。

检查结果：_____。

30.7.4 开关量输入检查

检修记录见下表。

表 30.11

内容	检验项目	作业方法和控制措施	检查结果(状态)
开入量检查	差动保护投入	采用投退压板或接通对应开关量输入端子的方法改变装置的开入量状态，检查装置的状态显示是否正确。	
	母差保护联跳		

30.7.5 保护开出量检查

检修记录见下表。

表 30.12

内容	检验项目	作业方法和控制措施	检查结果(状态)
开出量检查	间隔 01 跳闸出口	可以结合逻辑试验及整组传动试验进行检查,检查各开出接点正常闭合,检查监控系统、保信系统以及故障录波器相关信息正确性。通断状态。	
	间隔 02 跳闸出口		
	间隔 03 跳闸出口		
	间隔 04 跳闸出口		
	间隔 05 跳闸出口		
	间隔 06 跳闸出口		
	间隔 07 跳闸出口		
	间隔 08 跳闸出口		
	间隔 09 跳闸出口		
	间隔 10 跳闸出口		
	间隔 11 跳闸出口		
	间隔 12 跳闸出口		
	间隔 13 跳闸出口		
	间隔 14 跳闸出口		
	间隔 15 跳闸出口		
	间隔 16 跳闸出口		
	间隔 17 跳闸出口		
	间隔 18 跳闸出口		
	间隔 19 跳闸出口		
	间隔 20 跳闸出口		
	间隔 21 跳闸出口		
	间隔 22 跳闸出口		
	间隔 23 跳闸出口		
	间隔 24 跳闸出口		
	差动保护动作信号		
	CT 断线告警		
	PT 断线告警		
	运行异常告警信号		
	装置故障告警信号		

30.7.6 保护功能检查

装置定值及功能的校验,一般情况下,可结合有关回路的检验验证保护功能,可不进行定值校验;在定检周期内进行过软硬件升级,未进行过完整试验的,或结合定检进行软硬件升级时,定检时应逐项检验,确保功能正常。

表 30.13

内容	检验项目	整定值(可选列)	故障点	输入值	动作结果及动作时间(A,ms)(可选列)	检查结果(状态/数据)
差动保护	比率差动		区内故障			
			区外故障	穿越电流_____(A)		
失灵保护	失灵保护					
告警功能	CT断线告警					
	CT断线告警					

30.7.7 信号回路检查

表 30.14

内容	检验项目	作业方法和质量控制	检查结果(状态)
信号回路检查(根据具体保护增减)	保护装置异常	模拟保护装置电源空开跳开,检查信号正确。	
	差动保护动作		
	母差保护联跳动作		
	CT断线告警	结合相关试验进行检查。检查各开出接点正常闭合,检查监控系统相关信息的正确性。	
	PT断线告警		
	开入变位		

30.7.8　保护传动试验(整组试验)

表 30.15

内容	检验项目	作业方法和质量控制			检查结果(状态)
		保护投入	断路器动作情况	信号指示及接点输出	
整组试验	母差保护动作	母差保护	断路器联跳连接片有正电位开出	母差保护动作、PT断线	
	失灵保护动作	失灵保护	断路器联跳连接片有正电位开出	失灵保护动作、PT断线	

30.7.9　保护装置带负荷检查

(1) 端子紧固

表 30.16

内容	检验项目	检查结果(状态)
端子紧固	保护屏端子紧固(包括背板端子、压板接线)	

(2) 图实相符

表 30.17

内容	检验项目	检查结果(状态)
图实相符	图纸与实际接线核对一致	

(3) 负荷情况

检修记录见下表。

表 30.18

单元	一次潮流		二次电流		
	P(MW)	Q(MVar)	IA(A)	IB(A)	IC(A)

(4) 装置差流检查

检修记录见下表。

表 30.19

	A 相	B 相	C 相
Id(mA)			

30.8　质量签证单

表 30.20

序号	工作内容	工作负责人自检			一级验收			二级验收			三级验收		
		验证点	签字	日期	验证点	签字	日期	验证点	签字	日期	验证点	签字	日期
1	工作前准备	W1			W1			W1			W1		
2	装置外部检查	W2			W2			W2			W2		
3	回路绝缘电阻检测	W3			W3			W3			W3		
4	定值整定检查	W4			W4			W4			W4		
5	开关量输入回路检查	W5			W5			W5			W5		
6	开关量输出回路检查	W6			W6			W6			W6		
7	模拟量采样检查	W7			W7			W7			W7		
8	保护校验	W8			W8			W8			W8		
9	传动试验	H1			H1			H1			H1		
10	工作结束	H2			H2			H2			H2		

第 31 章
系统安全稳定装置检修作业指导书

31.1 范围

本指导书适用于系统安全稳定装置的检修工作。

31.2 资料和图纸

下列文件中的条款通过本规范的引用而成为本规范的条款。凡是注日期的引用文件，其随后所有的修改单或修订版均不适用于本规范，然而，鼓励根据本规范达成协议的各方研究是否可使用这些文件的最新版本。凡是不注日期的引用文件，其最新版本适用于本规范。

（1）GB/T 14285—2006　继电保护和安全自动装置技术规程

（2）GB 26860—2011　电力安全工作规程　发电厂和变电站电气部分

（3）GB 50171—2012　电气装置安装工程　盘、柜及二次回路接线施工及验收规范

（4）DL/T 838—2003　发电企业设备检修导则

（5）PCS-922S电力系统稳定装置说明书

31.3 安全措施

（1）严格执行《电力安全工作规程》和右江公司相关安全工作规定。

(2) 清点所有工器具,保证其保证其数量合适,检查合格,试验可靠。

(3) 现场和工器具柜内工具、零部件摆放有序,拆卸下来的部件做好记号以便回装。

(4) 认真清点所有工器具数量,不得遗留到检修设备内。

(5) 工作人员不应停留在危险位置,高空作业应系好安全带。

(6) 检修作业面已做好防护及隔离措施。

(7) 现场如需要动火,应办理动火工作票,并做好防火措施。

(8) 参加检修的人员必须熟悉本作业指导书,并能熟记熟背本书的检修项目,工艺质量标准等。

(9) 参加本检修项目的人员必须安全持证上岗,并熟记本作业指导书的安全技术措施。

(10) 开工前召开专题会,对各检修参加人员进行组内分工,并且进行安全、技术交底。

(11) 每天或每次开工前,应做好"三讲一落实",分析危险点,对作业人员进行合理分工,进行安全和技术交底。

(12) 在检修的安稳装置屏上悬挂"在此工作"标示牌。

(13) 测量绝缘时,应将装置 CPU 板件全部拔出。

(14) 稳控系统联调为 A、B 套轮流调试工作,运行的稳控装置盘柜必须紧锁柜门,悬挂"运行设备"标识牌;试验的稳控装置盘柜前后悬挂"在此工作"标识牌,严防走错间隔。

(15) 试验的稳控装置按现场运行规程投退相应功能压板和退出出口跳闸压板,必须用红色胶布对出口跳闸压板进行包裹,做明显标志,防止试验中误投出口跳闸压板。

(16) 通信接口屏上有 A/B 两套通道接口装置,运行装置必须做明显标志,避免误碰运行装置,造成运行通道中断。

(17) 在试验中涉及 CT、PT 回路,需要对 CT、PT 二次回路做安全措施,要将运行的 CT、PT 二次回路与被试稳控装置可靠隔离(包括 N 相),防止造成 CT 开路和 PT 短路,使运行装置的电气量采集受到试验影响。

(18) 与电网联调时,必须经调度批准后方可进行;在联调过程中如遇系统事故或电网发生重大方式变更等,接到中调调度员中止试验命令应立即停止试验。

(19) 要严格按照继电保护安全措施票的内容对检修设备做好安全措施。

(20) 设备回装时应认真检查有无异物及工器具遗留,回装时及时清点工器具;回装完后,再认真检查盘柜各角落是否遗留工器具或异物,并用吸尘器再认真清扫一遍。

31.4 备品备件清单

表 31.1

序号	名称	规格型号(图号)	单位	数量	备注
1	小型断路器		个		
2	电源插件	NR1301	块		
3	CPU 插件	NR1102	块		
PCS-992M					
4	逻辑 DSP 插件	NR1151D	块		
5	通信 DSP 插件	NR1151A、NR1123Q、NR1126C	块		
6	智能开入插件	NR1502D	块		
7	信号出口插件	NR1523F	块		
PCS-992S					
8	DSP 插件	NR1121A/B、NR1151A/D	块		
9	交流输入变换插件	NR1401	块		
10	智能开入插件	NR1502A/B/D	块		
11	继电器出口插件	NR1547A	块		
12	信号出口插件	NR1523F	块		

31.5 修前准备

31.5.1 材料工具清单

表 31.2

一、材料类

序号	名称	规格型号(图号)	单位	数量	备注
1	白布	—	米	1	
2	毛刷	大、中号	把	3	
3	绝缘粘胶带	—	米	3	
4	焊锡	—	米	0.5	

续表

一、材料类

序号	名称	规格型号(图号)	单位	数量	备注
5	无水乙醇	—	瓶	1	
6	油性记号笔	—	支	3	
7	手套	—	副	10	
8	口罩	—	只	10	
9	破布	—	斤	5	
10	单股铜芯线	1.5mm^2	米	0.5	
11	标识色带	12 mm(黄底)	盒	2	

二、工具类

序号	名称	规格型号(图号)	单位	数量	备注
1	烙铁	30W	只	1	
2	行灯	220 V	只	1	
3	空压机	—	台	1	
4	电工工具	—	套	1	
5	绝缘手套	—	副	1	
6	吸尘器	—	台	1	
7	多用电源插座	—	个	2	
8	手电筒	—	支	1	
9	标识打印机	—	台	1	

31.5.2　专用工具

表 31.3

序号	名称	规格型号(图号)	单位	数量	备注
1	万用表	FLUCK 175	台	2	
2	继电保护测试仪	—	台	1	
3	调试用笔记本电脑	—	台	1	
4	数字式兆欧表	—	台	1	

31.5.3　工作准备

(1) 工器具已准备完毕,材料、备品已落实。

(2) 检修地面已铺设防护胶片,场地已经完善隔离。

(3) 作业文件已组织学习,工作组成员熟悉本作业指导书内容。

(4) 开工前,做好"三讲一落实"工作。

(5) 故障录波装置应随发电机或主变压器一起退出,并办理电气第二种工作票。

(6) 工作负责人会同工作许可人检查工作现场所做安全措施是否完备,并落实危险点分析与控制措施,确认安全措施无误后与工作许可人分别在工作票上签名,方可开始工作。

(7) 工作人员的着装按《电力安全工作规程》要求,把需要用的工器具、材料等搬运至工作现场,并将带入的工器具、材料等做好记录。

(8) 开工前技术资料准备齐全,并带入工作现场。

(9) 工作负责人向全体作业人员交待作业内容、现场安全措施、危险点分析与控制措施、作业要求及其他安全注意事项。作业人员明确后在危险点分析与控制措施单上签名。

31.6 检修工序及质量标准

31.6.1 检修试验电源的接入

(1) 从 400 V 专用检修电源空气开关处接取,在工作现场电源引入处配置有漏电保护装置。

(2) 接取电源前应先验电,确认检修电源有电后,从空气开关负载侧接取,再次确认负载无短路现象后方可投入空气开关。

31.6.2 检修项目、实验步骤和质量标准

31.6.2.1 安稳装置盘、柜相关二次回路清扫、检查

(1) 用空压机、吸尘器、毛刷等对盘柜、端子箱及柜内元器件进行清扫,将各盘柜积尘、杂物清扫干净。

(2) 盘、柜的正面及背面各电器、端子排标明的字迹清晰、工整,未脱落、未脱色。

(3) 屏、柜及端子箱漆层完整、无损伤、无锈蚀、无积尘,屏、柜应可靠接地。

(4) 电缆标号正确、完善,屏蔽层可靠接地,电缆及芯线无机械损伤,绝缘层及铠甲应完好无破损,电缆固定牢固可靠,电缆的套管合适,电缆应挂标识牌,电缆孔封堵严密。

(5)二次回路连接可靠,芯线回路号标识齐全、正确、清晰;正负电源在端子排上应有明显的分隔或颜色区分;端子的每个端口不允许超过两根线压接在一起。

(6)端子排应无严重灰尘、无放电痕迹;端子箱内应无严重潮湿、进水现象;检查端子箱的驱潮回路、照明完备;端子箱的接地正确完好;端子箱内各种标识应正确齐全。

(7)插件、板件检查。拔出装置各插件,检查插件有无破损、烧灼现象。

(8)各空气开关清洁检查、接线紧固,分、合正常。

31.6.2.2 绝缘检查

1. 试验前的安全措施

试验前由现场工作负责人组织工作人员核对图纸和现场,逐一将需做绝缘的电缆甩出,做好记录,并由工作负责人与工作人员进行核对。

(1)断路器本体相关控制回路停电,接点引出线全部甩出,并用绝缘胶带包好。

(2)将装置CPU插件拔出,在屏柜端子排处分别短接交流电压回路、交流电流回路、操作回路、信号回路端子。

(3)测试前检查回路上无人工作并派人现场驻守,设置安全围栏,选择电压等级合适的绝缘电阻表,绝缘测试前,应认真核对图纸,确认测试的端子排号正确。

(4)工作如需间断,重新开工试验前必须核对现场安全措施,确认无误后才可进行。

(5)试验完毕必须将被试设备对地放电,才可拆除试验接线及恢复所有连接线。

2. 绝缘测量

(1)分组测量:用1 000 V绝缘摇表分别测量短接的电压回路、电流回路、操作回路和信号回路对地绝缘,应不小于10 MΩ。

(2)整组测量:将所有回路短接,用1 000 V绝缘摇表测量整组回路对地绝缘,应不小于10 MΩ。

注意:严禁带插件测量盘柜内部电气绝缘。

31.6.2.3 装置通电及相关定值、参数检查

(1)主机PCS-922M和从机PCS-922S装置自检正常,运行灯指示正确。

(2)打印主机和从机定值,并做好记录。

(3) 记录主机及从机软件版本、生成时间和CRC校验码。

(4) 核对装置时钟,并调整至正确时间。

31.6.2.4 装置开入检查

(1) 在主机分别投切各保护压板及模拟开入量回路,装置显示的开入量状态应和实际一致。

31.6.2.5 零漂及采样值

(1) 主机与从机甩开外部电压、电流回路,记录主机电压、电流、系统频率和从机有功的零漂值,零漂值不应该超过－0.3～0.3。

(2) 用继保仪分别从从机加入电压、电流值,主机加入系统电压值,记录主机和从机采样值,误差不应大于2%。

31.6.2.6 切机逻辑功能检查

1. 高周切机

(1) 利用调试软件分别设置:高周切机启动值50.5 Hz;高周第一轮50.6 Hz(投),时间0.2 s;高周二轮50.7 Hz(投),时间0.2 s;高周三轮50.8 Hz(投),时间0.2 s;高周四轮51 Hz(投),时间1 s。

(2) 利用调试软件分别设置:1号机21 MW可切、2号机22 MW可切、3号机23 MW可切、4号机24 MW可切。

(3) 将系统频率加至50.52 Hz,装置启动,不动作。

(4) 将系统频率加至50.62 Hz,即高周第一轮动作值,装置"高周一轮动作",切负荷最大机组,即4号机。

(5) 将系统频率加至50.72 Hz,即高周第二轮动作值,装置"高周一轮动作,高周二轮动作",切负荷第一大和第二大机组,即4号机和3号机。

(6) 将系统频率加至50.82 Hz,即高周第三轮动作值,装置"高周一轮动作,高周二轮动作,高周三轮动作",切负荷第一大、第二大和第三大机组,即4号机、3号机和2号机。

(7) 将系统频率加至51.02 Hz,即高周第四轮动作值,装置"高周一轮动作,高周二轮动作,高周三轮动作,高周四轮动作",切负荷第一大、第二大、第三大和第四大机组,即4号机、3号机、2号机和1号机。

(8) 利用调试软件分别设置:高周切机启动值50.5 Hz;高周第一轮50.6 Hz(退),时间0.2 s;高周二轮50.7 Hz(投),时间0.2 s;高周三轮50.8 Hz(投),时间0.2 s;高周四轮51 Hz(投),时间1 s。

(9) 将系统频率加至51.02 Hz,即高周第四轮动作值,装置"高周二轮动作,高周三轮动作,高周四轮动作",切负荷第一大、第二大和第三大机组,即

4号机、3号机和2号机。

（10）利用调试软件分别设置：高周切机启动值50.5 Hz；高周第一轮50.6 Hz（退），时间0.2 s；高周二轮50.7 Hz（退），时间0.2 s；高周三轮50.8 Hz（投），时间0.2 s；高周四轮51 Hz（投），时间1 s。

（11）将系统频率加至51.02 Hz，即高周第四轮动作值，装置"高周三轮动作，高周四轮动作"，切负荷第一大和第二大机组，即4号机和3号机。

（12）利用调试软件分别设置：高周切机启动值50.5 Hz；高周第一轮50.6 Hz（退），时间0.2 s；高周二轮50.7 Hz（退），时间0.2 s；高周三轮50.8 Hz（投），时间0.2 s；高周四轮51 Hz（退），时间1 s。

（13）将系统频率加至51.02 Hz，即高周第四轮动作值，装置"高周三轮动作"，切负荷第一大机组即4号机。

（14）利用调试软件分别设置：高周切机启动值50.5 Hz；高周第一轮50.6 Hz（退），时间0.2 s；高周二轮50.7 Hz（退），时间0.2 s；高周三轮50.8 Hz（退），时间0.2 s；高周四轮51 Hz（投），时间1 s。

（15）将系统频率加至51.02 Hz，即高周第四轮动作值，装置"高周四轮动作"，切负荷第一大机组，即4号机。

（16）利用调试软件分别设置：高周切机启动值50.5 Hz；高周第一轮50.6 Hz（退），时间0.2 s；高周二轮50.7 Hz（退），时间0.2 s；高周三轮50.8 Hz（退），时间0.2 s；高周四轮51 Hz（退），时间1 s（即高周四轮全退）。

（17）将系统频率加至51.02 Hz，即高周第四轮动作值，装置不动作。

2. 功能压板测试

（1）利用调试软件分别设置：高周切机启动值50.5 Hz；高周第一轮50.6 Hz（投），时间0.2 s；高周二轮50.7 Hz（投），时间0.2 s；高周三轮50.8 Hz（投），时间0.2 s；高周四轮51 Hz（投），时间1 s。

（2）利用调试软件分别设置：1号机21 MW可切、2号机22 MW可切、3号机23 MW可切、4号机24 MW可切。

（3）高周硬压板退出，将系统频率加至51.02 Hz，即高周第四轮动作值，装置不动作。

（4）高周硬压板投入，总出口压板退出，将系统频率加至51.02 Hz，即高周第四轮动作值，主机动作，从机不出口。

3. 模拟远方切机

（1）利用调试软件分别设置：1号机21 MW可切、2号机22 MW可切、3号机23 MW可切、4号机24 MW可切，频率可不设。

（2）利用调试软件设置：试验定值－＞主机试验定值－＞模拟主站信息置"1"、故障试验允许置"1"，试验定值－＞从机"1～4"试验定值－＞"♯1～♯4"机组试验允许置"1"。

（3）主站过切命令说明：切机命令由16位二进制数组成，命令须最终换算成十六进制；其中从右至左共4位分别代表"第1大负荷机组～第4大负荷机组"，置"1"表示切，置"0"表示不切，剩余11位不使用；如切第1大和第3大机组，对应二进制则为"0000000000000101"，换算成十六进制命令为"0005"；如切第1大、第2大、第3大和第4大机组，对应二进制为"0000000000001111"，换算成十六进制命令为"000F"。

（4）利用调试软件设置：试验定值－＞主机试验定值－＞主站过切命令，将上述换算后十六进制填入"主站过切命令"，上传装置后按装置"区号"键，模拟远方切机命令。

31.2.6.7 装置电流回路检查

暂不恢复主站及子站电流回路端子连片，分别在端子两侧测量回路的内部电阻和外部电阻，各侧回路相电阻值应相同，相间电阻值应相同；合上端子连片，再次检查电流回路电阻。

31.2.6.8 恢复

（1）按照"继电保护安全措施票"的内容，恢复接线，完成并逐项打"√"确认。

（2）检查二次接线已按照设计图纸接线，拆除在试验时使用的试验设备、仪表及一切连接线，清理现场，将所有被拆动的或临时接入的连接线全部恢复正常，将所有信号复归。

（3）打印或检查开关量状态是否正常。

（4）清除装置内记录的试验动作报文信息。

（5）校核装置时钟。

（6）检查装置自检无异常信息。

（7）打印定值整定报告，并与定值通知单进行核对正确，并附一份检修后打印的定值清单。

31.2.6.9 中性N线不平衡电流测试

电流回路恢复后，带负荷检查主站及子站的电流回路N相电流，N相电流应产生较少不平衡电流，且应为毫安级。

31.6.3 工作结束

(1) 全部工作完毕后,工作班应清扫、整理现场,清点工具,做到工完场地清。

(2) 工作负责人应周密检查,待全体工作人员撤离工作地点后,再向值班人员讲清所修项目、发现的问题、试验结果和存在问题等,并于值班人员共同检查设备状况,有无遗留物件,是否清洁等,然后在工作票上填明工作终了时间,经双方签名后,工作票方告终结。

31.7 检修记录

31.7.1 电气绝缘检验记录表

表 31.4

检验项目	质量要求	检验结果	结论
	>10 MΩ		

31.7.2 零漂检查记录表(电压、电流、频率)

表 31.5

回路号	相别		
	U_a(V)	U_b(V)	U_c(V)

续表

回路号	相别		
	Ua(V)	Ub(V)	Uc(V)
	Ia(A)	Ib(A)	Ic(A)
系统频率			

31.7.3 零漂检查记录表

表 31.6

	1号机	2号机	3号机	4号机
有功值				

31.7.4 采样值检查记录表

表 31.7

回路号	相别							
	Ua(V)			Ub(V)			Uc(V)		
	14.43	28.84	57.74	14.43	28.84	57.74	14.43	28.84	57.74

续表

系统频率	Ia(A)			Ib(A)			Ic(A)		
	0.25	0.5	1	0.25	0.5	1	0.25	0.5	1
	48(Hz)			50(Hz)			52(Hz)		

31.7.5 采样值检查记录表(有功)

表 31.8

	75(MW)	150(MW)	300(MW)
1号机			
2号机			
3号机			
4号机			

31.7.6 本地高周切机功能检查记录表

表 31.9

序号	试验条件	定值设定	故障状态	结果	结论
1	1#机=21 MW 可切 2#机=22 MW 可切 3#机=23 MW 可切 4#机=24 MW 可切	FHqd=50.5 Fgz1=50.6 Fgz2=50.7 Fgz3=50.8 Fgz4=51 T1=0.2 S 一轮投 T2=0.2 S 二轮投 T3=0.2 S 三轮投 T4=1 S 四轮投	f_end=50.52	起动 不动作	

续表

序号	试验条件	定值设定	故障状态	结果	结论
2	1#机=21 MW 可切 2#机=22 MW 可切 3#机=23 MW 可切 4#机=24 MW 可切	FHqd=50.5 Fgz1=50.6 Fgz2=50.7 Fgz3=50.8 Fgz4=51 T1=0.2 S 一轮投 T2=0.2 S 二轮投 T3=0.2 S 三轮投 T4=1 S 四轮投	f_end = 50.62	高周一轮动作 切4#机	
3	1#机=21 MW 可切 2#机=22 MW 可切 3#机=23 MW 可切 4#机=24 MW 可切	FHqd=50.5 Fgz1=50.6 Fgz2=50.7 Fgz3=50.8 Fgz4=51 T1=0.2 S 一轮投 T2=0.2 S 二轮投 T3=0.2 S 三轮投 T4=1 S 四轮投	f_end = 50.72	高周一轮动作 切4#机 高周二轮动作 切3#机	
4	1#机=21 MW 可切 2#机=22 MW 可切 3#机=23 MW 可切 4#机=24 MW 可切	FHqd=50.5 Fgz1=50.6 Fgz2=50.7 Fgz3=50.8 Fgz4=51 T1=0.2 S 一轮投 T2=0.2 S 二轮投 T3=0.2 S 三轮投 T4=1 S 四轮投	f_end = 50.82	高周一轮动作 切4#机 高周二轮动作 切3#机 高周三轮动作 切2#机	
5	1#机=21 MW 可切 2#机=22 MW 可切 3#机=23 MW 可切 4#机=24 MW 可切	FHqd=50.5 Fgz1=50.6 Fgz2=50.7 Fgz3=50.8 Fgz4=51 T1=0.2 S 一轮投 T2=0.2 S 二轮投 T3=0.2 S 三轮投 T4=1 S 四轮投	f_end = 51.02	高周一轮动作 切4#机 高周二轮动作 切3#机 高周三轮动作 切2#机 高周四轮动作 切1#机	

续表

序号	试验条件	定值设定	故障状态	结果	结论
7	1#机＝21 MW 可切 2#机＝22 MW 可切 3#机＝23 MW 可切 4#机＝24 MW 可切	FHqd＝50.5 Fgz1＝50.6 Fgz2＝50.7 Fgz3＝50.8 Fgz4＝51 T1＝0.2 S 一轮退 T2＝0.2 S 二轮投 T3＝0.2 S 三轮投 T4＝1 S 四轮投	f_end＝51.02	高周二轮动作 切4#机 高周三轮动作 切3#机 高周四轮动作 切2#机	
8	1#机＝21 MW 可切 2#机＝22 MW 可切 3#机＝23 MW 可切 4#机＝24 MW 可切	FHqd＝50.5 Fgz1＝50.6 Fgz2＝50.7 Fgz3＝50.8 Fgz4＝51 T1＝0.2 S 一轮退 T2＝0.2 S 二轮退 T3＝0.2 S 三轮投 T4＝1 S 四轮投	f_end＝51.02	高周三轮动作 切4#机 高周四轮动作 切3#机	
9	1#机＝21 MW 可切 2#机＝22 MW 可切 3#机＝23 MW 可切 4#机＝24 MW 可切	FHqd＝50.5 Fgz1＝50.6 Fgz2＝50.7 Fgz3＝50.8 Fgz4＝51 T1＝0.2 S 一轮退 T2＝0.2 S 二轮退 T3＝0.2 S 三轮投 T4＝1 S 四轮投	f_end＝51.02	高周三轮动作 切4#机 高周四轮动作 切3#机	
10	1#机＝21 MW 可切 2#机＝22 MW 可切 3#机＝23 MW 可切 4#机＝24 MW 可切	FHqd＝50.5 Fgz1＝50.6 Fgz2＝50.7 Fgz3＝50.8 Fgz4＝51 T1＝0.2 S 一轮退 T2＝0.2 S 二轮退 T3＝0.2 S 三轮退 T4＝1 S 四轮投	f_end＝51.02	高周四轮动作 切4#机	

续表

序号	试验条件	定值设定	故障状态	结果	结论
11	1#机＝21 MW 可切 2#机＝22 MW 可切 3#机＝23 MW 可切 4#机＝24 MW 可切	FHqd＝50.5 Fgz1＝50.6 Fgz2＝50.7 Fgz3＝50.8 Fgz4＝51 T1＝0.2 S 一轮退 T2＝0.2 S 二轮退 T3＝0.2 S 三轮退 T4＝1 S 四轮退	f_end＝51.02	装置不动作	
		功能压板测试			
12	1#机＝21 MW 可切 2#机＝22 MW 可切 3#机＝23 MW 可切 4#机＝24 MW 可切	FHqd＝50.5 Fgz1＝50.6 Fgz2＝50.7 Fgz3＝50.8 Fgz4＝51 T1＝0.2 S 一轮投 T2＝0.2 S 二轮投 T3＝0.2 S 三轮投 T4＝1 S 四轮投	f_end＝51.12 高周硬压板退出	装置不动作	
13	1#机＝21 MW 可切 2#机＝22 MW 可切 3#机＝23 MW 可切 4#机＝24 MW 可切	FHqd＝50.5 Fgz1＝50.6 Fgz2＝50.7 Fgz3＝50.8 Fgz4＝51 T1＝0.2 S 一轮投 T2＝0.2 S 二轮投 T3＝0.2 S 三轮投 T4＝1 S 四轮投	f_end＝51.12 总出口压板退出	主机动作 从机不出口	

31.7.7 远方切机命令检查记录表

表 31.10

序号	切机命令（十六进制）	应切机组	实切机组	结论

31.7.8 电流回路电阻检查记录表

表 31.11

回路号	端子连片打开											
	相别											
	柜内						柜外					
	AB	BC	AC	AN	BN	CN	AB	BC	AC	AN	BN	CN

端子连片合上					
AB	BC	AC	AN	BN	CN

31.8 质量签证单

表 31.12

序号	工作内容	工作负责人自检			一级验收			二级验收			三级验收		
		验证点	签字	日期	验证点	签字	日期	验证点	签字	日期	验证点	签字	日期
1	工作前准备	W1			W1			W1			W1		
2	盘柜清扫、回路检查	W2			W2			W2			W2		
3	绝缘检查	W3			W3			W3			W3		
4	通电及相关参数检查	W4			W4			W4			W4		
5	逻辑检查	H1			H1			H1			H1		
6	电流回路及N线电流检查	W5			W5			W5			W5		
7	工作结束	W6			W6			W6			W6		

第5篇
计算机监控及视频系统检修

第 32 章
计算机监控系统上位机检修作业指导书

32.1 范围

本指导书适用于广西右江水利开发有限责任公司右江水力发电厂计算机监控系统上位机的检修工作。

32.2 资料和图纸

下列文件中的条款通过本规范的引用而成为本规范的条款。凡是注日期的引用文件,其随后所有的修改单或修订版均不适用于本规范,然而,鼓励根据本规范达成协议的各方研究是否可使用这些文件的最新版本。凡是不注日期的引用文件,其最新版本适用于本规范。

(1) GB 50171—2012 电气装置安装工程(盘柜及二次回路接线施工及验收规范)

(2) DL/T 1009—2016 水电厂计算机监控系统运行及维护规程

(3) DL/T 578—2008 水电厂计算机监控系统基本技术条件

(4) DL/T 619—2012 水电厂自动化元件(装置)及其系统运行维护与检修试验规程

(5) DL/T 822—2012 水电厂计算机监控系统试验验收规程

(6) 南瑞水利水电技术分公司 上位机维护手册

(7) 南瑞水利水电技术分公司 NC2000 V3.0 计算机监控系统软件说

32.3 安全措施

（1）严格执行《电业安全工作规程》和右江水利开发有限责任公司的相关安全工作规定。

（2）清点所有工器具数量合适，检查合格，试验可靠。

（3）工作前认真核对设备名称编号，无误后方可进行工作。

（4）对有双机热备的工作站保证一台工作站正常工作的情况下，对另一台工作站进行停电检查。

（5）检修前，先对检修设备验明确无电压。

（6）对单台工作站，要求事前做足准备工作，保证工作站停电时间最短，尽快恢复运行。

（7）程序修改调试时必须先对原程序进行备份。

（8）参加检修作业人员必须熟悉本指导书内容，熟记检修项目和质量工艺要求。

（9）参加检修作业人员必须持证上岗，熟记本检修项目安全技术措施。

（10）每天或每次开工前召开班前会，进行危险点分析，对作业人员进行合理分工，并进行安全和技术交底。

（11）不可带电对设备测量绝缘，须将电子设备拆下方可进行绝缘测量。

32.4 备品备件清单

表 32.1

序号	名称	规格型号(图号)	单位	数量	备注
1	网线		根	4	
2	光纤尾线		根	4	
3	网卡		块	1	
4	键盘		个	1	
5	鼠标		个	1	
6	CPU 风扇		个	2	

32.5 修前准备

32.5.1 现场检修材料准备

表 32.2

一、材料类

序号	名称	规格型号(图号)	单位	数量	备注
1	单股铜芯线	1.5 mm^2	卷	1	
2	单股铜芯线	1 mm^2	卷	1	
3	绝缘粘胶带		卷	1	
4	焊锡丝		盘	1	
5	焊锡膏(或松香)		盒	1	
6	滚筒电源盘	10 m	盘	1	
7	计算机插座		个	1	
8	线扎带		根	100	
9	印号编号管		米	10	
10	记号笔		支	1	
11	毛刷		个	2	
12	漏电保护器		个	1	
13	小空气开关	10 A	个	1	
14	生料带		卷	2	
15	干净白布		m^2	1	
16	碎布		块	10	

二、工具、仪器仪表类

序号	名称	规格型号(图号)	单位	数量	备注
1	调试电脑		台		
2	继电保护校验仪		台		
3	兆欧表	0～500 V	块		
4	数字万用表		块		
5	电源盘		台		
6	十字螺丝刀	100×3 mm	把		
7	一字螺丝刀	100×3 mm	把		
8	斜口钳		把		

续表

二、工具、仪器仪表类					
序号	名称	规格型号(图号)	单位	数量	备注
9	尖嘴钳		把		
10	活动扳手	8″	把		
11	特稳携式校验仪	JY822型	台		
12	光纤测试仪		台		
13	吹风机		台		

32.5.2 工作准备

（1）所需工器、备品已准备完毕，并验收合格。

（2）查阅运行记录有无缺陷，研读图纸、检修规程、上次检修资料，准备好检修所需材料。

（3）检修工作负责人已明确。

（4）参加检修人员已经落实，且安全、技术培训与考试合格，监理人员已明确。

（5）作业指导书、特殊项目的安全、技术措施均已得到批准，并为检修人员所熟知。

（6）工作票及开工手续已办理完毕。

（7）检查工作票合格。

（8）工作负责人开展班前会，现场向全体作业人员交待作业内容、安全措施、危险点分析控制措施及作业要求，作业人员理解后在工作票上签名。

（9）试验用的仪器、工器具、材料搬运至工作现场。

（10）检修地面已经铺设防护胶片，场地已经完善隔离。

32.6 检修工序及质量标准

计算机监控系统上位机各计算机设备的检修依次进行，特别对有双机热备的主机保证一台主机正常运行，才可以对另一台主机进行停电检修。

以下检修项目以一台计算机设备为例，每台计算机均要完成以下检修项目，分别记录检修数据。

32.6.1 上位机软件备份

(1) 在便携机的 D:\ BACKUP 目录下建立子目录"×××××××"(名称＋年号)子目录。

(2) 将工作站中程序,做备份于 D:\BACKUP\×××××\目录下,取名××××(月份＋日期)。

32.6.2 主机/工作站停机

(1) 申请退出运行得到许可后,才开始工作。
(2) 按技术规范逐一退出计算机监控系统各进程,最后退出操作系统。
(3) 退出工作站电源线、数据线。
(4) 将工作站搬移到设备检修区域。
(5) 现场电源线、数据线进行整理,防止误碰、误拉。

32.6.3 清扫主机

(1) 对工作站主机进行拆盖处理,所拆部件要妥善保管好。
(2) 进吹风机对主机内部进行吹扫。
(3) 使用吹风机时,须确保风压＜0.2 MPa,风力干燥,避免箱内设备绝缘性降低。
(4) 对于光纤接头,用干净抹布配合无水酒精进行除尘。

32.6.4 板卡检查

(1) 检查箱内插件接触面情况,有污垢手用干净棉布进行擦抹。
(2) 检查板卡时,注意别损坏板卡。

32.6.5 主机回装

(1) 清扫完毕进行主机回装。
(2) 检查电源风扇是否工作正常。
(3) 检查 CPU 风扇是否工作正常。
(4) 检查显卡风扇是否工作正常。
(5) 检查箱内散热风扇是否工作正常。
(6) 检查风扇,如不合格马上进行更换。

32.6.6 整理连接线

(1) 工作站封箱后运回现场安装就位。
(2) 逐一接上电源线、数据线。

32.6.7 恢复工作站运行

(1) 启动工作站。
(2) 检查工作站应用程序进程。
(3) 检查计算机监控系统运行情况。

32.6.8 检查磁盘

(1) 对工作站各盘进行检查使用情况。
(2) 必要时进行磁盘清理。
(3) 保证磁盘至少有 500 MB 的剩余空间。

32.6.9 数据核对

(1) 对实时数据库进行核对，应与其他工作站实时数据库无差别。
(2) 报警信息检查、核对、梳理。
(3) 故障信息检查、核对、梳理。
(4) 事故信息检查、核对、梳理。
(5) 发现重要数据有偏差时，进行异常排查，找到异常原因，消除异常。

32.6.10 切换操作

(1) 确定试验负责人。
(2) 试验现场已派人看守。
(3) 通信设备完好，工作过程中保持联系。
(4) 对有主备的工作站进行主备切换，应能无干扰进行。
(5) 对有操作权限的工作站进行设备选择操作，应能弹出对应对话窗。
(6) 对没有主备的工作站，可以结合切换画面进行。

32.6.11 进程检查

(1) 在工作站正式交付运行时，再次确认进程。
(2) 检查实时数据刷新、事件、报警是否正常。

（3）审计、分析、检查操作系统、数据库、安全防护系统日志是否正常，有无非法登录或访问记录。

（4）监控系统内部通讯以及系统与外部通讯是否正常。

32.6.12 投入运行

向运行值班人员做好工作交待，以及投入运行后的注意事项。

32.6.13 全部计算机设备检修

依次对上位机每台计算机设备完成以上检修项目，分别记录检修数据。

32.6.14 结束工作

（1）全部工作完毕后，工作班应清扫、整理现场，清点工具。

（2）工作负责人周密检查，待全体工作人员撤离工作地点后，再向值班人员讲清所修项目、发现的问题、试验结果和存在问题等。

（3）与值班人员共同检查设备状况，有无遗留物件，是否清洁等，然后在工作票上填明工作终结时间，经双方签名后，工作票方可终结。

32.7 检修记录

32.7.1 板卡检查记录

表 32.3

序号	计算机设备名	板卡	检查要求	检查结果
1	#1 主机 bsmain1	机箱/主板/显卡/内存/硬盘/声卡/网卡/风扇	外观完整、模块整洁、接线美观	
2	#2 主机 bsmain2	机箱/主板/显卡/内存/硬盘/声卡/网卡/风扇	外观完整、模块整洁、接线美观	
3	#1 操作员站 bsop1	机箱/主板/显卡/内存/硬盘/声卡/网卡/风扇	外观完整、模块整洁、接线美观	
4	#2 操作员站 bsop2	机箱/主板/显卡/内存/硬盘/声卡/网卡/风扇	外观完整、模块整洁、接线美观	
5	#3 操作员站 bsop3	机箱/主板/显卡/内存/硬盘/声卡/网卡/风扇	外观完整、模块整洁、接线美观	

续表

序号	计算机设备名	板卡	检查要求	检查结果
6	工程师站 bseng	机箱/主板/显卡/内存/硬盘/声卡/网卡/风扇	外观完整、模块整洁、接线美观	
7	♯1通信站 bscom1	机箱/主板/显卡/内存/硬盘/声卡/网卡/风扇	外观完整、模块整洁、接线美观	
8	♯2通信站 bscom2	机箱/主板/显卡/内存/硬盘/声卡/网卡/风扇	外观完整、模块整洁、接线美观	
9	♯3通信站 bscom3	机箱/主板/显卡/内存/硬盘/声卡/网卡/风扇	外观完整、模块整洁、接线美观	

32.7.2 数据核对记录

表 32.4

序号	计算机设备名	数据	检查要求	检查情况
1	♯1主机 bsmain1	实时数据/报警信息/故障信息/事故信息	与其他工作站实时数据库无差别	
2	♯2主机 bsmain2	实时数据/报警信息/故障信息/事故信息	与其他工作站实时数据库无差别	
3	♯1操作员站 bsop1	实时数据/报警信息/故障信息/事故信息	与其他工作站实时数据库无差别	
4	♯2操作员站 bsop2	实时数据/报警信息/故障信息/事故信息	与其他工作站实时数据库无差别	
5	♯3操作员站 bsop3	实时数据/报警信息/故障信息/事故信息	与其他工作站实时数据库无差别	
6	工程师站 bseng	实时数据/报警信息/故障信息/事故信息	与其他工作站实时数据库无差别	
7	♯1通信站 bscom1	实时数据/报警信息/故障信息/事故信息	与其他工作站实时数据库无差别	
8	♯2通信站 bscom2	实时数据/报警信息/故障信息/事故信息	与其他工作站实时数据库无差别	
9	♯3通信站 bscom3	实时数据/报警信息/故障信息/事故信息	与其他工作站实时数据库无差别	

32.7.3 切换操作通信功能记录

表 32.5

序号	计算机设备名	数据	检查要求	检查情况
1	♯1 主机 bsmain1	主备切换/进行设备选择操作/画面切换	应能无干扰进行	
2	♯2 主机 bsmain2	主备切换/进行设备选择操作/画面切换	应能无干扰进行	
3	♯1 操作员站 bsop1	主备切换/进行设备选择操作/画面切换	应能无干扰进行	
4	♯2 操作员站 bsop2	主备切换/进行设备选择操作/画面切换	应能无干扰进行	
5	♯3 操作员站 bsop3	主备切换/进行设备选择操作/画面切换	应能无干扰进行	
6	工程师站 bseng	主备切换/进行设备选择操作/画面切换	应能无干扰进行	
7	♯1 通信站 bscom1	主备切换/画面切换/通信正常	应能无干扰进行	
8	♯2 通信站 bscom2	主备切换/画面切换/通信正常	应能无干扰进行	
9	♯3 通信站 bscom3	主备切换/画面切换/通信正常	应能无干扰进行	

32.8 质量签证单

表 32.6

序号	工作内容	工作负责人自检			一级验收			二级验收			三级验收		
		验证点	签字	日期	验证点	签字	日期	验证点	签字	日期	验证点	签字	日期
1	工作准备	W0			W0			W0			W0		
2	♯1 主机 bsmain1	W1			W1			W1			W1		
3	♯2 主机 bsmain2	W2			W2			W2			W2		
4	♯1 操作员站 bsop1	W3			W3			W3			W3		
5	♯2 操作员站 bsop2	W4			W4			W4			W4		

续表

序号	工作内容	工作负责人自检			一级验收			二级验收			三级验收		
		验证点	签字	日期	验证点	签字	日期	验证点	签字	日期	验证点	签字	日期
6	♯3 操作员站 bsop3	W5			W5			W5			W5		
7	工程师站 bseng	W6			W6			W6			W6		
8	♯1 通信站 bscom1	W7			W7			W7			W7		
9	♯2 通信站 bscom2	W8			W8			W8			W8		
10	♯3 通信站 bscom3	W9			W9			W9			W9		
11	工作结束	H1			H1			H1			H1		

第 33 章
计算机监控系统机组 LCU 检修作业指导书

33.1 范围

本指导书适用于广西右江水利开发有限责任公司右江水力发电厂计算机监控系统机组 LCU 的检修工作。

33.2 资料和图纸

下列文件中的条款通过本规范的引用而成为本规范的条款。凡是注日期的引用文件，其随后所有的修改单或修订版均不适用于本规范，然而，鼓励根据本规范达成协议的各方研究是否可使用这些文件的最新版本。凡是不注日期的引用文件，其最新版本适用于本规范。

GB 50171—2012　电气装置安装工程　盘、柜及二次回路接线施工及验收规范

DL/T 578—2008　水电厂计算机监控系统基本技术条件

DL/T 619—2012　水电厂自动化元件（装置）及其系统运行维护与检修试验规程

DL/T 822—2012　水电厂计算机监控系统试验验收规程

DL/T 1009—2016　水电厂计算机监控系统运行及维护规程

DL/T 1348—2014　自动准同期装置通用技术条件

DL/T 838—2003　发电企业设备检修导则

33.3 危险点分析与控制措施

(1) 工作负责人填写工作票,经工作票签发人签发发出后,应会同工作许可人到工作现场检查工作票上所列安全措施是否正确执行,经现场核查无误后,与工作许可人办理工作票许可手续。

(2) 开工前召开班前会,分析危险点,对各检修参加人员进行组内分工,并且进行安全、技术交底。

(3) 检修工作过程中,工作负责人要始终履行工作监护制度,及时发现并纠正工作班人员在作业过程中的违章及不安全现象。

(4) 工作现场做好警示标识。

(5) 危险点分析。

表 33.1

序号	危险点分析	控制措施	风险防控要求
1	试验误接线造成人身伤害和设备损坏。	1. 工作人员熟悉试验和接线方法,试验人员认真接线,工作监护人检查试验接线正确后方可开始工作。 2. 试验区域做好安全隔离,并安排人员做好监护,防止无关人员突然进入造成人身伤害。	重点要求
2	交叉作业造成伤害。	1. 机组联动试验时避免交叉作业,工作前应通知相关作业的工作负责人,告知其停止工作,将工作班成员撤离工作现场,并将工作票交回运行。试验工作开展前现场检查确实无工作人员后方可开展工作。 2. 工作现场指定工作监护人,密切监督现场工作,遇到异常情况立即叫停工作,并组织人员撤离。	重点要求
3	工作人员不了解工作内容、安全措施及安全注意事项。	1. 作业前工作负责人应对工作班人员详细说明工作内容、安全措施及相关的安全注意事项。 2. 参加检修的人员必须熟悉本作业指导书,并能熟记熟背安全措施及安全注意事项、检修项目、工艺质量标准等。	重点要求
4	误改动原程序。	认真履行监护制度,修改前应对原程序备份。	重点要求
5	动态测试时负荷波动	测试过程中应注意根据测试项目实时调整其他未参加 AGC 机组出力,保证全厂出力在调度允许波动范围内。	重点要求
6	违反两票规定,未检查安全措施,造成人身伤害。	工作前对检查确认工作措施完整,符合工作票所列要求。	基本要求

续表

序号	危险点分析	控制措施	风险防控要求
7	工作时着装不符合工作要求。	工作时应戴好安全帽,穿绝缘鞋及全棉长袖工作服。	基本要求
8	人员精神状态不佳导致人身伤害和设备损坏。	工作人员工作时注意力集中,保证精神状态良好,工作中不干与工作无关的事情。	基本要求
9	遗留物件在现场造成安全隐患。	工作结束后清点所携带的工器具及设备,防止遗留物件在工作现场。	基本要求
10	照明不足造成人员伤害。	工作人员持手电筒,防止照明不足造成误动、误碰带电设备及人员滑倒、跌倒。	基本要求
11	误入带电间隔,造成触电事故。	工作前确认设备名称和编号与工作票所列内容一致,以防误入带电间隔,造成触电事故。	基本要求
12	人员从电缆桥架上坠落。	在电缆桥架上疏导电缆时,必须系安全带,挂安全绳,安全绳要挂在牢固的构件上,系安全带前首先检查安全带完好、合格证在有效期内。	基本要求
13	违章攀爬梯子、脚手架,导致人员坠落。	临时、可拆卸的脚手架搭设完毕后,须经专业人员验收,攀爬脚手架时,要走爬梯,禁止攀爬脚手杆或从栏杆等上下脚手架,人员在梯子上时,必须设专人扶梯子。	基本要求

(6)具体安全措施:

①前期静态检修安全措施

a. 按下机组计算机监控系统 LCU A1、A2、A3 柜"调试"按钮。

b. 机组调速器控制系统、励磁系统、出口断路器柜控制方式均切换至"现地"。

c. 机组进水口检修闸门和快速闸门已关闭。

d. 机组调速器压力油箱已泄压到 0 MPa。

e. 机组励磁系统灭磁开关下端悬挂一组接地线。

f. 机组 LCU 检修前,必须在上位机将该机组置"检修"态,防止故障信号导致全厂 AGC 退出。

②联动试验安全措施

a. 机组压力管道、蜗壳、尾水管等过水通流系统均已验收合格清理干净,尾水管进人门、蜗壳进人孔门已严密封闭。

b. 工作前清理水车室内无关人员,工作人员禁止在控制环和导叶连杆处站立停留。

c. 工作前清理风洞内人员,确保风洞内无人,并派专人看守。

d. 联动试验重点防范交叉作业伤害。

33.4 备品备件清单

表 33.2

序号	名称	规格型号(图号)	单位	数量	备注
1	连接端子		个	10	
2	继电器		个	20	
3	光纤尾线		根	4	
4	三位置选择开关		个	2	
5	三位置自复式选择开关		个	2	
6	两位置带钥匙选择开关		个	2	
7	两位置选择开关		个	2	
8	带灯按钮		个	4	
9	按钮		个	2	
10	按钮		个	2	
11	防误盖		个	4	
12	自动准同期装置	SJ-12D	个	1	
13	同步表	SID-2A	个	4	
14	CPU模块	IC695CPE330	块	1	
15	电源模块	IC695PSD040	块	1	
16	网络接口模块	IC695ETM001	块	1	
17	开关量输入模块	IC694MDL660	块	1	
18	中断量输入模块	IC695HSC304	块	1	
19	开出模块	IC694MDL754	块	1	
20	16点模拟量输入模块	IC694 ALG233	块	1	
21	4通道电流电压型模拟量输出模块	IC695 ALG704	块	1	
22	开出插箱	MB80CHS332N2[J]	个	1	
23	交直流双供电插箱	FPW-2A	个	1	
24	24V开关电源		个	1	

33.5 修前准备

33.5.1 工器具及材料准备

表 33.3

一、材料类

序号	名称	规格型号(图号)	单位	数量	备注
1	单股铜芯线	1.5 mm^2	卷	1	
2	单股铜芯线	1 mm^2	卷	1	
3	绝缘粘胶带		卷	1	
4	焊锡丝		盘	1	
5	焊锡膏(或松香)		盒	1	
6	滚筒电源盘	10 m	盘	1	
7	电源插座		个	1	
8	线扎带		根	100	
9	印号编号管		米	10	
10	记号笔		支	1	
11	毛刷		个	2	
12	漏电保护器		个	1	
13	小空气开关	10 A	个	1	
14	生料带		卷	2	
15	干净白布		m^2	1	
16	碎布		块	10	
17	无水酒精		瓶	1	

二、工具、仪器仪表类

序号	名称	规格型号(图号)	单位	数量	备注
1	调试电脑		台	2	
2	继电保护测试仪		台	1	
3	兆欧表	0~500 V	块	1	
4	数字万用表		块	2	
5	电源盘		台	2	
6	十字螺丝刀	100×3 mm	把	2	
7	一字螺丝刀	100×3 mm	把	2	

续表

二、工具、仪器仪表类

序号	名称	规格型号(图号)	单位	数量	备注
8	斜口钳		把	2	
9	尖嘴钳		把	2	
10	活动扳手	8″	把	2	
11	过程校验仪		台	1	

33.5.2 工作准备

(1) 所需工器、备品已准备完毕,并验收合格。

(2) 查阅运行记录有无缺陷,研读图纸、检修规程、上次检修资料,准备好检修所需材料。

(3) 检修工作负责人已明确。

(4) 参加检修人员已经落实,且安全、技术培训与考试合格。

(5) 作业指导书、特殊项目的安全、技术措施均已得到批准,并为检修人员所熟知。

(6) 工作票及开工手续已办理完毕。

(7) 检查工作票合格。

(8) 工作负责人召开班前会,现场向全体作业人员交代作业内容、安全措施、危险点分析控制措施及作业要求,作业人员理解后在工作票危险点分析控制措施单上签名。

(9) 试验用的仪器、工器具、材料搬运至工作现场。

(10) 检修地面已经铺设防护木板,场地已经完善隔离。

33.6 检修工序及质量标准

33.6.1 数据备份

(1) 在下位机专用调试笔记本的"D:\ 所有程序备份\×号机组20××××"(机组名称+年月)子目录,并在"D:\ 所有程序备份\×号机组20××××"下建立"机组PLC"、"机组触摸屏"、"水机PLC"和"SJ30"子目录,在上位机BSPRINT节点"E:\ 数据库备份\×号机组20××××"。

(2) 将机组PLC中NIU(包括SOE1、NIU2、NIU3)当前正在运行的程序上传备份于"D:\所有程序备份\×号机组20××××\机组PLC"目录下，取名××××（机组名称＋NIU＋日期，如BSLCU1_NIU_20200102）。

（3）将机组PLC中CPU当前正在运行的程序上传备份于"D:\所有程序备份\×号机组20××××\机组PLC"目录下，取名××××（机组名称＋CPU＋日期，如BSLCU1_CPU_20200102）。

（4）将机组触摸屏中运行的程序上传备份于"D:\所有程序备份\×号机组20××××\机组触摸屏"目录下，取名××××（机组名称＋SCR＋日期，如BSLCU1_SCR_20200102）。

（5）将水机PLC中当前正在运行的程序上传备份上传备份于"D:\所有程序备份\×号机组20××××\水机PLC"目录下，取名××××（机组名称＋SJ＋日期，如BSLCU1_SJ_20200102）。

（6）备份SJ30组态程序于"E:\所有程序备份\×号机组20××××\SJ30"目录下，取名××××（机组名称＋SJ30＋日期，如BSLCU1_SJ30_20200102）。

（7）将MAIN节点中的数据库和画面文件传到BSPRINT节点"E:\数据库备份\×号机组20××××"中保存。

33.6.2　LCU装置清扫和端子紧固

（1）清扫各控制装置、端子排及盘柜内外灰尘、蜘蛛网。确保盘柜干净整洁无异物。

（2）光纤端头要用无水酒精擦洗。

（3）使用空压机清扫时，要确保风力干燥，避免柜内二次设备受潮绝缘降低。

（4）接线端子检查及紧固，确认端子无松动，接触良好。

（5）检查二次接线压接是否牢固，端子排及元件间接线是否有松动或断线现象，有异常须进行紧固或更换。

（6）检查控制装置各元件安装是否有松动，有异常须进行紧固。

（7）检查电缆芯线无划破露金属部分，转角处电缆有无破损，有异常须进行防范处理。

（8）检查保险座接线，保险座卡紧有弹力，与保险接触面应光洁无氧化、放电痕迹，如有，应进行打磨光滑后用酒精擦洗。

（9）对照图纸，检查各接线编号套管印号清楚，无错误、老化、模糊现象，如有，标写清楚或更换编号套管。

（10）检查控制转换开关各位置切换灵活，无卡阻，使用的位置接点通断正常，接触灵敏，位置信号引入监控系统正确。

（11）检查控制按钮动作灵活，无卡阻，使用的位置接点通断正常，接触灵敏，信号引入监控系统正确。

33.6.3　LCU 模件检查

［本项目 A 修时全部实施，B、C 修时实施(24)～(27)］

（1）各模块外观应整洁完好，铭牌清晰，各指示灯应指示正常，有故障信号应进行消除。

（2）戴防静电手套，并检查防静电手套可靠接地。

（3）断开柜内 PLC 控制器电源开关。

（4）断开 PLC 控制器与外部模件的连接电缆。

（5）拧开 PLC 控制器模件板的上、下固定螺丝。

（6）轻拔 PLC 控制器模件板的上、下把手，缓缓拖出，按顺序放置于防静电垫层上。

（7）用标签对放置 PLC 控制器模件垫层进行标记。

（8）依次按上述方法，从左至右拔出所有 PLC 控制器模件。

（9）以绝缘精密仪器清洗液清洗 PLC 控制器模件板。

（10）待 PLC 控制器模件风干后，按从右至左的顺序依次回装，拧紧。

（11）接入 PLC 控制器模件及外部接线。

（12）合上柜内 PLC 控制器电源开关。

（13）观察 PLC 控制器状态指示，直至 PLC 正常运行。

（14）断开 PLC 控制器与外部模件的连接电缆。

（15）断开柜内 PLC　I/O 机箱电源开关。

（16）拧开 PLC　I/O 机箱模件板的上、下固定螺丝。

（17）轻拔 PLC　I/O 机箱模件板的上、下把手，缓缓拖出，顺序放置于防静电垫层上。

（18）用标签对放置 PLC　I/O 机箱模件垫层进行标记。

（19）依次按上述方法，从左至右拔出所有模件。

（20）以绝缘精密仪器清洗液清洗 PLC　I/O 机箱模件板。

（21）待 PLC　I/O 机箱模件风干后，按从右至左的顺序依次回装，拧紧。

（22）接入 PLC　I/O 机箱模件及外部接线。

（23）合上柜内 PLC　I/O 机箱电源开关。

(24) 观察各模块外观整洁完好,铭牌清晰,各指示灯应指示正常,无异常故障信号。

(25) 观察 PLC I/O 机箱状态指示,直至 PLC 正常运行。

(26) 测量机组 PLC 柜接地电阻。

(27) 检修试验数据见检修记录。

33.6.4　LCU 电源检查和切换

(1) 测量工作电源装置的输入、输出电压值。

(2) 合上输入交流输入电源,合上输入直流输入电源,测量输出电压值。

(3) 断开输入交流输入电源,合上输入直流输入电源,测量输出电压值。

(4) 合上输入交流输入电源,断开输入直流输入电源,测量输出电压值。

(5) 测量各开关电源的输入输出电压值。

(6) 观察 LCU 状态指示,PLC 状态正常。

(7) 检修试验数据见检修记录。

33.6.5　LCU 热备冗余切换试验、网络冗余切换试验

(1) CPU 状态正常,热备正常,一主一备。网络状态正常。

(2) 模拟主用 CPU 故障,备用 CPU 自动切为主用。

(3) 恢复故障 CPU,待 CPU 状态正常,热备正常,模拟当前的主用 CPU 故障,备用能切为主用。

(4) 故障切换前后,检查设备状态正常,数据刷新正常,没有故障切换引起的数据跳变。

(5) 模拟 LCU 网络故障,中断其中一路网络,检查数据刷新是否正常,上位机收到数据是否正常。

(6) 恢复中断的网络,设备状态正常后再中断另一路网络,检查设备数据是否正常。

(7) 检修试验数据见检修记录。

33.6.6　I/O 通道数据一致性检查

(1) 检查上位机、下位机数据的一致性。

(2) 现场开入量、开出量、模入量、模出量、测温量有变动,要进行现场操作检查信号是否正确。

(3) 模拟量模块通道校验

①计算机监控系统数据采集模拟量模件通道输入是 4～20 mA 模拟量信号,测试时在计算机监控系统现地控制单元模拟量输入端子用过程校验仪接入相应的模拟量信号,改变模拟量信号输出 5 点（4 mA,8 mA,12 mA,16 mA,20 mA）,记录机组 LCU 柜显示屏上对应测点显示的模拟量值。

②逐一模块按上述方法校验,直到测试完所有的模拟量通道。

(4) 温度量模块通道校验：

①计算机监控系统数据采集温度量模件通道输入的是热电阻 Pt100,测试时在计算机监控系统现地控制单元测温模件输入端子接入相应的模拟温度量信号,改变温度量信号发生器输出量 5 点（0、25、50、75、100）,记录机组 LCU 柜显示屏上对应测点显示的温度值。

②逐一模块按上述方法校验,直到测试完所有的温度量通道。

(5) 对通道不合格的模块进行更换处理。

(6) 测试 SOE 模块分辨率：

①机组 LCU 柜 SOE 分辨率测试在同一块 SOE 模件中任意选取四个 SOE 点,标记为 CH1、CH2、CH3、CH4,接到 SOE 分辨率测试仪上,分别发送不同时间间隔下的信号,直到计算机监控系统上位机事件一览表上事件发生的顺序及时间间隔错误,从计算机监控系统上位机事件一览表上记录事件发生的顺序和时间。

②然后再更换测点顺序,发送信号并记录。

(7) 测试 SOE 模块雪崩处理能力：

①在机组 LCU 的事件顺序记录量中任意抽选 8 点接到 SOE 分辨率测试仪上,接入同一状态量输入信号,改变输入信号状态,从计算机监控系统上位机事件一览表上查看记录事件发生的具体时间,检查所记录的事件名称与所选测点名称是否一致且无遗漏。

②测试三次。

(8) 检修试验数据详见试验报告。

33.6.7 定值校验

对照下发定值单逐一检查核对,各报警值、量程与定值单一致。

33.6.8 小装置校验

1. 同期装置

(1) 同期装置采样检查,甩开外部系统侧和机端侧 PT 接线并包好；甩开同期装置后部的合闸脉冲输出线,将该输出当合闸反馈用,临时接线到继电保护测试仪上。

(2) 用继电保护测试仪加交流电压量模拟机端和系统电压。记录装置采样值。

(3) 频差试验和压差试验,分别改变机端电压大小,频率,记录装置合闸出口瞬间机端和系统的值。

(4) 恢复甩开的线,并确认接好无松动。

2. 同步检查继电器

(1) 拆下同步检查继电器。

(2) 用继保测试仪模拟 PT 电压,改变相位,记录接点动作时的值。

(3) 恢复接继电器。

3. 同步表

(1) 甩开外部 PT 接线并包好。

(2) 用继电保护测试仪加交流电压量模拟机端和系统电压。

(3) 甩开同步表后部的合闸允许输出线,接临时线给合闸允许反馈用,接到继电保护测试仪上。

(4) 分别改变机端电压大小,频率,记录同步表合闸允许出口瞬间机端和系统的值。

(5) 恢复甩开的线,并确认接好无松动。

4. SJ30 通讯管理装置检查

(1) 通讯管理装置工作正常,运行灯闪烁,+5 V、+12 V、-12 V 指示灯常亮。

(2) 检查 SJ30 配置文件,各种设置参数应无变动。

(3) 与主用控制器通讯的接收、发送指示灯快闪,与备用控制器通讯的发送指示灯慢闪。

(4) 与现场数据通信口接收、发送指示灯快闪。

5. 交采和变送器校验

(1) 用多功能交流采样检定装置测试交流采样装置计算机示值误差。

(2) 测试电测量变送器的基本误差。

6. 检修试验

见检修记录。

33.6.9 继电器校验

(1) 检查继电器外壳无破损。

(2) 检查继电器接点接触良好,无烧毛、发黑、氧化、粘死现象。

(3) 测量线圈电阻合格。

(4) 检测继电器的动作电压值、返回电压值。

(5) 继电器动作电压不应大于70%的额定电压值,返回电压不应小于5%的额定电压值,不合格的继电器进行更换。

(6) 继电器动作和返回时,用万用表测量触点动作情况,要求接触灵敏、可靠,阻值小于0.5 Ω。

(7) 不合格的继电器进行更换。

(8) 将经校验合格的继电器回装,拆除的二次接线,按原记号接回。

33.6.10 静态流程试验

(1) 检查前期静态检修安全措施已完备,现场自动化设备不满足LCU控制。仅检查机组LCU事故信号源、控制指令发出、流程启动正确。

(2) 检查上位机设备名称与现场标志牌一致,显示状态与实际控制方式一致。

(3) 计算机监控系统控制流程远方、就地操作闭锁功能检查,检查防止误操作闭锁功能正常:切现地时,远方不能控制;切远方时,现地不能控制。

(4) 模拟机组PLC事故启动源动作。在事故源对应的自动化元件安装处人为触发元件动作,检查事故流程启动情况。上位机简报事故停机流程启动停机后,流程自动退出或发令终止流程执行。

(5) 模拟机组PLC电气事故停机,电气事故停机流程启动后,检查流程中至调速器紧急停机电磁阀、跳灭磁开关、跳机组出口断路器、励磁停机令继电器动作情况以及上位机简报。流程步号指示到正常停机流程后,流程自动退出或发令终止流程。

(6) 模拟机组PLC机械事故停机,机械事故停机流程启动后,检查流程中至调速器紧急停机电磁阀、跳机组出口断路器、励磁停机令继电器动作情况以及上位机简报。流程步号指示到正常停机流程后,流程自动退出或发令终止流程。

(7) 模拟机组PLC紧急停机,紧急停机流程启动后,检查流程中关进水口事故门、投事故配压阀、至调速器紧急停机电磁阀、跳机组出口断路器、励磁停机令动作情况以及上位机简报。观察 PLC 中流程步号指示到正常停机流程后，流程自动退出或发令终止流程。

（8）模拟水机 PLC 事故启动源动作。在事故源对应的自动化元件安装处人为触发元件动作逐一模拟每一项事故信号，检查事故流程启动情况。上位机简报事故停机流程启动正常。

（9）模拟水机 PLC 电气事故停机，电气事故停机流程启动后，检查水机 PLC 逆变灭磁、跳灭磁开关、跳机组出口断路器、调速器停机、调速器事故停机开出、制动闸开出继电器动作情况以及上位机简报。上位机简报事故停机流程启动正常。

（10）模拟水机 PLC 机械事故停机，机械事故停机流程启动后，检查水机 PLC 调速器紧急停电磁阀投入、调速器停机、跳机组出口断路器、励磁停机令、制动闸开出令继电器动作情况以及上位机简报。上位机简报事故停机流程启动正常。

（11）模拟水机 PLC 紧急停机，紧急停机流程启动后，检查流程中关进水口事故门、投事故配压阀、联动调速器停机、跳机组出口断路器、励磁停机令动作情况以及上位机简报。上位机简报事故停机流程启动正常。

（12）检修试验见检修记录。

33.6.11 动态试验

（1）检查机组 LCU 动态试验安全措施已完备。

（2）检查 LCU 所控设备的指令及流程。

逐一对机组自动化系统所控设备进行下达起、停控制命令，检查命令执行情况，实际传动到所控设备。受控设备包括：制动风闸，技术供水电动阀，静电除油雾装置，事故配压阀，紧急停机阀，进水口闸门控制。

（3）联动测试机组电气事故停机流程正确，实际传动到出口断路器、灭磁开关、联动调速器停机、联动励磁逆变灭磁、制动闸、技术供水电动阀等。

（4）联动测试机组机械事故停机流程正确，实际传动到出口断路器、联动调速器停机、联动励磁逆变灭磁、制动闸、技术供水电动阀等。

（5）联动测试机组紧急事故停机流程正确，实际传动到快速闸门、出口断路器、联动调速器停机、联动励磁逆变灭磁、制动闸、技术供水电动阀等。

（6）机组假同期试验：

①使用录波设备，接入系统 PT 和机端 PT，接入 GCB 合闸指令和 GCB 合闸位置反馈。

②机组开机发电,观察同期动作过程及机组并网过程,分析数据确认同期满足要求。

(7)机组开停机及并网试验:

①上位机执行开机空转操作,自动开机空转正常。

②上位机执行开机空载操作,自动开机空载正常。

③上位机执行机组并网时,检查同期装置动作情况,自动开机发电正常。

④ 上位机执行机组发电至停机操作,机组停机正常。

(8)机组功率调节试验:

①机组并网后查看有功无功功率调节情况。

②要求有功无功调节精度、速率、响应时间等合格,超调量在允许范围内。

③检查一次调频和二次调频动作情况,要求二次调频优先,无二次调频指令时,一次调频正常动作且引起的负荷偏差不会被反调节。

(9)机组单机 AGC 试验:

①机组在发电态,在站内定值方式下测试单机 AGC 投入功能。

②通过改变未参加 AGC 机组的实发值或全厂给定值来改变参加 AGC 机组的 AGC 分配值,从而保证全厂总出力在调度要求范围内,观察机组实际出力跟随 AGC 分配出力,调节速度、调节精度和调节范围符合要求。

(10)检修试验数据见检修报告。

33.6.12 结束工作

(1)全部工作完毕后,工作班应清扫、整理现场,清点工具。

(2)工作负责人周密检查,待全体工作人员撤离工作地点后,再向值班人员讲清所修项目、发现的问题、试验结果和存在问题等。

(3)工作负责人与值班人员共同检查设备状况,有无遗留物件,是否清洁等,然后在工作票上填明工作终了时间,经双方签名后,工作票方告终结。

33.7 质量签证单

表 33.4

序号	工作内容	工作负责人自检			一级验收			二级验收			三级验收		
		验证点	签字	日期	验证点	签字	日期	验证点	签字	日期	验证点	签字	日期
1	修前准备	W0			W0			W0			W0		

续表

序号	工作内容	工作负责人自检			一级验收			二级验收			三级验收		
		验证点	签字	日期	验证点	签字	日期	验证点	签字	日期	验证点	签字	日期
2	数据备份	W1			W1			W1			W1		
3	LCU装置清扫和端子紧固	W2			W2			W2			W2		
4	LCU模件检查	W3			W3			W3			W3		
5	LCU电源检查和切换	W4			W4			W4			W4		
6	LCU热备冗余切换试验、网络冗余切换试验	W5			W5			W5			W5		
7	I/O通道数据一致性检查	W6			W6			W6			W6		
8	定值校验	H1			H1			H1			H1		
9	小装置校验	W7			W7			W7			W7		
10	继电器校验	W8			W8			W8			W8		
11	无水静态流程试验	H2			H2			H2			H2		
12	动态测试	H3			H3			H3			H3		
13	结束工作	W9			W9			W9			W9		

本章附录

计算机监控系统机组 LCU 检修记录

设备简介

广西右江水利开发有限责任公司右江水力发电厂计算机监控系统机组 LCU 采用南瑞水利水电技术分公司生产的 SJ-500 微机测控系统,系统组屏三面,由互为主备的 PLC 控制器、PLC I/O 分站、触摸屏、通信管理机、温度巡检装置及自动准同期装置等设备组成。

_____号机组计算机监控系统机组 LCU 经投产前调试后,于_____年_____月_____日开始试运,至_____月_____日试运结束,未发现重大缺陷。至今共经过_____次检修,其各项性能符合国家标准及厂家要求。

_____号机组 LCU 于 20_____年_____月进行设备更新升级改造。新设备基于 GE 自动化平台。

_____机组 LCU 年度检修工作由电厂完成,时间从_____年_____月_____日开始,于_____年_____月_____日结束,工期为_____天。检修内容严格按厂部计划进行,经过现场众多工作及一系列试验,该系统顺利通过测试,其各项性能符合国家标准及厂家要求,可以投入运行,并网发电。

主要参数

附表 33.1　计算机监控系统机组 LCU 设备技术参数

设备类别	参数名称	参数/型号
机组本地 LCU 单元	Rx3i 7 槽通用型背板	IC695CHS007
	Rx3i 电源模块	型号 IC695PSD040,24 VDC 40 watts
	Rx3i CPU 模块	Rx3i CPU,型号 IC695CPE330　1.1Ghz 主频,64M 用户内存及 Flash,2 以太网口(SRTP and Modbus)
	Rx3i 以太网模块	型号 IC695ETM001,10/100 Mbits 2 RJ45 口
	Rx3i 冗余同步模块	IC695RMX128
	Rx3i 控制器储能模块	IC695 ACC412
	Rx3i 16 槽通用型背板	IC695CHS016
	RX3i 接口单元模块	IC695NIU001,2 串口 20K 本地逻辑

续表

设备类别	参数名称	参数/型号
机组本地 LCU 单元	Rx3i 高速计数器模块	IC695HSC304,4 通道,支持中断和可编程限位开关
	Rx3i 数字量输入模块	IC694MDL660,24 VDC 32 通道快速输入,需 TBB 连接器
	Rx3i 数字量输出模块	IC694MDL754,Rx3i 数字量输出模块 12/24 VDC 32 通道,需 TBB 连接器
	Rx3i 多功能电源模块	IC695PSD140,Rx3i 多功能电源模块 24 VDC 40 watts
	Rx3i 模拟量输入模块	IC694ALG233,16 通道电流型 16bit
	Rx3i 模拟量输出模块	IC695ALG704,4 通道电流电压型
	RTD 模块	IC695ALG600,Rx3i 模拟量输入模块,8 通道通用型;热电偶,RTD,RESISTIVE,电流,电压
	12″触摸屏	威纶 MT8121IE
	16 串口通信管理装置	SJ－30D
	双微机多对象自动准同期装置	SJ－12D
	同步表	
	交直流双供电电源装置	FPW－2 A
	现地交换机	赫斯曼,2 个百兆多模光口＋6 个百兆电口,RS20－0800M2M2SDAUHC
	交流采样表	Acuvim-IIR,0.2 级,含 2 路 4～20 mA 模出模块
	电压组合变送器	雅达 YDD-U
	电流组合变送器	雅达 YDD-I
	有功变送器	涵普 FPWT301,2 路输出,单向测量
	无功变送器	涵普 FPK301,双向测量
	频率变送器	雅达 YDD-F
	交流电压变送器	雅达 YDD-U
水机 PLC	Rx3i 7 槽通用型背板	IC695CHS007
	电源模块	IC695PSD040,Rx3i 电源模块 24 VDC 40 watts
	Rx3i CPU	IC695CPE305,Rx3i CPU,1.1Ghz 主频,5M 用户内存及 Flash,1 RS-232 口(兼容 IC693CBL316 线缆),1 以太网口(SRTP and Modbus),附 Energy PAC 电池
	Rx3i 数字量输入模块	IC694MDL660,Rx3i 数字量输入模块 24 VDC 32 通道快速输入,需 TBB 连接器
	Rx3i 数字量输出模块	IC694MDL740,Rx3i 数字量输出模块 12/24 VDC 16 通道
	盒型高密度连接器	IC694TBB032

检修总结

附表 33.2 检修总结

设备名称	_____号机组 LCU	检修级别	_____修

本次检修工作主要内容：

遗留问题（尚存在的问题及采取的措施，运行应注意事项）：

结论：

检修记录

1　LCU 模件检查(正常打√,不正常打×)

附表 33.3　LCU 模件检查

序号	模件	检查要求	机组 LCU 检查结果
1	电源模块	外观完整、模块整洁、状态正常、标识清晰	
2	CPU 模块	外观完整、模块整洁、状态正常、标识清晰	
3	同步通信模块	外观完整、模块整洁、状态正常、标识清晰	
4	网络模块	外观完整、模块整洁、状态正常、标识清晰	
5	DI 模块	外观完整、模块整洁、状态正常、标识清晰	
6	DO 模块	外观完整、模块整洁、状态正常、标识清晰	
7	AI 模块	外观完整、模块整洁、状态正常、标识清晰	
8	AO 模块	外观完整、模块整洁、状态正常、标识清晰	
9	TI 模块	外观完整、模块整洁、状态正常、标识清晰	
10	高速计数模块	外观完整、模块整洁、状态正常、标识清晰	
11	通信管理机	外观完整、模块整洁、状态正常、标识清晰	
12	温度巡检装置	外观完整、模块整洁、状态正常、标识清晰	
13	触摸屏	外观完整、模块整洁、状态正常、标识清晰	
14	A1 柜接地检查	测量接地铜牌与接地网之间的接地电阻小于 0.5Ω	
15	A2 柜接地检查	测量接地铜牌与接地网之间的接地电阻小于 0.5Ω	
16	A3 柜接地检查	测量接地铜牌与接地网之间的接地电阻小于 0.5Ω	

1.1　LCU 柜电源检查和切换

交流输入电压额定值为 220 V,直流输入电压额定值为 220 V,交直流双供电插箱输出直流电压额定值为 220 V。输入电压波动不动超过额定额值±10%,输出电压波动不动超过额定额值±10%。

附表 33.4　电源测量

序号	工作电源装置	测量项目	实测值(V)
1	机组 LCU FPW1	输入交流电压(187~253 V)	
		输入直流电压(187~253 V)	
		交直流输入均合上,测输出直流电压(198~242 V)	
		断开输入交流,合上输入直流,测输出直流电压(198~242 V)	
		断开输入直流,合上输入交流,测输出直流电压(198~242 V)	

续表

序号	工作电源装置	测量项目	实测值(V)
2	机组 LCU FPW2	输入交流电压(187~253 V)	
		输入直流电压(187~253 V)	
		交直流输入均合上,测输出直流电压(198~242 V)	
		断开输入交流,合上输入直流,测输出直流电压(198~242 V)	
		断开输入直流,合上输入交流,测输出直流电压(198~242 V)	
3	PS1	测输入电压(187~253 V)	
		测输出电压(22.8~25.2 V)	
4	PS2	测输入电压(187~253 V)	
		测输出电压(22.8~25.2 V)	
5	PS3	测输入电压(187~253 V)	
		测输出电压(22.8~25.2 V)	
6	PS4	测输入电压(187~253 V)	
		测输出电压(22.8~25.2 V)	
7	PS5	测输入电压(187~253 V)	
		测输出电压(22.8~25.2 V)	
8	PS6	测输入电压(187~253 V)	
		测输出电压(22.8~25.2 V)	
9	PS7	测输入电压(187~253 V)	
		测输出电压(22.8~25.2 V)	
10	PS8	测输入电压(187~253 V)	
		测输出电压(22.8~25.2 V)	

1.2 PLC模件状态

附表33.5 PLC模件状态

序号	模件型号	检查内容	机组 LCU 实际状态
1	CPU模件	CPU模块上电之后模块上LCD屏显示Run	
2	电源模件	电源模块检测,上电之后模块上Pwr OK灯亮	
3	以太网模件	以太网模块上电之后模块上OK灯亮	
4	I/O模件	模件OK灯应点亮。	

1.3 切换试验检查记录

附表33.6 切换试验检查记录

序号	项目	过程	监控报警	结果
1	切换前状态 CPU A：主/备，CPU B：主/备。			
2	机组 LCU CPU 冗余	CPU A 主切备		
		CPU B 主切备		
3	机组 LCU 网络冗余	断开 0 网		
		断开 1 网		

2 小装置校验记录
2.1 同期装置

附表33.7 采样记录

装置屏幕显示的零漂值	电压、频率输入值	装置屏幕显示值
V_g=0.00 V，F_g=0.00 Hz V_s=0.00 V，F_s=0.00 Hz	V_g=100.00 V，F_g=50.00 Hz	V_g=100.00 V，F_g=50.00 Hz
	V_s=100.00 V，F_s=50.00 Hz	V_s=100.00 V，F_s=50.00 Hz

附表33.8 频差动作记录

系统频率输入值	发电机频率低限给定值	发电机频率低限动作值	发电机频率高限给定值	发电机频率高限动作值
F_s=	F_g=	F_g=	F_g=	F_g=
	F_g=	F_g=	F_g=	F_g=

附表33.9 压差动作记录

系统电压输入值	发电机电压低限给定值	发电机电压低限动作值	发电机电压高限给定值	发电机电压高限动作值
V_s=	V_g=	V_g=	V_g=	V_g=
	V_g=	V_g=	V_g=	V_g=

2.2 同步表

附表33.10 采样记录

装置屏幕显示的零漂值	电压、频率输入值	装置屏幕显示值
V_g=0.00 V，F_g=0.00 Hz V_s=0.00 V，F_s=0.00 Hz	V_g=100.00 V，F_g=50.00 Hz	V_g=100.00 V，F_g=50.00 Hz
	V_s=100.00 V，F_s=50.00 Hz	V_s=100.00 V，F_s=50.00 Hz

附表 33.11 频差动作记录

系统频率 输入值	发电机频率 低限给定值	发电机频率 低限动作值	发电机频率 高限给定值	发电机频率 高限动作值
Fs=	Fg=	Fg=	Fg=	Fg=
	Fg=	Fg=	Fg=	Fg=

附表 33.12 压差动作记录

系统电压 输入值	发电机电压 低限给定值	发电机电压 低限动作值	发电机电压 高限给定值	发电机电压 高限动作值
Vs=	Vg=	Vg=	Vg=	Vg=
	Vg=	Vg=	Vg=	Vg=

3 电测量装置

交采表、电测量变送器校验合格,结果见桂能科技公司报告。

4 SJ30 装置(正常打√,不正常打×)

附表 33.13 SJ30 装置

序号	测试项目	测试内容	测试结果
1	SJ30 装置与温度巡检装置 1 通讯	检查温度巡检装置 1 通讯正常,信息正常;甩开通讯线,通讯中断报警信号正常;数据刷新正常。	
2	SJ30 装置与温度巡检装置 1 通讯	检查温度巡检装置 2 通讯正常,信息正常;甩开通讯线,通讯中断报警信号正常;数据刷新正常。	
3	SJ30 装置与交采表设备通讯	检查交采表通讯正常,信息正常;甩开通讯线,通讯中断报警信号正常;数据刷新正常。	
4	SJ30 装置与电能表通讯	检查电能表通讯正常,信息正常;甩开通讯线,通讯中断报警信号正常;数据刷新正常。	
5	SJ30 装置与调速器电气设备通讯	检查电调通讯正常,信息正常;甩开通讯线,通讯中断报警信号正常;数据刷新正常。	
6	SJ30 装置与励磁设备通讯	检查励磁通讯正常,信息正常;甩开通讯线,通讯中断报警信号正常;数据刷新正常。	
7	SJ30 装置与油压装置设备通讯	检查油压装置通讯正常,信息正常;甩开通讯线,通讯中断报警信号正常;数据刷新正常。	

5 监控系统与外围设备联动试验

辅助设备及监控系统完成检修后,进行流程调试和监控系统与辅助设备的联动试验,确认监控开出、辅设控制回路正常,信号回路正常,调试结果见下表(正常打√,不正常打×)。

附表 33.14 监控系统与外国设备联动试验

序号	测试项目	测试内容与方法	测试结果
1	制动风闸	启动顶起、落下制动风闸流程,风闸顶起、落下正常,信号正常。	
2	技术供水电动阀	启动开启、停止供水流程,阀门开启、关闭正常,信号正常;	
3	吸油雾装置	启动投入、退出吸油雾装置流程,吸油雾装置投入、退出正常,信号正常。	
4	事故配压阀	启动投入、退出事故配压阀流程,事故配压阀投入、退出正常,信号正常。	
5	紧急停机阀	启动投入、退出紧急停机阀流程,紧急停机阀投入、退出正常,信号正常。	
6	锁锭装置	启动单步投入、退出锁锭流程,锁锭投入、退出正常,信号正常。	
7	进水口闸门控制	启动正常提门、落门操作流程,闸门提起、落下正常。	
8		紧急事故停机,紧急落门流程启动正常,开出信号正常。	

6 电气事故停机启动源信号验证

附表 33.15 电气事故停机启动源信息验证

序号	事故停机启动源	信号反馈结果			备注
		PLC程序流程	上位机报警	触摸屏报警	
1	机组保护 A 柜第一套电气事故停机保护动作+非停机态				强制非停机态,强制调试键退出,在机组保护 A 柜处发信号。
2	机组保护 B 柜第二套电气事故停机保护动作+非停机态				强制非停机态,强制调试键退出,在机组保护 B 柜处发信号。
3	低频切机 1				强制满足非停机态条件,在 LCU A3 柜短接_____。
4	低频切机 2				强制满足非停机态条件,在 LCU A3 柜短接_____。
5	机组保护 A 柜第一套电气事故解列灭磁保护动作+非停机态				强制满足非停机态条件,在机组保护 A 柜处发信号。

续表

序号	事故停机启动源	信号反馈结果 PLC 程序流程	上位机报警	触摸屏报警	备注
6	机组保护 B 柜第二套电气事故解列灭磁保护动作+非停机态				强制满足非停机态条件,在机组保护 B 柜处发信号。
7	机组保护 A 柜第一套电气事故解列保护动作+非停机态				强制满足非停机态条件,在机组保护 A 柜处发信号。
8	机组保护 B 柜第二套电气事故解列保护动作+非停机态				强制满足非停机态条件,在机组保护 B 柜处发信号。
9	调速器 24 V 电源故障+非停机态				强制满足非停机态条件,在 LCU A3 柜短接_____。
10	调速器控制回路故障+非停机态				强制满足非停机态条件,在 LCU A3 柜短接_____。

7 机械事故停机启动源信号验证

附表 33.16　机械事故停机启动源信号验证

序号	事故停机启动源	信号反馈结果 PLC 程序流程	上位机	触摸屏	备注
1	LCU A3 柜事故停机按钮按下+非停机态				强制满足非停机态条件,在 LCU A3 柜按事故停机按钮。
2	进水口快速闸门下滑 300 mm+非停机态				强制满足非停机态条件,在 LCU A3 柜短接_____。
3	发电机上导冷却水流量过低+发电机上导轴承瓦温温度升高+非停机态				强制满足非停机态条件,在 LCU A_____柜短接_____。
4	发电机上导冷却水流量过低+发电机上导轴承油温温度升高+非停机态				强制满足非停机态条件,在 LCU A_____柜短接_____。
5	发电机空冷器冷却水流量过低+发电机空冷器冷风温度升高+非停机态				强制满足非停机态条件,在 LCU A_____柜短接_____。
6	发电机空冷器冷却水流量过低+发电机空冷器热风温度升高+非停机态				强制满足非停机态条件,在 LCU A_____柜短接_____。

续表

序号	事故停机启动源	信号反馈结果			备注
		PLC 程序流程	上位机	触摸屏	
7	发电机推力冷却水流量过低＋发电机推力轴承瓦温温度升高＋非停机态				强制满足非停机态条件，在 LCU A _____ 柜短接 _____。
8	发电机推力冷却水流量过低＋发电机推力轴承油温温度升高				强制满足非停机态条件，在 LCU A _____ 柜短接 _____。
9	发电机下导冷却水流量过低＋发电机下导轴承瓦温温度升高＋非停机态				强制满足非停机态条件，在 LCU A _____ 柜短接 _____。
10	发电机下导冷却水流量过低＋发电机下导轴承油温温度升高＋非停机态				强制满足非停机态条件，在 LCU A _____ 柜短接 _____。
11	水导轴承瓦温过高停机				强制满足非停机态条件，在 LCU A _____ 柜短接 _____。
12	水导轴承油温过高停机				强制满足非停机态条件，在 LCU A _____ 柜短接 _____。
13	发电机上导轴承瓦温温度过高				强制满足非停机态条件，在 LCU A _____ 柜短接 _____。
14	发电机上导轴承油温温度过高				强制满足非停机态条件，在 LCU A _____ 柜短接 _____。
15	发电机推力轴承瓦温温度过高				强制满足非停机态条件，在 LCU A _____ 柜短接 _____。
16	发电机推力轴承油温温度过高				强制满足非停机态条件，在 LCU A _____ 柜短接 _____。
17	发电机下导轴承瓦温温度过高				强制满足非停机态条件，在 LCU A _____ 柜短接 _____。
18	发电机下导轴承油温温度过高				强制满足非停机态条件，在 LCU A _____ 柜短接 _____。
19	调速器 HPU 电源事故				强制满足非停机态条件，在 LCU A _____ 柜短接 _____。
20	调速器压力油箱油压过低关机				强制满足非停机态条件，在 LCU A _____ 柜短接 _____。
21	调速器回油箱过低油位关机				强制满足非停机态条件，在 LCU A _____ 柜短接 _____。
22	调速器压力油箱过低油位关机				强制满足非停机态条件，在 LCU A _____ 柜短接 _____。

8 紧急事故停机启动源信号验证

附表 33.17 紧急事故停机启动源信号验证

序号	事故停机启动源	信号反馈结果 PLC程序流程	上位机	触摸屏	备注
1	机组过速153%Ne				强制满足非停机态条件,在LCU A_____柜短接_____。
2	机组机械过速159%Ne				强制满足非停机态条件,在机械过速安装处动作机械过速装置。
3	紧急停机按钮按下(LCU内部)+机组非停机态				强制满足非停机态条件,在LCU A3柜按下紧急停机按钮。
4	机械或电气事故停机过程中+剪断销剪断+非停机态				强制满足非停机态条件,在LCU A_____柜短接_____。
5	调速器HPU紧急关机+机组非停机态				强制满足非停机态条件,在HPU柜按下紧急停机按钮。
6	机组转速≥115% ne +(调速器事故 OR 调速器拒动)				强制满足非停机态条件,在LCU A_____柜短接_____。

9 水机PLC电气事故停机启动源信号验证

附表 33.18 水机PLC电气事故停机启动源信号验证

序号	事故停机启动源	信号反馈结果 PLC程序流程	上位机	触摸屏	备注
1	机组保护A柜第一套电气事故停机保护动作+出口断路器合闸+非停机态				强制满足非停机态条件,在机组保护A柜处发信号,实际动作GCB、灭磁开关、调速器停机。
2	机组保护B柜第二套电气事故停机保护动作+出口断路器合闸+非停机态				强制满足非停机态条件,在机组保护B柜处发信号,实际动作GCB、灭磁开关、调速器停机。
3	机组保护A柜第一套电气事故解列灭磁保护动作+出口断路器合闸+非停机态				强制满足非停机态条件,在机组保护A柜处发信号,实际动作GCB、灭磁开关。
4	机组保护B柜第二套电气事故解列灭磁保护动作+出口断路器合闸+非停机态				强制满足非停机态条件,在机组保护B柜处发信号,实际动作GCB、灭磁开关。

续表

序号	事故停机启动源	信号反馈结果			备注
		PLC程序流程	上位机	触摸屏	
5	机组保护A柜第一套电气事故解列保护动作＋出口断路器合闸＋非停机态				强制满足非停机态条件,在机组保护A柜处发信号。
6	机组保护B柜第二套电气事故解列保护动作＋出口断路器合闸＋非停机态				强制满足非停机态条件,在机组保护B柜处发信号。
7	调速器24 V电源故障				强制满足非停机态条件,在LCU A3柜短接＿＿＿。
8	调速器控制回路故障				强制满足非停机态条件,在LCU A3柜短接＿＿＿。

10 水机PLC机械事故停机启动源信号验证

附表33.19 水机PLC机械事故停机启动源信号验证

序号	事故停机启动源	信号反馈结果			备注
		PLC程序流程	上位机	触摸屏	
1	LCU A3柜事故停机按钮按下＋非停机态				强制满足非停机态条件,在LCU A3柜按事故停机按钮。
2	进水口快速闸门下滑300 mm＋非停机态				强制满足非停机态条件,在LCU A3柜短接＿＿＿。
3	水导轴承瓦温过高停机				强制满足非停机态条件,在LCU A＿＿＿柜短接＿＿＿。
4	水导轴承油温过高停机				强制满足非停机态条件,在LCU A＿＿＿柜短接＿＿＿。
5	发电机上导轴承瓦温温度过高				强制满足非停机态条件,在LCU A＿＿＿柜短接＿＿＿。
6	发电机上导轴承油温温度过高				强制满足非停机态条件,在LCU A＿＿＿柜短接＿＿＿。
7	发电机推力轴承瓦温温度过高				强制满足非停机态条件,在LCU A＿＿＿柜短接＿＿＿。
8	发电机推力轴承油温温度过高				强制满足非停机态条件,在LCU A＿＿＿柜短接＿＿＿。
9	发电机下导轴承瓦温温度过高				强制满足非停机态条件,在LCU A＿＿＿柜短接＿＿＿。

续表

序号	事故停机启动源	信号反馈结果			备注
		PLC程序流程	上位机	触摸屏	
10	发电机下导轴承油温温度过高				强制满足非停机态条件,在LCU A_____柜短接_____。
11	调速器HPU电源事故				强制满足非停机态条件,在LCU A_____柜短接_____。
12	调速器压力油箱油压过低关机				强制满足非停机态条件,在LCU A_____柜短接_____。
13	调速器回油箱过低油位关机				强制满足非停机态条件,在LCU A_____柜短接_____。
14	调速器压力油箱过低油位关机				强制满足非停机态条件,在LCU A_____柜短接_____。
15	机组过速115%				强制满足非停机态条件,在LCU A_____柜短接_____。

11 水机PLC紧急事故停机启动源信号验证

附表33.20 水机PLC紧急事故停机启动源信号验证

序号	事故停机启动源	信号反馈结果			备注
		PLC程序流程	上位机	触摸屏	
1	机组过速153%Ne				强制满足非停机态条件,在LCU A_____柜短接_____。
2	机组机械过速159%Ne				强制满足非停机态条件,在机械过速安装处动作机械过速装置。
3	紧急停机按钮按下(LCU内部)+机组非停机态				强制满足非停机态条件,在LCU A3柜按下紧急停机按钮。
4	机械或电气事故停机过程中+剪断销剪断+非停机态				强制满足非停机态条件,在LCU A_____柜短接_____。
5	调速器HPU紧急关机+机组非停机态				强制满足非停机态条件,在HPU柜按下紧急停机按钮。
6	机组转速≥115%ne+(调速器事故OR调速器拒动)				强制满足非停机态条件,在LCU A_____柜短接_____。

12 流程试验记录

附表 33.21 流程试验记录

序号	控制流程	程序逻辑要求	试验结果
1	无水停机到空转	机组在停机态，上位机发空令，发电机辅助设备动作正常，水轮机辅助设备动作正常，调速器收到开机令，导叶打开。模拟机组转速大于等于95%ne。上位机机组状态转为空转态。	
2	无水空转至空载	上位机机组状态为空转态，上位机发空载令，励磁系统收到开机令，模拟机端电压大于等于85%Ue，上位机机组状态转为空载态。	
3	无水空载至发电	上位机机组状态为空载态，上位机发发电令，同期回路动作，模拟GCB在合位，上位机机组状态转为发电态。	
4	无水发电至空载	上位机机组状态为发电态，上位机发空载令，模拟GCB在分位，上位机机组状态转为空载态。	
5	无水空载至空转	上位机机组状态为空载态，上位机发空转令，模拟机端电压小于10%Ue，上位机机组状态转为空转态。	
6	无水空转到停机	上位机机组状态为空转态，上位机发停机令，模拟机组转速小于0.5%Ue，上位机机组状态转为空转态。	
7	有功PID调节	上位机机组状态为发电态，上位机投入有功使能，下发有功功率10 MW，LCU继电器应正常动作。	
8	无功PID调节	上位机机组状态为发电态，上位机投入无功使能，下发无功功率10 MVar，LCU继电器应正常动作。	
9	无水电气事故停机	模拟电气事故停机启动源条件动作，调速器紧急停机电磁阀、跳灭磁开关、跳机组出口断路器、励磁停机令继电器动作情况以及上位机简报正常。	
10	无水机械事故停机	模拟机械事故停机启动源条件动作，检查流程中至调速器紧急停机电磁阀、跳机组出口断路器、励磁停机令继电器动作情况以及上位机简报。	
11	无水紧急事故停机	模拟紧急事故停机启动源条件动作，检查流程中关进水口事故门、投事故配压阀、至调速器紧急停机电磁阀、跳机组出口断路器、励磁停机令动作情况以及上位机简报。	
12	无水水机 PLC 电气事故停机	模拟电气事故停机启动源条件动作，调速器紧急停机电磁阀、跳灭磁开关、跳机组出口断路器、励磁停机令继电器动作情况以及上位机简报正常。	
13	无水水机 PLC 机械事故停机	模拟机械事故停机启动源条件动作，检查流程中至调速器紧急停机电磁阀、跳机组出口断路器、励磁停机令继电器动作情况以及上位机简报。	

续表

序号	控制流程	程序逻辑要求	试验结果
14	无水水机 PLC 紧急事故停机	模拟紧急事故停机启动源条件动作,检查流程中关进水口事故门、投事故配压阀、至调速器紧急停机电磁阀、跳机组出口断路器、励磁停机令动作情况以及上位机简报。	
15	远方操作闭锁功能检查	LCU 面板控制方式切现地,远方操作不能正常动作。	
16	现地操作闭锁功能检查	LCU 面板控制方式切远方,现地操作不能正常动作。	
17	停机至空转	机组为停机态,中控室下发空转令,发电机辅助设备动作正常,水轮机辅助设备动作正常,调速器收到开机令,导叶开到空载开度。上位机机组状态转为空转态。	
18	空转至空载	上位机机组状态为空转态,上位机发空载令,励磁系统收到开机令,模拟机端电压大于等于 85%Ue,上位机机组状态转为空载态。	
19	功率变送器切换	模拟有功功率变送器故障,有功测值切换到交采模拟量。 模拟无功功率变送器故障,无功测值切换到交采模拟量。	

13 并网检查

附表 33.22 并网检查

序号	测试项目	测试内容与方法	测试结果
1	空载至发电	上位机机组状态为空载态,上位机发发电令,同期回路动作,GCB 在合位,上位机机组状态转为发电态。	
2	功率调节功能	上位机投入有功调节使能,下发有功值,有功调节正常,上位机投入无功调节使能,下发无功值,有功调节正常。	
3	功率调节性能	上位机调节有功无功,调节响应时间、精度、速度合格。	
4	一次调频和二次调频配合关系	模拟一次调频动作,上位机下发有功设值,负荷按设定值调节正常。 模拟一次调频动作,负荷偏差,无反调指令。 无一次调频和二次调频,负荷偏差调节正常。	调节优先级:二次调频＞一次调频＞常规偏差反调节
5	功率变送器切换	模拟有功功率变送器故障,有功测值切换到交采模拟量。 模拟无功功率变送器故障,无功测值切换到交采模拟量。	

14 单机 AGC 测试

附表 33.23 单机 AGC 投入及退出测试结果

机组	单机 AGC 投入条件							AGC 能否投入	报警语句是否正常	故障退出情况下机组 AGC 能否再次投入
		AGC 有功调节允许			机组 LCU 无故障					
	发电态	机组有功可调	LCU 及调速器远方	有功 PID 调节投入	非检修态	与主机通信正常	有功测值品质好			
1 号机组	1	0	1	1	1	1	1	0	1	0
	1	1	0	1	1	1	1	0	1	0
	1	1	1	0	1	1	1	0	1	0
	1	1	1	1	0	1	1	0	1	0
	1	1	1	1	1	0	1	0	1	0
	1	1	1	1	1	1	0	0	1	0
	1	1	1	1	1	1	1	1	1	1
0 号机组	0	0	0	0	0	1	1	0	1	0
	0	0	0	0	1	0	1	0	1	0
	0	0	0	0	1	1	0	0	1	0
	0	0	0	0	1	1	1	1	1	0

附表 33.24 ＃_____机组单机 AGC 动态测试表

AGC 状态：AGC 电厂定值方式，＃_____机组单机 AGC 投入，全厂 AGC 投入，AGC 闭环控制。（测试条件：水头_____m，机组振动区_____MW，机组调节范围：_____MW。）

总有功设定值	全厂有功实发值	AGC 机组实发值	其他机组实发值	AGC 全厂分配值	AGC 机组分配值	测试项目	测试方法	策略说明及备注
						投入 AGC 时，若机组处于调节范围内	按正确方法投入 AGC 闭环控制	分配值跟随实发值，负荷分配不会波动。
						功率设值死区 ±5 MW 内	全厂总有功给定值变化在 ±5 MW 内	负荷不重新分配，给定值保持不变。

续表

总有功设定值	全厂有功实发值	AGC机组实发值	其他机组实发值	AGC全厂分配值	AGC机组分配值	测试项目	测试方法	策略说明及备注
						全厂总有功给定值在全厂可调容量下限	增加其他机组实发值	1. 全厂总有功给定值越全厂可调容量下限，报警；2. 将出力下限设为当前给定值；3. 当全厂实发值小于可调容量下限，全厂减出力闭锁。
						投入AGC时若机组处于调节下限	退出全厂AGC，调节测试机组实发值	自动将调节下限分配给机组。
						给定值与当前出力超过调节步长限制60 MW	确定全厂有功给定值与实发值一致，偏差小于5 MW时，全场总有功给定值减60 MW	设值无效，拒绝执行。
						向下/向上小负荷调节测试	增加/减少其他机组实发值或改变全厂有功设定	
						向下/向上大负荷调节测试	减少其他机组实发值或改变全厂有功设定	
						穿越振动区	增加其他机组实发值或改变全厂有功设定	分配值取振动区下限。
						穿越振动区	增加其他机组实发值或改变全厂有功设定	分配值取振动区上限。

第 34 章
计算机监控系统升压站 LCU 检修作业指导书

34.1 范围

本标准规定了广西右江水力发电厂计算机监控系统升压站 LCU 的检修工作的相关内容。适用于计算机监控系统升压站 LCU 现场检修工作的指导,提高检修工艺和质量验收水平,保障右江水力发电厂升压站 LCU 安全、稳定、高效运行。

34.2 资料和图纸

下列文件中的条款通过本规范的引用而成为本规范的条款。凡是注日期的引用文件,其随后所有的修改单或修订版均不适用于本规范,然而,鼓励根据本规范达成协议的各方研究是否可使用这些文件的最新版本。凡是不注日期的引用文件,其最新版本适用于本规范。

(1) GB 50171—2012 电气装置安装工程 盘、柜及二次回路接线施工及验收规范

(2) DL/T 578—2008 水电厂计算机监控系统基本技术条件

(3) DL/T 619—2012 水电厂自动化元件(装置)及其系统运行维护与检修试验规程

(4) DL/T 822—2012 水电厂计算机监控系统试验验收规程

(5) DL/T 1009—2016 水电厂计算机监控系统运行及维护规程

（6）DL/T 1348—2014　自动准同期装置通用技术条件

（7）DL/T 838—2003　发电企业设备检修导则

（8）B24606174669.SCP02—2018　百色水利枢纽右江水力发电厂监控系统改造升压站原理接线图

（9）右江水力发电厂监控系统升压站二次回路图

34.3　危险点分析与控制措施

（1）工作负责人填写工作票，经工作票签发人签发发出后，应会同工作许可人到工作现场检查工作票上所列安全措施是否正确执行，经现场核查无误后，与工作许可人办理工作票许可手续。

（2）开工前召开班前会，分析危险点，对各检修参加人员进行组内分工，并且进行安全、技术交底。

（3）检修工作过程中，工作负责人要始终履行工作监护制度，及时发现并纠正工作班人员在作业过程中的违章及不安全现象。工作现场做好警示标识。

34.3.1　危险点分析

表 34.1

序号	危险点分析	控制措施	风险防控要求
1	试验误接线造成人身伤害和设备损坏。	1. 工作人员熟悉试验方法和接线，试验人员认真接线，工作监护人检查试验接线正确后方可开始工作。 2. 试验区域做好安全隔离，并安排人员做好监护，防止无关人员突然进入造成人身伤害。	重点要求
2	交叉作业造成伤害。	1. 升压站联动试验时避免交叉作业，工作前应通知相关作业的工作负责人，告知其停止工作，将工作班班成员撤离工作现场，并将工作票交回运行。试验工作开展前现场检查确实无工作人员后方可开展工作。 2. 工作现场指定工作监护人，密切监督现场工作，遇到异常情况立即叫停工作，并组织人员撤离。	重点要求
3	工作人员不了解工作内容、安全措施及安全注意事项。	1. 作业前工作负责人应对工作班人员详细说明工作内容、安全措施及相关的安注意事项。 2. 参加检修的人员必须熟悉本作业指导书，并能熟记熟背安全措施及安全注意事项、检修项目、工艺质量标准等	重点要求
4	误改动原程序。	认真履行监护制度，修改前应对原程序备份。	重点要求

续表

序号	危险点分析	控制措施	风险防控要求
5	违反两票规定,未检查安全措施,造成人身伤害。	工作前对检查确认工作措施完整,符合工作票所列要求。	基本要求
6	工作时着装不符合工作要求。	工作时应戴好安全帽,穿绝缘鞋及全棉长袖工作服。	基本要求
7	人员精神状态不佳导致人身伤害和设备损坏。	工作人员工作时注意力集中,保证精神状态良好,工作中不干与工作无关的事情。	基本要求
8	遗留物件在现场造成安全隐患。	工作结束后清点所携带的工器具及设备,防止遗留物件在工作现场。	基本要求
9	照明不足造成人员伤害。	工作人员持手电筒,防止照明不足造成误动、误碰带电设备及人员滑倒、跌倒。	基本要求
10	误入带电间隔,造成触电事故。	工作前确认设备名称和编号与工作票所列内容一致,以防误入带电间隔,造成触电事故。	基本要求
11	人员从电缆桥架上坠落。	在电缆桥架上疏导电缆时,必须系安全带,挂安全绳,安全绳要挂在牢固的构件上,系安全带前首先检查安全带安好、合格证在有效期内。	基本要求
12	违章攀爬梯子、脚手架,导致人员坠落。	临时、可拆卸的脚手架搭设完毕后,须经专业人员验收,攀爬脚手架时,要走爬梯,禁止攀爬脚手架或从栏杆等上下脚手架,人员在梯子上时,必须设专人扶梯子。	基本要求

34.3.2 具体安全措施

(1) 按下计算机监控系统升压站 LCU A1、A2 柜"调试"按钮。
(2) 将 GIS 10 个间隔控制柜控制方式均切至"现地"。

34.4 备品备件清单

表 34.2

序号	名称	规格型号(图号)	单位	数量	备注
1	连接端子		个	10	
2	继电器		个	20	
3	光纤尾线		根	4	
4	三位置选择开关		个	2	
5	三位置自复式选择开关		个	2	
6	两位置带钥匙选择开关		个	2	

续表

序号	名称	规格型号(图号)	单位	数量	备注
7	两位置选择开关		个	2	
8	带灯按钮		个	4	
9	按钮		个	2	
10	按钮		个	2	
11	防误盖		个	4	
12	自动准同期装置	SJ-12D	个	1	
13	同步表	SID-2A	个	4	
14	CPU模块	IC695CPE330	块	1	
15	电源模块	IC695PSD040	块	1	
16	网络接口模块	IC695ETM001	块	1	
17	开关量输入模块	IC694MDL660	块	1	
18	中断量输入模块	IC695HSC304	块	1	
19	开出模块	IC694MDL754	块	1	
20	16点模拟量输入模块	IC694 ALG233	块	1	
21	4通道电流电压型模拟量输出模块	IC695 ALG704	块	1	
22	开出插箱	MB80CHS332N2[J]	个	1	
23	交直流双供电插箱	FPW-2A	个	1	
24	24V开关电源		个	1	

34.5 修前准备

34.5.1 工器具及材料准备

表34.3

一、材料类

序号	名称	规格型号(图号)	单位	数量	备注
1	单股铜芯线	1.5 mm^2	卷	1	
2	单股铜芯线	1 mm^2	卷	1	
3	绝缘粘胶带		卷	1	
4	焊锡丝		盘	1	
5	焊锡膏(或松香)		盒	1	

续表

一、材料类

序号	名称	规格型号(图号)	单位	数量	备注
6	滚筒电源盘	10 m	盘	1	
7	电源插座		个	1	
8	绑扎带		根	100	
9	印号编号管		米	10	
10	记号笔		支	1	
11	毛刷		个	2	
12	漏电保护器		个	1	
13	小空气开关	10 A	个	1	
14	生料带		卷	2	
15	干净白布		m²	1	
16	碎布		块	10	
17	无水酒精		瓶	1	

二、工具、仪器仪表类

序号	名称	规格型号(图号)	单位	数量	备注
1	调试电脑		台	2	
2	继电保护测试仪		台	1	
3	兆欧表	0～500 V	块	1	
4	数字万用表		块	2	
5	电源盘		台	2	
6	十字螺丝刀	100×3 mm	支	2	
7	一字螺丝刀	100×3 mm	支	2	
8	斜口钳		把	2	
9	尖嘴钳		把	2	
10	活动扳手	8″	把	2	
11	过程校验仪		台	1	

34.5.2 工作准备

（1）所需工器、备品已准备完毕，并验收合格。

（2）查阅运行记录有无缺陷，研读图纸、检修规程、上次检修资料，准备好检修所需材料。

（3）检修工作负责人已明确。

（4）参加检修人员已经落实，且安全、技术培训与考试合格。

（5）作业指导书、特殊项目的安全、技术措施均已得到批准，并为检修人员所熟知。

（6）工作票及开工手续已办理完毕。

（7）检查工作票合格。

（8）工作负责人召开班前会，现场向全体作业人员交待作业内容、安全措施、危险点分析控制措施及作业要求，作业人员理解后在工作票危险点分析控制措施单上签名。

（9）试验用的仪器、工器具、材料搬运至工作现场。

（10）检修地面已经铺设防护木板，场地已经完善隔离。

34.6 检修工序及质量标准

34.6.1 数据备份

（1）在下位机专用调试笔记本的"D:\所有程序备份\升压站20×××× "（升压站名称＋年月）下建立"升压站PLC"、"升压站触摸屏"和"升压站SJ30"子目录。

（2）备份升压站PLC中NIU（包括SOE1、NIU2、NIU3）当前程序置"升压站PLC"目录下，取名××××（升压站名称＋NIU＋日期，如SYZLCU_NIU_20200102）。

（3）备份升压站触摸屏当前程序置"升压站触摸屏"，取名××××（升压站名称＋SCR＋日期，如SYZLCU_SCR_20200102）。

（4）备份SJ30组态程序置"升压站SJ30"目录下，取名××××（升压站名称＋SJ30＋日期，如SYZLCU_SJ30_20200102）。

（5）在上位机BSPRINT节点"E:\数据库备份\升压站20××××"下，重复备份上述程序。

34.6.2 LCU装置清扫和端子紧固

（1）清扫各控制装置、端子排及盘柜内外灰尘、蜘蛛网。确保盘柜干净整洁无异物。

（2）用无水酒精擦洗光纤端头。

（3）使用空压机清扫时，要确保风力干燥，避免柜内二次设备受潮绝缘降低。

(4) 接线端子检查及紧固,确认端子无松动,接触良好。

(5) 检查二次接线压接是否牢固,端子排及元件间接线是否有松动或断线现象,有异常应进行紧固或更换。

(6) 检查控制装置各元件安装是否有松动,有异常应进行紧固。

(7) 检查电缆芯线无划破露金属部分,转角处电缆有无破损,有异常应进行防范处理。

(8) 检查保险座接线,保险座卡紧有弹力,与保险接触面应光洁无氧化、放电痕迹,如有,应进行打磨光滑后用酒精擦洗。

(9) 对照图纸,检查各接线编号套管印号清楚、无错误、老化、模糊现象,如有,标写清楚或更换编号套管。

(10) 检查控制转换开关各位置切换灵活,无卡阻,使用的位置接点通断正常,接触灵敏,位置信号引入监控系统正确。

(11) 检查控制按钮动作灵活,无卡阻,使用的位置接点通断正常,接触灵敏,信号引入监控系统正确。

34.6.3 LCU 模件检查

(1) 各模块外观应整洁完好,铭牌清晰,各指示灯应指示正常,有故障信号应进行消除。

(2) 戴防静电手套,并检查防静电手套可靠接地。

(3) 断开柜内 PLC 控制器电源开关。

(4) 拆开 PLC 控制器与外部模件的连接电缆。

(5) 拧开 PLC 控制器模件板的上、下固定螺丝。

(6) 轻拔 PLC 控制器模件板的上、下把手,缓缓拖出,顺序放置于防静电垫层上。

(7) 用标签对放置 PLC 控制器模件垫层进行标记。

(8) 依次按上述方法,从左至右拔出所有 PLC 控制器模件。

(9) 以绝缘精密仪器清洗液清洗 PLC 控制器模件板。

(10) 待 PLC 控制器模件风干后,按从右至左的顺序依次回装,拧紧。

(11) 接入 PLC 控制器模件及外部接线。

(12) 合上柜内 PLC 控制器电源开关。

(13) 观察 PLC 控制器状态指示,直至 PLC 正常运行。

(14) 拆开 PLC 控制器与外部模件的连接电缆。

(15) 断开柜内 PLC I/O 机箱电源开关。

（16）拧开 PLC I/O 机箱模件板的上、下固定螺丝。

（17）轻拔 PLC I/O 机箱模件板的上、下把手，缓缓拖出，顺序放置于防静电垫层上。

（18）用标签对放置 PLC I/O 机箱模件垫层进行标记。

（19）依次按上述方法，从左至右拔出所有模件。

（20）以绝缘精密仪器清洗液清洗 PLC I/O 机箱模件板。

（21）待 PLC I/O 机箱模件风干后，按从右至左的顺序依次回装，拧紧。

（22）接入 PLC I/O 机箱模件及外部接线。

（23）合上柜内 PLC I/O 机箱电源开关。

（24）观察各模块外观整洁完好，铭牌清晰，各指示灯应指示正常，无异常故障信号。

（25）观察 PLC I/O 机箱状态指示，直至 PLC 正常运行。

（25）测量升压站 PLC 柜接地电阻。

（26）检修试验数据见附表。

34.6.4　LCU 电源检查和切换

（1）测量工作电源装置的输入、输出电压值。

（2）合上输入交流输入电源，合上输入直流输入电源，测量输出电压值。

（3）断开输入交流输入电源，合上输入直流输入电源，测量输出电压值。

（4）合上输入交流输入电源，断开输入直流输入电源，测量输出电压值。

（5）测量各开关电源的输入输出电压值。

（6）观察 LCU 状态指示，PLC 状态正常。

（7）检修试验数据见检修报告。

34.6.5　LCU 热备冗余切换试验、网络冗余切换试验

（1）CPU 状态正常，热备正常，一主一备。网络状态正常。

（2）模拟主用 CPU 故障，备用 CPU 自动切为主用。

（3）恢复故障 CPU，待 CPU 状态正常，热备正常，模拟当前的主用 CPU 故障，备用能切为主用。

（4）故障切换前后，检查设备状态正常，数据刷新正常，没有故障切换引起的数据跳变。

（5）模拟 LCU 网络故障，中断其中一路网络，检查数据刷新是否正常，上位机收到数据是否正常。

(6) 恢复中断的网络,设备状态正常后再中断另一路网络,检查设备数据是否正常。

(7) 检修试验数据见检修报告。

34.6.6　I/O 通道数据一致性检查

(1) 检查上位机、下位机数据的一致性。

(2) 现场开入量、开出量、模入量、模出量有变动,要进行现场操作检查信号是否正确。

(3) 模拟量模块通道校验:

a. 计算机监控系统数据采集模拟量模件通道输入是 4～20 mA 模拟量信号,测试时在计算机监控系统现地控制单元模拟量输入端子用过程校验仪接入相应的模拟量信号,改变模拟量信号输出 5 点(4 mA,8 mA,12 mA,16 mA,20 mA),记录升压站 LCU 柜显示屏上对应测点显示的模拟量值。

b. 逐一模块按上述方法校验,直到测试完所有的模拟量通道。

(4) 对通道不合格的模块进行更换处理。

(5) 测试 SOE 模块分辨率:

a. 升压站 LCU 柜 SOE 分辨率测试在同一块 SOE 模件中任意选取四个 SOE 点,标记为 CH1,CH2,CH3.CH4,接到 SOE 分辨率测试仪上,分别发送不同时间间隔下的信号,直到计算机监控系统上位机事件一览表上事件发生的顺序及时间间隔错误,从计算机监控系统上位机事件一览表上记录事件发生的顺序和时间。

b. 然后再更换测点顺序,发送信号并记录。

(6) 测试 SOE 模块雪崩处理能力:

在升压站 LCU 的事件顺序记录量中任意抽选 8 点接到 SOE 分辨率测试仪上,接入同一状态量输入信号,改变输入信号状态,从计算机监控系统上位机事件一览表上查看记录事件发生的具体时间,检查所记录的事件名称与所选测点名称是否一致且无遗漏。

检修试验数据详见试验报告。

34.6.7　定值校验

对照下发定值单逐一检查核对,各报警值、量程与定值单一致。

34.6.8 小装置校验

1. 同期装置校验

配合广西桂能试验人员完成相关工作：

（1）同期装置采样检查，甩开母线侧和线路侧 PT 接线并包好；甩开同期装置后部的合闸脉。

（2）冲输出线，将该输出当合闸反馈用，临时接线到继电保护测试仪上。

（3）用继电保护测试仪加交流电压量模拟母线和系统电压。记录装置采样值。

（4）频差试验和压差试验，分别改变母线电压大小，频率，记录装置合闸出口瞬间母线和系统值。

（5）恢复甩开的线，并确认接好无松动。

2. 同步表校验

配合广西桂能试验人员完成相关工作：

（1）甩开外部 PT 接线并包好。

（2）用继电保护测试仪加交流电压量模拟母线和系统电压。

（3）甩开同步表后部的合闸允许输出线，接临时线给合闸允许反馈用，接到继电保护测试仪上。

（4）分别改变母线电压大小，频率，记录同步表合闸允许出口瞬间母线和系统的值。

（5）恢复甩开的线，并确认接好无松动。

3. SJ30 通讯管理装置检查

（1）通讯管理装置工作正常，运行灯闪烁，+5 V、+12 V、-12 V 指示灯常亮。

（2）检查 SJ30 配置文件，各种设置参数应无变动。

（3）与主用控制器通讯的接收、发送指示灯快闪，与备用控制器通讯的发送指示灯慢闪。

（4）与现场数据通信口接收、发送指示灯快闪。

4. 交采和变送器校验

配合广西桂能试验人员完成相关工作：

（1）用多功能交流采样检定装置测试交流采样装置计算机示值误差。

（2）测试电测量变送器的基本误差。

5. 检修试验

见检修报告及试验报告。

34.6.9 继电器校验

(1) 检查继电器外壳无破损。

(2) 检查继电器接点接触良好,无烧毛、发黑、氧化、粘死现象。

(3) 测量线圈电阻合格。

(4) 检测继电器的动作电压值、返回电压值。

(5) 继电器动作电压不应大于70%的额定电压值,返回电压不应小于5%的额定电压值,不合格的继电器进行更换。

(6) 继电器动作和返回时,用万用表测量触点动作情况,要求接触灵敏、可靠,阻值小于0.5 Ω。

(7) 不合格的继电器进行更换。将经校验合格的继电器回装,拆除的二次接线,按原记号接回。

34.6.10 静态流程试验

(1) 检查前期静态检修安全措施已完备,现场自动化设备不满足LCU控制。上位机强制各开入量,模拟GIS各间隔断路器、隔离刀、地刀操作,检查隔离开关闭锁(电气五防)功能正常。仅检查升压站LCU控制指令发出、流程启动正确。

(2) 检查上位机设备名称与现场标志牌一致,显示状态与实际控制方式一致。

(3) 计算机监控系统控制流程远方、就地操作GIS各间隔闭锁功能检查,切现地时,远方不能控制;切远方时,现地不能控制。

(4) 检修试验见检修报告及试验报告。

34.6.11 结束工作

(1) 全部工作完毕后,工作班应清扫、整理现场,清点工具。

(2) 工作负责人周密检查,待全体工作人员撤离工作地点后,再向值班人员讲清所修项目、发现的问题、试验结果和存在问题等。

(3) 工作负责人与值班人员共同检查设备状况,有无遗留物件,是否清洁等,然后在工作票上填明工作终了时间,经双方签名后,工作票方告终结。

34.7 质量签证单

表 34.4

序号	工作内容	工作负责人自检			一级验收			二级验收			三级验收		
		验证点	签字	日期	验证点	签字	日期	验证点	签字	日期	验证点	签字	日期
1	数据备份	W1			W1			W1			W1		
2	LCU装置清扫和端子紧固	W2			W2			W2			W2		
3	LCU模件检查	W3			W3			W3			W3		
4	LCU电源检查和切换	W4			W4			W4			W4		
5	LCU热备冗余切换试验、网络冗余切换试验	W5			W5			W5			W5		
6	I/O通道数据一致性检查	W6			W6			W6			W6		
7	定值校验	W7			W7			W7			W7		
8	小装置校验	W8			W8			W8			W8		
9	继电器校验	W9			W9			W9			W9		
10	静态流程试验	H1			H1			H1			H1		
11	结束工作	W12			W12			W12			W12		

本章附录

计算机监控系统升压站 LCU 检修记录

设备简介

广西右江水利开发有限责任公司右江水力发电厂计算机监控系统升压站 LCU 采用南瑞水利水电技术分公司生产的 SJ-500 微机测控系统，系统组屏七面，由互为主备的 PLC 控制器、PLC I/O 分站、触摸屏、通信管理机及自动准同期装置等设备组成。

升压站计算机监控系统升压站 LCU 经投产前调试后，于＿＿＿＿年＿＿＿＿月＿＿＿＿日开始试运，至＿＿＿＿月＿＿＿＿日试运结束，未发现重大缺陷。至今共经过＿＿＿＿次检修，其各项性能符合国家标准及厂家要求。

升压站 LCU 于 20＿＿＿＿年＿＿＿＿月进行设备更新升级改造。新设备基于 GE 自动化平台。

升压站 LCU 检修工作由电厂完成，时间从＿＿＿＿年＿＿＿＿月＿＿＿＿日开始，于＿＿＿＿年＿＿＿＿月＿＿＿＿日结束，工期为＿＿＿＿天。检修内容严格按厂部计划进行，经过现场众多工作及一系列试验，该系统顺利通过测试，其各项性能符合国家标准及厂家要求，可以投入运行。

主要参数

附表 34.1　监控系统设备技术参数

设备类别	参数名称	参数/型号
升压站本地 LCU 单元	Rx3i 7 槽通用型背板	IC695CHS007
	Rx3i 电源模块	型号 IC695PSD040，24 VDC 40 watts
	Rx3i CPU 模块	Rx3i CPU，型号 IC695CPE330　1.1 Ghz 主频，64M 用户内存及 Flash，2 以太网口（SRTP and Modbus）
	Rx3i 以太网模块	型号 IC695ETM001，10/100 Mbits 2 RJ45 口
	Rx3i 冗余同步模块	IC695RMX128
	Rx3i 控制器储能模块	IC695ACC412
	Rx3i 16 槽通用型背板	IC695CHS016
	Rx3i 接口单元模块	IC695NIU001，2 串口 20 K 本地逻辑
	Rx3i 高速计数器模块	IC695HSC304，4 通道，支持中断和可编程限位开关
	Rx3i 数字量输入模块	IC694MDL660，24 VDC 32 通道快速输入，需 TBB 连接器

续表

设备类别	参数名称	参数/型号
升压站本地LCU单元	Rx3i 数字量输出模块	IC694MDL754,Rx3i 数字量输出模块 12/24 VDC 32 通道,需 TBB 连接器
	Rx3i 多功能电源模块	IC695PSD140,Rx3i 多功能电源模块　24 VDC 40 watts
	Rx3i 模拟量输入模块	IC694ALG233,16 通道电流型 16 bit
	Rx3i 模拟量输出模块	IC695ALG704,4 通道电流电压型
	RTD 模块	IC695ALG600,Rx3i 模拟量输入模块,8 通道通用型:热电偶、RTD、RESISTIVE、电流、电压
	12″触摸屏	威纶 MT8121IE
	16 串口通信管理装置	SJ-30D
	双微机多对象自动准同期装置	SJ-12D
	同步表	
	交直流双供电电源装置	FPW-2A
	现地交换机	赫斯曼,2 个百兆多模光口＋6 个百兆电口,RS20-0800M2M2SDAUHC
	交流采样表	Acuvim-IIR,0.2 级,含 2 路 4～20 mA 模出模块
	电压组合变送器	雅达 YDD-U
	电流组合变送器	雅达 YDD-I
	有功变送器	涵普 FPWT301,2 路输出,单向测量
	无功变送器	涵普 FPK301,双向测量
	频率变送器	雅达 YDD-F
	交流电压变送器	雅达 YDD-U

检修总结

附表 34.2　检修总结

设备名称	升压站 LCU	检修级别	＿＿＿修

本次检修工作主要内容:

续表

遗留问题(尚存在的问题及采取的措施,运行应注意事项):

结论:

检修记录
1 LCU 模件检查(正常打√,不正常打×)

附表 34.3 LCU 模件检查

序号	模件	检查要求	升压站 LCU 检查结果
1	电源模块	外观完整、模块整洁、状态正常、标识清晰	
2	CPU 模块	外观完整、模块整洁、状态正常、标识清晰	
3	同步通信模块	外观完整、模块整洁、状态正常、标识清晰	
4	网络模块	外观完整、模块整洁、状态正常、标识清晰	
5	DI 模块	外观完整、模块整洁、状态正常、标识清晰	
6	DO 模块	外观完整、模块整洁、状态正常、标识清晰	
7	AI 模块	外观完整、模块整洁、状态正常、标识清晰	
8	AO 模块	外观完整、模块整洁、状态正常、标识清晰	
9	TI 模块	外观完整、模块整洁、状态正常、标识清晰	
10	高速计数模块	外观完整、模块整洁、状态正常、标识清晰	
11	通信管理机	外观完整、模块整洁、状态正常、标识清晰	
12	触摸屏	外观完整、模块整洁、状态正常、标识清晰	
13	A1 柜接地检查	测量接地铜牌与接地网之间的接地电阻小于 0.5 Ω	
14	A2 柜接地检查	测量接地铜牌与接地网之间的接地电阻小于 0.5 Ω	

2 LCU 柜电源检查和切换

交流输入电压额定值为 220 V,直流输入电压额定值为 220 V,交直流双供电插箱输出直流电压额定值为 220 V。输入电压波动不超过额定额值±10%,输出电压波动不超过额定额值±10%。

附表34.4 电源测量

序号	工作电源装置	测量项目	实测值(V)
1	升压站 LCU FPW1	输入交流电压(187～253 V)	
		输入直流电压(187～253 V)	
		交直流输入均合上,测输出直流电压(198～242 V)	
		断开输入交流,合上输入直流,测输出直流电压(198～242 V)	
		断开输入直流,合上输入交流,测输出直流电压(198～242 V)	
2	升压站 LCU FPW2	输入交流电压(187～253 V)	
		输入直流电压(187～253 V)	
		交直流输入均合上,测输出直流电压(198～242 V)	
		断开输入交流,合上输入直流,测输出直流电压(198～242 V)	
		断开输入直流,合上输入交流,测输出直流电压(198～242 V)	
3	PS1	测输入电压(187～253 V)	
		测输出电压(22.8～25.2 V)	
4	PS2	测输入电压(187～253 V)	
		测输出电压(22.8～25.2 V)	
5	PS3	测输入电压(187～253 V)	
		测输出电压(22.8～25.2 V)	
6	PS4	测输入电压(187～253 V)	
		测输出电压(22.8～25.2 V)	
7	PS5	测输入电压(187～253 V)	
		测输出电压(22.8～25.2 V)	
8	PS6	测输入电压(187～253 V)	
		测输出电压(22.8～25.2 V)	
9	PS7	测输入电压(187～253 V)	
		测输出电压(22.8～25.2 V)	
10	PS8	测输入电压(187～253 V)	
		测输出电压(22.8～25.2 V)	

3 PLC 模件状态

附表 34.5 PLC 模件状态

序号	模件型号	检查内容	升压站 LCU 实际状态
1	CPU 模件	CPU 模块上电之后模块上 LCD 屏显示 Run	
2	电源模件	电源模块检测,上电之后模块上 Pwr OK 灯亮	
3	以太网模件	以太网模块上电之后模块上 OK 灯亮	
4	I/O 模件	模件 OK 灯应点亮。	

4 切换试验检查记录

附表 34.6 切换试验检查记录

序号	项目	过程	监控报警	结果
1	切换前状态 CPU A:主/备,CPU B:主/备。			
2	升压站 LCU CPU 冗余	CPU A 主切备		
		CPU B 主切备		
3	升压站 LCU 网络冗余	断开 0 网		
		断开 1 网		

5 小装置校验记录
5.1 同期装置

附表 34.7 采样记录

装置屏幕显示的零漂值	电压、频率输入值	装置屏幕显示值
$Vg=0.00$ V,$Fg=0.00$ Hz $Vs=0.00$ V,$Fs=0.00$ Hz	$Vg=100.00$ V,$Fg=50.00$ Hz $Vs=100.00$ V,$Fs=50.00$ Hz	$Vg=100.00$ V,$Fg=50.00$ Hz $Vs=100.00$ V,$Fs=50.00$ Hz

附表 34.8 频差动作记录

系统频率输入值	发电机频率低限给定值	发电机频率低限动作值	发电机频率高限给定值	发电机频率高限动作值
$Fs=$	$Fg=$	$Fg=$	$Fg=$	$Fg=$
	$Fg=$	$Fg=$	$Fg=$	$Fg=$

附表 34.9　压差动作记录

系统频率 输入值	发电机频率 低限给定值	发电机频率 低限动作值	发电机频率 高限给定值	发电机频率 高限动作值
$V_s=$	$V_g=$	$V_g=$	$V_g=$	$V_g=$
	$V_g=$	$V_g=$	$V_g=$	$V_g=$

5.2　同步表采样记录

附表 34.10　采样记录

装置屏幕显示的零漂值	电压、频率输入值	装置屏幕显示值
$V_g=0.00$ V, $F_g=0.00$ Hz $V_s=0.00$ V, $F_s=0.00$ Hz	$V_g=100.00$ V, $F_g=50.00$ Hz $V_s=100.00$ V, $F_s=50.00$ Hz	$V_g=100.00$ V, $F_g=50.00$ Hz $V_s=100.00$ V, $F_s=50.00$ Hz

附表 34.11　频差动作记录

系统频率 输入值	发电机频率 低限给定值	发电机频率 低限动作值	发电机频率 高限给定值	发电机频率 高限动作值
$F_s=$	$F_g=$	$F_g=$	$F_g=$	$F_g=$
	$F_g=$	$F_g=$	$F_g=$	$F_g=$

附表 34.12　压差动作记录

系统频率 输入值	发电机频率 低限给定值	发电机频率 低限动作值	发电机频率 高限给定值	发电机频率 高限动作值
$V_s=$	$V_g=$	$V_g=$	$V_g=$	$V_g=$
	$V_g=$	$V_g=$	$V_g=$	$V_g=$

6　电测量装置

交采表、电测量变送器校验合格,结果见桂能科技公司报告。

7　SJ30 装置

附表 34.13　SJ30 装置

序号	测试项目	测试内容	测试结果正常打√, 不正常打×
1	SJ30 装置与交采表 设备通讯	检查交采表通讯正常,信息正常;甩开通讯线,通讯中断报警信号正常;数据刷新正常。	
2	SJ30 装置与电能表 通讯	检查电能表通讯正常,信息正常;甩开通讯线,通讯中断报警信号正常;数据刷新正常。	

8 开关分合闸闭锁信号验证

8.1 ♯1主变高压侧断路器2001QF间隔开关分合闸闭锁测试

附表34.14　♯1主变高压侧断路器2001QF间隔开关分合闸闭锁测试

安全措施	2001QF控制柜的DS/ES控制方式在"远方",2001断开,20011断开,20016断开,200117断开,200167断开,2001617断开,2117断开。		
<td colspan="3" align="center">测试分合闸闭锁</td>		
序号	操作内容(SOE、DI量为数据库中的序号)	正常打√	不正常打×
1	确认20011开关在分闸位置,操作20011分闸,分不开。		
2	确认20016开关在分闸位置,操作20016分闸,分不开。		
3	强制20011 DI[58]置1,开关在合闸位置,操作20011合闸,合不上,报警,解除强制。		
4	强制20016DI[61]置1,开关在合闸位置,操作20016合闸,合不上,报警,解除强制。		
5	强制2001(SOE[14]、[15]、[16]置0,DI[55]、[56]、[57]置1,开关在合闸位置,操作20011合闸,合不上,报警,操作20011分闸,分不开。		
6	操作20016合闸,合不上,报警,操作20016分闸,分不开,解除强制		
7	强制200117(DI[60])置1,开关在合闸位置,操作20011合闸,合不上,报警。操作20011分闸,分不开		
8	操作20016合闸,合不上,报警。操作20016分闸,分不开。解除强制。		
9	强制200167(DI[63])置1,开关在合闸位置,操作20011合闸,合不上,报警。操作20011分闸,分不开。		
10	操作20016合闸,合不上,报警。操作20016分闸,分不开。解除强制。		
11	强制2117(DI[622])置1,开关在合闸位置,操作20011合闸,合不上,报警。操作20011分闸,分不开。解除强制。		
12	强制2001617(DI[64])置1,开关在合闸位置,操作20016合闸,合不上,报警。操作20016分闸,分不开。解除强制。		
13	强制2001QF控制柜的DS/ES控制方式不在远方(DI[54])置1,操作20011合闸,合不上,报警。操作20011分闸,分不开。		
14	操作20016合闸,合不上,报警。操作20016分闸,分不开。解除强制。		

8.2 ♯2主变高压侧断路器2002QF间隔开关分合闸闭锁测试

附表34.15　♯2主变高压侧断路器2002QF间隔开关分合闸闭锁测试

安全措施	2002QF控制柜的DS/ES控制方式在"远方",2002断开,20021断开,20026断开、200217断开,200267断开,2002617断开,2117断开。	
测试分合闸闭锁		
序号	操作内容(SOE、DI量为数据库中的序号)	正常打√　不正常打×
1	确认20021开关在分闸位置,操作20021分闸,分不开。	
2	确认20026开关在分闸位置,操作20026分闸,分不开。	
3	强制20021(DI[303])置1,开关在合闸位置,操作20021合闸,合不上,解除强制。	
4	强制20026(DI[303])置1,开关在合闸位置,操作20026合闸,合不上,解除强制。	
5	强制2002(SOE[54],[55],[56],DI[300],[301],[302])置1,开关在合闸位置,操作20021合闸,合不上,操作20021分闸,分不开,报警。	
6	操作20026合闸,合不上,操作20026分闸,分不开,报警,解除强制。	
7	强制200217(DI[305])置1,开关在合闸位置,操作20021合闸,合不上,报警。操作20021分闸,分不开。	
8	操作20026合闸,合不上,报警。操作20026分闸,分不开。解除强制。	
9	强制200267(DI[308])置1,开关在合闸位置,操作20021合闸,合不上,报警。操作20021分闸,分不开。	
10	操作20026合闸,合不上,报警。操作20026分闸,分不开。解除强制。	
11	强制2117(DI[622])置1,开关在合闸位置,操作20021合闸,合不上,报警。操作20021分闸,分不开。解除强制。	
12	强制2002617(DI[309])置1,开关在合闸位置,操作20026合闸,合不上,报警。操作20026分闸,分不开。解除强制。	
13	13、强制10248(DI[324])置1,开关在合闸位置,操作20026合闸,合不上,报警。操作20026分闸,分不开,解除强制。	
14	强制2002QF控制柜的DS/ES控制方式不在远方(DI[299])置1,操作20021合闸,合不上,报警。操作20021合闸,分不开。	
15	操作20026合闸,合不上,报警。操作20026分闸,分不开。解除强制。	

8.3 ♯3 主变高压侧断路器 2003QF 间隔开关分合闸闭锁测试

附表 34.16　♯3 主变高压侧断路器 2003QF 间隔开关分合闸闭锁测试

安全措施	2003QF 控制柜的 DS/ES 控制方式在"远方",2003 断开、20032 断开、20036 断开 200327 断开、200367 断开、2217 断开、2003617 断开。

测试分合闸闭锁		
序号	操作内容(SOE、DI 量为数据库中的序号)	正常打√,不正常打×
1	确认 20032 开关在分闸位置,操作 20032 分闸,分不开。	
2	确认 20036 开关在分闸位置,操作 20036 分闸,分不开。	
3	强制 20032 DI[124]置 1,开关在合闸位置,操作 20032 合闸,合不上,报警,解除强制。	
4	强制 20036DI[127]置 1,开关在合闸位置,操作 20036 合闸,合不上,报警,解除强制。	
5	强制 2003(SOE[31]、[32]、[33]置 0,(DI[26]、[27]、[28])置 1,开关在合闸位置,操作 20032 合闸,合不上,报警,操作 20032 分闸,分不开。	
6	操作 20036 合闸,合不上,报警,操作 20036 分闸,分不开,解除强制	
7	强制 200327(DI[125]置 1,开关在合闸位置,操作 20032 合闸,合不上,报警。操作 20032 分闸,分不开	
8	操作 20036 合闸,合不上,报警。操作 20036 分闸,分不开。解除强制。	
9	强制 200367(DI[129])置 1,开关在合闸位置,操作 20032 合闸,合不上,报警。操作 20032 分闸,分不开。	
10	操作 20036 合闸,合不上,报警。操作 20036 分闸,分不开。解除强制。	
11	强制 2217(DI[633])置 1,开关在合闸位置,操作 20032 合闸,合不上,报警。操作 20032 分闸,分不开。解除强制。	
12	强制 2003617(DI[130])置 1,开关在合闸位置,操作 20036 合闸,合不上,报警。操作 20036 分闸,分不开。解除强制。	
13	强制 2003QF 控制柜的 DS/ES 控制方式不在远方(DI[120])置 1,操作 20032 合闸,合不上,报警。操作 20032 分闸,分不开。	
14	操作 20036 合闸,合不上,报警。操作 20036 分闸,分不开。解除强制。	

8.4 ♯4 主变高压侧断路器 2004QF 间隔开关分合闸闭锁测试

附表 34.17　♯4 主变高压侧断路器 2004QF 间隔开关分合闸闭锁测试

安全措施	制 2004QF 控制柜的 DS/ES 控方式在"远方",2004 断开、20042 断开、20046 断开。200427 断开、200467 断开、2004617 断开、2217 断开。

续表

测试分合闸闭锁		
序号	操作内容(SOE、DI量为数据库中的序号)	正常打√,不正常打×
1	确认20042开关在分闸位置,操作20042分闸,分不开,报警。	
2	确认20046开关在分闸位置,操作20046分闸,分不开,报警。	
3	强制20042 DI[432]置1,开关在合闸位置,操作20042合闸,合不上,报警。解除强制。	
4	强制20046 DI[435]置1,开关在合闸位置,操作20046合闸,合不上,报警。解除强制。	
5	强制2004(SOE[78]、[79]、[80])置0,(DI[429]、[430]、[431])置1,开关在合闸位置,操作20042合闸,合不上,操作20042分闸,分不开。报警。	
6	操作20046合闸,合不上,操作20046分闸,分不开。报警。解除强制。	
7	强制200427(DI[434])开关在合闸位置,操作20042合闸,合不上,报警。操作20042分闸,分不开。	
8	操作20046合闸,合不上,报警。操作20046分闸,分不开。解除强制。	
9	强制200467(DI[437])开关在合闸位置,操作20042合闸,合不上,报警。操作20042分闸,分不开。	
10	操作20046合闸,合不上,报警。操作20046分闸,分不开。解除强制。	
11	强制2217(DI[633])开关在合闸位置,操作20042合闸,合不上,报警。操作20042分闸,分不开。解除强制	
12	强制2004617(DI[438])开关在合闸位置,操作20046合闸,合不上,报警。操作20046分闸,分不开。解除强制。	
13	强制10448(DI[453])开关在合闸位置,操作20046合闸,合不上,报警。操作20046分闸,分不开。解除强制。	
14	强制2004QF控制柜的DS/ES控制方式不在远方(DI[428]),操作20042合闸,合不上,报警。操作20042分闸,分不开。	
15	操作20046合闸,合不上,报警。操作20046分闸,分不开。解除强制。	

8.5 右沙I线断路器2052QF间隔开关分合闸闭锁测试

附表34.18 右沙I线断路器2052QF间隔开关分合闸闭锁测试

安全措施	2052QF控制柜的DS/ES控方式在"远方",2052断开、20522断开、20526断开、205227断开、205267断开、2217断开、2052617断开。

续表

测试分合闸闭锁		
序号	操作内容(SOE、DI 量为数据库中的序号)	正常打√,不正常打×
测试 20522 开关分合闸闭锁:		
1	确认 20522 开关在分闸位置,操作 20522 分闸,分不开	
2	确认 20526 开关在分闸位置,操作 20526 分闸,分不开。	
3	强制 20522(DI[534])置 1,开关在合闸位置,操作 20522 合闸,合不上,报警,解除强制。	
4	强制 20526(DI[530])置 1,开关在合闸位置,操作 20526 合闸,合不上,报警,解除强制。	
5	强制 2052 开关 A、B、C 三相在合闸位置(SOE[105]、[106]、[107])置 0,(DI[527]、[528]、[529])置 1,操作 20522 合闸,合不上。操作 20522 分闸,分不开。报警。	
6	操作 20526 合闸,合不上。操作 20526 分闸,分不开。报警。解除强制。	
7	强制 205227(DI[536])置 1,开关在合闸位置,操作 20522 合闸,合不上,报警。操作 20522 分闸,分不开。	
8	操作 20526 合闸,合不上,报警。操作 20526 分闸,分不开,解除强制。	
9	强制 205267(DI[533])置 1,开关在合闸位置,操作 20522 合闸,合不上,报警。操作 20522 分闸,分不开。	
10	操作 20526 合闸,合不上,报警。操作 20526 分闸,分不开,解除强制。	
11	强制 2052617(DI[532])开关在合闸位置,操作 20526 合闸,合不上,报警。操作 20526 分闸,分不开。解除强制	
12	强制 2217(DI[633])开关在合闸位置,操作 20522 合闸,合不上,报警。操作 20522 分闸,分不开。解除强制。	
13	强制 2052 间隔 DS/ES 控制方式不在远方(DI[526]),操作 20522 合闸,合不上,报警。操作 20522 分闸,分不开。	
14	操作 20526 合闸,合不上,报警。操作 20526 分闸,分不开,解除强制。	

8.6 右沙Ⅱ线断路器 2051QF 间隔开关分合闸闭锁测试

附表 34.19 右沙Ⅱ线断路器 2051QF 间隔开关分合闸闭锁测试

安全措施	2051QF 控制柜的 DS/ES 控方式在"远方",2051 断开、20511 断开、20516 断开、205117 断开、205167 断开、2117 断开、2051617 断开。

续表

测试分合闸闭锁		
序号	操作内容(SOE、DI 量为数据库中的序号)	正常打√,不正常打×
测试 20512 开关分合闸闭锁:		
1	确认 20511 开关在分闸位置,操作 20511 分闸,分不开	
2	确认 20516 开关在分闸位置,操作 20516 分闸,分不开。	
3	强制 20511(DI[501])置 1,开关在合闸位置,操作 20511 合闸,合不上,报警,解除强制。	
4	强制 20516(DI[497])置 1,开关在合闸位置,操作 20516 合闸,合不上,报警,解除强制。	
5	强制 2051 开关 A、B、C 三相在合闸位置(SOE[117]、[118]、[119])置 0、(DI[494]、[495]、[496])置 1,操作 20511 合闸,合不上。操作 20511 分闸,分不开。报警。	
6	操作 20516 合闸,合不上。操作 20516 分闸,分不开。报警。解除强制。	
7	强制 205117(DI[503])置 1,开关在合闸位置,操作 20511 合闸,合不上,报警。操作 20511 分闸,分不开。	
8	操作 20516 合闸,合不上,报警。操作 20516 分闸,分不开,解除强制。	
9	强制 205167(DI[500])置 1,开关在合闸位置,操作 20511 合闸,合不上,报警。操作 20511 分闸,分不开。	
10	操作 20516 合闸,合不上,报警。操作 20516 分闸,分不开,解除强制。	
11	强制 2051617(DI[499])开关在合闸位置,操作 20516 合闸,合不上,报警。操作 20516 分闸,分不开。解除强制	
12	强制 2117(DI[622])开关在合闸位置,操作 20511 合闸,合不上,报警。操作 20511 分闸,分不开。解除强制。	
13	强制 2051 间隔 DS/ES 控制方式不在远方(DI[493]),操作 20511 合闸,合不上,报警。操作 20511 分闸,分不开。	
14	操作 20516 合闸,合不上,报警。操作 20516 分闸,分不开,解除强制。	

8.7 右松线断路器 2053QF 间隔开关分合闸闭锁测试

附表 34.20 右松线断路器 2053QF 间隔开关分合闸闭锁测试

安全措施	2053QF 控制柜的 DS/ES 控方式在"远方",2053 断开、20532 断开、20536 断开、205327 断开、205367 断开、2217 断开、2053617 断开。	
测试分合闸闭锁		
序号	操作内容	正常打√,不正常打×
1	确认开关在分闸位置,操作 20532 分闸,分不开。	
2	确认 20536 开关在分闸位置,操作 20536 分闸,分不开。	

续表

测试分合闸闭锁		
序号	操作内容	正常打√,不正常打×
3	强制20532(DI[567])置1,开关在合闸位置,操作20532合闸,合不上,报警,解除强制。	
4	强制20536(DI[563])置1,开关在合闸位置,操作20536合闸,合不上,报警,解除强制。	
5	强制2053开关A、B、C三相在合闸位置(SOE[129]、[130]、[131])置0,(DI[560]、[561]、[562])置1,操作20532合闸,合不上。操作20532分闸,分不开。报警。	
6	操作20536合闸,合不上。操作20536分闸,分不开。报警。解除强制。	
7	强制205327(DI[569])置1,开关在合闸位置,操作20532合闸,合不上,报警。操作20532分闸,分不开。	
8	操作20536合闸,合不上,报警。操作20536分闸,分不开,解除强制。	
9	强制205367(DI[566])置1,开关在合闸位置,操作20532合闸,合不上,报警。操作20532分闸,分不开。	
10	操作20536合闸,合不上,报警。操作20536分闸,分不开,解除强制。	
11	强制2053617(DI[565])开关在合闸位置,操作20536合闸,合不上,报警。操作20536分闸,分不开。解除强制	
12	强制2217(DI[633])开关在合闸位置,操作20532合闸,合不上,报警。操作20532分闸,分不开。解除强制。	
13	强制2053间隔DS/ES控制方式不在远方(DI[559]),操作20532合闸,合不上,报警。操作20532分闸,分不开。	
14	操作20536合闸,合不上,报警。操作20536分闸,分不开,解除强制。	

8.8 220 kV母联断路器2012QF间隔开关分合闸闭锁测试

附表34.21 220 kV母联断路器2012QF间隔开关分合闸闭锁测试

安全措施	2012QF控制柜的DS/ES控方式在"远方",2012断开、20121断开、20122断开、2217断开、2117断开。	
测试分合闸闭锁		
序号	操作内容	正常打√,不正常打×
1	确认20121开关在分闸位置,操作20121分闸,分不开,报警。	
2	确认20122开关在分闸位置,操作20122分闸,分不开,报警。	
3	强制20121(DI[607])置1,开关在合闸位置,操作20121合闸,合不上,报警,解除强制。	

续表

测试分合闸闭锁		
序号	操作内容	正常打√，不正常打×
4	强制20122(DI[610])开关在合闸位置，操作20122合闸，合不上，报警，解除强制。	
5	强制2012开关A、B、C三相在合闸位置(SOE[141]、[142]、[143])置0,(DI[604]、[605]、[606])置1,操作20121合闸，合不上。操作20121分闸，分不开，报警。	
6	操作20122合闸，合不上。操作20122分闸，分不开，报警。解除强制。	
7	强制201217(DI[609])开关在合闸位置，操作20121合闸，合不上，报警。操作20121分闸，分不开。	
8	操作20122合闸，合不上，报警。操作20122分闸，分不开。解除强制。	
9	强制201227(DI[612])开关在合闸位置，操作20121合闸，合不上，报警。操作20121分闸，分不开。	
10	操作20122合闸，合不上，报警。操作20122分闸，分不开。解除强制。	
11	强制2117(DI[622])开关在合闸位置，操作20121合闸，合不上，报警。操作20121分闸，分不开。解除强制。	
12	强制2217(DI[633])开关在合闸位置，操作20122合闸，合不上，报警。操作20122分闸，分不开，解除强制	
13	强制2012间隔DS/ES控制方式不在远方(DI[603])，操作20121合闸，合不上，报警。操作20121分闸，分不开。	
14	操作20122合闸，合不上，报警。操作20122分闸，分不开。解除强制。	

8.9　220 kV Ⅰ电压互感器219TV间隔开关分合闸闭锁测试

附表34.22　220 kV Ⅰ电压互感器219TV间隔开关分合闸闭锁测试

安全措施	219TV控制柜的DS/ES控方式在"远方"219断开、2197断开、2117断开	
测试分合闸闭锁		
序号	操作内容	正常打√，不正常打×
1	确认219开关在分闸位置，操作219分闸，分不开。	
2	强制219(DI[476])开关在合闸位置，操作219合闸，合不上，报警，解除强制	
3	强制2117(DI[622])开关在合闸位置，操作219合闸，合不上，操作219分闸，分不开，报警，解除强制	
4	强制2197(DI[623])开关在合闸位置，操作219合闸，合不上，操作219分闸，分不开，报警。解除强制。	

续表

	测试分合闸闭锁	
序号	操作内容	正常打√,不正常打×
5	强制20121间隔DS/ES控制方式不在远方(DI[621]),操作219合闸,合不上,报警,操作219分闸,分不开,解除强制。	

8.10 220 kV Ⅱ电压互感器229TV间隔开关分合闸闭锁测试

附表34.23 220 kV Ⅱ电压互感器229TV间隔开关分合闸闭锁测试

安全措施	229TV控制柜的DS/ES控方式在"远方"229断开、2297断开、2217断开	
	测试分合闸闭锁	
序号	操作内容	正常打√,不正常打×
1	确认229开关在分闸位置,操作229分闸,分不开。	
2	强制229(DI[478])开关在合闸位置,操作229合闸,合不上,报警,解除强制。	
3	强制2217(DI[633])开关在合闸位置,操作229合闸,合不上,操作229分闸,分不开,报警,解除强制。	
4	强制2297(DI[634])开关在合闸位置,操作229合闸,合不上,操作229分闸,分不开,报警。解除强制。	
5	强制229间隔DS/ES控制方式不在远方(DI[632]),操作229合闸,合不上,报警,操作229分闸,分不开,解除强制。	

第35章
计算机监控系统公用 LCU 检修作业指导书

35.1 范围

本指导书适用于广西右江水利开发有限责任公司右江水力发电厂计算机监控系统公用 LCU 的检修工作。

35.2 资料和图纸

下列文件中的条款通过本规范的引用而成为本规范的条款。凡是注日期的引用文件,其随后所有的修改单或修订版均不适用于本规范,然而,鼓励根据本规范达成协议的各方研究是否可使用这些文件的最新版本。凡是不注日期的引用文件,其最新版本适用于本规范。

(1) GB 50171—2012 电气装置安装工程 盘、柜及二次回路接线施工及验收规范

(2) DL/T 578—2008 水电厂计算机监控系统基本技术条件

(3) DL/T 619—2012 水电厂自动化元件(装置)及其系统运行维护与检修试验规程

(4) DL/T 822—2012 水电厂计算机监控系统试验验收规程

(5) DL/T 1009—2016 水电厂计算机监控系统运行及维护规程

(6) DL/T 838—2003 发电企业设备检修导则

35.3 危险点分析与控制措施

(1) 工作负责人填写工作票,经工作票签发人签发发出后,应会同工作许可人到工作现场检查工作票上所列安全措施是否正确执行,经现场核查无误后,与工作许可人办理工作票许可手续。

(2) 开工前召开班前会,分析危险点,对各检修参加人员进行组内分工,并且进行安全、技术交底。

(3) 检修工作过程中,工作负责人要始终履行工作监护制度,及时发现并纠正工作班人员在作业过程中的违章及不安全现场。

(4) 工作现场做好警示标识。

(5) 危险点分析。

表 35.1

序号	危险点分析	控制措施	风险防控要求
1	试验误接线造成人身伤害和设备损坏	1. 工作人员熟悉试验方法和接线,试验人员认真接线,工作监护人检查试验接线正确后方可开始工作。 2. 试验区域做好安全隔离,并安排人员做好监护,防止无关人员突然进入造成人身伤害。	重点要求
2	交叉作业造成伤害	1. 公用联动试验时避免交叉作业,工作前应通知相关作业的工作负责人,告知其停止工作,将工作班成员撤离工作现场,并将工作票交回运行。试验工作开展前现场检查确实无工作人员后方可开展工作。 2. 工作现场指定工作监护人,密切监督现场工作,遇到异常情况立即叫停工作,并组织人员撤离。	重点要求
3	工作人员不了解工作内容、安全措施及安全注意事项	1. 作业前工作负责人应对工作班人员详细说明工作内容、安全措施及相关的安注意事项。 2. 参加检修的人员必须熟悉本作业指导书,并能熟记熟背安全措施及安全注意事项、检修项目、工艺质量标准等	重点要求
4	误改动原程序	认真履行监护制度,修改前应对原程序备份。	重点要求
5	动态测试时负荷波动	测试过程中应注意根据测试项目实时调整其他未参加 AGC 公用出力,保证全厂出力在调度允许波动范围内。	重点要求
6	违反两票规定,未检查安全措施,造成人身伤害	工作前对检查确认工作措施完整,符合工作票所列要求。	基本要求

续表

序号	危险点分析	控制措施	风险防控要求
7	工作时着装不符合工作要求	工作时应戴好安全帽,穿绝缘鞋及全棉长袖工作服。	基本要求
8	人员精神状态不佳导致人身伤害和设备损坏	工作人员工作时注意力集中,保证精神状态良好,工作中不干与工作无关的事情。	基本要求
9	遗留物件在现场造成安全隐患	工作结束后清点所携带的工器具及设备,防止遗留物件在工作现场。	基本要求
10	照明不足造成人员伤害	工作人员持手电筒,防止照明不足造成误动、误碰带电设备及人员滑倒、跌倒。	基本要求
11	误入带电间隔,造成触电事故	工作前确认设备名称和编号与工作票所列内容一致,以防误入带电间隔,造成触电事故。	基本要求
12	人员从电缆桥架上坠落	在电缆桥架上疏导电缆时,必须系安全带、挂安全绳,安全绳要挂在牢固的构件上,系安全带前首先检查安全带安好、合格证在有效期内。	基本要求
13	违章攀爬梯子、脚手架,导致人员坠落	临时、可拆卸的脚手架搭设完毕后,须经专业人员验收,攀爬脚手架时,要走梯子,禁止攀爬脚手架或从栏杆等上下脚手架,人员在梯子上时,必须设专人扶梯子。	基本要求

(6) 具体安全措施:

a. 按下计算机监控系统公用 LCU A1 柜"调试"按钮。

b. 将 10 kV 厂用电各负荷开关控制方式放"就地"。

35.4 备品备件清单

表 35.2

序号	名称	规格型号(图号)	单位	数量	备注
1	连接端子		个	10	
2	继电器		个	20	
3	光纤尾线		根	4	
4	三位置选择开关		个	2	
5	三位置自复式选择开关		个	2	
6	两位置带钥匙选择开关		个	2	
7	两位置选择开关		个	2	
8	带灯按钮		个	4	
9	按钮		个	2	
10	按钮		个	2	

续表

序号	名称	规格型号(图号)	单位	数量	备注
11	防误盖		个	4	
12	自动准同期装置	SJ-12D	个	1	
13	同步表	SID-2A	个	4	
14	CPU模块	IC695CPE330	块	1	
15	电源模块	IC695PSD040	块	1	
16	网络接口模块	IC695ETM001	块	1	
17	开关量输入模块	IC694MDL660	块	1	
18	中断量输入模块	IC695HSC304	块	1	
19	开出模块	IC694MDL754	块	1	
20	16点模拟量输入模块	IC694ALG233	块	1	
21	4通道电流电压型模拟量输出模块	IC695ALG704	块	1	
22	开出插箱	MB80CHS332N2[J]	个	1	
23	交直流双供电插箱	FPW-2A	个	1	
24	24V开关电源		个	1	

35.5 修前准备

35.5.1 工器具及材料准备

表35.3

一、材料类

序号	名称	规格型号(图号)	单位	数量	备注
1	单股铜芯线	1.5 mm^2	卷	1	
2	单股铜芯线	1 mm^2	卷	1	
3	绝缘粘胶带		卷	1	
4	焊锡丝		盘	1	
5	焊锡膏(或松香)		盒	1	
6	滚筒电源盘	10 m	盘	1	
7	电源插座		个	1	
8	线扎带		根	100	
9	印号编号管		米	10	

续表

一、材料类

序号	名称	规格型号(图号)	单位	数量	备注
10	记号笔		支	1	
11	毛刷		个	2	
12	漏电保护器		个	1	
13	小空气开关	10 A	个	1	
14	生料带		卷	2	
15	干净白布		m²	1	
16	碎布		块	10	
17	无水酒精		瓶	1	

二、工具、仪器仪表类

序号	名称	规格型号(图号)	单位	数量	备注
1	调试电脑		台	2	
2	继电保护测试仪		台	1	
3	兆欧表	0~500 V	块	1	
4	数字万用表		块	2	
5	电源盘		台	2	
6	十字螺丝刀	100×3 mm	把	2	
7	一字螺丝刀	100×3 mm	把	2	
8	斜口钳		把	2	
9	尖嘴钳		把	2	
10	活动扳手	8"	把	2	
11	过程校验仪		台	1	

35.5.2 工作准备

（1）所需工器、备品已准备完毕，并验收合格。

（2）查阅运行记录有无缺陷，研读图纸、检修规程、上次检修资料，准备好检修所需材料。

（3）检修工作负责人已明确。

（4）参加检修人员已经落实，且安全、技术培训与考试合格。

（5）作业指导书、特殊项目的安全、技术措施均以得到批准，并为检修人员所熟知。

（6）工作票及开工手续已办理完毕。

(7) 检查工作票合格。

(8) 工作负责人召开班前会,现场向全体作业人员交待作业内容、安全措施、危险点分析控制措施及作业要求,作业人员理解后在工作票危险点分析控制措施单上签名。

(9) 试验用的仪器、工器具、材料搬运至工作现场。

(10) 检修地面已经铺设防护木板,场地已经完善隔离。

35.6 检修工序及质量标准

35.6.1 数据备份

(1) 在下位机专用调试笔记本"D:\ 所有程序备份\公用 20××××"下建立"公用 PLC""公用触摸屏""公用辅机 PLC""公用 SJ30""公用 NIU2、NIU3"子目录,备份相应程序,取名如:BSLCU1_NIU_20200102(公用名称＋NIU＋日期)、GYLCU1_SCR_20200102、GYLCU1_FJ_20200102、GYLCU1_SJ30_20200102。

(2) 在上位机打印服务器 BSPRINT"E:\ 数据库备份\公用 20××××"子目录下建立"公用 PLC""公用触摸屏""公用辅机 PLC""公用 SJ30""公用 NIU2、NIU3"子目录,备份相应程序。取名如:BSLCU1_NIU_20200102、GYLCU1_SCR_20200102。

35.6.2 LCU 装置清扫和端子紧固

(1) 清扫各控制装置、端子排及盘柜内外灰尘、蜘蛛网。确保盘柜干净整洁无异物。

(2) 光纤端头要用无水酒精擦洗。

(3) 使用空压机清扫时,要确保风力干燥,避免柜内二次设备受潮绝缘降低。

(4) 接线端子检查及紧固,确认端子无松动,接触良好。

(5) 检查二次接线压接是否牢固,端子排及元件间接线是否有松动或断线现象,有异常应进行紧固或更换。

(6) 检查控制装置各元件安装是否有松动,有异常应进行紧固。

(7) 检查电缆芯线无划破露金属部分,转角处电缆有无破损,有异常应进行防范处理。

(8) 检查保险座接线,保险座卡紧有弹力,与保险接触面应光洁无氧化、放电痕迹,如有,应进行打磨光滑后用酒精擦洗。

(9) 对照图纸,检查各接线编号套管印号清楚,无错误、老化、模糊现象,如有,标写清楚或更换编号套管。

(10) 检查控制转换开关各位置切换灵活,无卡阻,使用的位置接点通断正常,接触灵敏,位置信号引入监控系统正确。

(11) 检查控制按钮动作灵活,无卡阻,使用的位置接点通断正常,接触灵敏,信号引入监控系统正确。

35.6.3 LCU 模件检查

(1) 各模块外观应整洁完好,铭牌清晰,各指示灯应指示正常,有故障信号进行消除。

(2) 戴防静电手套,并检查防静电手套可靠接地。

(3) 断开柜内 PLC 控制器电源开关。

(4) 断开 PLC 控制器与外部模件的连接电缆。

(5) 拧开 PLC 控制器模件板的上、下固定螺丝。

(6) 轻拔 PLC 控制器模件板的上、下把手,缓缓拖出,顺序放置于防静电垫层上。

(7) 用标签对放置 PLC 控制器模件垫层进行标记。

(8) 依次按上述方法,从左至右拔出所有 PLC 控制器模件。

(9) 以绝缘精密仪器清洗液清洗 PLC 控制器模件板。

(10) 待 PLC 控制器模件风干后,按从右至左的顺序依次回装,拧紧。

(11) 接入 PLC 控制器模件及外部接线。

(12) 合上柜内 PLC 控制器电源开关。

(13) 观察 PLC 控制器状态指示,直至 PLC 正常运行。

(14) 断开 PLC 控制器与外部模件的连接电缆。

(15) 断开柜内 PLC I/O 机箱电源开关。

(16) 拧开 PLC I/O 机箱模件板的上、下固定螺丝。

(17) 轻拔 PLC I/O 机箱模件板的上、下把手,缓缓拖出,顺序放置于防静电垫层上。

(18) 用标签对放置 PLC I/O 机箱模件垫层进行标记。

(19) 依次按上述方法,从左至右拔出所有模件。

(20) 以绝缘精密仪器清洗液清洗 PLC I/O 机箱模件板。

(21) 待 PLC I/O 机箱模件风干后，按从右至左的顺序依次回装，拧紧。

(22) 接入 PLC I/O 机箱模件及外部接线。

(23) 合上柜内 PLC I/O 机箱电源开关。

(24) 观察各模块外观整洁完好，铭牌清晰，各指示灯应指示正常，无异常故障信号。

(25) 观察 PLC I/O 机箱状态指示，直至 PLC 正常运行。

(26) 测量公用 PLC 柜接地电阻。

(27) 检修试验数据见附表。

35.6.4 LCU 电源检查和切换

(1) 测量工作电源装置的输入、输出电压值。

(2) 合上输入交流输入电源，合上输入直流输入电源，测量输出电压值。

(3) 断开输入交流输入电源，合上输入直流输入电源，测量输出电压值。

(4) 合上输入交流输入电源，断开输入直流输入电源，测量输出电压值。

(5) 测量各开关电源的输入输出电压值。

(6) 观察 LCU 状态指示，PLC 状态正常。

(7) 检修试验数据见检修报告。

35.6.5 LCU 热备冗余切换试验、网络冗余切换试验

(1) CPU 状态正常，热备正常，一主一备。网络状态正常。

(2) 模拟主用 CPU 故障，备用 CPU 自动切为主用。

(3) 恢复故障 CPU，待 CPU 状态正常，热备正常，模拟当前的主用 CPU 故障，备用能切为主用。

(4) 故障切换前后，检查设备状态正常，数据刷新正常，没有故障切换引起的数据跳变。

(5) 模拟 LCU 网络故障，中断其中一路网络，检查数据刷新是否正常，上位机收到数据是否正常。

(6) 恢复中断的网络，设备状态正常后再中断另一路网络，检查设备数据是否正常。

(7) 检修试验数据见检修报告。

35.6.6 触摸屏检查

(1) 检查触摸屏和 PLC 通讯是否正常。

(2) 检查流程、温度、报警各画面显示是否正常。

(3) 检查流程、温度、报警各画面动态链接是否正常。

35.6.7 SJ30 通讯管理装置检查

(1) 通讯管理装置工作正常,运行灯闪烁,+5 V、+12 V、-12 V 指示灯常亮。

(2) 检查 SJ30 配置文件,各种设置参数应无变动。

(3) 与主用控制器通讯的接收、发送指示灯快闪,与备用控制器通讯的发送指示灯慢闪。

(4) 与现场数据通信口接收、发送指示灯快闪。

(5) 通讯数据满足实时要求。

35.6.8 数据一致性检查

(1) 检查上位机、下位机数据的一致性。

(2) 现场开入量、开出量、模入量、模出量有变动,要进行现场操作检查信号是否正确。

(3) 检验模入量、模出量通道精度。

(4) 通道精度不满足的进行更换模块。

35.6.9 继电器校验

(1) 检查继电器外壳无破损。

(2) 检查继电器接点接触良好,无烧毛、发黑、氧化、粘死现象。

(3) 测量线圈电阻合格。

(4) 检测继电器的动作电压值、返回电压值。

(5) 继电器动作电压不应大于 70% 的额定电压值,返回电压不应小于 5% 的额定电压值,不合格的继电器进行更换。

(6) 继电器动作和返回时,用万用表测量触点动作情况,要求接触灵敏、可靠,阻值小于 $0.5\ \Omega$。

(7) 不合格的继电器进行更换。

(8) 将经校验合格的继电器回装,拆除的二次接线,按原记号接回。

35.6.10 二次联动试验

(1) 检查 10 kV 厂用电系统各个负荷开关远方、就地操作闭锁功能正常,

当切换置现地时,远方不能控制;当切换置远方时,现地不能控制,上位机简报显示正确;

(2) 检查上位机设备标志位与实际控制方式一致。

(3) 检查上位机设备名称与现场贴标牌一致。

(4) 检查上位机设备事件描述与实际动作结果一致。

(5) 逐一对机组自动化系统所控设备进行下达起、停控制命令,检查命令执行情况。

(6) 现场自动化系统不满足设备控制时,做好安全措施,以检查控制命令到达为止。

35.6.11 结束工作

(1) 全部工作完毕后,工作班应清扫、整理现场,清点工具。

(2) 工作负责人周密检查,待全体工作人员撤离工作地点后,再向值班人员讲清所修项目、发现的问题、试验结果和存在问题等。

(3) 工作负责人与值班人员共同检查设备状况,有无遗留物件,是否清洁等,然后在工作票上填明工作终了时间,经双方签名后,工作票方告终结。

35.7 质量签证单

表 35.4

序号	工作内容	工作负责人自检			一级验收			二级验收			三级验收		
		验证点	签字	日期	验证点	签字	日期	验证点	签字	日期	验证点	签字	日期
1	修前准备	W0			W0			W0			W0		
2	数据备份	W1			W1			W1			W1		
3	LCU装置清扫和端子紧固	W2			W2			W2			W2		
4	LCU模件检查	W3			W3			W3			W3		
5	LCU电源检查和切换	W4			W4			W4			W4		
6	LCU热备冗余切换试验、网络冗余切换试验	W5			W5			W5			W5		
7	I/O通道数据一致性检查及小装置检查	W6			W6			W6			W6		

续表

序号	工作内容	工作负责人自检			一级验收			二级验收			三级验收		
		验证点	签字	日期	验证点	签字	日期	验证点	签字	日期	验证点	签字	日期
8	继电器校验	W7			W7			H1			H1		
9	二次联动试验	H1			H1			W7			W7		
10	结束工作	H2			H2			W8			W8		

本章附录

计算机监控系统公用 LCU 检修报告

设备简介

广西右江水利开发有限责任公司右江水力发电厂计算机监控系统公用 LCU 采用南瑞水利水电技术分公司生产的 SJ-500 微机测控系统,系统组屏两面,由互为主备的 PLC 控制器、PLC I/O 分站、触摸屏、通信管理机等设备组成。

公用 LCU 经投产前调试后,于_____年_____月_____日开始试运,至_____月_____日试运结束,未发现重大缺陷。至今共经过_____次检修,其各项性能符合国家标准及厂家要求。

公用 LCU 于 20_____年_____月进行设备更新升级改造。新设备基于 GE 自动化平台。

公用 LCU 年度检修工作由电厂完成,时间从_____年_____月_____日开始,于_____年_____月_____日结束,工期为_____天。检修内容严格按厂部计划进行,经过现场众多工作及一系列试验,该系统顺利通过测试,其各项性能符合国家标准及厂家要求,可以投入运行。

主要参数

附表 35.1 监控系统设备技术参数

设备类别	参数名称	参数/型号
公用本地 LCU 单元	Rx3i 7 槽通用型背板	IC695CHS007
	Rx3i 电源模块	型号 IC695PSD040,24 VDC 40 watts
	Rx3i CPU 模块	Rx3i CPU,型号 IC695CPE330 1.1Ghz 主频,64M 用户内存及 Flash,2 以太网口(SRTP and Modbus)
	Rx3i 以太网模块	型号 IC695ETM001,10/100 Mbits 2 RJ45 口
	Rx3i 冗余同步模块	IC695RMX128
	Rx3i 控制器储能模块	IC695ACC412
	Rx3i 16 槽通用型背板	IC695CHS016
	Rx3i 接口单元模块	IC695NIU001,2 串口 20K 本地逻辑
	Rx3i 高速计数器模块	IC695HSC304,4 通道,支持中断和可编程限位开关
	Rx3i 数字量输入模块	IC694MDL660,24 VDC 32 通道快速输入,需 TBB 连接器
	Rx3i 数字量输出模块	IC694MDL754,Rx3i 数字量输出模块 12/24 VDC 32 通道,需 TBB 连接器

续表

设备类别	参数名称	参数/型号
公用本地LCU单元	Rx3i 多功能电源模块	IC695PSD140,Rx3i 多功能电源模块　24 VDC 40 watts
	Rx3i 模拟量输入模块	IC694ALG233,16 通道电流型 16bit
	Rx3i 模拟量输出模块	IC695ALG704,4 通道电流电压型
	RTD 模块	IC695ALG600,Rx3i 模拟量输入模块,8 通道通用型：热电偶,RTD,RESISTIVE,电流,电压
	12″触摸屏	威纶 MT8121IE
	16 串口通信管理装置	SJ-30D
	交直流双供电电源装置	FPW-2 A
	现地交换机	赫斯曼,2 个百兆多模光口＋6 个百兆电口,RS20-0800M2M2SDAUHC

附表 35.2　检修总结

设备名称	公用 LCU	检修级别	_____修

本次检修工作主要内容：

遗留问题（尚存在的问题及采取的措施,运行应注意事项）：

续表

结论：

检修记录

1 LCU模件检查（正常打√，不正常打×）

附表35.3 LCU模件检查

序号	模件	检查要求	公用LCU检查结果
1	电源模块	外观完整、模块整洁、状态正常、标识清晰	
2	CPU模块	外观完整、模块整洁、状态正常、标识清晰	
3	同步通信模块	外观完整、模块整洁、状态正常、标识清晰	
4	网络模块	外观完整、模块整洁、状态正常、标识清晰	
5	DI模块	外观完整、模块整洁、状态正常、标识清晰	
6	DO模块	外观完整、模块整洁、状态正常、标识清晰	
7	AI模块	外观完整、模块整洁、状态正常、标识清晰	
8	AO模块	外观完整、模块整洁、状态正常、标识清晰	
9	高速计数模块	外观完整、模块整洁、状态正常、标识清晰	
10	通信管理机	外观完整、模块整洁、状态正常、标识清晰	
11	触摸屏	外观完整、模块整洁、状态正常、标识清晰	
12	A1柜接地检查	测量接地铜牌与接地网之间的接地电阻小于0.5 Ω	
13	A2柜接地检查	测量接地铜牌与接地网之间的接地电阻小于0.5 Ω	

2.2 LCU柜电源检查和切换

交流输入电压额定值为220 V，直流输入电压额定值为220 V，交直流双供电插箱输出直流电压额定值为220 V。输入电压波动不超过额定额值±10%，输出电压波动不超过额定额值±10%。

附表35.4 电源测量

序号	工作电源装置	测量项目	实测值（V）
1	公用LCU FPW1	输入交流电压（187～253 V）	
		输入直流电压（187～253 V）	
		交直流输入均合上，测输出直流电压（198～242 V）	
		断开输入交流，合上输入直流，测输出直流电压（198～242 V）	
		断开输入直流，合上输入交流，测输出直流电压（198～242 V）	

续表

序号	工作电源装置	测量项目	实测值(V)
2	公用LCU FPW2	输入交流电压(187～253 V)	
		输入直流电压(187～253 V)	
		交直流输入均合上,测输出直流电压(198～242 V)	
		断开输入交流,合上输入直流,测输出直流电压(198～242 V)	
		断开输入直流,合上输入交流,测输出直流电压(198～242 V)	
3	PS1	测输入电压(187～253 V)	
		测输出电压(22.8～25.2 V)	
4	PS2	测输入电压(187～253 V)	
		测输出电压(22.8～25.2 V)	
5	PS3	测输入电压(187～253 V)	
		测输出电压(22.8～25.2 V)	
6	PS4	测输入电压(187～253 V)	
		测输出电压(22.8～25.2 V)	
7	PS5	测输入电压(187～253 V)	
		测输出电压(22.8～25.2 V)	
8	PS6	测输入电压(187～253 V)	
		测输出电压(22.8～25.2 V)	
9	PS7	测输入电压(187～253 V)	
		测输出电压(22.8～25.2 V)	
10	PS8	测输入电压(187～253 V)	
		测输出电压(22.8～25.2 V)	

3 PLC模件状态

附表35.5 PLC模件状态

序号	模件型号	检查内容	公用LCU实际状态
1	CPU模件	CPU模块上电之后模块上LCD屏显示Run	
2	电源模件	电源模块检测,上电之后模块上Pwr OK灯亮	

续表

序号	模件型号	检查内容	公用 LCU 实际状态
3	以太网模件	以太网模块上电之后模块上 OK 灯亮	
4	I/O 模件	模件 OK 灯应点亮。	

4 切换试验检查记录

表 35.6 切换试验检查记录

序号	项目	过程	监控报警	结果
1	切换前状态 CPU A:主/备,CPU B:主/备			
2	公用 LCU CPU 冗余	CPU A 主切备		
		CPU B 主切备		
3	公用 LCU 网络冗余	断开 1 网		
		断开 2 网		

第 36 章
光传输设备定检作业指导书

36.1 范围

本指导书适用于广西右江水利开发有限责任公司右江水力发电厂光传输设备的定检工作,主要设备包括电厂网Ⅰ华为光传输设备、网Ⅱ烽火光传输设备及配套的光纤、数字配线架柜。

36.2 资料和图纸

下列文件中的条款通过本规范的引用而成为本规范的条款。凡是注日期的引用文件,其随后所有的修改单或修订版均不适用于本规范,然而,鼓励根据本规范达成协议的各方研究是否可使用这些文件的最新版本。凡是不注日期的引用文件,其最新版本适用于本规范。

(1) GB 26860—2011　电力安全工作规程 发电厂和变电站电气部分

(2) DL/T 544—2012　电力通信运行管理规程

(3) DL/T 547—2010　电力系统光纤通信运行管理规程

(4) DL/T 838—2003　发电企业设备检修导则

(5) Q/CSG110002—2011　中国南方电网光通信网络技术规范(第1卷 MSTP)

(6) Q/CSG110002—2011　中国南方电网光通信网络技术规范(第3卷 ASON)

36.3 安全措施

(1) 严格执行《电业安全工作规程》。
(2) 清点所有专用工具齐全,检查合适,试验可靠。
(3) 工作前必须摘下手腕上的手表、手链、手镯、戒指等含有金属的物件。
(4) 工作时触摸设备板卡必须戴上防静电手腕带。
(5) 工具、零部件放置有序,拆下的零部件必须妥善保管好并作好记号以便回装。
(6) 当天检修任务结束后一定要将检修所用照明电源切断。
(7) 参加检修的人员必须熟悉本作业指导书,并能熟知本书的检修项目、工艺质量标准等。
(8) 参加本检修项目的人员必须持证上岗,并熟知本作业指导书的安全技术措施。
(9) 办理工作终结手续前,工作负责人应对全部工作现场进行检查,确保无遗留问题,确定人员已经全部撤离。
(10) 开工前召开班前会,分析危险点,对作业人员进行合理分工,进行安全和技术交底。

36.4 备品备件清单

表 36.1

序号	备品备件名称	型号或规格	单位	数量	制造厂家	检验结果
1	光板		块	1	华为	
2	光模块		块	1	华为	
3	以太网处理板		块	1	华为	
4	以太网电接口倒换板		块	1	华为	
5	以太网电接口保护板		块	1	华为	
6	63 路 E1 电处理板		块	1	华为	
7	63 路 E1 电接口倒换板		块	1	华为	
8	接口桥接板		块	1	华为	
9	8 路 2M 光线路板		块	1	华为	
10	时钟交叉盘 A		块	1	华为	

续表

序号	备品备件名称	型号或规格	单位	数量	制造厂家	检验结果
11	网元管理盘		块	1	华为	
12	STM4 光接口盘		块	1	华为	
13	电源接口板		块	1	华为	
14	4×STM-4 光接口板		块	1	华为	
15	8×STM-1 光接口板		块	1	华为	
16	跳纤		根	24		
17	光板		块	1	烽火	
18	光模块		块	1	烽火	
19	以太网处理板		块	1	烽火	
20	以太网电接口倒换板		块	1	烽火	
21	以太网电接口保护板		块	1	烽火	
22	63 路 E1 电处理板		块	1	烽火	
23	63 路 E1 电接口倒换板		块	1	烽火	
24	接口桥接板		块	1	烽火	
25	8 路 2M 光线路板		块	1	烽火	
26	时钟交叉盘 A		块	1	烽火	
27	网元管理盘		块	1	烽火	
28	STM4 光接口盘		块	1	烽火	

36.5 修前准备

36.5.1 工器具准备清单

表 36.2

序号	设备或工器具名称	型号或规格	单位	数量	备注
1	数字万用表		台	1	
2	尖嘴钳		把	1	
3	斜口钳		把	1	
4	一字起		把	1	
5	十字起		把	1	
6	电源盘		个	1	

续表

序号	设备或工器具名称	型号或规格	单位	数量	备注
7	吸尘器		台	1	
8	笔记本电脑		台	1	
9	迷你网络测试仪		台	1	
10	红光笔		支	1	
11	光源仪		台	1	
12	光功率计		台	1	

36.5.2 现场工作准备

(1) 设立临时围栏。

(2) 告知广西中调工作准备开始进行，工作中将可能出现某些告警信号，但不会影响设备正常运行，不会造成信号中断。

(3) 准备好塑料布用于遮盖拆下的零部件。

36.5.3 办理相关工作票并做安全措施

(1) 已办理调度检修工作票（通信）和右江电厂电气第二种工作票及开工手续。

(2) 检查验证工作票、试验票。

(3) 工作负责人向全体作业人员交待作业内容、安全措施、危险点分析控制措施及作业要求，作业人员理解后在工作票危险点分析控制措施单上签名。

36.6 检修工序及质量标准

36.6.1 华为光传输设备输入电源及电源冗余功能检查

(1) 在机柜电源分配模块处分别测量两路直流电源电压，电压范围应为$-75\sim-40$ VDC。

(2) 检查电源端子有无烧焦放电痕迹、端子有无松动、有无异味。

(3) 走线整齐规范、线缆外皮无破损及老化、无局部发热。

(4) 在通信电源Ⅰ套上将光传输设备电源断路器断开，观察光传输设备应工作正常。

(5) 将通信电源Ⅰ套上的光传输设备电源断路器合上，并在光传输设备

Ⅰ路电源输入端子测量电压正常。

（6）在通信电源Ⅱ套上将光传输设备电源断路器断开，观察光传输设备是否工作正常。

（7）将通信电源Ⅱ套上的光传输设备电源断路器合上，并在光传输设备Ⅱ路电源输入端子测量电压正常。

（8）在光传输设备机柜电源分配箱分别断开两路电源中的一路电源断路器，设备在单路电源供电的情况下应工作正常。

（9）将电源分配箱上的两路电源均合上。

36.6.2　华为光传输设备板卡运行状态检查及冗余功能检查

（1）观察光传输设备正常工作指示灯，检查设备工作状态是否正常。

（2）对指示灯显示异常的板卡，要查找并消除故障，必要时可联系广西中调通信值班员协助排查。

（3）检查板卡是否有发热现象。

（4）对冗余配置的系统控制与通信板、超级交叉时钟板等板卡进行冗余切换试验，设备在单板卡的状态下应仍然工作正常。

（5）工作完毕后，须安装好板卡，拧紧固定螺丝。

36.6.3　烽火光传输设备输入电源及电源冗余功能检查

（1）在机柜电源分配模块处分别测量两路直流电源电压，电压范围应为－75～－40 VDC。

（2）检查电源端子有无烧焦放电痕迹、端子无松动、有无异味。

（3）走线整齐规范、线缆外皮无破损及老化、无局部发热。

（4）在通信电源Ⅰ套上将光传输设备电源断路器断开，观察光传输设备应工作正常。

（5）将通信电源Ⅰ套上的光传输设备电源断路器合上，并在光传输设备Ⅰ路电源输入端子测量电压正常。

（6）在通信电源Ⅱ套上将光传输设备电源断路器断开，观察光传输设备是否工作正常。

（7）将通信电源Ⅱ套上的光传输设备电源断路器合上，并在光传输设备Ⅱ路电源输入端子测量电压正常。

（8）在光传输设备机柜电源分配箱分别断开两路电源中的一路电源断路器，设备在单路电源供电的情况下应工作正常。

(9) 将电源分配箱上的两路电源均合上。

36.6.4 烽火光传输设备设备板卡运行状态检查及冗余功能检查

(1) 观察光传输设备正常工作指示灯,检查设备工作状态是否正常。

(2) 对指示灯显示异常的板卡,要查找并消除故障,必要时可联系广西中调通信值班员协助排查。

(3) 检查板卡是否有发热现象。

(4) 对冗余配置的系统控制与通信板、超级交叉时钟板等板卡进行冗余切换试验,设备在单板卡的状态下应仍然工作正常。

(5) 工作完毕后,须安装好板卡,拧紧固定螺丝。

36.6.5 光纤通道光功率测试

(1) 光通道光功率测试工作,在检修申请得到广西中调通信科批准后方可进行。

(2) 工作前与对侧站点配合人员做好沟通。

(3) 在光板处测量我方发光功率。

(4) 对侧接光源仪给我方发光,并告知我方发光功率,我方测对侧发送过来的光功率。

(5) 根据测量值计算出光缆衰耗。

(6) 用同样的方法,依次测量其他光纤通道的收发光功率,并计算其衰耗,做记录。

36.6.6 华为光设备柜综合检查

1. 线缆及端子检查

(1) 端子无松动、接线牢固,接头无锈蚀无烧灼现象。

(2) 走线整齐规范;线缆外皮无破损及老化;无局部发热。

(3) 光纤绑扎松紧适度,无挤压、无过度扭曲现象;光纤连接器牢固无松动。

(4) 同轴电缆走线整齐规范;线缆外皮无破损及老化;接头牢固无松动。

2. 机柜风扇检查

检查华为光传输设备风扇正常运行,声音无异响,风扇滤网清洁干净,必要时可断开风扇电源,进行风扇和滤网的清洁。

3. 机柜及设备灰尘清扫

(1) 华为光传输设备机架、电缆、电路板等清扫干净,确认干净整洁无异物。

(2) 使用毛刷、吹风机等清洁工具,要注意把金属部分用绝缘胶布包好。

(3) 在电源线、跳纤等重要线缆清洁时要注意清洁力度要轻,不要造成线缆损伤。

(4) 清洁时手腕上不可佩戴手表、手镯等金属饰物。

(5) 清洁时手腕上要戴好防静电手腕带。

4. 机柜接地电阻测量

用接地电阻测试仪测量网 I 华为光传输设备机柜接地电阻,机柜接地电阻值不超过 1 Ω。

36.6.7 烽火光设备柜综合检查

1. 线缆及端子检查

(1) 端子无松动、接线牢固,接头无锈蚀无烧灼现象。

(2) 走线整齐规范;线缆外皮无破损及老化;无局部发热。

(3) 光纤绑扎松紧适度,无挤压、无过度扭曲现象;光纤连接器牢固无松动。

(4) 同轴电缆走线整齐规范;线缆外皮无破损及老化;接头牢固无松动。

2. 机柜风扇检查

检查烽火光传输设备风扇正常运行,声音无异响,风扇滤网清洁干净,必要时可断开风扇电源,进行风扇和滤网的清洁。

3. 机柜及设备灰尘清扫

(1) 烽火光传输设备机架、电缆、电路板等清扫干净,确认干净整洁无异物。

(2) 使用毛刷、吹风机等清洁工具,要注意把金属部分用绝缘胶布包好。

(3) 在电源线、跳纤等重要线缆清洁时要注意清洁力度要轻,不要造成线缆损伤。

(4) 清洁时手腕上不可戴带手表、手镯等金属饰物。

(5) 清洁时手腕上要戴好防静电手腕带。

4. 机柜接地电阻测量

用接地电阻测试仪测量网 II 烽火光传输设备机柜接地电阻,机柜接地电阻值不超过 1 Ω。

36.6.8 数字配线架及光纤配线架检查

(1) 线缆绑扎松紧适度,无破损,无挤压、过度扭曲及缠绕现象,布置美观,不紊乱。
(2) 接头端子牢固无松动。
(3) 光缆终端盒、纤芯、同轴电缆标示清晰、完善。纤芯序号和资料记录相符。
(4) 机柜接地电阻值不超过 1 Ω。

36.6.9 清理工作现场,工作结束

(1) 整理现场,清点工具。
(2) 将工作现场垃圾及杂物清理干净,严禁有物品遗留在作业现场。
(3) 施工人员撤离施工现场。
(4) 在工作票上填明工作终结时间,经双方签名后,工作票终结。

36.7 质量签证单

表 36.3

序号	工作内容	工作负责人自检			一级验证			二级验证			三级验证		
		验证点	签字	日期	验证点	签字	日期	验证点	签字	日期	验证点	签字	日期
1	工作准备	W1			W1			W1			W1		
2	华为光传输设备输入电源电压及冗余功能检查	W2			W2			W2			W2		
3	华为光传输设备其他各板卡冗余功能检查	W3			W3			W3			W3		
4	烽火光传输设备输入电源电压及冗余功能检查	W4			W4			W4			W4		
5	烽火光传输设备其他各板卡冗余功能检查	W5			W5			W5			W5		
6	光纤通道光功率测试	W6			W6			W6			W6		

续表

序号	工作内容	工作负责人自检			一级验证			二级验证			三级验证		
		验证点	签字	日期	验证点	签字	日期	验证点	签字	日期	验证点	签字	日期
7	华为光传输设备柜综合检查	W7			W7			W7			W7		
8	烽火光传输设备柜综合检查	W8			W8			W8			W8		
9	数字配线架及光纤配线架检查	W9			W9			W9			W9		
10	清理工作现场、工作结束	W10			W10			W10			W10		

第 37 章
调度数据网定检作业指导书

37.1 范围

本指导书适用于广西右江水利开发有限责任公司右江水力发电厂调度数据网和综合数据网检修工作。主要设备包括调度数据网柜和综合数据网柜内的网络设备和网络安全设备。

37.2 资料和图纸

下列文件中的条款通过本规范的引用而成为本规范的条款。凡是注日期的引用文件，其随后所有的修改单或修订版均不适用于本规范，然而，鼓励根据本规范达成协议的各方研究是否可使用这些文件的最新版本。凡是不注日期的引用文件，其最新版本适用于本规范。

(1) GB 26860—2011　电力安全工作规程 发电厂和变电站电气部分
(2) DL/T 544—2012　电力通信运行管理规程
(3) DL/T 838—2003　发电企业设备检修导则

37.3 安全措施

(1) 严格执行《电业安全工作规程》。
(2) 清点所有专用工具齐全，检查合适，试验可靠。

(3) 工作前必须摘下手腕上的手表、手链、手镯、戒指等含有金属的物件。

(4) 工作时触摸设备板卡必须戴上防静电手腕带。

(5) 工具、零部件放置有序，拆下的零部件必须妥善保管好并做好记号以便回装。

(6) 当天检修任务结束后一定要将检修所用照明电源切断。

(7) 参加检修的人员必须熟悉本作业指导书，并能熟知本书的检修项目、工艺质量标准等。

(8) 参加本检修项目的人员必须持证上岗，并熟知本作业指导书的安全技术措施。

(9) 办理工作终结手续前，工作负责人应对全部工作现场进行检查，确保无遗留问题，确定人员已经全部撤离。

(10) 开工前召开班前会，分析危险点，对作业人员进行合理分工，进行安全和技术交底。

37.4 备品备件清单

表 37.1

序号	备品备件名称	型号或规格	单位	数量	制造厂家	检验结果
1	以太网路由器				华为	
2	以太网交换机				华为	
3	纵向加密装置				南瑞	
4	天融信防火墙电源模块				天融信	

37.5 修前准备

37.5.1 工器具准备清单

表 37.2

序号	设备或工器具名称	型号或规格	单位	数量	备注
1	数字万用表		台	1	
2	尖嘴钳		把	1	
3	斜口钳		把	1	

续表

序号	设备或工器具名称	型号或规格	单位	数量	备注
4	一字起		把	1	
5	十字起		把	1	
6	电源盘		个	1	
7	吸尘器		台	1	
8	笔记本电脑		台	1	
9	迷你网络测试仪		台	1	

37.5.2 现场工作准备

（1）设立临时围栏。

（2）告知广西中调工作准备开始进行。

（3）准备好塑料布用于遮盖拆下的零部件。

37.5.3 办理相关工作票并做安全措施

（1）已办理工作票及开工手续。

（2）检查验证工作票、试验票。

（3）工作负责人向全体作业人员交待作业内容、安全措施、危险点分析控制措施及作业要求，作业人员理解后在工作票危险点分析控制措施单上签名。

37.6 检修工序及质量标准

37.6.1 输入电源电压检查

（1）在配置了交流电源供电的设备上，测量交流电源输入电压，电压范围应为176～264 VAC。

（2）检查电源端子无烧焦放电痕迹、无异味。

37.6.2 调度数据网各设备工作状态检查

（1）观察设备各板卡工作状态指示灯，无告警信号。各指示灯正常工作状态参考"调度数据网设备正常工作指示灯状态表"。

（2）板卡有无过热现象。

（3）板卡松动与否，固定螺丝是否拧紧。

37.6.3 机柜风扇检查

(1) 风扇正常运行,声音无异响。
(2) 风扇滤网清洁干净,必要时可断开风扇电源,进行风扇和滤网的清洁。

37.6.4 调度数据网机柜接地电阻测量

(1) 用接地电阻测试仪测量机柜接地电阻。
(2) 机柜接地电阻值不超过 1 Ω。

37.6.5 清理工作现场,检查工作结束

(1) 整理现场,清点工具。
(2) 将工作现场垃圾及杂物清理干净,严禁有物品遗留在作业现场。
(3) 施工人员撤离施工现场。
(4) 在工作票上填明工作终结时间,经双方签名后,工作票终结。

37.7 质量签证单

表 37.3

序号	工作内容	工作负责人自检			一级验证			二级验证			三级验证		
		验证点	签字	日期	验证点	签字	日期	验证点	签字	日期	验证点	签字	日期
1	输入电源电压检查测试	W1			W1			W1			W1		
2	调度数据网各设备工作状态检查	W2			W2			W2			W2		
3	机柜风扇检查	W3			W3			W3			W3		
4	调度数据网机柜接地电阻测量	W4			W4			W4			W4		
5	清理工作现场,检查工作结束	W5			W5			W5			W5		

第 38 章
工业电视系统检修作业指导书

38.1 范围

本指导书适用于广西右江水利开发有限责任公司右江水力发电厂工业电视系统的检修工作。

38.2 资料和图纸

下列文件中的条款通过本规范的引用而成为本规范的条款。凡是注日期的引用文件，其随后所有的修改单或修订版均不适用于本规范，然而，鼓励根据本规范达成协议的各方研究是否可使用这些文件的最新版本。凡是不注日期的引用文件，其最新版本适用于本规范。

(1) GB 26860—2011　电力安全工作规程 发电厂和变电站电气部分
(2) GB 50115—2009　工业电视系统工程设计规范
(3) DL/T 838—2003　发电企业设备检修导则
(4) GA/T 367—2001　视频安防监控系统技术要求
(5) 工业电视监控系统检修规程

38.3 安全措施

(1) 严格执行《电业安全工作规程》。

(2) 清点所有专用工具齐全，检查合适，试验可靠。

(3) 工作前必须摘下手腕上的手表、手链、手镯、戒指等含有金属的物件。

(4) 登高作业时要使用安全带和工具包，要有人监护、扶梯。

(5) 工作时触摸设备板卡必须戴上防静电手腕带。

(6) 工具、零部件放置有序，拆下的零部件必须妥善保管好并作好记号以便回装。

(7) 当天检修任务结束后一定要将检修所用照明电源切断。

(8) 参加检修的人员必须熟悉本作业指导书，并能熟知本书的检修项目，工艺质量标准等。

(9) 参加本检修项目的人员必须持证上岗，并熟知本作业指导书的安全技术措施。

(10) 办理工作终结手续前，工作负责人应对全部工作现场进行检查，确保无遗留问题，确定人员已经全部撤离。

(11) 开工前召开班前会，分析危险点，对作业人员进行合理分工，进行安全和技术交底。

38.4 备品备件清单

表 38.1

序号	名称	型号规格(图号)	单位	数量	备注
1	30倍网络球形摄像机				
2	18倍网络球形摄像机				

38.5 修前准备

38.5.1 工器具及消耗材料准备清单

表 38.2

一、材料类

序号	名称	型号	单位	数量	备注
1	无				

续表

二、工具类

序号	名称	型号	单位	数量	备注
1	数字万用表		台	1	
2	尖嘴钳		把	1	
3	斜口钳		把	1	
4	一字起		把	1	
5	一字起		把	1	
6	十字起		把	1	
7	十字起		把	1	
8	电源盘		个	1	
9	吸尘器		台	1	
10	笔记本电脑		台	1	
11	迷你网络测试仪		台	1	
12	红光笔		支	1	
13	光源仪		台	1	
14	光功率计		台	1	

38.5.2　现场工作准备

（1）设立临时围栏。

（2）高度较高，且附近无支撑物的地方工作须搭建金属架工作平台。

（3）准备好塑料布用于遮盖拆下的零部件。

（4）已办理工作票及开工手续。

（5）检查验证工作票、试验票。

（6）工作负责人向全体作业人员交待作业内容、安全措施、危险点分析控制措施及作业要求，作业人员理解后在工作票危险点分析控制措施单上签名。

38.5.3　办理相关工作票

（1）已办理工作票及开工手续，机组停运。

（2）所有安全措施已落实。

（3）工作负责人会同工作许可人检查工作现场所做的安全措施是否完备。

（4）检查验证工作票。

（5）工作负责人开展班前会，向全体作业人员交待作业内容、安全措施、危险点分析控制措施及作业要求，作业人员理解后在工作票危险点分析控制措施单上签名。

38.6　检修工序及质量标准

38.6.1　各设备输入电源检查

（1）测量各设备交流电源电压，电压范围应为187～242 VAC。
（2）检查电源端子有无烧焦放电痕迹、端子无松动、有无异味。
（3）走线整齐规范、线缆外皮无破损及老化、无局部发热

38.6.2　设备运行状态检查

（1）观察工业电视系统设备正常工作指示灯状态，检查设备工作状态是否正常。
（2）对指示灯显示异常的设备，要查找并消除故障。
（3）故障处理时要尽量不影响运行值班人员对设备的监视，若需要中断设备监视，须先征得运行人员同意。
（4）检查设备是否过度发热。
（5）检查设备固定螺钉是否拧紧。

38.6.3　线缆及端子检查

（1）端子无松动、接线牢固，接头无锈蚀无烧灼现象。
（2）走线整齐规范；线缆外皮无破损及老化；无局部发热。
（3）光纤绑扎松紧适度，无挤压、无过度扭曲现象；光纤连接器牢固无松动。

38.6.4　机柜风扇检查

（1）风扇正常运行，声音无异响。
（2）风扇滤网清洁干净，必要时可断开风扇电源，进行风扇和滤网的清洁。

38.6.5　机柜及设备灰尘清扫

（1）机架、电缆、电路板等清扫干净，确认无异物。

（2）毛刷、吹风机等清洁工具要注意把金属部分用绝缘胶布包好。

（3）在电源线、跳纤等重要线缆清洁时要注意清洁力度要轻，不要造成线缆损伤。

（4）清洁时手腕上不可佩戴手表、手镯等金属饰物。

（5）清洁时手腕上要戴好防静电手腕带。

38.6.6　工业电视系统机柜接地电阻测量

（1）用接地电阻测试仪测量机柜接地电阻。

（2）机柜接地电阻值不超过1Ω。

38.6.7　光纤配线盘检查

（1）线缆绑扎松紧适度，无破损，无挤压、过度扭曲及缠绕现象，布置美观，不紊乱。

（2）接头端子牢固无松动。

（3）光缆终端盒、纤芯标示清晰、完善。纤芯序号和资料记录相符。

（4）机柜接地电阻值不超过1Ω。

38.6.8　清理工作现场，检查工作结束

（1）整理现场，清点工具。

（2）将工作现场垃圾及杂物清理干净，严禁有物品遗留在作业现场。

（3）施工人员撤离施工现场。

（4）在工作票上填明工作终结时间，经双方签名后，工作票终结。

38.7　检修记录

38.7.1　工业电视系统设备正常工作指示灯状态表

表38.3

项目及检测内容	正常运行要求（指示灯）
交换机	

38.7.2 工业电视系统月检记录表

表 38.4

检测人：　　　　　　　检测日期：　　　　　　　检测结果：

项目		检测内容	标称数据（正常范围）	工作结果	备注
设备告警信息检查	告警信息	是否有告警信息	告警信号灯点亮与否		
	风扇	运转情况	各风扇应正常运转且无异响		
	过滤网	清扫过滤网	干燥、无明显积尘、无损坏		
	ODF光纤配线盘	检查ODF及线缆	接头连接可靠，连线整齐，无弯曲过度，标志明显		
	接地	检查机架接地	接地可靠，接点无松动、防锈良好		
测试	输入电压	测量电源电压	187～242 VAC		
常规维护	线缆	整理线缆	整理线缆顺序，清理线缆灰尘		
	机架	清扫设备机架	清扫设备机架积尘		

38.7.3 工业电视系统年检记录表

（1）电源检查

表 38.5

项目及检测内容	正常运行要求	检查结果	处理情况

（2）设备运行状况检查

表 38.6

项目及检测内容	正常运行要求（指示灯）	检查结果	处理情况
交换机			

(3) 监控终端检查

表 38.7

项目及检测内容	正常运行要求	检查结果	处理情况
监控终端	操作系统能正常登录及操作； 无病毒感染,不加装无关应用程序； 密码修改工作视情况而定。		

(4) 附属设备检查

表 38.8

项目及检测内容		正常运行要求	检查结果	处理情况
	风扇	风扇正常运行,声音无异常,无告警指示		
机柜	柜门	柜门无卡紧,开、关正常		
	机柜接地	柜门接地线无松动,接地线不影响柜门转动		
	表面清洁	机柜无灰尘污染,表面绝缘漆无脱落		

(5) 线缆检查

表 38.9

项目及检测内容		正常运行要求	检查结果	处理情况
电源部分	电源线端子及接头	电源端子无松动、接线牢固,接头无锈蚀现象		
	电源线	走线整齐规范；线缆外皮无破损及老化；无局部发热		
	设备尾纤	绑扎松紧适度,无破损,无挤压、过度扭曲现象；接头端子牢固无松动		

(6) 设备清扫

表 38.10

序号	工作内容	完成情况	备注
1	机柜清扫		
2	设备清扫		

(7) 接地电阻测试

表 38.11

项目及检测内容	正常运行要求	检查结果	处理情况
接地电阻测试	$\leqslant 1\ \Omega$		

38.8 质量签证单

表 38.12

序号	工作内容	工作负责人自检			一级验证			二级验证			三级验证		
		验证点	签字	日期	验证点	签字	日期	验证点	签字	日期	验证点	签字	日期
1	工作准备	W1			W1			W1			W1		
2	各设备输入电源检查	W2			W2			W2			W2		
3	设备运行状态检查	W3			W3			W3			W3		
4	线缆及端子检查	W4			W4			W4			W4		
5	机柜风扇检查	W5			W5			W5			W5		
6	机柜及设备灰尘清扫	W6			W6			W6			W6		
7	工业电视系统机柜接地电阻测量	W7			W7			W7			W7		
8	光纤配线盘检查	W8			W8			W8			W8		
9	清理工作现场,检查工作结束	W9			W9			W9			W9		

第6篇
金属结构检修

第 39 章
主厂房桥机机械部分定检作业指导书

39.1 范围

本指导书适用于广西右江水利开发有限责任公司右江水力发电厂主厂房桥机机械部分定检工作。

39.2 资料和图纸

下列文件中的条款通过本规范的引用而成为本规范的条款。凡是注日期的引用文件,其随后所有的修改单或修订版均不适用于本规范,然而,鼓励根据本规范达成协议的各方研究是否可使用这些文件的最新版本。凡是不注日期的引用文件,其最新版本适用于本规范。

(1) GB 26164.1—2010　电业安全工作规程 第 1 部分:热力和机械
(2) GB 26860—2011　电力安全工作规程 发电厂和变电站电气部分
(3) GB/T 5972—2009　起重机 钢丝绳 保养、维护、检验和报废
(4) GB 50278—2010　起重设备安装工程施工及验收规范
(5) GB 6067.1—2010　起重机械安全规程
(6) GB/T 14405—2011　通用桥式起重机
(7) TSG Q7015—2008　起重机械定期检验规则
(8) DL/T 946—2005　水利水电建设用起重机

39.3 安全措施

(1) 严格执行《电业安全工作规程》。
(2) 清点所有专用工具齐全,检查合适,试验可靠。
(3) 工具、零部件放置有序,拆下的零部件必须妥善保管好并做好记号以便回装。
(4) 当天定检任务结束后一定要将定检所用照明电源切断。
(5) 参加定检的人员必须熟悉本作业指导书,并能熟知本书的检修项目,工艺质量标准等。
(6) 参加本定检项目的人员必须持证上岗,并熟知本作业指导书的安全技术措施。
(7) 开工前召开专题会,对各定检参加人员进行组内分工,并且进行安全、技术交底。
(8) 办理工作终结手续前,工作负责人应对全部工作现场进行检查,确保无遗留问题,确定人员已经全部撤离。

39.4 备品备件清单

表 39.1

序号	名称	型号规格(图号)	单位	数量	备注
1	无				

39.5 修前准备

39.5.1 工器具及消耗材料准备清单

表 39.2

一、材料类

序号	名称	型号	单位	数量	备注
1	乐泰胶	271	瓶	1	
2	干净白布		kg	2	

续表

一、材料类

序号	名称	型号	单位	数量	备注
3	次毛巾		条	2	
4	橡胶手套		副	2	
5	钢丝绳润滑油		kg	1	
6	齿轮油		kg	1	

二、工具类

序号	名称	型号	单位	数量	备注
1	手锤	2.5磅	把	2	
2	活动扳手	250 mm	把	2	
3	套筒扳手	M10—M64	套	1	
4	记录本		本	1	
5	中性笔		支	1	
6	记号笔	红色	支	1	
7	电筒		支	2	
8	安全带		副	2	

三、量具类

序号	名称	型号	单位	数量	备注
1	卷尺	3 m	把	1	
2	游标卡尺	0～300 mm	把	1	

39.5.2 现场工作准备

（1）工器具已准备完毕,材料、备品已落实。
（2）作业文件已组织学习,工作组成员熟悉本作业指导书内容。

39.5.3 办理相关工作票

（1）已办理工作票及开工手续。
（2）所有安全措施已落实。
（3）工作负责人会同工作许可人检查工作现场所做的安全措施是否完备。
（4）检查验证工作票。
（5）工作负责人开展班前会,向全体作业人员交待作业内容、安全措施、危险点分析控制措施及作业要求,作业人员理解后在工作票危险点分析控制措施单上签名。

39.6　检修工序及质量标准

39.6.1　金属结构件

（1）主梁、小车机构件金属无裂纹；无明显腐蚀锈蚀；无异常变形、无明显扭曲；无松动、脱落或失稳。

（2）驾驶室与主梁连接无发现裂纹，无松动、脱落或失稳。

39.6.2　大车机构

（1）各轴承无异常。

（2）轮缘无裂纹、无明显变形、无磨损；轮毂和轮盘无明显损伤、无裂纹、无明显变形。

（3）车轮踏面无剥落、无明显磨损偏侧，无径向磨损严重误差值超标。

（4）轨道混凝土基础或钢结构件牢固无异常。

（5）钢梁无裂纹无断裂，某段距离无明显下陷与弯曲变形。

（6）制动器的连接螺栓、销轴无松动、机架未发现裂纹或开裂、制动器油量合适、无漏油、油液清洁；制动轮与制动瓦无裂纹、无损伤、无剥落、无老化、制动瓦未严重磨损、无偏磨、制动间隙符合要求；电动机底座无裂纹、无脱落、无松动。

39.6.3　小车机构

（1）小车行走轮缘无裂纹、无明显变形、无磨损；轮毂和轮盘无明显损伤、无裂纹、无明显变形。

（2）电动机、减速器、轴承支座等底座的螺栓无松动，各减速箱润滑油充足。

（3）制动器连接螺栓、销轴无松动、机架未发现裂纹或开裂、制动器油量合适、无漏油、油液清洁；制动轮与制动瓦无裂纹、无损伤、无剥落、无老化、制动瓦未严重磨损、无偏磨、制动间隙符合要求。

（4）齿轮箱体无裂纹、无变形、无损伤；连接件无松动、无脱落；齿轮无异常声响、发热、振动、齿轮面无大面积剥落接触良好、润滑良好。

（5）卷筒无变形、无松动、无磨损、无裂纹，无脱槽痕迹、无松脱或无异常振动；卷筒轴与轴承无裂纹、无变形、无严重磨损、钢丝绳固定部位无异常、转动卷筒无异常杂音振动、无发现异常发热；滑轮组的滑轮无裂纹、无明显变形、磨损、松动、无脱槽痕迹。

（6）吊钩未发现裂纹、吊口无明显变形、无明显磨损、转动吊钩轴承等无异常声响。

（7）电动机底座无裂纹、无脱落、无松动。

（8）钢丝绳润滑脂充足，未沾沙子、尘土、杂质、水分，无磨损断丝，未出现压扁松散状态。

39.6.4　电动葫芦

（1）卷筒无变形、无松动、无磨损、无裂纹，无脱槽痕迹、无松脱或无异常振动；卷筒轴与轴承无裂纹、无变形、无严重磨损、钢丝绳固定部位无异常、转动卷筒无异常杂音振动、无发现异常发热；滑轮组的滑轮无裂纹、无明显变形、磨损、松动、无脱槽痕迹。

（2）吊钩未发现裂纹、吊口无明显变形、无明显磨损、转动吊钩轴承等无异常声响；电动机底座无裂纹、无脱落、无松动。

（3）钢丝绳润滑脂充足，未沾沙子、尘土、杂质、水分，无磨损断丝，未出现压扁松散状态。

39.6.5　清理检修现场，检查工作结束

（1）整理作业现场工器具。

（2）将工作现场垃圾及杂物清理干净，严禁有物品遗留在工作现场。

（3）施工人员撤离施工现场。

（4）工作负责人填写检修交待记录并办理工作票终结手续。

39.7　质量签证单

表 39.3

序号	工作内容	工作负责人自检			一级验证			二级验证			三级验证		
		验证点	签字	日期	验证点	签字	日期	验证点	签字	日期	验证点	签字	日期
1	工作准备/办理相关工作票	W0			W0			W0			W0		
2	金属机构定检	W1			W1			W1			W1		

续表

序号	工作内容	工作负责人自检			一级验证			二级验证			三级验证		
		验证点	签字	日期	验证点	签字	日期	验证点	签字	日期	验证点	签字	日期
3	大车机构定检	W2			W2			W2			W2		
4	小车起升机构定检	W3			W3			W3			W3		
5	电动葫芦定检	W4			W4			W4			W4		
6	清理检修现场,检查工作结束	H1			H1			H1			H1		

第40章
进水塔双向门机机械部分定检作业指导书

40.1 范围

本指导书适用于广西右江水利开发有限责任公司右江水力发电厂进水塔双向门机机械部分定检工作。

40.2 资料和图纸

下列文件中的条款通过本规范的引用而成为本规范的条款。凡是注日期的引用文件,其随后所有的修改单或修订版均不适用于本规范,然而,鼓励根据本规范达成协议的各方研究是否可使用这些文件的最新版本。凡是不注日期的引用文件,其最新版本适用于本规范。

(1) GB 26164.1—2010　电业安全工作规程 第1部分:热力和机械
(2) GB 26860—2011　电力安全工作规程 发电厂和变电站电气部分
(3) GB/T 5972—2009　起重机 钢丝绳 保养、维护、检验和报废
(4) GB 50278—2010　起重设备安装工程施工及验收规范
(5) GB/T 5082—1985　起重机吊运指挥信号
(6) GB 6720—1986　起重机司机安全技术考核标准
(7) GB 6067.1—2010　起重机械安全规程第1部分:总则
(8) GB/T 14405—2011　通用桥式起重机标准
(9) TSG Q7015—2008　起重机械定期检验规则

(10) DL/T 946—2005　　水利水电建设用起重机

40.3　安全措施

(1) 严格执行《电业安全工作规程》。

(2) 清点所有专用工具齐全，检查合适，试验可靠。

(3) 工具、零部件放置有序，拆下的零部件必须妥善保管好并做好记号以便回装。

(4) 当天定检任务结束后一定要将定检所用照明电源切断。

(5) 参加定检的人员必须熟悉本作业指导书，并能熟知本书的检修项目、工艺质量标准等。

(6) 参加本定检项目的人员必须持证上岗，并熟知本作业指导书的安全技术措施。

(7) 开工前召开专题会，对各定检参加人员进行组内分工，并且进行安全、技术交底。

(8) 办理工作终结手续前，工作负责人应对全部工作现场进行检查，确保无遗留问题，确定人员已经全部撤离。

40.4　备品备件清单

表 40.1

序号	名称	型号规格（图号）	单位	数量	备注
1	无				

40.5　修前准备

40.5.1　工器具及消耗材料准备清单

表 40.2

一、材料类

序号	名称	型号	单位	数量	备注
1	乐泰胶	271	瓶	1	

续表

一、材料类

序号	名称	型号	单位	数量	备注
2	干净白布		kg	2	
3	次毛巾		kg	2	
4	橡胶手套		副	1	
5	钢丝绳润滑油		kg	1	
6	齿轮油		kg	1	

二、工具类

序号	名称	型号	单位	数量	备注
1	手锤	2.5磅	把	2	
2	活动扳手	250 mm	把	2	
3	套筒扳手	M10~M64	把	1	
4	记录本		本	1	
5	中性笔		支	1	
6	记号笔	红色	支	1	
7	电筒		支	2	
8	安全带		条	2	

三、量具类

序号	名称	型号	单位	数量	备注
1	卷尺	3 m	把	1	
2	游标卡尺	0~300 mm	把	1	

40.5.2 现场工作准备

(1) 工器具已准备完毕,材料、备品已落实。
(2) 作业文件已组织学习,工作组成员熟悉本作业指导书内容。

40.5.3 办理相关工作票

(1) 已办理工作票及开工手续。
(2) 所有安全措施已落实。
(3) 工作负责人会同工作许可人检查工作现场所做的安全措施是否完备。
(4) 检查验证工作票。
(5) 工作负责人开展班前会,向全体作业人员交待作业内容、安全措施、危险点分析控制措施及作业要求，作业人员理解后在工作票危险点分析控制措施单上签名。

40.6 检修工序及质量标准

40.6.1 金属结构件

（1）主梁、小车机构件金属无裂纹；无明显腐蚀锈蚀；无异常变形、无明显扭曲；无松动、脱落或失稳。

（2）驾驶室与主梁连接未发现裂纹，无松动、脱落或失稳；驾驶室主体无漏水、墙体开裂。

40.6.2 大车机构

（1）各轴承无异常。

（2）轮缘无裂纹、无明显变形、无磨损；轮毂和轮盘无明显损伤、无裂纹、无明显变形。

（3）车轮踏面无剥落、无明显磨损偏侧，无径向磨损严重误差值超标。

（4）轨道混凝土基础或钢结构件牢固无异常。

（5）轨道钢梁无裂纹无断裂，某段距离无明显下陷与弯曲变形。

（6）电动机底座无裂纹、无脱落、无松动；行走、制动运行平稳，无齿轮油渗漏；各齿轮机构、联轴器、轴承、电动机运行声音平稳无异响、发热、异常振动。

（7）夹轨器液压管路、接头无渗油，液压缸密封无渗油；电动机运行声音平稳无异响、发热、异常振动。

40.6.3 小车起升机构

（1）小车行走轮缘无裂纹、无明显变形、无磨损；轮毂和轮盘无明显损伤、无裂纹、无明显变形。

（2）电动机、减速器、轴承支座等底座的螺栓无松动，各减速箱润滑油充足。

（3）电磁制动运行平稳无异臭、无异常噪音。

（4）齿轮箱体无裂纹、无变形、无损伤；连接件无松动、无脱落；齿轮无异常声响、发热、振动，齿轮面无大面积剥落，接触良好、润滑良好。

(5) 卷筒无变形、无松动、无磨损、无裂纹,无脱槽痕迹、无松脱或无异常振动;卷筒轴与轴承无裂纹、无变形、无严重磨损、钢丝绳固定部位无异常、转动卷筒无异常杂音振动、未发现异常发热;滑轮组的滑轮无裂纹、无明显变形、磨损、松动、无脱槽痕迹。

(6) 电动机底座无裂纹、无脱落、无松动。

(7) 钢丝绳润滑脂充足,未沾沙子、尘土、杂质、水分,无磨损断丝,未出现压扁松散状态。

(8) 机构设备室主体无漏水、墙体开裂。

(9) 穿销液压装置无漏油,投退运行无卡塞。

40.6.4 回转吊

(1) 电动机、减速器、轴承支座等底座的螺栓无松动;各减速箱润滑油充足。

(2) 制动器连接螺栓、销轴无松动、机架未发现裂纹或开裂、制动器油量合适、无漏油、油液清洁;制动轮与制动瓦无裂纹、无损伤、无剥落、无老化、制动瓦未严重磨损、无偏磨,制动间隙符合要求。

(3) 齿轮箱体无裂纹、无变形、无损伤;连接件无松动、无脱落;齿轮无异常声响、发热、振动、齿轮面无大面积剥落接触良好、润滑良好。

(4) 卷筒无变形、无松动、无磨损、无裂纹,无脱槽痕迹、无松脱或无异常振动;卷筒轴与轴承无裂纹、无变形、无严重磨损、钢丝绳固定部位无异常、转动卷筒无异常杂音振动、未发现异常发热。

(5) 滑轮组的滑轮无裂纹、无明显变形、磨损、松动、无脱槽痕迹;电动机底座无裂纹、无脱落、无松动;卷筒无变形、无松动、无磨损、无裂纹,无脱槽痕迹、无松脱或无异常振动;卷筒轴与轴承无裂纹、无变形、无严重磨损;滑轮组的滑轮未裂纹、无明显变形、磨损、松动、无脱槽痕迹。

(6) 钢丝绳润滑脂充足,未沾沙子、尘土、杂质、水分,无磨损断丝,未出现压扁松散状态。

(7) 机构设备室主体无漏水、墙体开裂。

40.6.5 清理检修现场,检查工作结束

(1) 整理作业现场工器具。

(2) 将工作现场垃圾及杂物清理干净,严禁有物品遗留在工作现场。

(3) 施工人员撤离施工现场。

（4）工作负责人填写检修交待记录并办理工作票终结手续。

40.7 质量签证单

表 40.3

序号	工作内容	工作负责人自检			一级验证			二级验证			三级验证		
		验证点	签字	日期	验证点	签字	日期	验证点	签字	日期	验证点	签字	日期
1	工作准备/办理相关工作票	W0			W0			W0			W0		
2	金属机构件	W1			W1			W1			W1		
3	大车机构	W2			W2			W2			W2		
4	小车机构	W3			W3			W3			W3		
5	回转吊机构	W4			W4			W4			W4		
6	清理检修现场，检查工作结束	H1			H1			H1			H1		

第 41 章
尾水台车机械部分定检作业指导书

41.1 范围

本指导书适用于广西右江水利开发有限责任公司右江水力发电厂尾水台车机械部分定检工作。

41.2 资料和图纸

下列文件中的条款通过本规范的引用而成为本规范的条款。凡是注日期的引用文件,其随后所有的修改单或修订版均不适用于本规范,然而,鼓励根据本规范达成协议的各方研究是否可使用这些文件的最新版本。凡是不注日期的引用文件,其最新版本适用于本规范。

(1) GB 26164.1—2010　电业安全工作规程 第 1 部分:热力和机械

(2) GB 26860—2011　电力安全工作规程 发电厂和变电站电气部分

(3) GB/T 5972—2009　起重机 钢丝绳 保养、维护、检验和报废

(4) GB 50278—2010　起重设备安装工程施工及验收规范

(5) GB 6067.1—2010　起重机械安全规程

(6) GB/T 14405—2011　通用桥式起重机

(7) TSG Q7015—2008　起重机械定期检验规则

(8) DL/T 946—2005　水利水电建设用起重机

41.3 安全措施

(1) 严格执行《电力安全工作规程》。

(2) 清点所有专用工具齐全,检查合适,试验可靠。

(3) 工具、零部件放置有序,拆下的零部件必须妥善保管好并做好记号以便回装。

(4) 当天定检任务结束后一定要将定检所用照明电源切断。

(5) 参加定检的人员必须熟悉本作业指导书,并能熟知本书的检修项目,工艺质量标准等。

(6) 参加本定检项目的人员必须持证上岗,并熟知本作业指导书的安全技术措施。

(7) 开工前召开专题会,对各定检参加人员进行组内分工,并且进行安全、技术交底。

(8) 办理工作终结手续前,工作负责人应对全部工作现场进行检查,确保无遗留问题,确定人员已经全部撤离。

41.4 备品备件清单

表 41.1

序号	名称	型号规格(图号)	单位	数量	备注
1	无				

41.5 修前准备

41.5.1 工器具及消耗材料准备

表 41.2

一、材料类

序号	名称	型号	单位	数量	备注
1	乐泰胶	271	瓶	1	
2	干净白布		kg	2	

续表

一、材料类

序号	名称	型号	单位	数量	备注
3	次毛巾		kg	2	
4	橡胶手套		副	2	
5	钢丝绳润滑油		kg	1	
6	齿轮油		kg	1	

二、工具类

序号	名称	型号	单位	数量	备注
1	手锤	2.5磅	把	2	
2	活动扳手	250 mm	把	2	
3	套筒扳手	M10~M64	把	1	
4	记录本		本	1	
5	中性笔		支	1	
6	记号笔	红色	支	1	
7	电筒		支	2	
8	安全带		条	2	

三、量具类

序号	名称	型号	单位	数量	备注
1	卷尺	3 m	把	1	
2	游标卡尺	0~300 mm	把	1	

41.5.2 工作前准备

（1）工器具已准备完毕，材料、备品已落实。
（2）作业文件已组织学习，工作组成员熟悉本作业指导书内容。

41.5.3 办理相关工作票

（1）已办理工作票及开工手续。
（2）所有安全措施已落实。
（3）工作负责人会同工作许可人检查工作现场所做的安全措施是否完备。
（4）检查验证工作票。
（5）工作负责人开展班前会，向全体作业人员交待作业内容、安全措施、危险点分析控制措施及作业要求，作业人员理解后在工作票危险点分析控制措施单上签名。

41.6 检修工序及质量标准

41.6.1 金属结构件

（1）主梁、小车机构件金属无裂纹；无明显腐蚀锈蚀；无异常变形、无明显扭曲；无松动、脱落或失稳；

（2）驾驶室与主梁连接未发现裂纹，无松动、脱落或失稳。

41.6.2 大车机构

（1）各轴承无异常。

（2）轮缘无裂纹、无明显变形、无磨损；轮毂和轮盘无明显损伤、无裂纹、无明显变形。

（3）车轮踏面无剥落、无明显磨损偏侧，无严重径向磨损、误差值未超标。

（4）轨道混凝土基础或钢结构件牢固无异常。

（5）钢梁无裂纹无断裂，某段距离无明显下陷与弯曲变形。

（6）电磁制动运行正常。

41.6.3 起升机构

（1）小车行走轮缘无裂纹、无明显变形、无磨损；轮毂和轮盘无明显损伤、无裂纹、无明显变形。

（2）电动机、减速器、轴承支座等底座的螺栓无松动，各减速箱润滑油充足。

（3）制动器连接螺栓、销轴无松动、机架未发现裂纹或开裂、制动器油量合适、无漏油、油液清洁；制动轮与制动瓦无裂纹、无损伤、无剥落、无老化、制动瓦未严重磨损、无偏磨、制动间隙符合要求。

（4）齿轮箱体无裂纹、无变形、无损伤；连接件无松动、无脱落；齿轮无异常声响、发热、振动、齿轮面无大面积剥落接触良好、润滑良好。

（5）卷筒无变形、无松动、无磨损、无裂纹，无脱槽痕迹、无松脱或无异常振动；卷筒轴与轴承无裂纹、无变形、无严重磨损、钢丝绳固定部位无异常、转动卷筒无异常杂音振动、无发现异常发热；滑轮组的滑轮无裂纹、无明显变形、磨损、松动、无脱槽痕迹。

(6)电动机底座无裂纹、无脱落、无松动。

(7)钢丝绳润滑脂充足,未沾沙子、尘土、杂质、水分,无磨损断丝,未出现压扁松散状态。

(8)穿销液压装置未漏油,投退运行无卡塞。

41.6.4 清理检修现场,检查工作结束

(1)整理作业现场工器具。

(2)将工作现场垃圾及杂物清理干净,严禁有物品遗留在工作现场。

(3)施工人员撤离施工现场。

(4)工作负责人填写检修交待记录并办理工作票终结手续。

41.7 质量签证单

表 41.3

序号	工作内容	工作负责人自检			一级验证			二级验证			三级验证		
		验证点	签字	日期	验证点	签字	日期	验证点	签字	日期	验证点	签字	日期
1	工作准备/办理相关工作票	W0			W0			W0			W0		
2	金属结构件	W1			W1			W1			W1		
3	大车机构	W2			W2			W2			W2		
4	起升机构	W3			W3			W3			W3		
5	清理检修现场,检查工作结束	H1			H1			H1			H1		

第42章
营地仓库、GIS室桥机机械部分定检作业指导书

42.1 范围

本指导书适用于广西右江水利开发有限责任公司右江水力发电厂营地仓库、GIS室桥机机械部分定检工作。

42.2 资料和图纸

下列文件中的条款通过本规范的引用而成为本规范的条款。凡是注日期的引用文件,其随后所有的修改单或修订版均不适用于本规范,然而,鼓励根据本规范达成协议的各方研究是否可使用这些文件的最新版本。凡是不注日期的引用文件,其最新版本适用于本规范。

(1) GB 26164.1—2010　电业安全工作规程 第1部分:热力和机械

(2) GB 26860—2011　电力安全工作规程 发电厂和变电站电气部分

(3) GB/T 5972—2009　起重机 钢丝绳 保养、维护、检验和报废

(4) GB 50278—2010　起重设备安装工程施工及验收规范

(5) GB 6067.1—2010　起重机械安全规程

(6) GB/T 14405—2011　通用桥式起重机

(7) TSG Q7015—2008　起重机械定期检验规则

(8) DL/T 946—2005　水利水电建设用起重机

42.3 安全措施

(1) 严格执行《电业安全工作规程》。
(2) 清点所有专用工具齐全,检查合适,试验可靠。
(3) 工具、零部件放置有序,拆下的零部件必须妥善保管好并做好记号以便回装。
(4) 当天定检任务结束后一定要将定检所用照明电源切断。
(5) 参加定检的人员必须熟悉本作业指导书,并能熟知本书的检修项目,工艺质量标准等。
(6) 参加本定检项目的人员必须持证上岗,并熟知本作业指导书的安全技术措施。
(7) 开工前召开班前会,对各定检参加人员进行组内分工,并且进行安全、技术交底。
(8) 办理工作终结手续前,工作负责人应对全部工作现场进行检查,确保无遗留问题,确定人员已经全部撤离。

42.4 备品备件清单

表 42.1

序号	名称	型号规格(图号)	单位	数量	备注
1	无				

42.5 修前准备

42.5.1 工器具及消耗材料准备清单

表 42.2

一、材料类

序号	名称	型号	单位	数量	备注
1	乐泰胶	271	瓶	1	
2	干净白布		kg	2	

续表

一、材料类

序号	名称	型号	单位	数量	备注
3	次毛巾		kg	2	
4	橡胶手套		副	2	
5	钢丝绳润滑油		kg	1	
6	齿轮油		kg	1	

二、工具类

序号	名称	型号	单位	数量	备注
1	手锤	2.5磅	把	2	
2	活动扳手	250 mm	把	2	
3	套筒扳手	M10～M64	把	1	
4	记录本		本	1	
5	中性笔		支	1	
6	记号笔	红色	支	1	
7	电筒		支	2	
8	安全带		条	2	

三、量具类

序号	名称	型号	单位	数量	备注
1	卷尺	3 m	把	1	
2	游标卡尺	0～300 mm	把	1	

42.5.2 现场工作准备

（1）工器具已准备完毕，材料、备品已落实。

（2）作业文件已组织学习，工作组成员熟悉本作业指导书内容。

42.5.3 办理相关工作票

（1）已办理工作票及开工手续。

（2）所有安全措施已落实。

（3）工作负责人会同工作许可人检查工作现场所做的安全措施是否完备。

（4）检查验证工作票。

（5）工作负责人开展班前会，向全体作业人员交待作业内容、安全措施、危险点分析控制措施及作业要求，作业人员理解后在工作票危险点分析控制措施单上签名。

42.6 检修工序及质量标准

42.6.1 金属结构件

主梁、小车机构件金属无裂纹;无明显腐蚀锈蚀;无异常变形、无明显扭曲;无松动、脱落或失稳。

42.6.2 大车机构

(1)各轴承无异常。
(2)轮缘无裂纹、无明显变形、无磨损;轮毂和轮盘无明显损伤、无裂纹、无明显变形。
(3)车轮踏面无剥落、无明显磨损偏侧,无径向磨损严重误差值超标。
(4)轨道混凝土基础或钢结构件牢固无异常。
(5)轨道钢梁无裂纹无断裂,某段距离无明显下陷与弯曲变形。
(6)大车电磁制动运行平稳无异臭、无异常噪音
(7)行走、制动运行平稳,无齿轮油渗漏;各齿轮机构、联轴器、轴承、电动机运行声音平稳无异响、发热、异常振动。

42.6.3 起升机构

(1)小车行走轮缘无裂纹、无明显变形、无磨损;轮毂和轮盘无明显损伤、无裂纹、无明显变形。
(2)电动机、减速器、轴承支座等底座的螺栓无松动,各减速箱润滑油充足。
(3)电磁制动运行平稳无异臭、无异常噪音。
(4)齿轮箱体无裂纹、无变形、无损伤;连接件无松动、无脱落;齿轮无异常声响、发热、振动,齿轮面无大面积剥落接触良好、润滑良好。
(5)卷筒无变形、无松动、无磨损、无裂纹,无脱槽痕迹、无松脱或无异常振动;卷筒轴与轴承无裂纹、无变形、无严重磨损、钢丝绳固定部位无异常、转动卷筒无异常杂音振动、未发现异常发热;滑轮组的滑轮未裂纹、无明显变形、磨损、松动、无脱槽痕迹。
(6)电动机底座无裂纹、无脱落、无松动。

（7）钢丝绳润滑脂充足，未沾沙子、尘土、杂质、水分，无磨损断丝，未出现压扁松散状态。

42.6.4 清理检修现场，检查工作结束

（1）整理作业现场工器具。
（2）将工作现场垃圾及杂物清理干净，严禁有物品遗留在工作现场。
（3）施工人员撤离施工现场。
（4）工作负责人填写检修交待记录并办理工作票终结手续。

42.7 质量签证单

表 42.3

序号	工作内容	工作负责人自检			一级验证			二级验证			三级验证		
		验证点	签字	日期	验证点	签字	日期	验证点	签字	日期	验证点	签字	日期
1	工作准备/办理相关工作票	W0			W0			W0			W0		
2	金属结构件	W1			W1			W1			W1		
3	大车机构	W2			W2			W2			W2		
4	起升机构	W3			W3			W3			W3		
5	清理检修现场，检查工作结束	H1			H1			H1			H1		

第43章
进水口快速闸门定检作业指导书

43.1 范围

本指导书适用于进水口♯1～♯4机组快速闸门的定检工作。

43.2 资料和图纸

下列文件中的条款通过本规范的引用而成为本规范的条款。凡是注日期的引用文件,其随后所有的修改单或修订版均不适用于本规范,然而,鼓励根据本规范达成协议的各方研究是否可使用这些文件的最新版本。凡是不注日期的引用文件,其最新版本适用于本规范。

(1) GB 26164.1—2010　电业安全工作规程 第一部分:热力和机械
(2) DL/T 835—2003　水工钢闸门和启闭机安全检测技术规程
(3) NB/T 35045—2014　水电工程钢闸门制造安装及验收规范
(4) SL 105—2007　水工金属结构防腐蚀规范
(5) 进水口快速闸门竣工资料
(6) 电站进水口 5.1×6.5～50.66 m 快速闸门门叶总图
(7) 电站进水口 5.1×6.5～50.66 m 快速闸门充水阀装配图
(8) 电站进水口 5.1×6.5～50.66 m 快速闸门滑道装配图
(9) 电站进水口 5.1×6.5～50.66 m 快速闸门拉杆装配图
(10) 电站进水口 5.1×6.5～50.66 m 快速闸门水封总图

(11) 电站进水口 2 500 kN 1 250 kN 液压启闭机总图

43.3 安全措施

(1) 严格执行《电业安全工作规程》规定。
(2) 清点所有工器具数量合适,检查合格,试验可靠。
(3) 所有工器具认真清点数量,用专用工具包存放,不得遗留到定检设备内。
(4) 检修作业面已做好防护及隔离措施。
(5) 定检的快速闸门所对应××机组应处于停机状态。
(6) 当天定检结束后必须将检修电源和照明电源可靠切断。
(7) 参加检修作业人员必须熟悉本指导书内容,并熟记检修项目和质量工艺要求。
(8) 参加检修作业人员必须持证上岗,熟记本检修项目安全技术措施。
(9) 开工前召开专题会,对参加定检的人员进行组内分工,并且进行安全、技术交底。

43.4 备品备件清单

表 43.1

序号	名称	规格型号(图号)	单位	数量	备注
1	无				

43.5 修前准备

43.5.1 材料及工具清单

表 43.2

一、材料类

序号	名称	规格型号(图号)	单位	数量	备注
1	润滑脂		桶	1	

续表

一、材料类

序号	名称	型号	单位	数量	备注
2	次毛巾		kg	2	

二、工具类

序号	名称	规格型号(图号)	单位	数量	备注
1	电动扳手	中型	台	1	
2	梅花套筒	36	个	1	
3	梅花扳手	12×14、17×19、24×27	把	2	各2把
4	活动扳手	12"	把	1	
5	内六角扳手	10、12、14	把	1	各1把
6	安全带		条	1	合格品
7	防坠器	50 m	个	1	合格品

43.5.2 工作准备

(1) 工器具已准备完毕,材料、备品已落实。

(2) 工作场地已经完善隔离。

(3) 作业文件已组织学习,工作组成员熟悉本作业指导书内容。

(4) 工作票及开工手续已办理完毕。

(5) 检查验证工作票。

(6) 每次开工前,工作负责人应开展三讲一落实工作。

43.6 检修工序及质量标准

43.6.1 快速闸门液压泵站定检

(1) 检查液压泵站油箱、阀门及其附属管路是否渗漏油。

(2) 检查液压泵站阀门手柄、标示牌有无缺失。

(3) 检查液压泵站各压力仪表压力是否正常,表针指示是否正确。

(4) 检查液压泵站油箱的干燥剂颜色是否异常变化。

(5) 检查液压泵站阀门、进人孔等部位的紧固件是否松动。

(6) 观察液压泵站油泵启动是否正常,有无异响(在油泵启动的情况下才能观察)。

43.6.2 快速闸门液压启闭机定检

(1) 检查液压启闭机进、出油管的阀门、管路是否渗漏油。

(2) 检查液压启闭机缸体及活塞杆处是否渗漏油。

(3) 检查液压启闭机缸体顶部端盖的密封面是否渗漏油,端盖螺栓是否松动。

(4) 检查检查液压启闭机机架地脚螺丝是否松动、锈蚀。

(5) 检查液压启闭机缸体与机架的连接螺栓是否松动。

43.6.3 快速闸门定检

(1) 因快速闸门一直浸泡于水中,定检时闸门门体无法看到。

(2) 挂好防坠器,打开格栅,从竖井下到检修平台,挂好安全带,检查快速闸门的拉杆是否锈蚀、变形,拉杆销锁板及其紧固螺栓有无松动、脱落。

46.6.4 清理工作现场,工作结束

(1) 整理作业现场工器具并搬离,将设备上的油污、灰尘清扫干净。

(2) 将工作现场垃圾及杂物清理干净,人员全部撤离。

(3) 工作负责人填写检修交待记录并办理工作票终结手续。

43.7 质量签证单

表 43.3

序号	工作内容	工作负责人自检			一级验收			二级验收			三级验收		
		验证点	签字	日期	验证点	签字	日期	验证点	签字	日期	验证点	签字	日期
1	工作前准备	W0			W0			W0			W0		
2	快速闸门液压泵站定检	W1			W1			W1			W1		
3	快速闸门液压启闭机定检	W2			W2			W2			W2		
4	快速闸门定检	W3			W3			W3			W3		
5	工作结束	H1			H1			H1			H1		

第 44 章
进水口检修闸门定检作业指导书

44.1 范围

本指导书适用于广西右江水利开发有限责任公司右江水力发电厂进水口检修闸门的定检工作。

44.2 资料和图纸

下列文件中的条款通过本规范的引用而成为本规范的条款。凡是注日期的引用文件,其随后所有的修改单或修订版均不适用于本规范,然而,鼓励根据本规范达成协议的各方研究是否可使用这些文件的最新版本。凡是不注日期的引用文件,其最新版本适用于本规范。

(1) GB 26164.1—2010　电业安全工作规程 第一部分:热力和机械
(2) DL/T 835—2003　水工钢闸门和启闭机安全检测技术规程
(3) NB/T 35045—2014　水电工程钢闸门制造安装及验收规范
(4) SL 105—2007　水工金属结构防腐蚀规范
(5) 进水口检修闸门竣工资料
(6) 电站进水口 5.1×7～49 m 检修闸门门叶总图
(7) 电站进水口 5.1×7～49 m 检修闸门滑道装配图
(8) 电站进水口 5.1×7～49 m 检修闸门水封总图
(9) 电站进水口 5.1×7～49 m 检修闸门充水阀装配图

44.3 安全措施

（1）严格执行《电业安全工作规程》规定。

（2）严格遵守起重作业"十不吊"规定。

（3）安排专业门机司机、司索人员，对闸门起、落进行统一指挥。

（4）清点所有工器具数量合适，检查合格，试验可靠。

（5）所有工器具认真清点数量，用专用工具包存放，不得遗留到定检设备内。

（6）检修作业面已做好防护及隔离措施。

（7）定检的进水口检修闸门所对应××机组应处于停机状态。

（8）参加检修作业人员必须熟悉本指导书内容，并熟记检修项目和质量工艺要求。

（9）参加检修作业人员必须持证上岗，熟记本检修项目安全技术措施。

（10）开工前召开专题会，对参加定检的人员进行组内分工，并且进行安全、技术交底。

44.4 备品备件清单

表 44.1

序号	名称	型号规格（图号）	单位	数量	备注
1	无				

44.5 修前准备

44.5.1 现场准备

工器具及消耗材料准备清单如下表。

表 44.2

一、材料类

序号	名称	型号	单位	数量	备注
1	润滑脂		桶	1	

续表

一、材料类

序号	名称	型号	单位	数量	备注
2	次毛巾		kg	2	
3	钢丝轮	φ100	个	2	
4	护目镜		副	1	
6	口罩		只	3	

二、工具类

序号	名称	型号	单位	数量	备注
1	电动扳手	中型	台	1	
2	梅花套筒	24、36	个	1	各1个
3	梅花扳手	12×14、17×19、24×27	把	2	各2把
4	活动扳手	12"	把	1	
5	内六角扳手	10、12、14	把	1	各1把
6	角磨机	φ100	台	1	
7	黄油枪		把	1	
8	电源盘	50 m	个	1	
9	防坠器		个	1	合格品
10	安全带		条	1	合格品
11	哨子		个	1	

44.5.2 工作准备

（1）工器具已准备完毕，材料、备品已落实。

（2）工作场地已经完善隔离。

（3）作业文件已组织学习，工作组成员熟悉本作业指导书内容。

（4）动火票、工作票及开工手续已办理完毕。

（5）检查验证工作票。

（6）每次开工前，工作负责人应开展班前会。

44.6 检修工序及质量标准

44.6.1 进水口检修闸门定检

（1）确认进水口检修闸门所在的机组已处于停机状态。

（2）进水口检修闸门定检应选择在天气状况良好（无风或微风，晴朗）天气进行。

（3）取出门机的机械锁定销，门机司机及司索人员应先检查门机，开动大车、小车、起升机构，检查门机的运行情况，以确定能否利用门机对检修闸门进行起落操作。

（4）进水口检修闸门的定检，应该分段进行。

（5）定检时，工作人员要配挂好防坠器，防坠器一端应挂在固定、牢固的地方，另一端牢靠挂在工作人员身上。闸门每起升 1.5～2.0 m 时，将闸门停留些时间，对闸门进行检查。可以用锁定梁锁定的，就要将其锁定，工作人员不要站到门体上去。一定要到门体上检查时，必须用锁定梁将闸门锁定好，设置好平台，系好安全绳，断开门机电源，安全措施落实到位后，方可到门体检查。

（6）检查闸门所有水封有无老化、破损及磨损程度，门体有无明显变形，并做记录。

（7）检查闸门所有滑块的磨损情况，并做记录。

（8）检查门体重要部位的焊缝有无开裂情况。

（9）检查门体重要部位的紧固件是否有松动。

（10）检查门体所有侧轮能否灵活转动，必要时给侧轮添加润滑脂。

（11）检查门体各部位的锈蚀情况，少量锈蚀可现场除锈，补漆防腐。大面积锈蚀的，要进行专门的除锈、防腐处理。

（12）汇总统计各项缺陷，立项对闸门进行专项处理。

（13）定检工作结束，用锁定梁将闸门牢靠地锁定在孔口，恢复孔口的防护围栏。

（14）指挥门机开回指定停放位置，装入两个锁定销，关闭门机电源，关闭驾驶室门，最后将门机总电源关闭。

44.6.2　清理工作现场，工作结束

（1）整理作业现场，全部带走工器具和其他物品。

（2）将工作现场垃圾及杂物清理干净，人员全部撤离。

（3）工作负责人填写检修交待记录并办理工作票终结手续。

44.7 质量签证单

表 44.3

序号	工作内容	工作负责人自检			一级验证			二级验证			三级验证		
		验证点	签字	日期	验证点	签字	日期	验证点	签字	日期	验证点	签字	日期
1	工作前准备	W0			W0			W0			W0		
2	进水口检修门定检	W1			W1			W1			W1		
3	工作结束	H1			H1			H1			H1		

第 45 章
尾水检修闸门定检作业指导书

45.1 范围

本指导书适用于广西右江水利开发有限责任公司右江水力发电厂♯1~♯4机组尾水检修闸门的定检工作。

45.2 资料和图纸

下列文件中的条款通过本规范的引用而成为本规范的条款。凡是注日期的引用文件，其随后所有的修改单或修订版均不适用于本规范，然而，鼓励根据本规范达成协议的各方研究是否可使用这些文件的最新版本。凡是不注日期的引用文件，其最新版本适用于本规范。

(1) GB 26164.1—2010　电业安全工作规程 第一部分：热力和机械
(2) DL/T 835—2003　水工钢闸门和启闭机安全检测技术规程
(3) NB/T 35045—2014　水电工程钢闸门制造安装及验收规范
(4) SL 105—2007　水工金属结构防腐蚀规范
(5) 尾水检修闸门竣工资料
(6) 电站尾水 8×9.41~24.87 m 检修闸门门叶总图
(7) 电站尾水 8×9.41~24.87 m 检修闸门滑道装配图
(8) 电站尾水 8×9.41~24.87 m 检修闸门水封总图
(9) 电站尾水 8×9.41~24.87 m 检修闸门充水阀装配图

45.3 安全措施

(1) 严格执行《电业安全工作规程》规定。
(2) 严格遵守起重作业"十不吊"规定。
(3) 安排专业门机司机、司索人员,对闸门起、落进行统一指挥。
(4) 清点所有工器具数量合适,检查合格,试验可靠。
(5) 所有工器具认真清点数量,用专用工具包存放,不得遗留到定检设备内。
(6) 检修作业面已做好防护及隔离措施。
(7) 定检的尾水检修闸门所对应××机组应处于停机状态。
(8) 参加检修作业人员必须熟悉本指导书内容,并熟记检修项目和质量工艺要求。
(9) 参加检修作业人员必须持证上岗,熟记本检修项目安全技术措施。
(10) 开工前召开专题会,对参加定检的人员进行组内分工,并且进行安全、技术交底。

45.4 备品备件清单

表 45.1

序号	名称	型号规格(图号)	单位	数量	备注
1	无				

45.5 修前准备

45.5.1 现场准备

工器具及消耗材料准备清单如下表。

表 45.2

一、材料类

序号	名称	型号	单位	数量	备注
1	润滑脂		桶	1	

续表

一、材料类

序号	名称	型号	单位	数量	备注
2	软毛巾		kg	2	
3	钢丝轮	ϕ100	个	2	
4	护目镜		副	1	
6	口罩		只	3	

二、工具类

序号	名称	型号	单位	数量	备注
1	电动扳手	中型	台	1	
2	梅花套筒	24、36	个	1	各1个
3	梅花扳手	12×14、17×19、24×27	把	2	各2把
4	活动扳手	12"	把	1	
5	内六角扳手	10、12、14	把	1	各1把
6	角磨机	ϕ100	台	1	
7	黄油枪		把	1	
8	电源盘	50 m	个	1	
9	防坠器		个	1	合格品
10	安全带		条	1	合格品
11	哨子		个	1	

45.5.2 工作准备

(1) 工器具已准备完毕,材料、备品已落实。

(2) 工作场地已经完善隔离。

(3) 作业文件已组织学习,工作组成员熟悉本作业指导书内容。

(4) 动火票、工作票及开工手续已办理完毕。

(5) 检查验证工作票。

(6) 每次开工前,工作负责人应开展班前会,进行技术交底和危险点分析。

45.6 检修工序及质量标准

45.6.1 尾水检修闸门定检

(1) 确认尾水检修闸门所在的机组已处于停机状态。

(2) 尾闸室照明要充足。

(3) 尾水台车司机及司索人员应先检查台车,开动大车、小车、起升机构,检查台车的运行情况,以确定能否利用台车对检修闸门进行起落操作。

(4) 尾水检修闸门的定检,应该分段进行。

(5) 定检时,工作人员要配挂好防坠器,防坠器一端应挂在固定、牢固的地方,另一端牢靠挂在工作人员身上。闸门每起升 1.5～2.0 m 时,将闸门停留些时间,对闸门进行检查。可以用锁定梁锁定的,就要将其锁定,工作人员不要站到门体上去。一定要到门体上检查时,必须用锁定梁将闸门锁定好,设置好平台,系好安全绳,断开台车电源,安全措施落实到位后,方可到门体检查。

(6) 检查闸门所有水封有无老化、破损及磨损程度,门体有无明显变形,并做记录。

(7) 检查闸门所有滑块的磨损情况,并做记录。

(8) 检查门体重要部位的焊缝有无开裂情况。

(9) 检查门体重要部位的紧固件是否有松动。

(10) 检查门体所有反轮、侧轮能否灵活转动,必要时给侧轮添加润滑脂。

(11) 检查门体各部位的锈蚀情况,少量锈蚀可现场除锈,补漆防腐。大面积锈蚀的,要进行专门的除锈、防腐处理。

(12) 汇总统计各项缺陷,立项对闸门进行专项处理。

(13) 定检工作结束,用锁定梁将闸门牢靠地锁定在孔口。

(14) 指挥台车脱销,拉起平衡梁,开回指定停放位置,停止并关闭台车总电源,关闭台车桥下照明电源。

45.6.2 清理工作现场,工作结束

(1) 整理作业现场,全部带走工器具和其他物品。

(2) 将工作现场垃圾及杂物清理干净,人员全部撤离。

(3) 工作负责人填写检修交待记录并办理工作票终结手续。

45.7 质量签证单

表 45.3

序号	工作内容	工作负责人自检			一级验证			二级验证			三级验证		
		验证点	签字	日期	验证点	签字	日期	验证点	签字	日期	验证点	签字	日期
1	定检前准备	W0			W0			W0			W0		
2	尾水检修闸门定检	W1			W1			W1			W1		
3	现场清理,工作结束	H1			H1			H1			H1		

第46章

尾水防洪闸门定检作业指导书

46.1 范围

本指导书适用于广西右江水利开发有限责任公司右江水力发电厂尾水防洪闸门的定检工作。

46.2 资料和图纸

下列文件中的条款通过本规范的引用而成为本规范的条款。凡是注日期的引用文件,其随后所有的修改单或修订版均不适用于本规范,然而,鼓励根据本规范达成协议的各方研究是否可使用这些文件的最新版本。凡是不注日期的引用文件,其最新版本适用于本规范。

(1) GB 26164.1—2010　电业安全工作规程 第一部分:热力和机械
(2) DL/T 835—2003　水工钢闸门和启闭机安全检测技术规程
(3) NB/T 35045—2014　水电工程钢闸门制造安装及验收规范
(4) SL 105—2007　水工金属结构防腐蚀规范
(5) 防洪闸门竣工资料
(6) 电站厂房尾水 3.7×3.2~7.49 m 密封门门叶总装配图
(7) 电站厂房尾水 3.7×3.2~7.49 m 密封门门叶结构图
(8) 电站厂房尾水 3.7×3.2~7.49 m 密封门门座及门耳结构图
(9) 电站厂房尾水 3.7×3.2~7.49 m 密封门辅助拉紧装置结构图

46.3 安全措施

(1) 严格执行《电业安全工作规程》规定。
(2) 清点所有工器具数量合适,检查合格,试验可靠。
(3) 所有工器具认真清点数量,工器具不得遗留到定检设备内。
(4) 定检作业面已做好防护及隔离措施。
(5) 参加检修作业人员必须熟悉本指导书内容,并熟记检修项目和质量工艺要求。
(6) 参加检修作业人员必须持证上岗,熟记本检修项目安全技术措施。
(7) 开工前召开班前会,对参加定检的人员进行组内分工,并且进行安全、技术交底。

46.4 备品备件清单

表 46.1

序号	名称	型号规格(图号)	单位	数量	备注
1	无				

46.5 修前准备

46.5.1 现场准备

工器具及消耗材料准备清单如下表。

表 46.2

一、材料类

序号	名称	型号	单位	数量	备注
1	润滑脂		桶	1	
2	次毛巾		kg	1	
3	钢丝轮	φ100	个	2	
4	护目镜		付	1	
6	口罩		只	3	

续表

二、工具类

序号	名称	型号	单位	数量	备注
1	电动扳手	小型	台	1	
2	梅花套筒	19、24	个	1	各1个
3	梅花扳手	17×19、24×27、30×32	把	2	各2把
4	活动扳手	12	把	1	
5	内六角扳手	10、12、14	把	1	各1把
6	角磨机	ϕ100	台	1	
7	黄油枪		把	1	
8	电源盘	20 m	个	1	
9	安全带		条	1	合格品

46.5.2 工作准备

（1）工器具已准备完毕，材料、备品已落实。

（2）工作场地已经完善隔离。

（3）作业文件已组织学习，工作组成员熟悉本作业指导书内容。

（4）动火票、工作票及开工手续已办理完毕。

（5）检查验证工作票。

（6）每次开工前，工作负责人应开展"三讲一落实"工作。

46.6 检修工序及质量标准

46.6.1 尾水防洪闸门定检

（1）保证尾闸室照明要充足。

（2）两个人推动单块门体，进行开、关试验，检查门体有无卡阻，异响，若出现卡阻或异响，检查门体底座及顶部的耳柄，清理干净杂物并添加润滑脂。

（3）检查闸门所有水封有无老化、破损及磨损程度，门体有无明显变形，并做记录。

（4）检查门体重要部位的焊缝有无开裂情况。

（5）检查门体重要部位的紧固件是否有松动。

（6）检查门体各部位的锈蚀情况，少量锈蚀可现场除锈，补漆防腐。

（7）进行闭门试验。先用手拉葫芦等工具，将两块门体关闭至全关位置，再用螺栓将门体锁紧，最后用塞尺检查止水橡皮和门槽、底槛、门楣之间的间隙，以确认密闭效果，如何将门体全开。

（8）汇总统计各项缺陷，立项对闸门进行专项处理。

（9）检查尾水防洪闸门闭门应急物资是否齐全、功能完好，并在登记表上记录。

46.6.2 清理工作现场，工作结束

（1）整理作业现场，全部带走工器具和其他物品。

（2）将工作现场垃圾及杂物清理干净，人员全部撤离。

（3）工作负责人填写检修交待记录并办理工作票终结手续。

46.7 质量签证单

表 46.3

序号	工作内容	工作负责人自检			一级验证			二级验证			三级验证		
		验证点	签字	日期	验证点	签字	日期	验证点	签字	日期	验证点	签字	日期
1	工具材料、工作票和现场防护准备	W0			W0			W0			W0		
2	尾水防洪门定检	W1			W1			W1			W1		
3	现场清理，工作结束	H1			H1			H1			H1		

第7篇
辅机系统检修

第47章
高压气系统定检作业指导书

47.1 范围

本指导书适用于广西右江水利开发有限责任公司右江水力发电厂♯1高压空压机、♯2高压空压机、高压气罐定检工作工作。

47.2 资料和图纸

下列文件中的条款通过本规范的引用而成为本规范的条款。凡是注日期的引用文件,其随后所有的修改单或修订版均不适用于本规范,然而,鼓励根据本规范达成协议的各方研究是否可使用这些文件的最新版本。凡是不注日期的引用文件,其最新版本适用于本规范。

(1) GB 26164.1—2010　电业安全工作规程 第1部分:热力和机械

(2) GB 26860—2011　电力安全工作规程 发电厂和变电站电气部分

(3) JB/T 10683—2006　中、高压往复活塞空气压缩机

(4) GB/T 12691—1990　空气压缩机油

(5) GB/T 150.1～150.4—2011　压力容器

(6) 北京国泰富达电力设备销售有限公司 SV1101/80 空压机全部竣工资料

47.3 安全措施

(1) 严格执行《电力安全工作规程》。
(2) 清点所有工器具数量合适,检查合格,试验可靠。
(3) 定检作业面已做好防护及隔离措施。
(4) ♯1 高压空压机 00QG01 AC(♯2 高压空压机 00QG02 AC)控制方式应置于"切除"位置。
(5) 断开♯1 高压空压机 00QG01 AC 供电开关 41JZ402QF(断开♯2 高压空压机 00QG02 AC 供电开关 42JZ402QF)。
(6) 关闭♯1 高压空压机出口阀 00QG02 V(关闭♯2 高压空压机出口阀 00QG04 V)。
(7) 参加定检作业人员必须熟悉本指导书内容,并熟记定检项目和质量工艺要求。
(8) 参加定检作业人员必须本定检项目安全技术措施。
(9) 开工前召开班前会,分析危险点,落实安全防范措施。对作业人员进行合理分工,进行安全和技术交底。

47.4 备品备件清单

表 47.1

序号	名称	型号规格(图号)	单位	数量	备注
1	空气压缩机油	MOBIL RARUS 827　ISO VG100	桶	1	20L/桶
2	空气过滤器滤芯	订货号 039152	个	2	

47.5 修前准备

47.5.1 工器具及消耗材料准备清单

表 47.2

一、材料类

序号	名称	型号	单位	数量	备注
1	软毛巾		kg	1	
	滤油纸		张	2	

续表

二、工具类

序号	名称	型号	单位	数量	备注
1	内六角扳手	6 mm、8 mm、10 mm	把	3	各1把
2	双头梅花扳手	10×12、14×17、17×19	把	3	各1把
3	套筒扳手		把	1	26 mm 套筒
4	铝盆		个	1	
5	漏斗		个	1	
6	废油桶	25 L	个	1	
7	手电筒		支	1	
8	耳塞/耳套		副	2	

47.5.2 现场工作准备

（1）工器具已准备完毕，材料、备品已落实。

（2）作业文件已组织学习，工作组成员熟悉本作业指导书内容。

（3）设备已经隔离完善，所有安全措施已落实。

（4）工作票及开工手续办理完毕。

（5）工作负责人会同工作许可人检查工作现场所做的安全措施已完备。

（6）每次开工前，工作负责人开展班前会，向全体作业人员交待作业内容、安全措施、危险点分析及防控措施、作业要求，作业人员理解后在工作票上签名。

47.6 检修工序及质量标准

47.6.1 高压气系统定检

（1）检查高压空压机整体外观是否完好。

（2）检查高压空压机本体及出口管路、阀门是否有漏气、漏油情况。

（3）检查高压空压机机架、本体及各气缸等部位紧固件是否有松动。

（4）检查高压空压机油位、油质是否正常。检查油位标尺，油位应在最小刻度与最大刻度之间，且距离最高刻度约2~3 cm处，不足时需要补充。油液浑浊发黑时，需要更换润滑油，禁止混用不通牌号润滑油，必须使用活塞式空压机专用润滑油。

（5）检查高压空压机空气过滤器滤芯，并用低压气对其进行吹扫后再回装，老化或者堵塞严重无法清洁时，更换滤芯。

（6）停机检查高压空压机油压表、各级出口温度表、压力表有无损坏或失灵。开机检查油压表、各级出口温度表、压力表指示是否正确。

（7）拆除风扇保护罩，检查清扫风扇扇叶；检查、清扫高压空压机冷却器。

（8）工作中要注意保护设备及自动化传感器元件。

（9）定检工作结束后，收整工作现场工器具及垃圾杂物。

（10）终结工作票，运行人员恢复已隔离的安全措施。

（11）上电手动开机检查，检查空压机运行是否有异响、异常振动。

（12）检查高压空压机能否正常加载、卸载；运行时油压表、各级温度表、各级出口压力表显示温度、压力是否符合要求。

（13）手动开机运行正常后，手动切除转入自动运行方式。

（14）检查高压气罐罐体及其附属管路、阀门有无漏气，安全阀工作是否正常。

（15）检查高压气罐各压力表计、压力传感器工作是否正常。

（16）检查高压气罐罐体焊接的主要焊缝是否存在裂纹、开裂等异常情况。

47.6.2 现场清理，工作结束

（1）整理工作场地，检查有无工器具或其他物品遗落工作现场。

（2）将设备上的油污、杂物擦拭干净。

（3）将工作现场垃圾及杂物清理干净，人员全部撤离。

（4）工作负责人填写检修交待记录并办理工作票终结手续。

47.7 质量签证单

表 47.3

序号	工作内容	工作负责人自检			一级验证			二级验证			三级验证		
		验证点	签字	日期	验证点	签字	日期	验证点	签字	日期	验证点	签字	日期
1	工作准备/办理相关工作票	W0			W0			W0			W0		
2	高压气系统定检	W1			W1			W1			W1		
3	清理检修现场，检查工作结束	W2			W2			W2			W2		

第48章
低压气系统定检作业指导书

48.1 范围

本指导书适用于广西右江水利开发有限责任公司右江水力发电厂♯1低压空压机、♯2低压空压机、低压气罐定检工作工作。

48.2 资料和图纸

下列文件中的条款通过本规范的引用而成为本规范的条款。凡是注日期的引用文件,其随后所有的修改单或修订版均不适用于本规范,然而,鼓励根据本规范达成协议的各方研究是否可使用这些文件的最新版本。凡是不注日期的引用文件,其最新版本适用于本规范。

(1) GB 26164.1—2010　电业安全工作规程 第1部分:热力和机械

(2) GB 26860—2011　电力安全工作规程 发电厂和变电站电气部分

(3) JB/T 6430—2014　一般用喷油螺杆空气压缩机

(4) GB/T 12691—90　空气压缩机油

(5) GB/T 150.1~150.4—2011　压力容器

(6) 英格索兰公司 RS37i 低压空压机全部竣工资料

48.3 安全措施

(1) 严格执行《电业安全工作规程》。

(2) 清点所有工器具数量合适,检查合格,试验可靠。

(3) 定检作业面已做好防护及隔离措施。

(4) 断开 400 V 机组自用电♯1 低压空压机供电开关 41JZ401QF,并拉出检修位置。(断开 400 V 机组自用电♯2 低压空压机供电开关 42JZ401QF,并拉出检修位置)

(5) 断开♯1 低压空压机柜内空开 FMP、MCB1、MCB2、MCB3。(断开♯2 低压空压机柜内空开 FMP、MCB1、MCB2、MCB3)

(6) 关闭♯1 低压空压机出口阀 00QD02 V。(关闭♯2 低压空压机出口阀 00QD07 V)

(7) 参加定检作业人员必须熟悉本指导书内容,并熟记定检项目和质量工艺要求。

(8) 参加定检作业人员必须本定检项目安全技术措施。

(9) 开工前召开班前会,分析危险点,落实安全防范措施。对作业人员进行合理分工,进行安全和技术交底。

48.4 备品备件清单

表 48.1

序号	名称	型号规格(图号)	单位	数量	备注
1	超级冷却液	订货号 38459582,20L/桶	桶	1	
2	空气过滤器滤芯	订货号 48958193	件	2	1件/台
3	油气分离器	订货号 48958235	件	4	2个/台
4	油过滤器	订货号 24900433	件	2	1件/台

48.5 修前准备

48.5.1 工器具及消耗材料准备清单

表 48.2

一、材料类

序号	名称	型号	单位	数量	备注
1	次毛巾		kg	1	
	滤油纸		张	3	

续表

二、工具类

序号	名称	型号	单位	数量	备注
1	内六角扳手	6 mm、8 mm、10 mm/12 mm	把	4	各1把
2	双头梅花扳手	10×12、14×17、17×19、24×27	把	4	各1把
4	铝盆	45~50 cm	个	1	
5	漏斗		个	1	
6	废油桶	25 L	个	1	
7	吸尘器		台	1	
8	手电筒		把	1	
9	耳塞/耳套		副	2	

三、量具类

1	无				

48.5.2 现场工作准备

（1）工器具已准备完毕,材料、备品已落实。

（2）作业文件已组织学习,工作组成员熟悉本作业指导书内容。

（3）设备已经隔离完善,所有安全措施已落实。

（4）工作票及开工手续办理完毕。

（5）工作负责人会同工作许可人检查工作现场所做的安全措施已完备。

（6）每次开工前,工作负责人开展班前会,向全体作业人员交待作业内容、安全措施、危险点分析及防控措施、作业要求,作业人员理解后在工作票上签名。

48.6 检修工序及质量标准

48.6.1 低压气系统定检

（1）检查低压空压机机柜及机体整体外观是否完好。

（2）检查低压空压机本体及出口管路、阀门是否有漏气、漏油、漏水情况。

(3) 检查低压空压机机架、本体及各气缸等部位紧固件是否有松动。

(4) 检查低压空压机油位、油质是否正常。检查玻璃油镜,停机时油位液面完全没过油镜,运行时油位液面在油镜 1/2～3/4,不足时需要补充。油液浑浊发黑时,需要更换润滑油,禁止混用不通牌号润滑油,必须使用英格索兰螺杆式空压机专用润滑油。

(5) 检查低压空压机初级空气滤网有无堵塞,堵塞需要清洗。检查空气过滤器滤芯,并用低压气对其进行吹扫后再回装,老化或者堵塞严重无法清洁时,更换滤芯。

(6) 停机态检查低压空压机油压、出口温度显示是否正常。开机态检查油压表、出口温度、压力显示是否正确。

(7) 检查清扫风扇扇叶;检查、清扫低压空压机冷却器。

(8) 检查管道上汽水分离器是否正常。

(9) 工作中要注意保护设备及自动化传感器元件。

(10) 定检工作结束后,收整工作现场工器具及垃圾杂物。

(11) 终结工作票,运行人员恢复已隔离的安全措施。

(12) 上电手动开机检查,检查空压机运行是否有异响、异常振动。

(13) 检查低压空压机能否正常加载、卸载;运行时油压、温度、出口压力是否符合要求。

(14) 手动开机运行正常后,手动切除转入自动运行方式。

(15) 检查低压气罐罐体及其附属管路、阀门有无漏气,安全阀工作是否正常。

(16) 检查低压气罐各压力表计、压力传感器工作是否正常。

(17) 检查低压气罐罐体焊接的主要焊缝是否存在裂纹、开裂等异常情况。

48.6.2 现场清理,工作结束

(1) 整理工作场地,检查无工器具或其他物品遗落工作现场。

(2) 将设备上的油污、杂物擦拭干净。

(3) 将工作现场垃圾及杂物清理干净,人员全部撤离。

(4) 工作负责人填写检修交待记录并办理工作票终结手续。

48.7 质量签证单

表 48.3

序号	工作内容	工作负责人自检			一级验证			二级验证			三级验证		
		验证点	签字	日期	验证点	签字	日期	验证点	签字	日期	验证点	签字	日期
1	工作准备/办理相关工作票	W0			W0			W0			W0		
2	低压气系统定检	W1			W1			W1			W1		
3	清理检修现场,检查工作结束	W2			W2			W2			W2		

第49章
技术供水机械部分检修作业指导书

49.1 范围

本指导书适用于右江水力发电厂机组技术供水机械部分检修工作。

49.2 资料和图纸

下列文件中的条款通过本规范的引用而成为本规范的条款。凡是注日期的引用文件,其随后所有的修改单或修订版均不适用于本规范,然而,鼓励根据本规范达成协议的各方研究是否可使用这些文件的最新版本。凡是不注日期的引用文件,其最新版本适用于本规范。

(1)《全自动滤水器说明》四川自贡滤油机厂
(2)《720S减压阀技术说明书》北京捷福士电子技术有限公司
(3)《减压阀安装及维护手册》北京捷福士电子技术有限公司
(4)《右江电厂危险点分析与控制措施手册》

49.3 安全措施

(1) 工作负责人填写工作票,经工作票签发人签发发出后,应会同工作许可人到工作现场检查工作票上所列安全措施是否正确执行,经现场核查无误后,与工作许可人办理工作票许可手续。

(2) 开工前召开班前会，分析危险点，对各检修参加人员进行组内分工，并且进行安全、技术交底。

(3) 检修工作过程中，工作负责人要始终履行工作监护制度，及时发现并纠正工作班人员在作业过程中的违章及不安全现场。

(4) 工作现场做好警示标识。

(5) 危险点分析如下表。

表 49.1

序号	危险点分析	控制措施	风险防控要求
1	体力工作，易疲劳	合理休息以恢复体力	基本要求
2	噪音场所，影响人体健康	正确配佩戴护耳设备	基本要求
3	误触碰自动化元件	提高警惕，保持距离	基本要求
4	连接螺栓拉伸力过大，损坏设备风险	根据拉伸力要求正确紧固螺栓	基本要求
5	工作中产生一定垃圾，污染环境	按要求正确回收，正确处置	基本要求

(6) 具体安全措施如下：

a. 机组进水口快速闸门应在全关。
b. 机组尾水检修闸门在全关。
c. 机组上下游流到已排空。
d. 机组蜗壳排水盘形阀在开启排水位置。
e. 机组尾水管排水盘形阀在开启排水位置。

49.4 备品备件清单

表 49.2

序号	名称	规格型号（图号）	单位	数量	备注
1	耐油橡胶密封垫	3 mm	m^2	10	
2	平焊法兰	DN100，PN16，外径 220，螺孔中心距 180，内径 116	个	2	
3	平焊法兰	DN250 PN16 A 系列 内径 273 mm	个	2	
4	平焊法兰	DN200 PN16 内径 222	个	2	
5	无缝钢管	DN100 ϕ114×6	米	2	
6	无缝钢管	DN200 ϕ219×6	米	2	

续表

序号	名称	规格型号（图号）	单位	数量	备注
7	无缝钢管	DN250 ϕ273×8	米	2	
8	螺栓	M22×90,8.8G,配套螺母弹垫平垫	套	50	
9	螺栓	M14×70,8.8G,配螺母平垫弹垫	套	20	
10	螺栓	M12×65,8.8G,镀锌配套螺母弹垫平垫	套	30	
11	螺栓	M20×80,8.8G,配套螺母弹垫平垫	套	20	
12	不锈钢外六角螺栓	M16×70 A2—70 配平垫、弹簧垫	套	50	
13	球阀	1″	个	2	
14	球阀	1/2″	个	4	
15	球阀	3/8″	个	4	
16	填料密封	封水油浸石棉 10×10	米	2	
17	抗震压力表	YN100-Ⅰ,量程 0~1.0 MPa,接头螺纹 M20×1.5	个	3	
18	抗震压力表	YN100-Ⅰ,量程 0~2.5 MPa,接头螺纹 G1/2″	个	3	
19	铜管	1/2″	米	10	
20	铜管	3/8″	米	10	
21	90°直角接头	ϕ3/8 转 3/8NPT	个	5	
22	90°直角接头	ϕ1/2 转 1/2NPT	个	5	
23	90°直角接头	ϕ1/2 转 3/8NPT	个	5	
24	90°直角接头	ϕ1/2 转 1/4NPT	个	5	
25	直通接头	ϕ1/2 转 1/4NPT	个	5	
26	直通接头	ϕ1/2 转 1/2NPT	个	5	
27	直通接头	ϕ1/2 转 3/8NPT	个	5	
28	卡套式密封环	1/2″	套	20	
29	卡套式密封环	3/8″	套	20	
30	O型密封圈	外径 ϕ64×4.5	个	5	
31	O型密封圈	外径 ϕ11×1.9	个	20	
32	O型密封圈	外径 ϕ16×2.0	个	5	
33	O型密封圈	外径 335×8	个	1	

49.5 修前准备

49.5.1 工器具及消耗材料准备清单

表 49.3

一、材料类

序号	名称	型号	单位	数量	备注
1	软毛巾		张	10	
2	线手套		双	4	

二、工具类

序号	名称	型号	单位	数量	备注
1	外六角梅花棘轮扳手	17～19 mm	把	1	
2	梅花扳手	17 mm、19 mm、24 mm、30 mm	把/每种	2	
3	活动扳手	200 mm、300 mm	把/每种	2	
4	螺丝刀	十字	把	1	
5	螺丝刀	一字	把	1	

49.5.2 现场工作准备

（1）所需工器、备品已准备完毕，并验收合格。

（2）查阅运行记录有无缺陷，研读图纸、检修规程、上次定检和检修资料，准备好检修所需材料。

（3）工作负责人已明确。

（4）参加工作人员已经落实，且安全、技术培训与考试合格。

（5）作业指导书、特殊项目的安全、技术措施均以得到批准，并为工作人员所熟知。

（6）工作票及开工手续已办理完毕。

（7）检查工作票合格。

（8）工作负责人召开班前会，现场向全体作业人员交待作业内容、安全措施、危险点分析控制措施及作业要求，作业人员理解后在工作票危险点分析控制措施单上签名。

（9）工作用的工器具、材料搬运至工作现场。

49.5.3 办理相关工作票

（1）已办理工作票及开工手续，机组停运。

（2）所有安全措施已落实。

（3）工作负责人会同工作许可人检查工作现场所做的安全措施是否完备。

（4）检查验证工作票。

（5）工作负责人开展班前会，向全体作业人员交待作业内容、安全措施、危险点分析控制措施及作业要求，作业人员理解后在工作票危险点分析控制措施单上签名。

49.6 检修工序及质量标准

49.6.1 滤水器检修

1. 滤桶检查

（1）机组技术供水系统过滤器内部无异物。

（2）检查滤网无损坏，或由于锈蚀严重而不能正常工作的应更换。

（3）用锉刀、毛刷将滤桶上的锈蚀清理干净，然后用清水冲净。

（4）滤网上的杂物，应清除干净。

（5）对清扫干净的滤网和滤桶，应涂防锈漆，涂漆要均匀。

2. 滤水器外壳检修

（1）检查滤水器外部，更换♯1机组技术供水系统过滤器检修门密封，密封条规格8 mm。

（2）外壳有锈蚀，应用钢丝刷去掉，清扫干净彻底，涂防锈漆均匀。

（3）检查滤水器上下壳体是否渗漏，如有渗漏应更换上下壳体之间的密封。

（4）回装后紧固螺栓应紧力均匀。

（5）壳体外联络管路紧固无松动，无渗漏现象，如果存在，应及时更换密封圈，确保无渗漏。

3. 滤水器轴密封更换以及电机检查

（1）检查♯1机技术供水过滤器轴密封是否磨损漏水，如漏水则将其更换。

(2) 将电机接线断开,将减速机整体拆下,放于木板上。

(3) 取下减速机与滤水器主轴的联轴器。

(4) 拆下主轴锁紧螺母,取下止推圈。

(5) 拆除轴承座固定螺栓,用螺栓导出轴承座即可更换主轴密封圈。

(6) 检查电机轴有无磨损,电机联机是否紧固。

(7) 电机回装后试验应无异常振动,工作正常。

4. 机组技术供水系统过滤器检修门螺栓连接紧固。

49.6.2 减压阀检修

(1) 检查减压阀各铜管状况,将锈蚀以及损耗的铜管更换。

(2) 清洗减压阀控制回路过滤器。

(3) 检查减压阀内部橡胶隔膜,应无破损,胶质无明显老化。

(4) 处理非检修期间遗留的缺陷。

(5) 减压阀拆解:

a. 将阀门上同执行机构相连的部件(管件、导阀、过滤器、阀位指示器及其盖塞等)拆下放好。

b. 将阀盖上两侧的塞子打开并装设吊装环及吊装带。

c. 将阀门上执行机构的连接螺丝拆下。

d. 将阀门上盖吊起——执行主轴螺母拆下——卸下上垫片——密封圈——膜片——密封圈——下垫片。

e. 将执行机构同阀体的连接螺丝拆下。

f. 将执行机构的下部分取下并检查内部密封。

g. 将执行主轴吊出,检查V形口同密封盘之间的密封。

h. 检查阀体、阀座等部位。

49.6.3 安全阀检修

检查安全阀各铜管状况,将锈蚀以及损耗的铜管更换。

49.6.4 管路、阀门及表计检修

(1) 各阀门的阀柄、手柄操作是否灵活可靠,盘根处有无渗漏;阀门填料,应在阀门开启前安装,采用盘根,压好第一圈后,检查填料无歪斜,接着压入第二层,不得用许多圈连绕的方法安装填料,安装填料应将切口搭接位置相互错开90度或120度,填料压入后,压盖应留有行程。

（2）各连接法兰有无渗漏。

（3）各管路支架是否牢固。

49.6.5 结束工作

（1）全部工作完毕后，工作班应清扫、整理现场，清点工具。

（2）工作负责人周密检查，待全体工作人员撤离工作地点后，再向值班人员讲清所修项目、发现的问题、试验结果和存在问题等。

（3）工作负责人与值班人员共同检查设备状况，有无遗留物件，是否清洁等，然后在工作票上填明工作终了时间，经双方签名后，工作票方告终结。

49.7 质量签证单

表 49.4

序号	工作内容	工作负责人自检			一级验证			二级验证			三级验证		
		验证点	签字	日期	验证点	签字	日期	验证点	签字	日期	验证点	签字	日期
1	滤水器检修	W0			W0			W0			W0		
2	减压阀检修	W1			W1			W1			W1		
3	安全阀检修	W2			W2			W2			W2		
4	管路、阀门及表计检修	W3			W3			W3			W3		
5	现场清理	H1			H1			H1			H1		

第50章
检修排水泵、渗漏排水泵机械部分检修作业指导书

50.1 范围

本指导书适用于右江水力发电厂辅机系统检修排水泵、渗漏排水泵机械部分检修工作。

50.2 资料和图纸

下列文件中的条款通过本规范的引用而成为本规范的条款。凡是注日期的引用文件,其随后所有的修改单或修订版均不适用于本规范,然而,鼓励根据本规范达成协议的各方研究是否可使用这些文件的最新版本。凡是不注日期的引用文件,其最新版本适用于本规范。

(1)《电业安全工作规程》
(2)《长轴深井泵安装使用说明书》上海深井泵厂
(3)《右江电厂生产技术管理制度汇编》
(4)《右江电厂安全管理制度汇编》
(5)《右江电厂设备点检管理制度》
(6)《右江电厂危险点分析与控制措施手册》

50.3 安全措施

(1)工作负责人填写工作票,经工作票签发人签发发出后,应会同工作许

可人到工作现场检查工作票上所列安全措施是否正确执行，经现场核查无误后，与工作许可人办理工作票许可手续。

（2）开工前召开班前会，分析危险点，对各检修参加人员进行组内分工，并且进行安全、技术交底。

（3）检修工作过程中，工作负责人要始终履行工作监护制度，及时发现并纠正工作班人员在作业过程中的违章及不安全现象。

（4）工作现场做好警示标识。

（5）危险点分析如下表。

表 50.1

序号	危险点分析	控制措施	风险防控要求
1	起重伤害	1. 专责起重司机、指挥人员哨声清晰、明了。 2. 选择合适的起重工具。 3. 吊带捆绑牢固，吊带捆绑不牢固严禁起吊；严禁斜拉起吊	重点要求
2	机械伤害	拆除机械设备时，按照顺序、工序进行，正确使用工具器，工具放置不正确禁止突然施力。	基本要求
3	眼睛、人体呼吸系统等受伤害	除锈、刷漆、打磨时应佩戴防护眼镜、防护口罩	基本要求

（6）具体安全措施如下：

a. 将排水泵的控制方式放至"切除"。

b. 应断开排水泵电源。

c. 应关闭排水泵润滑水进水阀。

d. 应关闭排水泵出口阀。

e. 应断开 400 V 公用电排水泵供电开关，并拉开至"检修"位置。

50.4　备品备件清单

表 50.2

序号	名称	规格型号（图号）	单位	数量	备注
1	"O"型密封圈	外径 80×3.1	个	10	
2	组合垫圈	ϕ10，JB 982—77，全包胶	个	10	
3	不锈钢外六角螺栓	M20×80 A2—70 配平垫、弹簧垫	套	10	
4	球阀	1″	个	2	

续表

序号	名称	规格型号(图号)	单位	数量	备注
5	填料密封	封水油浸石棉 12×12	米	2	
6	水表	LXS-25E	个	1	
7	下壳轴承	500JC/KS900	个	1	
8	叶轮	500JC/KS900	个	1	
9	锥套	500JC/KS900	个	1	
10	支架轴承	500JC/KS900	个	10	
11	壳轴承	500JC/KS900	个	1	
12	传动装置轴	500JC/KS900	根	1	
13	短传动轴	500JC/KS900	根	1	
14	传动轴	500JC/KS900	根	5	
15	叶轮轴	500JC/KS900	根	1	
16	联轴器	500JC/KS900	个	5	
17	螺栓	M16×100,8.8级,半牙,配螺母、平垫、弹簧垫	套	100	
18	弹性挡圈	孔用,70 mm	个	10	

50.5 修前准备

50.5.1 工器具及消耗材料准备清单

表 50.3

一、材料类

序号	名称	规格型号(图号)	单位	数量	备注
1	次毛巾		张	20	
2	干净白布		张	5	
3	线手套		双	10	
4	卡夫特密封胶		支	20	
5	黄油脂		桶	1	
6	密封胶垫	3 mm	公斤	10	

二、工具、仪器仪表类

序号	名称	规格型号(图号)	单位	数量	备注
1	深井泵检修专用夹具		副	2	

续表

二、工具、仪器仪表类

序号	名称	规格型号(图号)	单位	数量	备注
2	梅花扳手	24 mm、27 mm、30 mm	把/每种	2	
3	活动扳手	200 mm	把	2	
4	吊带	2 t、5 t	条/每种	2	
5	电动扳手	24 mm	个	1	
6	插排		个	1	
7	深井泵传动轴挠度测量专用工具		套	1	
8	深井泵轴承拆装专用工具		套	1	
9	外六角棘轮套筒扳手	86 mm	套	1	

50.5.2　现场工作准备

(1) 所需工器、备品已准备完毕,并验收合格。

(2) 查阅运行记录有无缺陷,研读图纸、检修规程、上次定检和检修资料,准备好检修所需材料。

(3) 工作负责人已明确。

(4) 参加工作人员已经落实,且安全、技术培训与考试合格。

(5) 作业指导书、特殊项目的安全、技术措施均以得到批准,并为工作人员所熟知。

(6) 工作票及开工手续已办理完毕。

(7) 检查工作票合格。

(8) 工作负责人召开班前会,现场向全体作业人员交待作业内容、安全措施、危险点分析控制措施及作业要求,作业人员理解后在工作票危险点分析控制措施单上签名。

(9) 工作用的工器具、材料搬运至工作现场。

50.5.3　办理相关工作票

(1) 已办理工作票及开工手续,机组停运。

(2) 所有安全措施已落实。

(3) 工作负责人会同工作许可人检查工作现场所做的安全措施是否完备。

(4) 检查验证工作票。

（5）工作负责人开展班前会，向全体作业人员交待作业内容、安全措施、危险点分析控制措施及作业要求，作业人员理解后在工作票危险点分析控制措施单上签名。

50.6 检修工序及质量标准

50.6.1 传动装置拆卸

拆卸电机防水罩旋起调节螺母的紧固螺钉，拧下调节螺母拨出传动盘，难拨时可用两根、螺丝传动盘顶起，并拿下键。卸主动盘压紧螺母，拨出电机主动盘，并拿下逆止销。卸下电机底座的螺丝，上盖防水罩，将电机吊出。

50.6.2 拆吊泵座

松开填料压盖，使填料松动，松开地脚螺母，并拿下来。

50.6.3 拆卸充水管

将整台泵吊起，并在最上一节输水管法兰下面夹夹板，下面垫方木然后将泵座慢慢下落，使夹板置予方木上。拧下泵座下面与输水管连接的螺栓，并将泵座吊出。将输水管传管、传动轴、泵体依次拆卸。拆输水管时要反轴承架撬松，输水管、传动轴吊出后用长方木分别垫好。

50.6.4 泵体拆卸分解从下壳开始

泵体放在两根方木上，卸掉水泵滤网和导水壳下壳。用叶轮拆卸工具敲击锥形套，打松后即可将叶轮的第一级卸出。用螺丝刀将锥形套撬开，并从轴上取下，然后卸下中壳；用以上方法拆卸所有的叶轮和中壳。拆卸过程中不要将锥形套打坏，保护好水泵轴。

50.6.5 零部件检查处理

（1）轴承及密封：更换所有橡胶轴承以及铜轴承，更换所有密封部件。
（2）轴承支架：应无裂纹，止口应平整，无缺口等缺陷，否则须更换。
（3）导水壳：内部无严重冲蚀，严重时应予更换。
（4）锥形套：应无裂纹，弹性良好，不符合要求的应予更换。
（5）叶轮：叶轮清洗干净，测量叶轮环口的单边磨损程度，磨损量小于

0.5 mm 的可继续使用；叶轮磨损不大，可用锉刀修平或在车床上将接触面车圆，修好后进行静平稳试验后方能使用，若磨损严重必须更换。叶轮流道、环口如有裂纹，必须补焊清理并进行静平稳试验后方能使用，否则更换新叶轮。

（6）传动轴与水泵轴：轴的两侧用"V"形支架支承，中间用百分表测量，沿轴向五个位置，每个位置测量八点。测其弯曲值。质量要求：传动轴不大于 0.75 mm。轴镀铬部分如果有少量脱落，在安装时应将短轴移到电机下方，使传动轴下移，以改变轴与衬套的磨蚀面，镀铬部分腐蚀或有脱落面积大于总面积的一半，应更换新轴。

（7）其他部件：输水管止口毛刺用锉刀处理，检查是否有碰伤和裂纹，碰伤和裂纹要补焊并车削处理，严重碰伤或裂纹不能止水须更换。逆止盘、逆止销和主动盘上的逆止销及各部位的毛刺用锉刀修整。发现裂纹必须更换；清扫干净后不能抹机油或黄油等油类。输水管外表及止口处除锈，给外表（除止口外）刷防锈漆，叶轮和传动轴的非配合面也刷防锈漆。

50.6.6　深井泵回装及调整

（1）将水泵第一级叶轮用锥形套固定在水泵轴的下端，叶轮的第一级必须保证叶轮口端面距离为 (36±3) mm，用冲筒连续几次冲过锥形套，保证锥形套能把叶轮紧固。将第一级叶轮泵轴一起放入下壳中，使轮口环与下壳密封环端面紧靠（两级以上泵在伸出的轴端加定位胎，以保证每级叶轮与密封环端面紧靠，等到工作部分安装完毕后拆除）。将中壳置于第一级叶轮上，用螺栓与下壳把紧。依此方法将全部叶轮将中壳装完。检查水泵轴，转动应均匀；测量叶轮窜动量，应为 (15±2) mm 之间。测量泵轴上壳的伸出量在 (215±3) mm。

（2）将滤网和水泵的工作部分用螺栓把紧（如有吸水管，则先装吸管），泵轴的下端装上联轴节。将工作部分用夹管夹好吊起，垂直置于井口方木上。将泵轴立起，与工作部分的短轴连接，用大扳手板紧，然后用另一夹板夹输水管，吊起套入传动轴，落下输水管，使输水管与工作部分上的壳法兰联接，拧紧；然后微微吊起，拆下工作部分的管夹板，再慢慢下落，使输水管上端的夹板置于井口方木上。在第一节输水管上端放置轴承架，轴承架与法兰止口配合面涂上铅油，以防腐、防漏气、防漏水；然后按同样方法吊装其余所有的传动轴和输水管。

（3）泵座和其他部分的回装顺序与拆卸顺序相反；输水管最上端与泵座连接法兰垫上涂有黄油的纸垫；检查电机轴是否位于填料孔中心，如果不居中,则松开泵底座法兰螺栓调整,使轴居中心后再旋紧法兰连接螺栓。泵座须用水平仪定好水平。

50.6.7 启动运转

(1) 启动前的准备工作

水泵在与电机连接前,由电工检查电机的转向,应与水泵规定转向一致,水泵的正确转向是:从传动装置向下看,应为反时针方向旋转;其转向应与铭牌箭头方向吻合。检查传动装置中的止逆装置是否灵活,地脚螺栓、传动装置和紧固螺栓是否全部拧紧,填料适当压紧。充水润滑,打开出口阀门。

(2) 启动运转

启动水泵,待上水后检查各部位是否正常,无异常现象可投入运行。

运行16~20小时后,再次调整轴向间隙。验收合格后移交运行。

50.6.8 结束工作

(1) 全部工作完毕后,工作班应清扫、整理现场,清点工具。

(2) 工作负责人周密检查,待全体工作人员撤离工作地点后,再向值班人员讲清所修项目、发现的问题、试验结果和存在问题等。

(3) 工作负责人与值班人员共同检查设备状况,有无遗留物件,是否清洁等,然后在工作票上填明工作终了时间,经双方签名后,工作票方告终结。

50.7 质量签证单

表 50.4

序号	工作内容	工作负责人自检			一级验证			二级验证			三级验证		
		验证点	签字	日期	验证点	签字	日期	验证点	签字	日期	验证点	签字	日期
1	零部件检查	W0			W0			W0			W0		
2	深井泵回装及调整	W1			W1			W1			W1		
3	启动运转	H1			H1			H1			H1		
4	清理现场	H2			H2			H2			H2		

附录

表 A.1 活动导叶端面间隙数据记录表

工作内容	质检点	验收标准		检修情况和实测数据
活动导叶端面间隙测量	H	上端面间隙值为 0.60±0.10mm 下端面间隙值为 0.40±0.10mm		数据如下表（mm）

导叶编号	上端		下端		导叶编号	上端		下端	
	大头	小头	大头	小头		大头	小头	大头	小头
#1					#13				
#2					#14				
#3					#15				
#4					#16				
#5					#17				
#6					#18				
#7					#19				
#8					#20				
#9					#21				
#10					#22				
#11					#23				
#12					#24				
测量人			记录人				时间		
#7					#19				
#8					#20				
#9					#21				
#10					#22				
#11					#23				
#12					#24				
测量人			记录人				时间		

表 A.2 活动导叶立面间隙数据记录表

工作内容	质检点	验收标准	检修情况和实测数据
活动导叶立面间隙测量	H	0.05 mm 塞尺检查不能通过,允许局部间隙不超过 0.13 mm,且长度不超过活动导叶总长度的 25%(303 mm)	数据如下表(mm)

立面编号	测量部位(间隙值,长度值)			导叶编号	测量部位(间隙值,长度值)		
	上部	中部	下部		上部	中部	下部
1-2				13-14			
2-3				14-15			
3-4				15-16			
4-5				16-17			
5-6				17-18			
6-7				18-19			
7-8				19-20			
8-9				20-21			
9-10				21-22			
10-11				22-23			
11-12				23-24			
12-13				24-1			
测量人			记录人		时间		

表 A.3 止漏环间隙数据记录表

上止漏环测点	间隙(mm)	下止漏环测点	间隙(mm)
♯1(+X)		♯1(+X)	
♯4		♯4	
♯7(-Y)		♯7(-Y)	
♯10		♯10	
♯13(-X)		♯13(-X)	
♯16		♯16	
♯19(+Y)		♯19(+Y)	
♯22		♯22	

表 B.1 检修记录表

工作成员：　　　　　　记录人员：　　　　　　记录日期：

序号	检修项目	修前记录值	修后记录值	标准值	备注

表 C.1 导瓦调整楔子板与导瓦垂直距离 H 数据记录表

工作成员：　　　　　　记录人员：　　　　　　记录日期：

序号	1	2	3	4	5	6	7	8	9	10	11	12
H												

单位：mm

表 C.2 导瓦间隙数据记录表

工作成员：　　　　　　记录人员：　　　　　　记录日期：

瓦号	♯1	♯2	♯3	♯4	♯5	♯6
间隙						
瓦号	♯7	♯8	♯9	♯10	♯11	♯12
间隙						

单位：mm

表 D.1 检修记录表

部件名称	缺陷性质	缺陷位置	缺陷描述	处理情况	检查人/日期

表 E.1 检修记录表

检修项目	
设备编号	设备型号规格

在检修中发现的问题及处理情况：

遗留问题	

工作负责人：　　　　　　　　　　　　　　　年　　月　　日